U0888856

Intelligent Injection Molding

Equipment • Process • Inspection • Workshop Planning

# 智能注塑

## 设备·工艺·检测·车间规划

刘朝福 编著

化学工业出版社

·北 京·

## 内容简介

本书顺应注塑生产日益自动化、智能化的发展趋势，紧紧围绕推进智能注塑所需的智能装备、智能工艺、智能检测和智慧车间等内容进行讲解，详细分析、阐述了实现智能注塑所需的相关技术、方法和工具。

主要内容包括：注塑机及其周边装备智能化技术、注塑工艺参数智能化设置技术、注塑制品智能化检测技术、注塑车间数字化技术，以及智慧工厂规划方法等。

本书内容既适度超前，又与生产实践相结合，体例编排规范，图文并茂，易于理解和应用，可供从事注塑生产的工程技术人员、车间管理人员、企业决策人员等使用，也可作为教材供高等院校相关专业的师生学习参考。

图书在版编目（CIP）数据

智能注塑：设备·工艺·检测·车间规划 / 刘朝福编著. -- 北京：化学工业出版社，2025. 10. -- ISBN 978-7-122-48993-7

Ⅰ. TQ320.66-39

中国国家版本馆 CIP 数据核字第 2025D1A214 号

责任编辑：贾　娜　　　文字编辑：周　童　孙月蓉
责任校对：李　爽　　　装帧设计：史利平

出版发行：化学工业出版社
（北京市东城区青年湖南街 13 号　邮政编码 100011）
印　　装：北京瑞禾彩色印刷有限公司
787mm×1092mm　1/16　印张 17　字数 419 千字
2026 年 2 月北京第 1 版第 1 次印刷

购书咨询：010-64518888　　　售后服务：010-64518899
网　　址：http：//www.cip.com.cn
凡购买本书，如有缺损质量问题，本社销售中心负责调换。

定　　价：128.00 元

# 前言

作为传统制造业的重要组成部分，塑料加工行业正面临着市场竞争加剧、环保压力陡增、能源消耗过高和成本快速上升等挑战。作为塑料加工行业的主力军，注塑生产面临的困难尤为明显。

应对挑战的方法和措施很多，总体思路就是实现生产装备自动化、智能化，实现注塑工艺参数设置自适应与智能化，实现生产数据的可视化、生产过程透明化、生产现场无人化，让注塑生产达到优质、高效、低耗、清洁、柔性等目标，从而进一步提高制品质量、降低废品率、减少人工成本、提高生产效率，并降低生产能耗，真正实现智能注塑和智慧工厂。

为顺应我国制造业转型升级，正在向智能制造发展的趋势，本书围绕注塑生产所需的智能装备、智能工艺、智能检测和智慧车间等内容进行讲解，内容包括从智能注塑装备到智能注塑工艺，再到智能检测和智慧车间的各个方面，基本涵盖了现代注塑业在智能化转型过程中所面临的生产与技术问题，并提出了相应的解决方案和方法。

本书从实现智能注塑的技术路线开始，依次分析和讲解了注塑机及其周边装备智能化技术、注塑工艺参数智能化设置技术、注塑制品智能化检测技术、注塑车间数字化技术，以及智慧工厂的规划方法等内容。通过阅读这些章节，读者能够逐步了解、掌握并解决注塑企业在推进智能注塑过程中遇到的相关问题。

本书内容紧扣时代潮流，既适度超前，又与生产实践相结合，所选案例均为实体企业在生产过程中应用过的例子，具有很强的参考价值；本书详略得当、图文并茂，非常适合相关企业的工程技术人员、车间管理人员和决策人员等阅读。

本书由桂林信息科技学院刘朝福编著。在编写过程中，得到了蒋红芳、秦国华、陈婕、史双喜、刘建伟、韦雪岩、柏子刚等人的帮助，引用了广东安达发科技有限公司、宁波海天塑机集团有限公司、基恩士（中国）有限公司、杭州海康威视机器人有限公司、广州博创智能装备股份有限公司等企业的部分技术资料，在此一并表示感谢。

由于笔者水平所限，加上时间紧迫，书中疏漏和不足之处在所难免，敬请广大读者提出宝贵意见，来信请发电子邮件到 690529692@qq.com。

编著者

# 目录

# 第 1 章 智能注塑的实现及趋势

◆ 注塑行业面临的挑战与机遇

◆ 智能注塑解决方案与实现

# 1.1
# 注塑行业面临的挑战与机遇

## 1.1.1 注塑企业面临的挑战

注塑企业在接到客户的订单之后，一般都会在开模、试模、试产等步骤之后再批量化生产，在此之后，还涉及质量检查、产品入库、产品出库、产品发货等一系列过程。一个订单的完成需要公司中的很多个部门介入，比如市场部、技术部、生产部、仓储部等，而且在生产过程中涉及很多的资源，主要包括成型设备、模具、工艺参数、塑料原材料等。

随着原材料价格上涨、劳动力成本攀升、产能过剩、竞争“内卷”化、客户个性化需求日益增长等因素影响，传统注塑生产企业面临着巨大的挑战，如图 1-1 所示。

图 1-1 注塑生产企业面临的挑战

在企业层面，面对白热化的市场竞争和日新月异的技术进步，传统注塑生产或多或少将面临如下一些挑战。

（1）生产状态不稳定

我国注塑生产企业大部分是中小企业，中小企业通常是给大型企业提供配套产品的供应商。这就意味着绝大多数中小企业都处在产业链的中低端，不稳定因素如下：

① 订单不稳定，插单、改单现象多。中小企业不像在产业链高端的大型企业可以根据销售预测、市场分析进行相对准确的定量生产，插单、改单、加单、消单现象非常普遍，在订单的预测方面处于被动状态。

注塑企业经常会改变生产计划以满足客户的要求，主要表现在日期变更、颜色变更、数量变更以及新单记入等。在实际生产中，若出现生产赶不上进度等现象，也会进行改单。但单和单之间存在相互影响，所以排程以及改动非常困难。

② 供应链不稳定。因为订单和成本的关系，很多企业的整个供应链是不稳定的，很多企业的供应商都是小作坊式的，有些供应商可能就是“夫妻店”“兄弟厂”。企业要实现整个供应链效益的最大化，困难重重。

③ 生产过程不稳定。很多传统企业，因为自动化程度不高、工艺路线长等原因，经常

出现设备、品质、材料、人员的异常情况。整个生产过程的不稳定在传统企业面临的问题中占据着主要位置，也是很多企业最头痛、最难解决的问题。

（2）生产周期短，产品的交货期压力大

注塑企业客户的需求变更和市场变化较快，产品更新换代周期缩短，交货期压力大。并且企业采购物料以大宗物料为主，对于供应商供货的持续能力要求较高。

（3）企业内部的部门之间沟通不顺畅

当企业发展到一定阶段，具备一定规模后，就会发现个体效率高不一定等于组织效率高。具体到企业的表现就是：在车间里面员工都很忙，但是，紧急的货做不出来，不紧急的货却在仓库堆积成山。同时，各部门之间缺乏统一协调，各自为政，存在相互指责、相互推诿的情况，给企业整体效益带来损失。

（4）注塑生产基础资料缺失

很多企业在多年的发展过程中收集了一些数据，或者也上线了 ERP（enterprise resource planning，企业资源计划）系统，但是数据的真实性很难保证，因此不能真正起到指导生产的作用。这也是有的企业推行 ERP 系统不成功的重要原因。中小企业主要缺失以下几类生产基础资料：

① 技术资料的缺失。技术参数档案的缺失、技术资料的不完善等。例如 BOM（物料清单）表是一个产品部件最基本的资料，但是在很多企业里面，BOM 表的准确性不高。

② 工艺资料的缺失。很多中小企业工艺资料是缺失的，比如对应产品的作业指导书、工艺流程等。很多企业在生产过程中全凭管理者个人的经验来进行生产。

③ 生产资料的缺失。很多企业的仓库账物卡的准确率非常低。仓库是存放产前准备物料的核心，仓库数据缺失会给生产管理带来很大的困难。

（5）“三哑”问题严重

很多中小企业面临所谓“三哑”问题，即哑岗位、哑设备、哑企业，这里的“三哑”是指那些没有入网、不能自动汇报、不能透明化管理的岗位、设备与企业，一个“哑”字，生动形象地描述出这些岗位、设备与企业的信息不交互、不共享、不透明的状况。

传统企业从制造到“智造”，除了技术和设备要升级和改造，还必须解决企业所面临的“三哑”问题。实现生产岗位、设备与企业的信息交互和共享，且生产实时监控，从来料到打包入库，整个生产过程监控和品质管控还要求生产系统能即时反馈生产进度和及时采集设备或检测数据，并且由系统自动判断是否合格，如有不良产品则报警提示，防止不良产品流入市场。

（6）管理水平不高

很多管理者都是随着企业发展从员工一步一步成长起来的技能型的管理人员，没有经过专业的管理培训，也缺乏信息化管理的意识。同时，车间现场人员的素质也参差不齐，很多先进生产管理理念，例如精益生产、JIT（准时生产）无法得到贯彻和实施。

### 1.1.2 注塑车间面临的挑战

注塑企业一般情况下采用大批量生产模式，生产过程中所用到的资源集中归置在一个生产车间。所以，一个注塑车间涉及很多的设备和数据记录，包括注塑机、周边设备、模具等，还有订单信息、工艺标准、设备维修保养记录、模具维修保养记录、制品的优良率记录等。在传统注塑车间中，对这些设备的管理和各种生产过程的记录，都是采用手动记录、纸质存储的方式，这对于车间的生产管理造成了极大的不便，主要存在以下几点问题。

（1）信息沟通不畅，管理效率低下

传统注塑车间对生产信息的传达都是靠文件或者口头语言表述的方式。这种传达方式的缺点在于信息在企业间的流通比较慢，会造成生产滞后、报表滞后，生产进度和生产细节都无法及时反馈到管理层，使企业无法得到强有力的决策支撑和管理控制。尤其当以口头语言的方式传达与生产相关的信息时，多层传递情况下容易造成信息错误，经过多次传递之后，消息发出者和消息接收者之间易出现大的误差，影响实际的生产，也不利于企业生产价值的提升。

（2）车间生产问题无法及时准确掌控

注塑工艺一般是不会轻易改变的，当车间生产员工按照一定的工艺进行生产时，如果发生品质问题而没有得到及时的反馈和处理，就会出现大批量的不符合客户需求的产品，进而造成大批量的返工，甚至物料报废。而且对于机器和模具的保养等问题，也无法得到有力的管控。

（3）制品的质量问题难以追查

当制品出现质量问题时，问题出现的原因和数据不够明确，不易追查问题来源，容易出现各部门之间推卸责任的情况。

（4）企业内部的信息管理紊乱

工艺数据、设备维修保养记录、模具维修保养记录、生产记录、检验记录等各种数据和记录，可能保存在某个员工的个人电脑上或保存在纸质文件上，甚至仅仅保存在某个员工的记忆里，信息的存储无法形成一个完整的体系，查找和使用时比较困难。

（5）故障消除比较慢

一般车间生产人员只了解机器的基本操作，当注塑机出现故障时，现场的员工无法及时解决，还需要找专业的维修人员。当机器故障比较严重时，甚至需要设备厂商的工程师进行故障解除，这种方式会造成时间的浪费。

车间的管理问题是影响企业利益、企业发展的重大因素。为寻求解决方法，大部分企业在车间引入了自动化生产设备，抑或者引入了 ERP 系统。然而，ERP 系统注重的是企业宏观层次上的资源管控和企业运营，而自动化的生产设备则仅仅是作用于单个的生产设备或者单独的生产工序、生产单元之上。因此这两种方式均不能很好地解决车间管理问题。目前面向注塑企业的信息化管理平台被逐渐采用，其可以为企业提供可视化、数字化的生产环境，可追溯产品的生产过程，明确企业订单根本要求，提升车间内的产品生产效率等，实现注塑成型行业可视化、车间生产智能化、产品制造过程透明化等目标。

注塑生产是实实在在的实体制造业，每一件塑件的生产都必须落实到注塑车间的具体机器、模具、原料和工艺等上面，但作为注塑生产的具体执行单位，传统注塑车间的生产运作仍停留在低效、高耗、劣质的生产管理模式上，究其原因，大致如下。图 1-2 总结了导致注塑生产出现瓶颈的几类主要因素。

① 每台注塑机都是独立的个体，没有进行综合的、有系统的、统一的管理；资料收集统计困难，管理人员难以及时得到综合的信息（如每台注塑机的稼动率、排单情况、机台状

态、现场实际操作情况等）；

② 车间现场生产和计划及客户需求脱节，物流部门下达的生产计划无法得到车间有效的响应，车间往往按照自己的便利和绩效有利程度安排生产，这就造成了市场和客户所需要的产品没有及时供应，但是仓库却积压了大量车间已生产而市场不需要的产品；

图 1-2 导致注塑生产出现瓶颈的因素

③ 管理人员无法及时得到每个订单的实际进度信息，无法对车间的生产进度进行有效监控，造成超出原计划数量生产和现场材料挪用的情况非常严重；

④ 车间无法记录和得知废品信息，造成生产的良品数量少于市场需求数量，需要进行小批量补充生产，降低效率；

⑤ 工艺经过手工工艺卡管理，在生产过程中，由人工按工艺卡调整工艺，存在工艺随意调整现象，一旦机器实际作业参数同标准工艺存在严重偏差时，操作人员无法及时发现，产品品质无法保证；

⑥ 车间统计资料靠人工搜集，往往是事后的统计，同时有出错或被人为删改的可能，降低了信息反馈速度和可靠性；

⑦ 由于所有资料都依靠人工统计，各机台又没有联网，没有统一的信息平台，因此信息不能共享，没有足够的生产数据供管理人员分析；

⑧ 现场需要依靠大量人力观察，无法及时反馈问题并采取对应措施。

### 1.1.3 注塑行业面临的机遇

（1）国家产业政策支持

塑料制品因其优异性能，广泛应用于建筑、汽车、家用电器、包装、消费电子、医疗器械等领域，如图 1-3 所示。塑料制品在促进国民经济建设、改善人民群众物质文化生活中的作用日益显现。近年来，我国政府

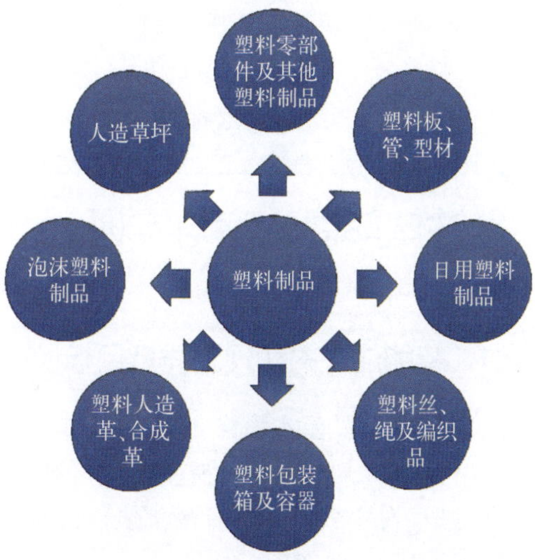


图 1-3 塑料制品的广泛应用

制定了一系列的产业政策，支持和推动塑料制品行业向高性能、高质量、环保化方向发展。

（2）下游市场空间广阔

受益于新能源汽车、家用电器、包装、消费电子、医疗器械等行业的发展，国内塑料制品需求保持稳定增长。随着材料研究的进一步突破，塑料零件的应用领域不断延展，并与智能家居、物联网等新兴产业融合，塑料制品行业拥有广阔的市场发展空间。

（3）以塑代钢持续推进

以塑代钢是汽车轻量化、家电轻薄时尚化等成为大趋势的基础，例如在汽车领域，以塑代钢是汽车实现轻量化发展的途径之一。相比钢铁等传统金属材料，塑料具有价格低、重量轻、绝缘性能佳、易加工、耐腐蚀、自润滑等优势，随着各种改性塑料的研发使用，塑料在强度等相关特性方面已逐渐接近钢铁等传统金属材料。改性塑料在家电产品和汽车行业的应用越来越多，所占比例越来越大，已成为仅次于钢材的第二大类材料。

（4）国内制造业升级契机

我国政府大力推动经济结构转型升级，我国经济开始转向更高质量的增长路径。我国在全球产业链中已取得重要地位，国内制造业发展带动了包括塑料制品行业在内的配套产业的发展，配套产业的发展又促进了国内制造业整体水平的提升。随着国内经济结构转型升级，传统制造业亟待向内涵式及更高质量的方向发展，促使技术含量、附加值高的产品需求不断提高，为国内塑料行业提供了新的发展契机。

（5）国民收入持续增长

近十年来，我国居民收入水平的不断提高，带动了塑料制品行业下游市场需求的不断增长，进而为下游市场提供了充足的增长动力。作为国民经济的重要组成部分，塑料制品行业将受惠于国民收入的持续稳定增长，发展潜力巨大。

（6）科技进步大大降低生产成本

科技革命和产业变革推动塑料加工业加快转型发展。随着 5G（第五代移动通信技术）、工业物联网、大数据、智能注塑机、工业机器人、智能仪器及仪表等新一代技术装备的应用，我国注塑行业技术得到快速、跨越式发展。同时，网络协同制造、个性化定制、共享制造等新业态、新模式会不断涌现，为行业进一步推进跨界融合、生态化、人工智能、网络化信息技术创新发展带来新机遇。

## 1.2 智能注塑解决方案与实现

### 1.2.1 智能注塑的实现路线及目标

#### 1.2.1.1 智能化的基本思路

智能注塑，也可以称为注塑生产智能化，其基本思路是在自动化和信息化的基础上，通过终端平台实现工艺数据的集成、过程管理、故障监视、工艺优化等，并带动管理和服务的智能化，如图 1-4 所示。

注塑生产智能化的总体方案由智能排产、注塑、模具管理、生产数据采集、生产过程监控等多个系统（单元）组成，如图 1-5 所示。该生产单元通过传感器和物联网将注塑机、模具、冷水机、干燥机和机械手等设备在注塑机电脑上实施闭环控制，同时将数据传送给注塑云 MES（制造执行系统），实现设备监控、生产管理、异常停机管理、模具管理、自动报表及派工管理等智能操作，提前做到风险防控、故障预知、趋势预测、精准营销及行业分析。

注塑生产智能化的核心是注塑单元的智能化，即以智能化的注塑机为核心，通过工业以太网将注塑机、机器人 / 机械手、AGV（自动导引车）、模温机、干燥机、吸料机等周边设备通过集中统一的信息系统进行控制，实现有条不紊的全自动生产，如图 1-6 所示。

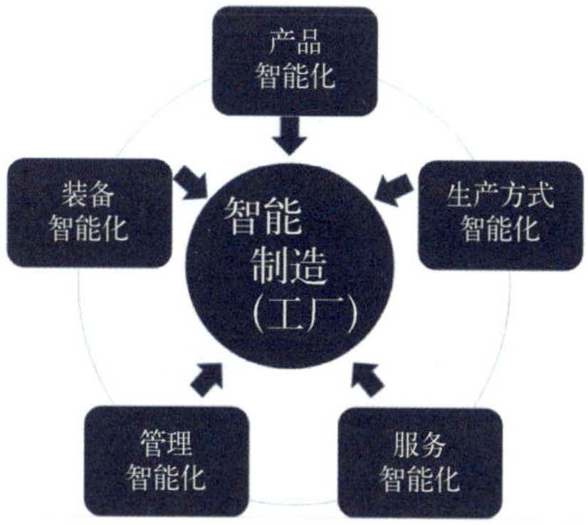

图 1-4　注塑生产智能化系统的构成

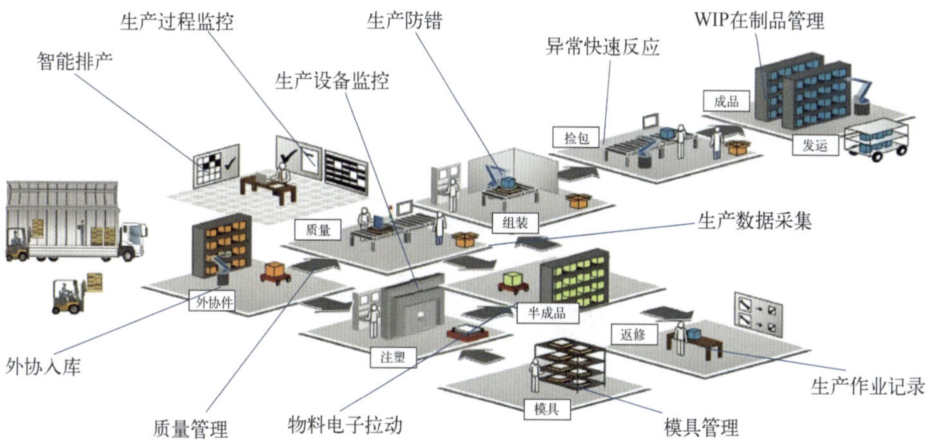

图 1-5　注塑生产智能化场景

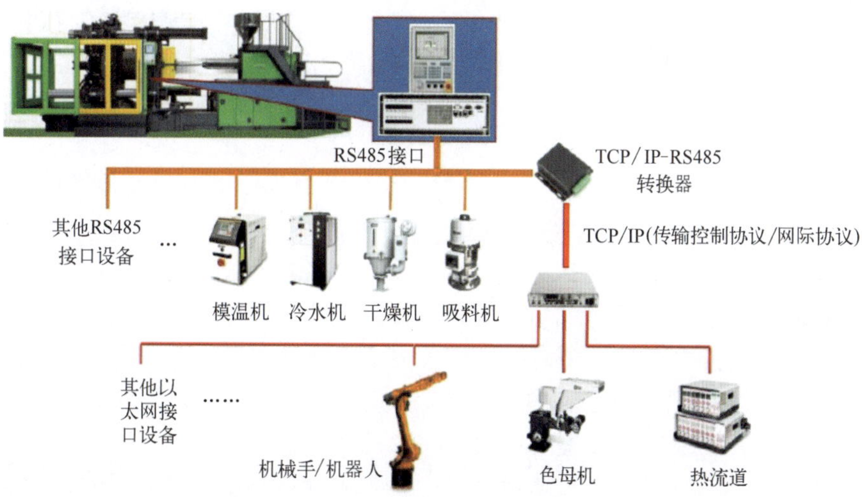

图 1-6　智能化的注塑生产单元

#### 1.2.1.2 智能化的切入点

注塑生产企业大多为传统的制造企业，因此，企业在迈向智能制造的过程中，可以考虑将以下三方面作为切入点，如图 1-7 所示。

图 1-7 智能制造的三大切入点

（1）精益生产

精益生产是通过系统结构、人员组织、运行方式等方面的变革，使生产系统能很快适应用户需求的不断变化，并能使生产过程中一切不良、多余的东西被删减，最终达到包括生产效率、产品质量以及用户反馈各方面最优化的一种生产管理方式。

（2）制造协同

制造协同是在统一的信息系统体系结构下，利用集成的思想和方法，对各个分系统进行集成，解决现有制造业中的信息孤岛问题，并辅以可视化平台，快速反映生产状况，从而加强企业各部门之间的协同生产管理能力。

（3）整合运营

在整合运营方面，通过实时、敏捷、协同的供应链整合，提升总体营运效率；采取预测性质量体系，由事后控制转向事前防范；构建面向制造业务的共享平台，打通并顺滑用户端需求与系统资源的链接，帮助企业不断提升用户响应能力。

#### 1.2.1.3 智能化的不二选择——建立 MES

注塑生产 MES（manufacturing execution system，制造执行系统）是专门针对注塑制造车间的管理信息系统，系统通过条码、数据采集器及扫描枪等数据采集的方式，实时采集生产现场的机台运行的状况、模具的状态，在制品、物料、订单及品质等信息，构建完整的制造信息数据库、生产的管控及质量管理平台，实现车间生产现场的透明化管理，满足生产过程的追溯和管控的需要，并能与 ERP/MRP Ⅱ（制造资源计划）等信息系统对接和交互，提升与生产相关的职能部门的信息共享和协同效率，提高了企业的核心竞争力。

注塑行业 MES 功能模块主要有派工（排产）管理、设备管理、生产监控、工艺管理和报表接口等，如图 1-8 所示。

同时，工厂根据客户需求生成 BOM 表等，并传递至 ERP 系统，再根据订单相应的生产任务传递至注塑云 MES，自动识别注塑工艺进行智能排产。

MES 搭配智能投料，机械手扫描原料二维码识别信息进行智能投料，每台机器的运行状态由 MES 进行监控，当机器出现问题时，工作人员可以在电脑以及手机上看到报警信息并发送给维修人员进行故障检修（如保压控制、机器警报、质量分析、异常停机管理和实时监控等）。生产需要更换模具时，只需要一键指令就可将最优模具工艺参数下载到机台，同时 MES 自动匹配最优注塑工艺参数，实现智能化生产。

设备监控、生产管理等信息通过 MES 第一时间从车间传送给办公室的相关管理人员。进入装配生产线后，需要二次加工的注塑制品通过 AGV 和机器人进行运输和装配。装配完

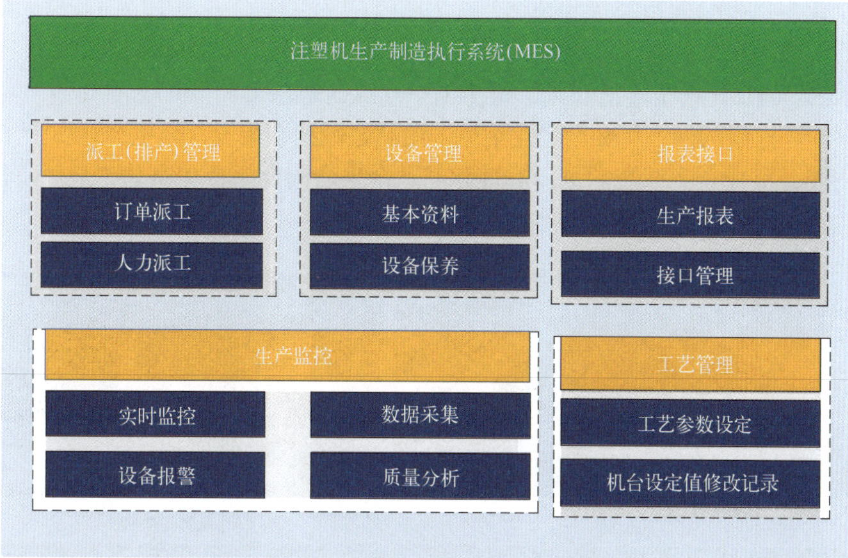


图 1-8　注塑生产 MES 的主要模块

成的产品进入自动打包线进行装箱、封箱，然后通过 AGV 运往立体仓库（立体仓库可提供工作完成进度、成品仓储信息和原始数据记录）。

管理人员可以通过 MES 的 APP 在手机上随时查看仓储情况、工作完成进度、早晚班机台利用率、制品合格率、机台点检情况以及物流信息，随时随地掌握智能注塑工厂的实时动态。

#### 1.2.1.4　智能化的核心技术——数字控制系统

注塑生产数字控制系统是一个全新的数字系统，无论是新设备投产，还是老设备升级改造，都离不开它。它不仅具有数据采集、分析、管理、通信、显示、接口等功能，也有集计算机技术、物联网技术、云计算技术等为一体的数字化、智能化控制方法，如图 1-9 所示。

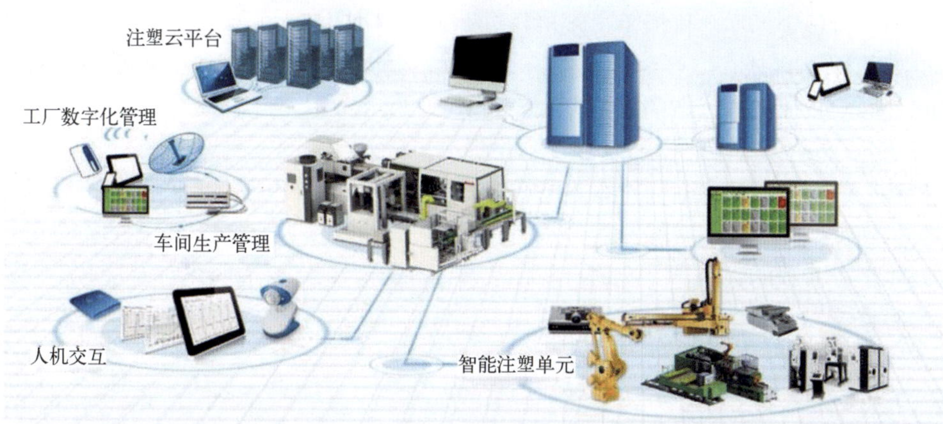


图 1-9　注塑生产数字控制系统

在数字化工厂中，通过三大集成实现了注塑生产线的智能化，如图 1-10 所示。首先是纵向集成：注塑车间、办公室、立体仓库、自动组装车间、喷涂和烫金印刷等工位通过智能物流和 MES 信息化系统连通起来，避免了信息孤岛与信息断层现象的发生，实现了控制层、运营层和企业层的网络化和信息化集成。然后是端到端集成：以生产订单为主线，通过多项业务协同，完成全产业链的可追溯性和产品全生命周期闭环信息化。最后是横向集成：实现了企业集团化、标准化和透明化的运营。

(a) 纵向集成

(b) 端到端集成

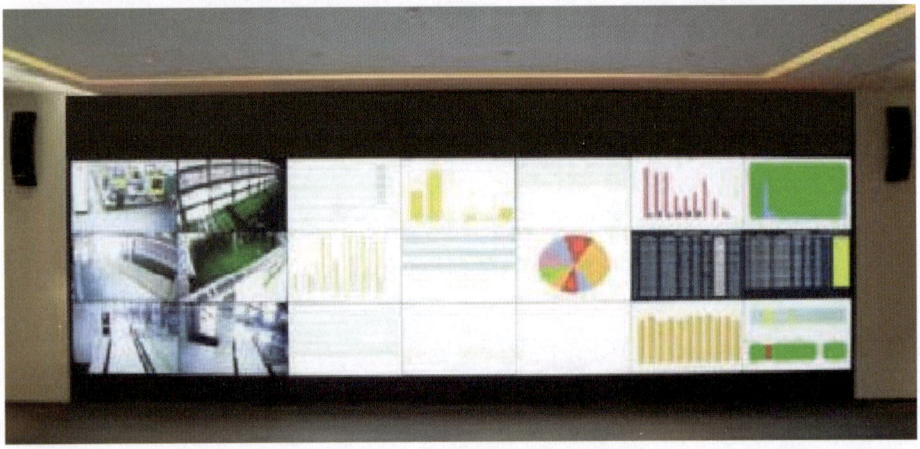

(c) 横向集成

图 1-10　注塑生产线的三大集成系统

通过对智能装备的使用，注塑生产线实现了全自动化生产。在注塑生产线上配备换模台车、自动上料装置、注塑机械手、水口料自动破碎并回收系统、承接台、自动输送机、自动识别装置，以及自动仓储系统等，使得生产效率大大提高；利用机器视觉对产品和模具进行在线检测，从而保证生产的安全性和产品的合格率。

注塑生产自动化、智能化的发展，不仅提高了注塑生产线的生产效率，而且能够以技术红利代替人口红利。通过对自动化设备的参数进行实时监控以及将自动化生产数据进行透明化，可达到生产任务实时传输至生产设备及模具的目的。通过对生产流程的质量进行追踪管理以及对生产流程的数据进行全面分析，实现了生产信息实时透明化。通过对生产资源状态进行实时查看以及对生产资源进行实时保养追踪，最终使生产资源得到合理化和高效化的分配。

### 1.2.1.5　注塑生产智能化目标

① 排产智能化。灵活应对订单变化，高效安排小批量、多品种的生产计划，最大限度发挥当前资源能力，合理安排生产时间，准时生产，精确掌控整个生产过程。

② 生产透明化。IoT（internet of things，物联网）数据采集实现设备实时监控，建立以生产任务单为核心的过程管理，包括生产计划下达、工序管理、工艺管理、报工、质检等都纳入节点管理，实行数字化覆盖生产全过程，提升工作效率与可追溯性。

③ 提升品质。遵循 PDCA（计划、执行、检查、处理）循环管理，制定质量检验计划并执行，对产品进行全面的质量管控。及时掌握制造过程各个环节的质量现状和发展动态，提升产品品质。

④ 生产持续化。对设备模具进行建档、保养、维修、数字化，整合消息推送形成任务闭环，以保证生产能够正常顺利进行。

⑤ 产能可视化。科学计算产能，找到交货期与最大生产能力的平衡点，最大程度减少交货期延误的情况，为企业提供科学的接单决策依据。

⑥ 数据可视化。建立标准化 - 数据化 - 信息化高度融合平台，逐步构建工艺 / 生产大数据库，并对海量数据多维度分析、可视化呈现，为管理提供决策依据。

### 1.2.2 注塑装备自动化与智能化

（1）注塑机控制系统自动化

注塑生产智能化的前提是生产过程的自动化，注塑生产自动化主要包括注塑成型机器、注塑成型模具、周边辅助设备、机器人 / 机械手设备，以及物料（制品）输送设备等，如图 1-11 所示。

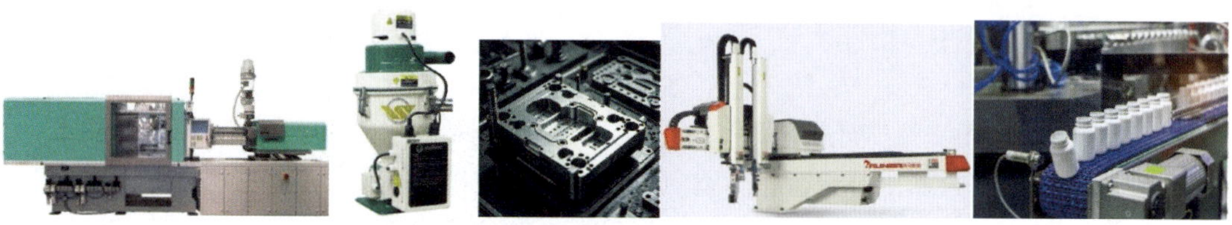

注塑机　周边辅助设备　注塑模具　机械手　制品输送设备

图 1-11　注塑生产主要的自动化设备

相对于传统的控制系统，注塑机的智能控制系统主要优势为：对注塑生产各个阶段的关键过程参数，包括速度、压力、温度、定位等，进行精密控制；对液、机、电一体化驱动系统实现全闭环控制设计，从而保证整个生产过程和注塑制品质量的稳定性；使用精密智能控制大幅提高原机的加工精度和稳定性，降低注塑加工废品率，减小产品重量和尺寸的波动幅度；系统可靠性强，能屏蔽用户操作错误对系统的影响，不会出现系统异常退出情况；系统易用性高，对于常用的功能，用户不必阅读手册就能使用；软件界面风格保持一致，所有界面元素分布合理，并且都提供了充分且必要的提示，对相关输入限制条件有明确的提示说明（操控界面如图 1-12 所示）；适用于所有品牌和型号的注塑机，只要按原机线路图连接控制系统即可。

（2）注塑机控制系统智能化

注塑机周边装备有干燥设备、热流道控制器、上料机、机械手、传送带、模温机、冷水机，还有可视化检测设备、模内传感器控制、模内切装置等。注塑机周边装备都有各自的操作界面，如果设置和检查需要在各自装备上操控，将费时费力。注塑智能控制系统把注

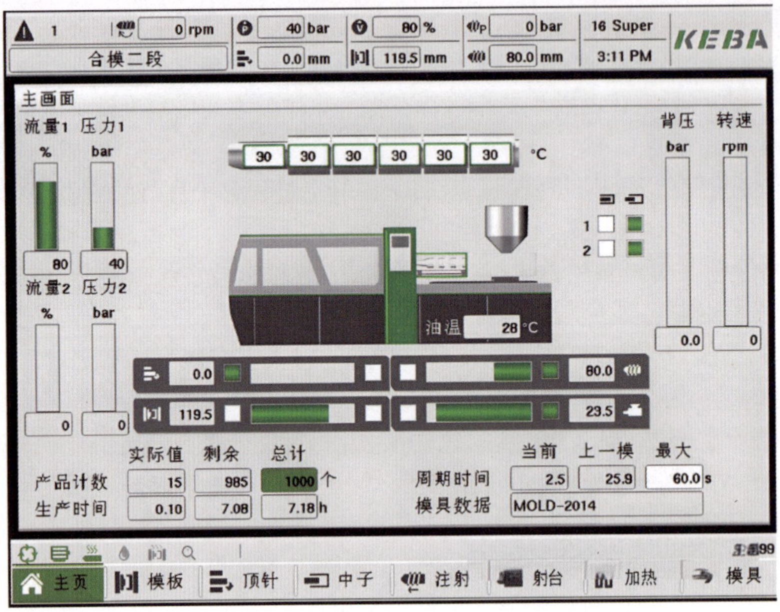


图 1-12 注塑机智能控制系统操控界面

塑机和周边的装备集成在控制系统上实现智能化管理，并在系统操作界面一并进行操控、设置、检查、记录和查阅等，如图 1-13 所示。

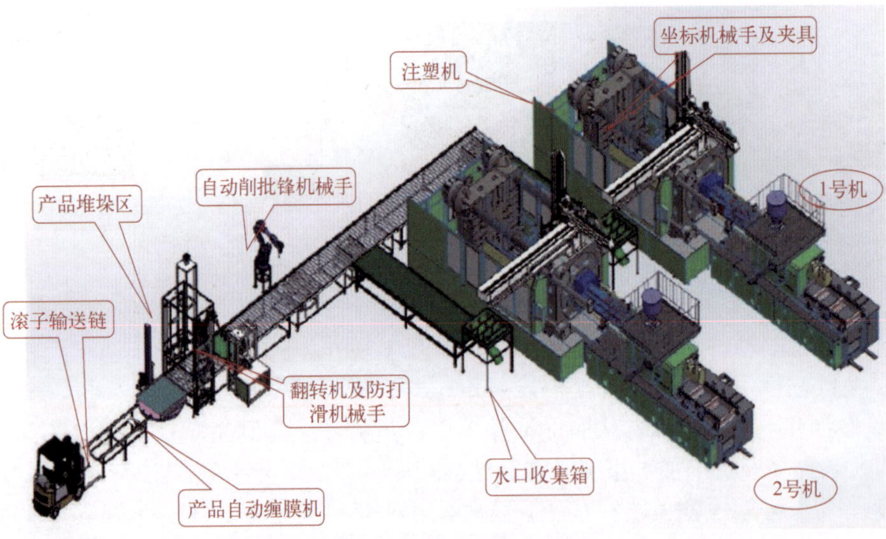


图 1-13 多机联动解决方法

## 1.2.3 注塑车间数字化与智能化

（1）建立车间数字化管理系统

车间数字化管理系统（DMS，digital management system）通过将生产计划进行规则分解，匹配模具和工艺参数设置，采集实时工作状态，绑定并追踪产品注塑工艺参数，并且串联质量和物流数据，从而实现生产状态和关键参数的透明管理和实时监控。同时，DMS 可以集成现场安灯系统（andon system）和全面生产维护（TPM，total productive maintenance）计划，建立对应的专家知识库，从而实现对关键设备的预测性维护，减少设备故障和非计划停机时间，有助于提升设备综合效率（OEE，overall equipment efficiency），从而实现如下目标：

① 工艺过程可视化；

② 关键参数实时监控；

③ 生产管理信息化。

（2）生产记录智能化

注塑生产车间现场往往有大量记录文件，如烘料工艺记录、注塑工艺点检记录、当班数量记录、不合格品分类统计、设备点检记录、模具点检记录和产品巡检记录等，这些记录是第三方或第二方审核的重点，也是现场管理的痛点，完成这些记录将给现场操作人员增加较大的工作量。

注塑智能控制系统具有实时工艺自动记录和保存功能，使后期的查询非常方便，实现了工艺记录智能化管理。现场操作人员不再需要用笔和纸做大量记录，当班的各种记录都能在系统里保存，其中产品数量记录能准确记录生产完成情况、良品率和完成率等；系统不合格品分类缺陷统计中有 25 种不良品类型，每类产品可以易发生的缺陷作为分类标准进行统计，如缺料、断裂和变形等；工艺记录文件把常规的工艺参数全部包含在内，如图 1-14 所示。智能化的自动记录设置，大大减轻了现场人员的工作量。

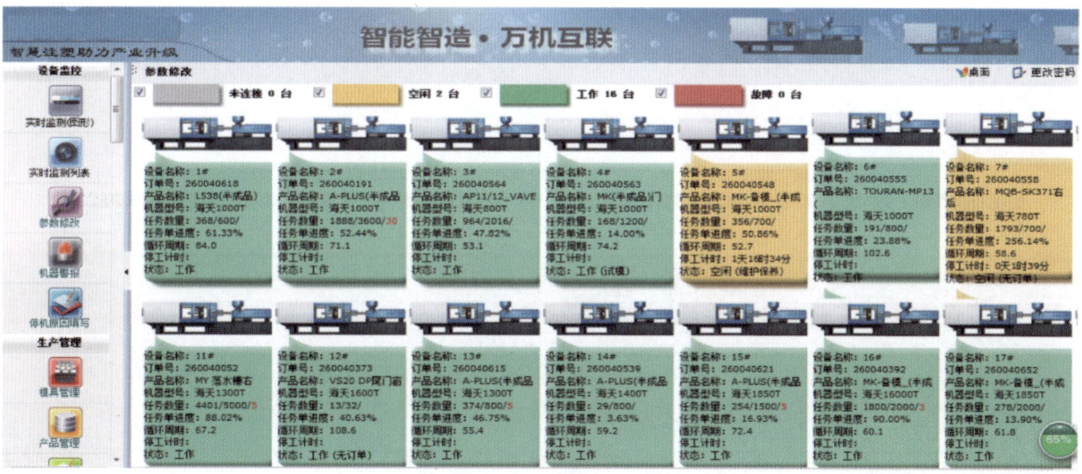


图 1-14　设备实时监测记录界面

（3）控制系统与显示设备连接智能化

系统除了能在注塑机控制器上使用外，还能在各种显示设备上使用，如现场的液晶显示屏、办公室的电脑，手机下载 APP（应用）也能使用。系统显示的主要内容有原料信息、模具情况、成型工艺、生产统计、质量情况等，还有生产性能统计、过程数据分析、重量数据分析等分析报告。手机等移动端的使用可让管理人员即使不在现场也能了解现场生产情况，甚至能发出指令，对注塑生产现场进行工艺参数调整。

（4）生产管理和服务智能化

运用注塑智能控制技术，融入 FMS（flexible manufacturing system，柔性制造系统）等，利用去中间环节、高中层信息共享、授权管控等方法，使计划与生产密切配合，智能排单、全过程管控、制品质量可清晰追溯，使企业和车间管理人员在最短的时间内掌握生产现场的变化，必要时做出准确的判断和快速的应对措施，保证生产计划得到合理且快速的执行。当然，也可将公司管理云平台与供应链的上下游客户共享，更直接地链接客户需求和管理服务，大大提高了客户的满意度。如图 1-15 所示。

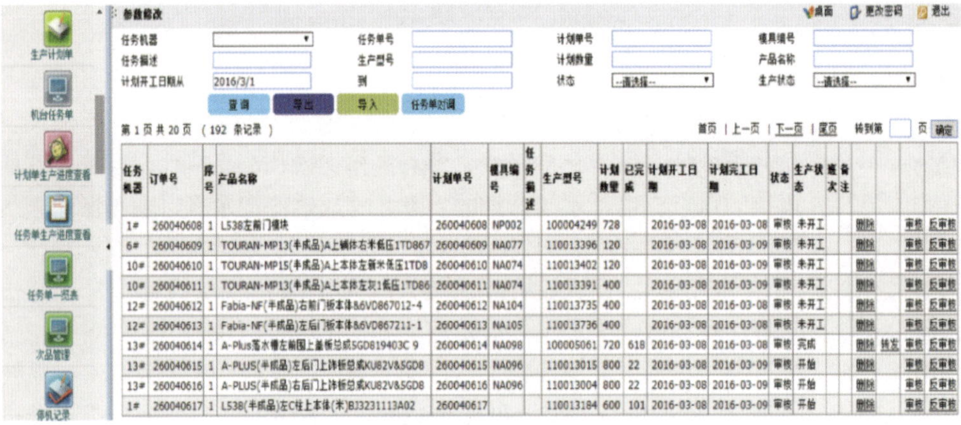

图 1-15　智能控制系统中的订单管理

（5）系统操作手机化

目前注塑智能控制系统已经能在智能手机上使用了，便于更多的人掌握和操作，如图 1-16 所示。随着移动通信网络的发展，手机的运行速度越来越快，智能手机与云计算正在改变注塑生产与数据处理的方式，利用手机对控制器进行操作，具有更加方便、及时、安全等优点。

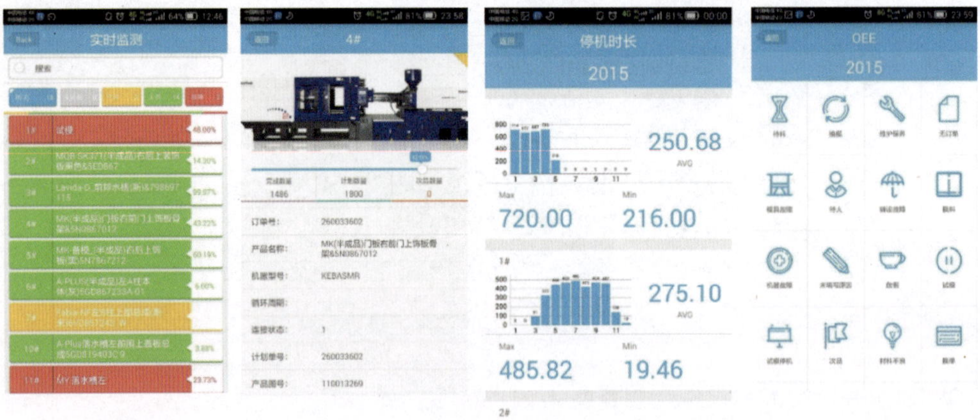


图 1-16　智能管理软件系统——移动终端管理界面

（6）协同研究云技术

从虚拟化技术开始，运营商就着手建立云计算平台，目前已经建立了三个云，一是基础设施云，二是桌面云，三是协同研究云。这三个云基本构成了整个信息中心的生态系统。

目前，注塑智能控制系统基本实现了前面两个云，提升了系统的技术含量。协同研究云现在可租用其他云（如浪潮云、华为云等）。通过协同研究云，技术人员可以实现远距离协同调整注塑工艺，特别是在工艺攻关时，可以邀请企业外面的专家一同来解决现场工艺问题，实现了注塑成型工艺工作的协同，大大提高了工艺设置效率。

### 1.2.4 注塑生产管理信息化

（1）建立注塑生产管理平台

注塑行业面临市场和技术的挑战，需要建立一个高效、统一的信息管理平台，通过这个平台可以对现场数据进行实时、准确的处理和分析，可以实时查看、跟踪和监控整个注塑车间的机器运行状况、模具状态、工艺成型参数、订单生产进度等信息，进而实现生产车间现场的透明化管理，如图 1-17 所示。

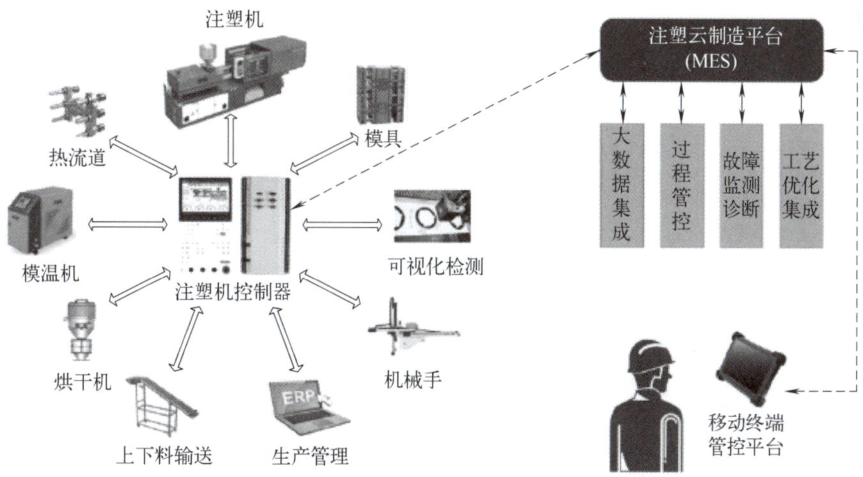


图 1-17 注塑生产管理的信息平台

通过该平台，企业可以实现如下功能。

① 设备信息管理、订单管理、模具管理。云平台需要具备对注塑机、周边辅机等设备的信息管理功能，能够增加设备信息、修改设备信息以及删除设备信息；具有对订单进行添加和修改的功能；具有对模具进行添加和删除的功能。

② 状态监视。监视注塑机的开机、运转、暂停、故障状态，监视订单的下发、暂停、生产、完成状态，监视模具的正常、维修、保养状态。

③ 统计功能。以注塑机的状态为分类标准，统计并显示不同状态的机器数量；以订单的状态为分类标准，统计并显示不同状态的订单数量；工单产量自动统计。

④ 生产看板。简洁地查看、显示每一条订单的实时进度情况，跟踪显示每一台设备是否分配到订单和设备状态。

⑤ 用户权限管理。为了满足不同部门以及不同级别的用户对云平台的操作控制要求，需要为每一个可以访问注塑机智能云平台的用户设置相应的操作权限。

⑥ 预警管理。自定义机器报警阈值，预警信息及时发送。云平台的功能结构如图 1-18 所示，其主要是针对数据的采集和获取、注塑机状态、模具状态、生产过程管理、预警管理和权限管理等模块进行设计，并且实现其对应的功能。

现场看板主要作用是分类实时显示注塑车间的状态，包括生产看板、设备看板、订单看板。设备看板的作用是实时显示每一台注塑机的作业状态和分配到的订单信息，订单看板

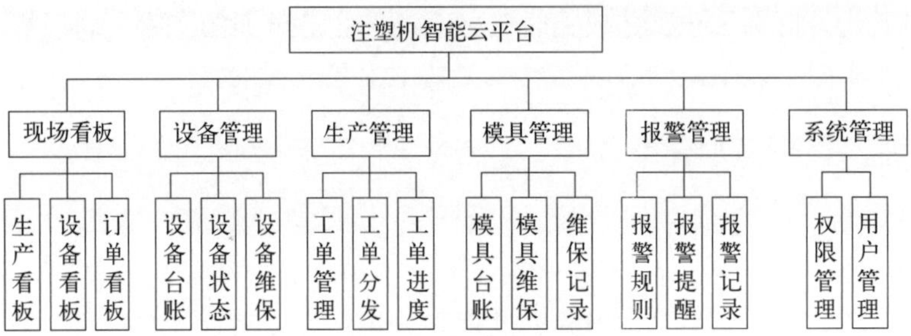


图 1-18　注塑机智能云平台

可以实时显示每一个订单的状态，生产看板主要作用是统计注塑机的状态数量和订单的状态数量。设备管理、生产管理和模具管理是一种基本的车间信息管理功能，主要作用是在云平台系统中添加和删除注塑机设备信息、添加和修改客户的订单信息、添加和删除车间的模具信息，以及记录注塑机设备的保养和模具的保养信息。报警管理可以按照实际的需要自定义报警规则，及时地发出预警，保证生产安全和生产效率。系统管理主要作用是添加、删除用户，设置不同用户的权限，用户权限管理几乎是每个系统都需要考虑的关键功能，作用在于为不同用户提供对应级别的权限控制，使每一个用户的操作都是安全可控的。

（2）注塑生产信息化管理方法

目前注塑生产信息化管理有如下两种方式。

第一种是 I/O 式，也就是外挂感应装备实时收集现场的开闭模状况，由后台处理分析数据。这种方式目前应用比较广泛，其优点是不受机器品牌和型号的约束，操作简单，但是数据只是单向传递，数据信息有限。

第二种是嵌入式，也就是嵌入式控制面板通过网络同服务器和前台客户端实现数据交互。这种管理方式数据处理量大，可以实现现场管理和后台管理的无缝衔接。但是，由于目前注塑行业各种品牌和型号的机器都有各自的数据结构，没有形成统一的数据标准，很难对一个存在不同品牌注塑机的车间建立统一的数据交互平台，所以该模式目前没有得到很好的推广。

由于第一种模式是单向数据传递方式，无法真正实现数据交互，无实用意义，因此第二种模式也就是嵌入式信息化应用可以作为信息化管理的可行方案。

该方案由如下结构组成：基础资料管理、工艺管理、模具管理、生产订单管理、现场看板管理和生产数据分析、接口管理等。

① 基础资料管理。基础资料应该包含产品、客户、原材料、色母、色粉、机台、BOM 等信息，这些信息不需要像 ERP 系统那么复杂，只需要代码和名称就可以了，因为需要管理的目标不同，所以没必要做过于复杂的处理。

② 工艺管理。工艺管理应该包括工艺资料的建立和工艺执行过程中的监控。工艺资料所涉及的信息比较多，其中包括锁模、射胶、熔胶、保压、冷却、开模这些过程每个阶段的详细信息和一个循环的生产周期，比如开 / 合模各阶段的压力、速度、所在位置、温度和标准时间。而工艺执行过程中的监控主要是将现场实际的参数同标准参数进行对比，并将结果绘制成曲线，通过该曲线可以比较直观地发现异常并及时给予处理。

③ 模具管理。包括模具档案、模具代码、模具名称、标准模腔数、水口料重量、模具状态等，模具的使用信息、维修保养规程和维修保养管理等。

④ 生产订单管理。系统可以从 ERP 或 MES 系统中引入生产计划，并将其转化成生产订单。生产订单可以具体到机台、模具、工艺、数量等，下达后，机台可以读取生产订单，根据生产订单指派的工艺进行生产，减少人为因素干扰，确保生产同市场需求一致，通过工艺指派抛转，降低工艺参数设置随意性，确保品质稳定。

⑤ 现场看板管理和生产数据分析。通过信息系统，可以实现现场看板管理，实时监控每一机台的生产状况、生产订单的生产执行状况、现场报废品情况、机台生产效率、现场用料情况。同时可以通过如下报表进行统计分析：生产日报 / 周报 / 月报、机台稼动率、原材料使用情况、品质报表、废品率统计、生产订单进度报表、停机原因统计表、机台负荷、模具实际产量统计表、工时统计表、作业员工效率统计表、温度资料分析、模具使用记录等。

⑥ 接口管理。与 ERP、PLM（产品生命周期管理）、MES、APS（高级计划与排程）、CRM（客户关系管理系统）等第三方系统的数据接口进行连接，同第三方软件进行数据交互和业务衔接，形成多系统平台下业务处理的闭环。

图 1-19 所示为某企业专门针对注塑制造行业而开发的一套信息化管理软件。

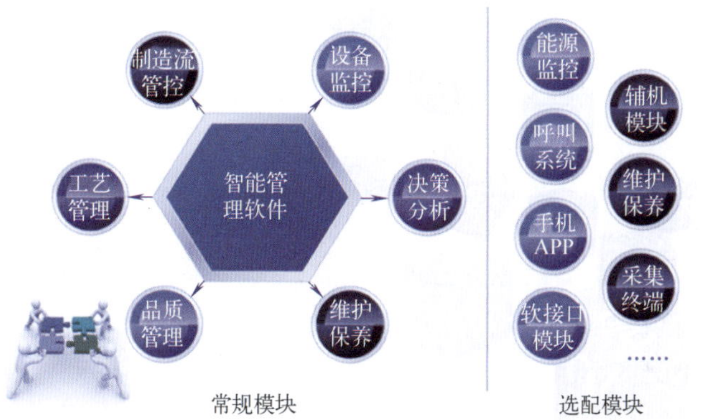


图 1-19　注塑生产信息化管理软件的基本结构

该系统通过实时采集生产现场数据，实现生产现场与职能部门的信息共享和互动，达到在任何时间和地点均可对生产现场实时管控的管理目标；该系统同时提供强大的数据追溯功能，并能与 ERP 等信息系统无缝对接。整个系统具有如图 1-20 所示的九大功能模块，可以实时采集注塑生产中产生的技术和管理数据，如注塑机的注射压力、单位时间的产量、员工上下班记录等。系统经过与预设参数进行比较，自动生成相应的报表，经管理人员修正和确认后生成新的指令，从而将注塑生产调整在最佳状态。

图 1-20　系统的九大功能模块

## 1.2.5　注塑行业智能化现状

未来的注塑工厂肯定是智能工厂，其主要包括：装备（设备）智能、生产智能、服务智能。设备智能化引导生产智能化，生产智能化促使生产数据化，生产数据化推动服务智能化。

在云制造大力发展的背景下，近年来注塑行业的智能化发展迅速，注塑企业、注塑机生产商以及高校都对注塑工业 4.0 进行了一系列的研究，并取得了长足的进步。

欧洲塑料与橡胶机械制造商协会在 2016 年的展会期间，提出 Euromap77 规范，这是一种面向工业 4.0 的新工业规范，主要是解决注塑机与计算机或 MES 系统的数据交换问题，这证明欧洲的企业在这一领域已经领先。

德国恩格尔公司借助“Inject 4.0”思想和技术向客户完整展示了智能成型，分别从智能机器（smart machine）、智能生产（smart production）和智能服务（smart service）3 个层面提出了解决方案，来达到完成智能工厂的目的。德国克劳斯玛菲公司将其实现工业 4.0 的方法称为“Plastics 4.0”，从智能机器、集成生产以及交互服务等 3 个方面推进。2016 年，德国的注塑机生产商阿博格公司在展会上展现其工业 4.0 的应用新方式：利用空间分割技术制造个性化的“智能”行李箱标牌，以行李箱标牌为储存数据信息的介质，把客户的个人联系方式与制造过程信息以电子信息的形式同步储存到 NFC 芯片中，最终再用激光对标牌进行特种加工，制造过程所需信息从云端获取，然后由行李箱标牌提供，进而达到分散生产的目的。

我国广东的注塑机生产商博创智能装备股份有限公司的工业 4.0 技术也能够满足欧洲标准，其技术主要是利用一套交钥匙系统进行展现。震雄集团的 iChen 4.0、东华机械有限公司的 iSee 4.0、广东伊之密精密公司的 I-factory 4.0 等，关切的要点是制造流程中的监视、管理及服务。

宁波海天以单台注塑机为单位，为每一台设备安装了智能化模块，用于搭建注塑智能系统，将注塑生产车间内机器的信息同步采集然后汇聚到网关，再通过网络传送到云端，借助这种方法搭建注塑云。

以上是全球范围内部分注塑机生产商为推进注塑行业整体发展寻求的方向和做出的努力。与此同时，国内外高校也对与注塑生产相关的智能制造进行了研究，譬如，我国台湾的中原大学对基于模具设计与模具制造的复杂多样性以及注塑机与塑料的耦合效应导致无法连续成型高精度、高质量制品的问题，建议使用一种云平台的实现方法，该方法将模具设计、模具制造、模具生产等信息进行数字化和阶段性数据的自动交换，提高了注塑制品的成型精度和质量。

2018 年我国台北科技大学利用云能源管理系统优化注塑成型工艺以实现节能效果，云能源管理系统是一个由电信推出的智能化能源管理系统，通过记录注塑成型过程的动态、能耗和产品质量，通过软件平台上的专家测量、验证系统来分析注射成型过程的节能效果。

广东工业大学提出了一种基于云制造的区块链技术，用于注塑模具再制造（IRM）安全知识共享。在这项体系中，IRM 知识被存储在私有云中，而区块链技术为系统在不信任的环境中的安全性提供了标准和协议。云制造可以使公司范围内信息、数据和计算资源共享，这些特点对于注塑模具的再设计具有重要的意义。

加拿大新不伦瑞克大学机械工程系智能控制实验室在注塑机上进行了一个实验，在注塑成型过程的控制器中实际上包含人工智能部分，初步的测试表明了数据挖掘和机器学习的方法可以提高控制器的性能，因而机器学习随着工业物联网和云计算的发展逐渐被用于工厂中。

北得克萨斯大学丹顿分校提出了一种先进的信息物理系统（CPS）和面向服务的体系结构（SOA），用于对智能微注射成型过程进行实时监控和数据分析，并用于智能模具仪表，作为实现这种智能视觉的一种方法，还介绍了智能模具的概念和如何在工业 4.0 中实现智能制造这一美好愿景的一些建议。其所提到的工业 4.0 代表了一种环境，在这种环境中，注塑机被视为自治设备，可以通过计算机网络与其他制造设备协作，并与企业信息系统（如 MES）协作，以完成更可靠、更快和更智能的决策。

2019 年，德国波恩 - 莱茵 - 西格应用技术大学将人工神经网络用于全电机注塑机的位置控制器，在 Matlab/Simulink 中进行数值模拟，人工神经网络结构利用定位误差和误差速度采用反向传播算法训练人工神经网络，实现了对电机电流的控制，从而保证所需的位置和速度。

德国亚琛工业大学利用计算机断层扫描技术实现了注射过程中的注塑模具自动校正，其中通过互联网实现 CAD 模型和点云的数据交换，这实际上也可以说是工业 4.0 的一个部分。

## 1.2.6 注塑生产智能化实例

### 1.2.6.1 项目背景

广州某汽车配件企业主要生产中高档汽车塑件，如车灯支架、车灯外罩、车门内饰板等。面对汽车行业发展的需求和人工成本急剧攀升的现状，该公司与广东博创智能科技有限公司（Borche）、广东工业大学等单位合作，在注塑装备中引进智能感知、故障诊断、自适应控制和专家系统等先进的智能控制方法，全面提升了注塑装备的智能化水平，逐步实现了注塑生产的智能化，并取得了较好的经济效益。

### 1.2.6.2 智能注塑详情介绍

该企业开展注塑生产智能化项目，主要聚焦于注塑成型装备智能化方法研究、注塑成型装备研发与生产、注塑成型大数据云服务平台构建、注塑成型云服务系统研发与推广（MES、全生命周期健康管理系统）等方面，项目的总体架构如图 1-21 所示。

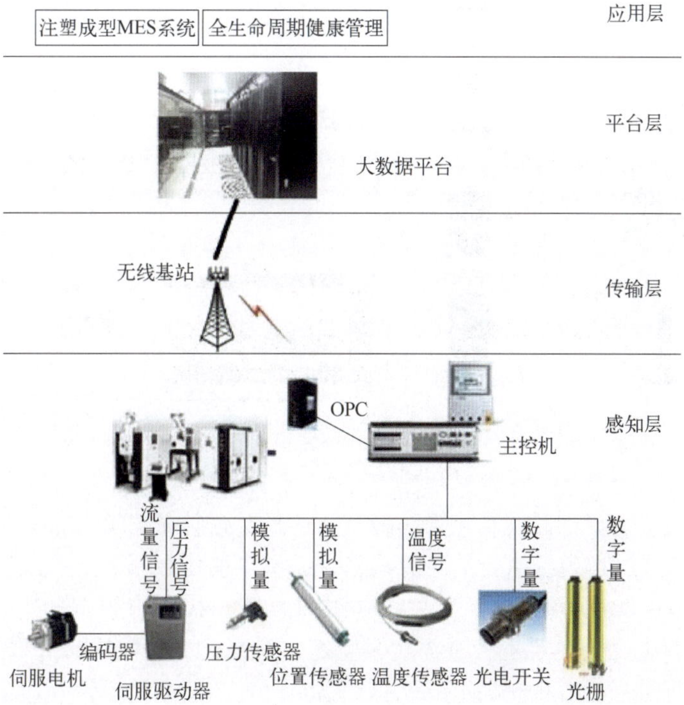


图 1-21 项目的总体架构

针对注塑成型装备的网络化、智能化和信息化水平相对低下的问题，本项目构建的系统架构包含 4 层：感知层、传输层、平台层和应用层。

① 感知层：主要由计算机、主控接口、分机控制器及各种传感器组成，采集并捕获注塑成型装备的各种信息。通过感知层全面感知注塑机的信息，并构建新型的智能控制系统，研发智能化的注塑成型装备。

② 传输层：由各种通信网络和互联网形成的融合网络，完成信息、数据与指令在感知层与平台层之间传递。

③ 平台层：基于基础设施和云计算中心数据（广东工业大学面向领域应用的大数据中心），利用大数据中心、运营平台，打通了各机构之间的信息壁垒，构成了一体化联动的信息共享与协同机制。各种数据资源协同联动，实现信息平台的精细化、准确化、实时化管理。

④ 应用层：整合各种信息资源，实现对各类信息服务的统一调用，支撑企业业务协作，构建注塑成型 MES、注塑成型装备的全生命周期健康管理系统等系统平台。

#### 1.2.6.3 项目实施与应用情况详细介绍

（1）注塑生产 MES

注塑行业制造执行系统（MES）对整个注塑生产现场进行实时监控和数据采集、信息共享，实现生产现场与职能部门互动。职能部门能实时管控现场，通过网络可在任何时间、任何地点远程实时获取生产现场信息，并以此为基础，向用户提供强大的生产数据追溯系统，如图 1-22 所示为 Borche MES 网络拓扑图。

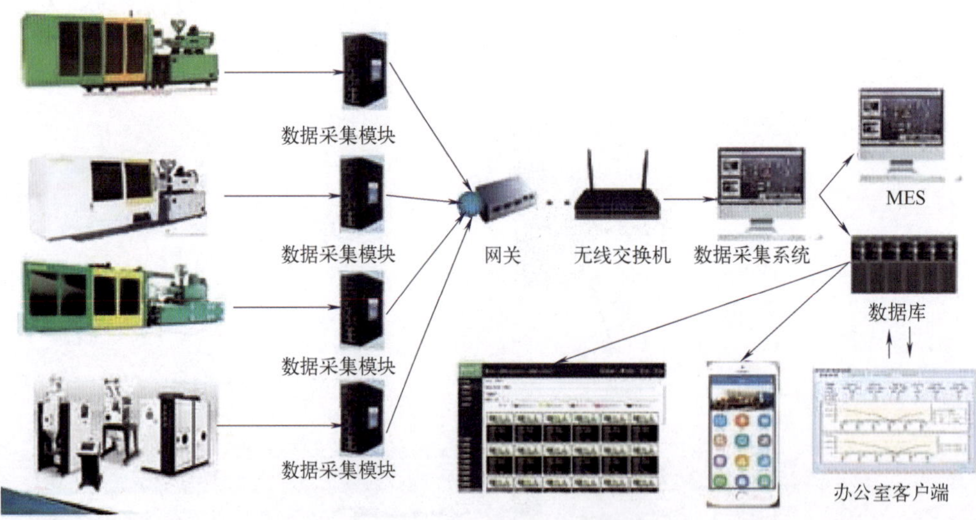


图 1-22 Borche MES 网络拓扑图

系统提供了注塑生产过程透明化管理的有效途径，弥补了 ERP 和 MRP 偏重对计划的管理而无法监控到制造过程现场执行情况的缺陷，通过自动化数据采集手段，实时获取生产现场在制品、物料、制造过程的品质信息。建立集成的生产控制与品质管理平台和完善的生产过程数据库，从而满足企业对生产过程实时监控与全面追溯的需求，并通过 OEE 等性能控制指标的分析，帮助企业不断提高生产效率，不断改善产品品质，使企业全面达到持续提升客户满意度需求。

Borche MES 使用自主研发的数据采集器。该采集器采用 ARM 内核进行开发，具有高精度、高稳定性、存储空间大、数据存储时间长、通信方式多、传输速率快、故障报警、自动检测、远程自动升级等优点，连接简单，无须修改注塑机自身电脑电路。采集器将采集回来的数据实时、准确地传输到数据服务器进行后台数据处理，通过 Borche MES 管理软件可以实时查看到整个注塑车间的机器运行状况、模具状态、工艺成型参数、物料消耗、订单生产进度等信息，从而实现生产车间现场的透明化管理，如图 1-23 所示。系统提供强大的报表功能，使用户能快速地得到生产车间的统计分析报表。

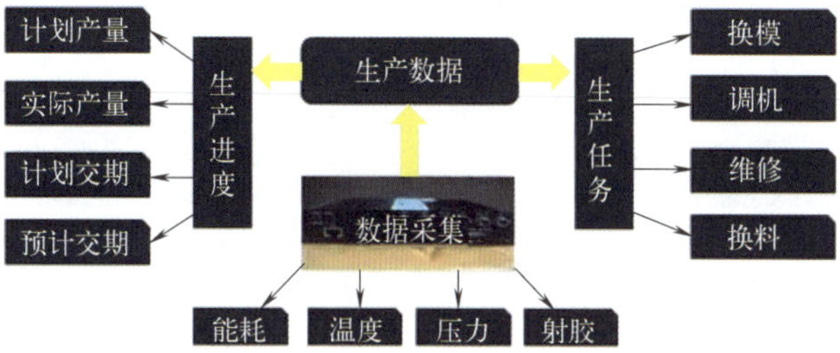


图 1-23　Borche MES 功能模块

① 数据采集模块：该模块是智能控制系统的基础模块，主要功能如下。

a. 该模块对车间机器进行实时监视，实时掌握车间机器、模具等设备的运行状况，如图 1-24 和图 1-25 所示。

图 1-24　车间生产状况监控

b. 实时跟踪订单执行情况。

c. 实时跟踪车间物料的使用情况。

d. 对生产过程中发生的异常情况进行警示，包括：周期报警、机器状态不明报警、温度异常报警、射胶压力异常报警、射胶时间异常报警、射胶量异常报警、预塑时间异常报警、次品率高报警。

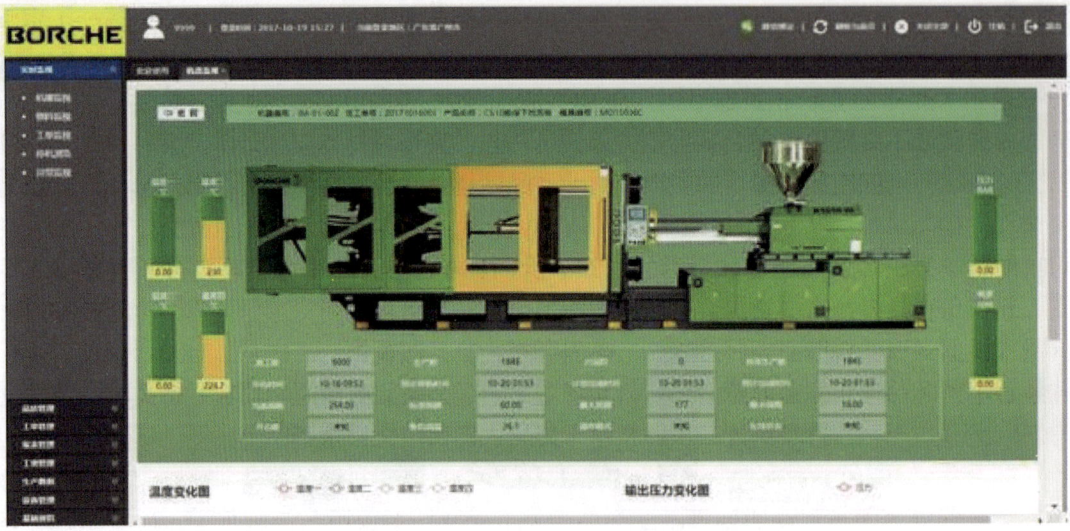


图 1-25　单机生产状态的监控

e. 系统 DNC（分布式数字控制）技术，通过有线或无线的数据采集器，使车间的生产设备实现了网络连接，可以实时、准确、客观地采集生产现场的数据，并进行异常处理，为 ERP 等信息系统提供数据交互接口。

② 工艺管理模块：实时跟踪注塑过程中的成型条件，如注塑周期、注塑压力、最大注塑压力、熔胶温度、模具温度、射胶速度、射胶量、射胶位移等工艺参数。图形化记录每模实际成型参数，做到每模产品质量的可追溯，并实时归档。

③ 生产排程模块：从订单生成工单（可与 ERP 接口），PMC（项目管理承包模式）参照日历查看所有机器的排产和生产进度，再对工单进行排产。也可结合注塑生产工艺特点，自动生成派工单，经过审核后的派工单就自动派工到相应机台，供车间 QC（质量控制）、领班、机修、加料工参考。

④ 品质管理模块：适时收集统计注塑机的产品质量情况，次品类型及合格率，并可以按查询条件生成各类品质分析报表，可以查看相关时间段工艺波动情况进行品质追溯、原因分析和品质改善。

⑤ 报表模块：提供强大的报表支持系统，如生产日报 / 月报、原料使用情况表、品质日报表、生产单进度报表、停机原因统计表、成型条件监测报告、模具实际产量分时统计表、注塑周期明细表、作业员工效率统计表。

⑥ 库存管理模块：根据实时生产状态，对用料情况进行客观记录。自动提示库存状态，对库存红线进行预警。

⑦ 维护管理模块：提供设备维护、保养计划安排，并将设备的维修情况形成报告，实现设备自动保养提示和性能评估，为生产排程提供依据。

（2）注塑成型装备全生命周期健康管理系统

注塑机全生命健康大数据平台是利用云技术、数据协议通信技术、移动互联网技术和装备建模、人工智能、模糊神经元、大数据等技术对企业智能装备运行数据与用户使用习惯数据进行采集，实现在线监测、远程升级、远程故障预测与诊断、装备健康状态评价、装备运行与应用状态报告生成等功能的智能服务平台。

智能装备云服务平台是为服务于客户装备高效、持续、稳定、无故障运行，便捷人性化的装备保养、高效售后支撑而实现的智能物联网平台。平台实现了设备档案集中高效管理，具有高效便捷售后支撑系统、人性化的远程装备管理、智能故障诊断和故障预警功能、安全便捷的数据采集服务、多维度全方面数据分析功能。

针对项目实际用户不同的建设要求，可以按本地自建监测中心、云平台两套方案来实现。下面分别对这两套方案进行阐述。

① 自建监测中心：企业自建监测中心，把系统及服务器部署在企业或企业指定的 IDC（信息传播中心）机房，企业注塑装备的控制器通过外部通信接口接入到无线传输设备，上传到监测中心，服务器有固定外网 IP，如图 1-26 所示。

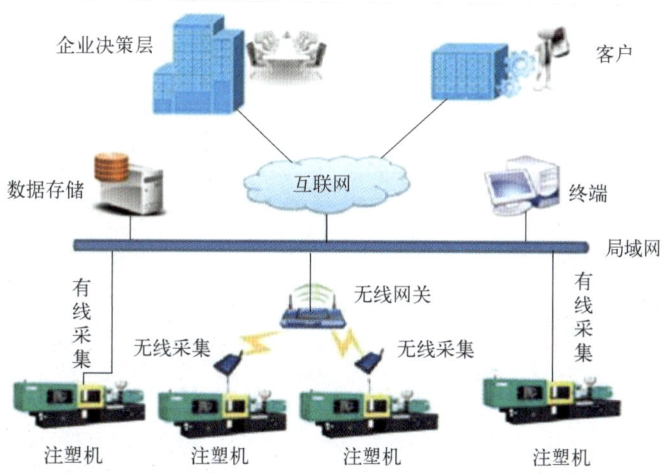


图 1-26　监测中心拓扑图

基于目前的注塑装备控制器特点，在注塑装备端安装带 RS485 的 4G（第四代移动通信技术）/5G 无线路由器（在有有线网络的条件下，也可以用有线设备的方式传输），用于监测注塑装备 PLC（可编程逻辑控制器）及电能表，通过 CAN-RS485 转换器（CAN 为控制器区域网络）把驱动器监测起来。

② 基于物联网技术构建智能装备服务云平台：租用成熟服务器，注塑装备端监测设备及传输设备跟自建方式一致。

该项目在云端也是基于物联网技术来构建智能装备服务云平台，如图 1-27 所示。该平

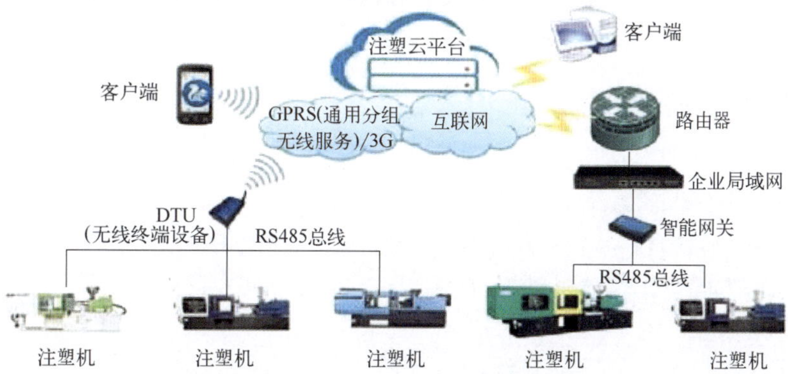


图 1-27　云平台拓扑图

台在服务器上搭建 Openstack 实现资源的虚拟化；实现用户接入、第三方应用接入（ERP、PLM、CRM 等信息化管理系统）、平台的状态监测、安全认证、数据存储管理等；基于 Hadoop 搭建大数据中心，根据用户需求实现对运行数据与用户使用习惯数据的采集，并建模实现深度挖掘、分析、决策，自动生成产品运行与应用状态报告，并推送至用户端；承载在线监测、远程升级、故障预测与诊断、健康状态评价等云服务。通过云计算和大数据技术以及移动互联网技术，建立了高效、安全的智能服务云平台，提供的服务能够与产品形成实时、有效互动，大幅度提升系统的信息化和网络化水平。

③ 注塑设备全生命周期管理系统。该系统是一种利用现代信息技术和智能化手段，对注塑设备从采购、安装、使用到维护、报废等各个阶段进行全面管理的系统。该系统通过实时监测设备运行状态、采集设备数据、进行故障预测与诊断、生成健康状态报告等功能，实现对注塑设备全生命周期的健康管理，如图 1-28 所示。

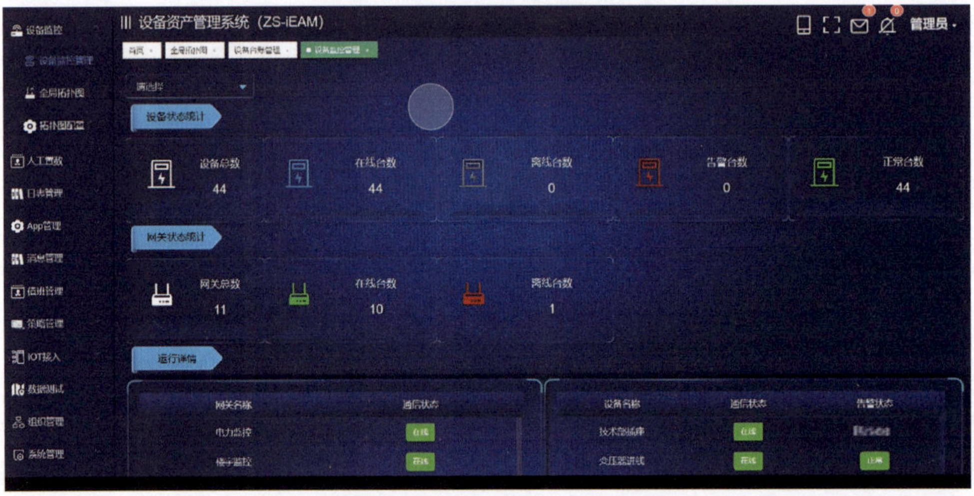


图1-28　注塑设备全生命周期管理系统

一般而言，注塑装备全生命周期健康管理系统的功能模块主要包括以下内容。

a. 设备监测与数据采集：系统能够实时监测注塑机的运行状态，包括温度、压力、速度等关键参数，通过传感器自动采集并上传至系统，确保管理人员能够及时获得设备的实时信息。

b. 故障诊断与报警：当注塑机发生故障时，系统能够自动识别并报警，提供故障代码和建议的处理措施，帮助维修人员快速定位问题，减少停机时间。

c. 维护管理：系统可以根据设备使用情况自动生成维护计划，包括定期维护、保养和检修等，确保设备始终保持良好的运行状态。同时，维护记录也会被系统自动保存，方便后续查询和分析。

d. 数据分析与报告：系统能够对设备的运行数据进行深入分析，生成各类报表，包括设备效率分析、故障统计、生产效率报告等，为管理层的决策提供数据支持。

e. 远程运维管理：通过云端实时连接注塑机控制器，实现远程在线升级程序，极大提高设备维修效率和质量。

f. 移动端管理：实现移动端在线随时查看机器设备状态与性能报告，微信一键报修服务。

g. 健康状态评价：基于实时运行数据监测的多种故障和性能自诊断模型，降低设备故障率，提升设备性能。

h. 远程故障预测与诊断：利用大数据和人工智能技术，对设备进行远程故障预测与诊断，提前发现潜在故障并进行预防性维护。

#### 1.2.6.4 效益情况分析

（1）生产效率大幅度提高

① 实时监控人、机、物、料，可远程实时跟踪订单执行情况；

② 各岗位责任更清晰，提高协同效率；

③ 建立注塑机、模具、员工之间的档案，优化生产搭配；

④ 对历史数据进行挖掘分析，为最优派工提供数据支持；

⑤ 提供报表功能，减少人工统计，降低管理成本；

⑥ 随时登录系统了解车间的生产状态，决策更科学。

（2）调机和试模更高效、方便

① 根据记录生成工艺管理数据库；

② 以最优工艺数据为工艺参数标准；

③ 提供个体设备独立工艺参数作业指导；

④ 大幅提升调机效率，稳定产品品质；

⑤ 大幅降低批量性的质量事故；

⑥ 降低对人员的要求，减少人为因素；

⑦ 调机时间减少 5% ～ 30%；

⑧ 大幅减少调机废料和调机损坏。

（3）待单待料时间大幅度减少

① 当前生产单结束前，系统自动提醒；

② 在本次生产完成前已进行下个订单的物料、模具等的准备；

③ 动态准确预计生产结束时间；

④ 系统根据以往数据进行排单优化；

⑤ 对空闲设备与工人组合的生产方式的生产效率进行准确预估，排单更合理；

⑥ 大幅减少停机待料时间。

（4）不良品控制更精确

① 通过以往生产数据优化巡检周期；

② 通过机器记录（刷卡）对巡检实现管控；

③ 出现质量问题立刻报警，大幅降低批量性质量事故；

④ 通过看板、短信和邮件等方式报警，快速止损；

⑤ 质量问题发生后，系统自动对生产任务进行调整；

⑥ 系统记录不良品生产记录，为生产优化提供数据。

# 第 2 章
# 注塑机及其周边装备智能化

- 注塑机智能化
- 模具更换与监测智能化
- 注塑机周边设备智能化
- 注塑生产数据采集与通信系统
- 注塑生产过程智能化

# 2.1 注塑机智能化

## 2.1.1 注塑机智能化的思路与特点

（1）注塑机智能化优势与现状

所谓的注塑机智能化，是指在注塑机上将先进制造技术、信息与控制技术、通信技术、检测技术进行集成和深度融合，使注塑机具有感知、分析、推理、决策、控制等“人脑”功能。智能化后的注塑机能够自动设定和修正成型工艺参数、自动适应成型加工环境、自动检测制品的质量等，最终高质高效生产出合格的塑料制品。实践证明，注塑机智能化可以在如下几个方面提高企业的竞争力。

① 提高生产效率：智能化生产通过引入自动化设备、机器人技术和智能传感器等辅助设备，可以实现注塑机的自动化操作和监控。这不仅可以减少人工干预，降低人为错误，还可以提高生产速度，缩短生产周期，从而显著提高生产效率。

② 提升产品质量：智能化生产系统通过精确控制注塑机的各项参数，如注射速度、压力和温度等，可以确保产品的一致性和稳定性。此外，通过实时监测产品质量，及时发现并处理潜在问题，可以进一步减少次品率，提高产品质量。

③ 降低成本：智能化生产可以降低注塑机生产过程中的能耗和物料浪费，减少维护成本和人工成本。同时，通过优化生产流程和减少库存，可以进一步降低成本，提高企业的盈利能力。

④ 灵活应对市场变化：智能化生产系统具有高度的灵活性和可配置性，可以快速适应市场需求的变化。通过快速调整生产参数和模具，可以轻松切换生产不同规格和类型的产品，满足客户的个性化需求。

⑤ 强化数据分析与优化：智能化生产系统可以实时收集生产数据，通过数据分析和挖掘，可以发现生产过程中的瓶颈和问题，为优化生产流程和提高生产效率提供有力支持。

综上所述，注塑机智能化生产通过提高生产效率、提升产品质量、降低成本、灵活应对市场变化以及强化数据分析与优化，显著提升了企业的竞争力。随着技术的不断进步和应用的深化，注塑机智能化生产将成为未来制造业的重要趋势。

目前，注塑机行业的智能化水平还在不断提升，随着信息技术的快速发展和人工智能（AI）的广泛应用，注塑机行业正迎来一场深刻的智能化变革。

一方面，现代注塑机已经配备了先进的控制系统和电子设备，可以对温度、压力、速度和位置等参数进行精确的控制和调节。通过设定参数，机器便能自动进行注塑生产，大大提高了生产效率和产品质量。同时，传感器、机器视觉和机器学习等技术的应用，使得注塑机能够实现更多的功能和智能化操作。这些技术可以实时监测和反馈生产过程中的各种参数，及时调整机器的工作状态，极大地保证了注塑生产的稳定性和一致性，如图 2-1 所示。

另一方面，自动化生产已经成为注塑机行业的主流。传统的手工操作已经被自动化系统所替代，注塑机能够独立完成从原材料上料到产品下线的全过程。这不仅降低了生产对人工的依赖，减少了人力成本，还提高了生产效率和制品质量稳定性。此外，自动化生产还可以降低操作难度，减少人为因素导致的生产误差，提高产品的合格率。

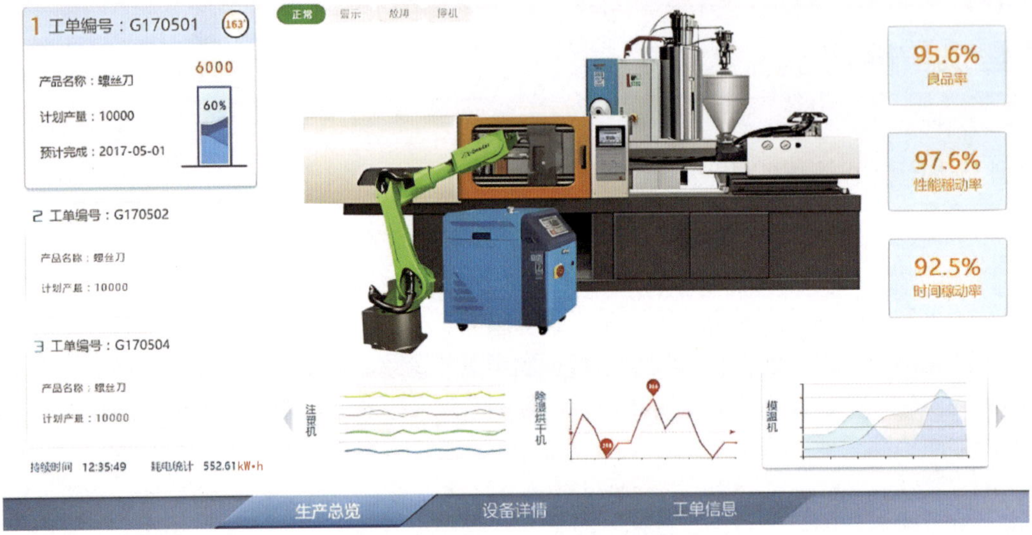


图 2-1　注塑机工作状态实时监控

随着自动化和智能化水平的不断提升，注塑机行业正迎来更加广阔的发展前景。未来，注塑机将更加智能化、高效化、绿色化，为制造业的转型升级和可持续发展做出更大的贡献。同时，这也将对注塑机制造商提出更高的要求，需要他们不断创新、提升技术水平，以满足市场的不断变化和客户的不同需求。

（2）注塑机智能化的技术路线

注塑机智能化科技含量远比金属加工设备智能化要高。例如，注塑制品终端成型过程中产生内应力，内应力影响高端的工程塑料精密制品的几何和尺寸的精度。金属加工设备是把金属粗制件加工为精制件，加工的技术要素是实现几何及尺寸精度，产品的内应力在加工前已通过热处理得到消除，智能化的目的是提高加工效率和加工精度、避免人为的操作误差。

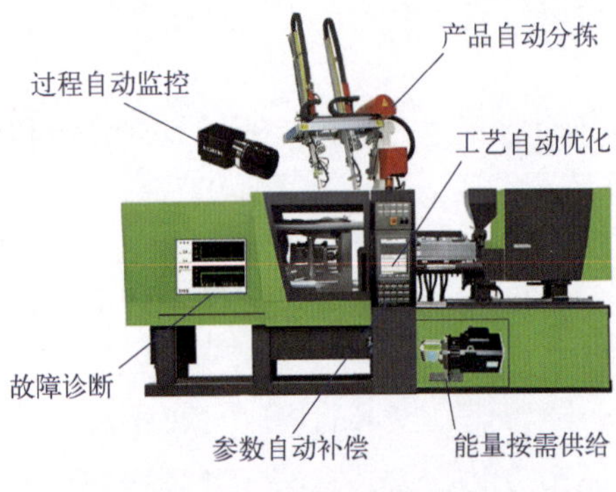


图 2-2　注塑机智能化的子系统

注塑智能化系统包括了很多的子系统，各个子系统集成起来成为一个全方位的智能化整体，如图 2-2 所示。实现分支的智能化，才能实现全方位的智能化。注塑机智能化的关键内容之一是注塑机装备了某一项或多项智能化技术。注塑机智能化成型加工链中包括智能模具、智能周边设备、智能辅助设备等与成型加工有关的装备。

注塑机智能化包含各个分支的智能化，各分支可依据不同的功能进行独立开发。由于注塑成型加工对象的内涵不同，可根据现实需求和潜在需求进行开发及应用。注塑机成型加工对象不同，智能化的形式及科技含量也不同，切不可一讲智能化，就将所有注塑机视为同一模式的智能化。功能化、专用化的注塑设备和个性化的智能化技术更为重要。通用化的注塑机，所成型加工塑料制品的技术含量需求不高，可考虑开发环保、节能、绿色化等注塑外围的智能化技术，例如智能化节能注塑机、智能化环保注塑机，实现可持续发展。精密注塑机所成型加工塑料制品的技术含量高，为提高精密件的质量水平，可考虑开发直接涉及注塑成型加工的智能化技术，如控制注射压力、速度、背压、计量等参数的高端的智能化技术。

（3）注塑机的智能化进展

自 20 世纪 60 年代末美国费洛斯公司首先应用计算机控制技术开始，注塑机的控制技术高速发展，目前已经形成了包括熔体温度、注射压力、注射速度、保压时间、冷却过程及液压回路参数等多因素集成微处理器控制系统。智能化已然成为注塑机控制技术发展的必然追求。注塑机智能化表现在多个方面：

① 全自动化。人工智能理论与实践的丰富能够实现注塑生产过程的柔性化和自动化，降低操作的人力成本，提高管理的自动化与信息化程度，同时配备辅助性功能部件，如自动加料机和国外使用比较广泛的取件机械手等，能够基本实现注塑过程的全自动化。

② 高精度化。注塑机的控制系统需实现对温度、压力、流量以及位置的高精度闭环控制，以满足对精密产品生产过程参数的严格控制。现阶段半闭环的位置控制已在国内使用，而全闭环控制器仍需进口。

③ 网络化。通过网络来实现单台注塑机的在线诊断、下载、升级等功能，或多台注塑机的集中控制、程序调用等功能，能够保障生产计划的及时调度安排与反馈，大大节省了人力成本。

④ 一体化与复合化。所谓一体化，是指将从加入原料到取出制品之间的所有工序尽可能安排在同一系统中协调完成。而复合化是指 1 台注塑机在进行简单调整后能够满足多种加工需求，减少设备调换产生的浪费与误差，提高控制精度和生产效率，缩短注塑工期。

在物联网、大数据、云制造发展背景下，注塑机智能化发展日益丰富。早在 2016 年，奥地利威猛巴顿菲尔公司就以“走向智能化”为主旨，通过 Smart Power 注塑机实现了智能注塑与现代工艺之间的协作生产，如图 2-3 所示。

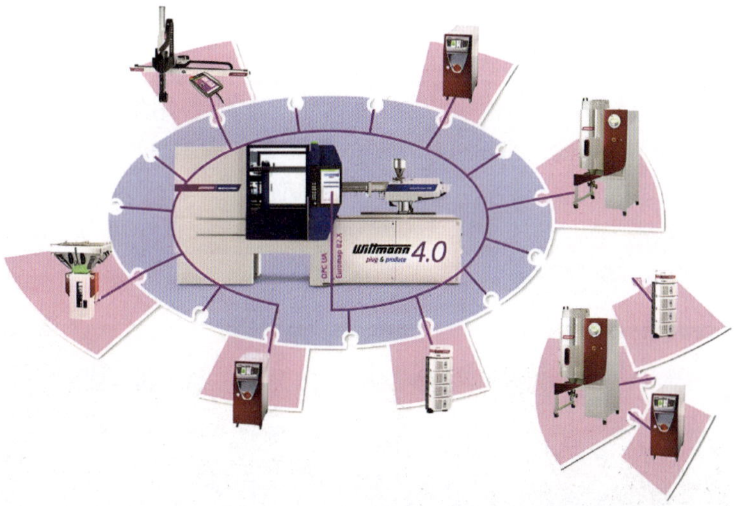


图 2-3　威猛巴顿菲尔公司的智能注塑机及其周边装备

欧洲塑料与橡胶机械制造商协会提出了面向工业 4.0 的新工业规范 Euromap77，帮助注塑机与计算机或工厂的制造执行系统（MES）进行数据交换。德国恩格尔公司从智能机器、智能生产和智能服务 3 个层面开发了“Inject 4. 0”智能成型方案，如图 2-4 所示。

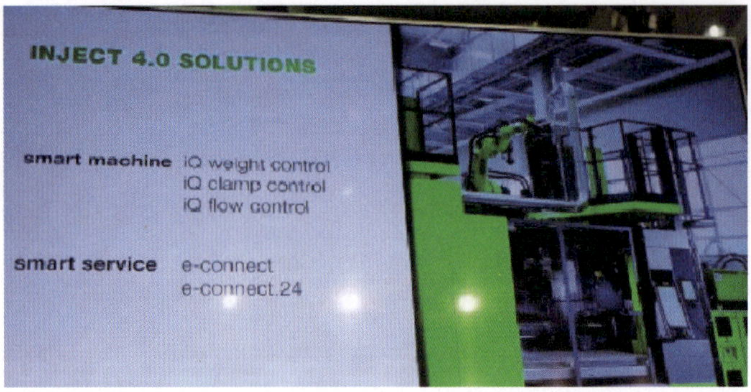


图 2-4 恩格尔公司展示的“Inject 4.0”智能成型方案

我国伊之密公司基于其精密的 I-factory 4.0 技术，推出了搭载 SmartClamp 智能锁模系统的 UN500DP 两板式注塑机，同时集成了聚氨酯（PUR）设备和 InPUR“1+2”模具技术，实现了一步法成型带局部高光表面的汽车发动机盖板零件，如图 2-5 所示。

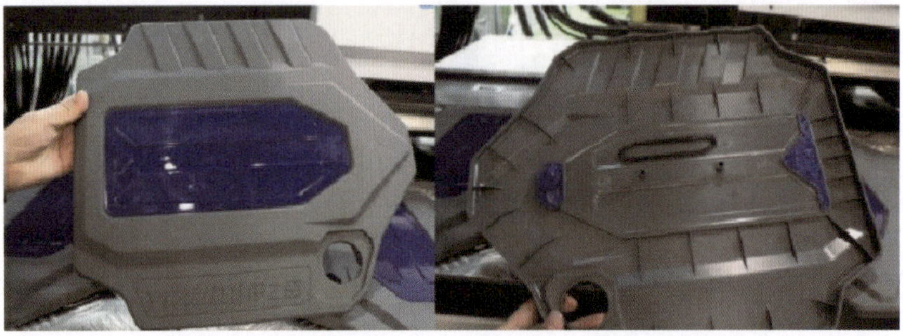

图 2-5 伊之密公司注塑机生产的发动机盖板

我国海天机械为每一台注塑机安装了用于搭建注塑智能系统的智能化模块，同步采集注塑生产车间内机器的信息后汇聚到网关并传送到云端，以此搭建注塑云平台。泰瑞机械自主研发了基于 Linux 系统的多协议、多功能控制平台，同时使用分流集流阀简化了抱闸液压机构的液压油回路，打造了基于纯二板注塑机的智能化升级产品。广东博创公司的工业 4. 0 主要以其新一代大型二板智能注塑机 BU900-Ⅱ为主体，强调交钥匙与智能化方案，采用了国内首创的电动熔胶新技术，搭配横走式机械手、视觉检测、自动称重，以及输送等功能性辅助模块，助力注塑生产智能化，如图 2-6 所示。

图 2-6 我国博创公司提出的注塑系统智能交钥匙解决方案

而我国力劲公司研发出一套节能表现优异的二板式注塑生产系统，集成了当前先进的伺服节能技术、单缸射胶技术、强力锁模技术、模具保护技术，以及大数据存储分析功能，在生产大型垃圾桶、水桶等深腔容器类产品中表现优异，其产品如图 2-7 所示。而我国香港的震雄公司开发的 iChen 4.0 系统则主要关注制造流程中的监视、管理与智能化服务等。

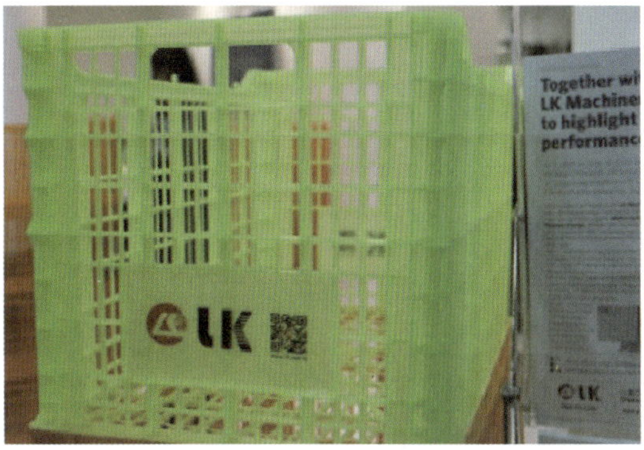


图 2-7　力劲公司生产的大型深腔容器塑件

此外，广东工业大学提出了一种基于云制造的区块链技术，为系统提供在不信任环境中的安全性标准与协议，使存储在私有云中的注塑模具设计制造知识得以安全共享，对于模具的再设计具有重要的现实意义。德国亚琛工业大学利用计算机断层扫描技术实现了注塑模具的自动校正，通过网络实现 CAD 模型与点云的数据交换，同样丰富了工业 4.0 的发展。

整体而言，可靠的网络控制平台、高精度的硬件配置与合理的软件控制方案是实现注塑过程优化的必要元素，注塑控制系统正朝着高精度化、高可靠性、信息交互网络化、一体化、复合化与开放化、智能化迈进。将来的注塑工厂应当是设备、制造与服务多位一体的智能化结构。

## 2.1.2　注塑机的智能控制技术

### 2.1.2.1　注塑机控制技术的回顾

（1）继电器、接触器控制

传统的注塑机一般采用简单的继电器、接触器控制，控制方式多为开环控制，由行程开关和挡块组合进行动作顺序切换控制。这种注塑机只能用于某一种固定的工艺过程，一旦该过程有变化，则需要重新调整或设置，直流电部分用继电器控制，交流电部分用接触器控制。这种继电器、接触器控制方法结构简单，可靠性差，控制精度低。

（2）电子电路顺序控制

电子电路顺序控制采用分立元件或部分采用集成电路，开始以门电路（逻辑电路）来代替继电器，用直流电磁阀代替交流电磁阀，用无触点行程开关及挡块实现动作程序切换，具有感应快、体积小、成本低等优点。

（3）PLC 控制

用 PLC 控制注塑机的动作及过程，采用数字定时器代替时间继电器、中间继电器，将 24V 直流电压提供给直流电磁阀，用位移传感器实现动作或过程的切换，采用比例压力和比例流量控制等。PLC 控制真正用于注塑机是在 20 世纪 80 年代末，采用 PLC 控制注塑过程和动作顺序，实现生产过程的自动控制，为注塑机实现自动化控制奠定了一定的基础。

然而，由于当时技术上的种种原因，PLC 控制方式也有其不足的地方，如它的抗干扰性、可靠性和温度控制精度在有些时候还不够理想，工艺程序不能进行固化或保存，每次换模（换品种）都要输入工艺参数和调试，操作人员需要一定的文化知识和专业知识，普及率不是很高，使用时间不是很长。

（4）PC（个人计算机）控制

基于PC的注塑机工艺参数控制方案中，所有的硬件作为控制系统的一个输入/输出（I/O）接口，利用液晶显示器（LCD，liquid crystal display）来显示设定参数、过程参数及过程曲线等，通过图形菜单，使得成型过程基本上达到可视化状态，信息容量大，操作直观方便。该系统还具有计算能力强、可故障报警、可储存工艺参数等优点，实现成型过程中开环和闭环监控，较好地提高了注塑机性能。特别是高性能嵌入式系统控制由开环控制逐步发展为带有比例伺服系统的闭环控制。操作者可利用输入键盘及液晶显示屏，设置和调节压力、速度、温度、时间和位置等参数，这被广大操作者视为一个初级PC机。PC控制方式使用的时间较长，从20世纪90年代末至今。

### 2.1.2.2 注塑机的智能控制系统

注塑机的输入变量有两类：一类是模拟量形式输入，包括料筒温度、注塑系统压力、锁模系统压力、模腔系统压力、螺杆位置等；另一类是数字量形式输入，包括螺杆进退行程开关、射台进退行程开关等。控制系统的硬件是先进控制方法的载体，由信号采集模块、中央控制模块、用户界面（例如键盘、显示器等）三大部分构成。图2-8所示为注塑机控制器硬件部分结构框图。

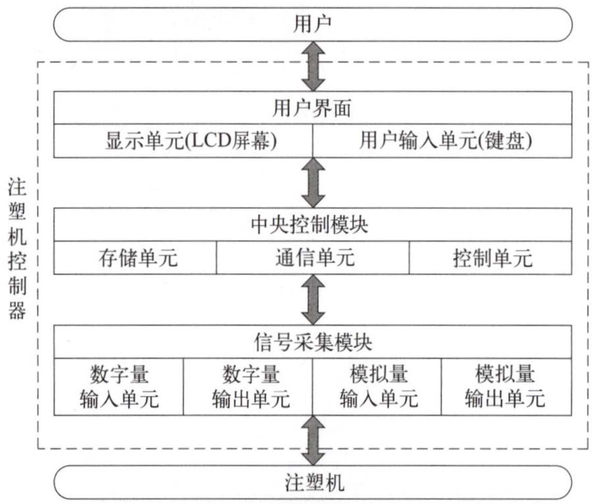


图2-8 注塑机控制系统硬件部分结构框图

注塑机控制系统软件部分包括定制的实时软件支撑平台、针对注塑机关键过程变量的先进控制方法、模块化的控制软件系统，以及通信、存储等功能模块。具体的软件部分结构如图2-9所示。

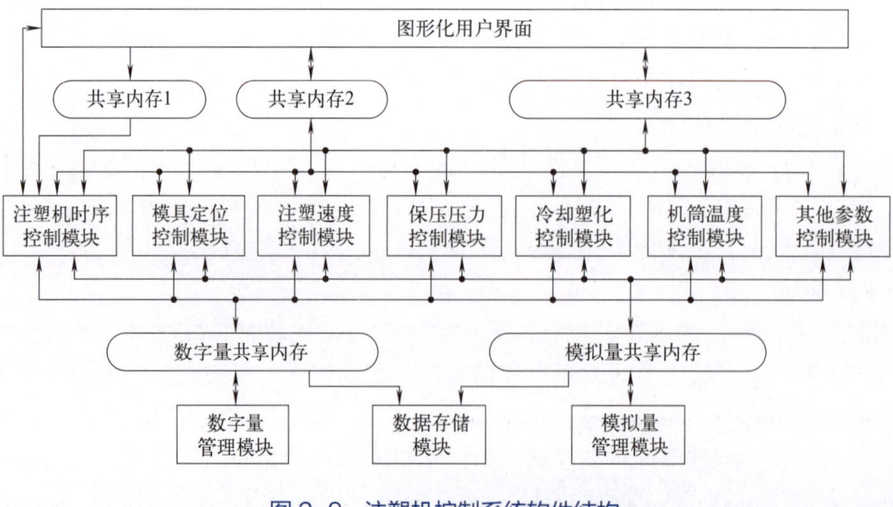


图2-9 注塑机控制系统软件结构

注塑过程相对于传统的流程工业，具有快速、各阶段过程特性变化大的特点。软件系统必须建立在一个定制的快速切换实时操作系统平台上。如图2-9所示，控制系统软件部分也是采用模块化的设计，各个模块独立工作完成固定的功能，模块间通过信息传递来实现通信，大量的数据通过共享内存快速同步。FMS 系统和其他系统等通过模块形式存在于软件结构中，并以增加共享内存的方式，达到总线加长、带宽加大、频率加高、保证多系统集中控制的目的。

## 2.1.3 注塑机智能化的 3C 技术

智能化核心是 3C 技术（communication、computer、control，即通信技术、计算机技术和控制技术）。注塑机使用计算机控制技术，使智能化控制注塑工艺过程中各参数达到最佳成为可能，同时控制方式也发生了从开环到闭环的转变。3C 技术随着科学技术的发展而不断完善和丰富。实现注塑智能化 3C 技术就是把当今先进的 3C 技术融合到注塑成型加工中去，开发出符合注塑成型加工的 3C 技术。当今的 3C 技术已完全满足注塑智能化的需要，关键是融合，谁走在前面，谁就能成为“智造”的高端。

### 2.1.3.1 网络技术的应用及研发

随着计算机技术和网络通信技术的不断发展，工业控制系统也发生了巨大的技术变革。网络化集成控制技术把现场总线、工业以太网、工业无线网、企业局域网、互联网同现代控制设备［包括工业 PC、可编程逻辑控制器（PLC）、人机交互（HMI）、输入输出模块、交换机、网关、通信接口、伺服控制电机等］结合，形成基于通信与控制紧密融合、多种网络协议合理组合、有线与无线相互衔接、管理与控制一体化的控制系统。

（1）工业以太网

工业以太网具有开放性和兼容性、易与互联网连接、可用资源丰富、成本低廉、通信速率高、支持多种物理介质和拓扑结构等特点。工业以太网技术的发展，为控制系统提供了更好的实时性和兼容性，使得设备更接近 IT，成为工业网络发展的必然趋势。

（2）现场总线控制系统（FCS）

现场总线控制系统将工业现场具有通信特点的智能化仪器仪表、PLC 控制器、执行机构等现场设备和通信设备连接成网络系统，通过网络将现场设备之间由模拟量交换变为可靠的数据交换。整个过程都由一台计算机完成，控制器与控制器、控制器与上位机（操作员站或工程师站）之间建立了计算机控制网络，使得操作员在上位机中能够对被控系统的实时运行状态进行监控，某个控制回路的控制策略的设计也可以在上位机中组态完成，通过控制网络下载到对应的控制器中实时运行，大大提高了控制系统的可靠性，并实现了集中管理和分散控制。其主要优点表现在：

① 一对传输线将传感器、变送器和执行器等现场设备互联起来，具有可靠性、实时性和灵活性等优良性能，数字化的数据传输使系统具有很高的传输速度和抗干扰能力，使信号传输更为准确、稳定。

② 开放式的互联。既可以同层网络互联，也可以通过网络互联设备与车间甚至整个企业的控制级和信息级网络互联，共享资源，统一调度。

③ 能处理大量数据信息，实时显示和记录机组所有参数的运行状况，监控生产过程。宁波海达塑料机械有限公司运用现场总线技术取得了很好的控制效果，处于国内领先地位。

（3）无线通信技术

有线信号传输系统往往稳定性不足，特别在运动部位，使用一段时间后，屏蔽层会发生破损，连接处易出故障。无线信号传输技术是一种无磨损的数据信号传输技术，具有降低维修费用、提高可靠性的特点。

工业化的蓝牙和WLAN技术渐渐成熟。无线通信技术不但节省了传感器和接收器之间的大量信号线，也为灵活配置控制系统提供了方便，同时有利于清洁生产。蓝牙技术为工业应用领域提供了一种抗干扰的数据通信方式，一种短距离无线网络的连接方式。意大利Weidmuller公司基于蓝牙技术的传感器-接收器的SAI无线通信模块，内部评判分析单元，可以把传感器检测到的数据发送给上一级主控系统，保证了相关运行工序位置的正确性。该通信模块有96个无线输入和输出端，能够与6个子工作组进行无线通信，发射功率可以无级调节，通信距离为50m，安全变化等级达到IP67，并能实现即插即用、与多种不同系统很好地耦合，在不使用在线耦合器的条件下集成到ProfibusD现场总线系统中。Rockwell Automation公司无线PowerMonitor W250功率测量仪，能够多点监测采集生产过程中特定耗能型应用的数据，自动生成的无线网络即可将能耗信息直接传送到Rockwell Software RS Energy Metrix软件，便于用户直接查看能耗信息及采取相关技术措施降低能耗，这样不但降低了网络成本，还能够更加方便采集数据。

蓝牙无线通信技术在注塑设备上还未得到应用，但在比注塑设备通信更复杂的注塑机上已得到应用，值得在注塑设备上开发。意大利Macchi公司与西门子电子产品公司合作推出的吹塑薄膜生产线的控制系统，使用一种新的无线操控面板来启动和控制整条生产线的运转，生产操作人员可根据需要进行简单的操控和特定的控制。这套操控面板包含有一个显示屏系统，通过无线（声频和视频）连接到生产线上，操作人员无论身处何处，都可清楚了解并且及时解决生产线运转过程存在的故障，提高运转效率。

（4）局域网设备联网实现群控

通过对设备联网组成局域网，可在任何一台设备上对其他设备实现编程、设定、监控、诊断、修改等操作，并且不同设备的画面可以同时显示在每一台设备的屏幕上。及时解决故障，不但缩短了停机时间，还节约了设备的经营成本。

网络服务系统可实现实时、准确、双向、高效、全面、系统地掌握所有监视设备的运行情况，为指挥调控管理人员提供及时、直观的信息，从而对整个设备系统的运行情况做出准确判断并及时响应。深圳求卓科技有限公司自主研发的Chief-iMES系列制造执行管理系统采用了自主研发的数据采集器，该采集器采用ARM内核进行开发，具有高精度、高稳定性、存储空间大、数据存储时间长、通信方式多、传输速率快、故障报警、自动检测、远程自动升级等优点，连接简单，无须修改注塑机自身电脑电路。采集器将采集回来的数据实时、准确地传输到数据服务器进行后台数据处理，通过Chief-iMES前端管理软件可以实时查看到整个注塑车间的机器运行状况、模具状态、工艺成型参数、物料消耗、订单生产进度等信息，从而实现生产车间现场的透明化管理。系统提供强大的报表功能，使用户能快速地得到生产车间的统计分析报表。

#### 2.1.3.2 5G通信技术的应用及开发

我国注塑机产量长期位居世界第一，为我国开发智能化远程网络管理提供了丰富的发展资源。5G通信技术综合应用了目前处于快速发展时期的智能图像处理与识别技术、数字图像传输技术、数字图像压缩编/解码技术、自动化智能控制技术和网络通信技术等先进技术。

我国海天塑机集团开发了一个智慧制造项目——注塑机5G定位及远程服务系统。该系统基于5G通信技术，集数据收发、海量存储、智能传感、智能分析、智能控制、多媒体通信等功能于一体，实现注塑机运行全过程的智能化监管，为注塑机终端用户与装备制造商之间提供方便、快捷、直接的沟通桥梁。促进企业由传统的经营模式向信息化、网络化的转变，优化了企业管理，降低了运作成本，提高了企业形象与生产效率，并为社会节省资源，节能减排，为国家发展高精尖工业设备打下坚实的实践基础。

#### 2.1.3.3 实时通信技术的应用及研发

实时的含义是对一个给定的应用，保证在确定的时间内对信号做出回答。随着设备智能化的发展，传感器需要与执行设备之间进行数据交换，系统对响应时间的实时性要求更为苛刻，传统的现场总线局限性越来越明显，实时通信（real time communication）技术显得更为重要。

注塑设备智能化高速数据交换特点是：①数据量更大，对于数据的负载能力提出了更高的要求；②传输速度的要求，由于运动控制、多 CPU 数据交换需要更快地传输数据；③高速的总线可提供实时的数据通信，复合同步运动中，能够实现高精度的位置与速度、压力等关系的绑定；④能够支撑更为开放的通信系统，利于与管理层的数据交换的需要。

#### 2.1.3.4 开放式结构的应用及研发

通用型开放式闭环控制模式，采用通用计算机组成的模块化、总线式、嵌入式、开放式的体系结构，便于系统的裁剪、扩展与升级。由于制造过程为一个具有多变量控制与加工工艺综合作用的复杂过程，所以为了实现加工过程的多目标优化，必须采用多变量的闭环控制。同时，在过程中采用开放式通用型实时动态全闭环控制模式，易于把计算机实时智能技术、自适应控制、动态仿真等高新技术融于一体。

力士乐致力于实现电控扩展性、一致性及开放性。Indra Motion 系统软件实现高性能的运动控制，Indra Logic 以符合 IEC 规范的 PLC 解决方案实现智能自动化生产控制，并可兼容 Sercos Ⅲ、Profibus、Profinet IO、Ethernet/IP、DeviceNet、EthernetTCP/IP，以及备有 RS232 通信接口，利于客户整合一体化生产。Indra Control L 控制系统便于分布式连接通信及 Indra Control V 工业级计算机，带操作面板功能（人机接口），大大提高了自动化生产的可塑性。Pilz 安全模块开放式系统结构可以通过安全网络连接设备系统网络，并通过以太网协议与其他装置进行通信，例如可通过 Profibus DP 接口整合到现有自动化系统中。

#### 2.1.3.5 生产流程集成架构的应用及研发

采用 IEC 61131、PLCopen Motion、B&R 等已有的库函数来实现系统的开发，Automation Studio 是一个强大的工程设计平台，能够使得开发者实现设备的全流程和全部对象的设计，即从项目管理、版本管理、项目配置、编程、仿真到调试诊断与维护，提供整个工厂的解决方案。硬件已显得不再那么重要，设备的连线变得更加重要，需能提供整个生产管理与优化系统软件及解决方案。Krones 的整厂管理系统架构中，各个生产单元的数据如机器状态、批次控制数据等通过标准的数据总线到了上位，而设备的配置参数、配方数据、主控数据等也通过标准总线下达到生产设备级，生产计划数据、操作控制、文档、维护、分析、优化等功能在上一级实现，通过用户接口与 ERP 系统进行连接，实现整个工厂的数据管理。整个生产过程得到有效监控，影响产品质量与效率的各种因素也量化并提交给上位分析工具，以便管理人员能够及时获得现场设备及工艺存在的问题并给予及时修正，包括能够对成本降低进行有效的分析，从而提高整体生产率。

#### 2.1.3.6 标准化软件的应用及研发

软件赋予机器更为灵活的功能：在硬件不变或硬件变化不大的情况下，软件使得机器能够实现更为丰富的功能，能够充分地使硬件的潜力得到最大的发挥，赋予机器更多的功能设计；软件赋予机器更高的附加值，也赋予机器更高的竞争力。标准化的软件设计正在成为潮流，在不同的机器流程以及不同的机器功能设计里，提取具有共性的功能块对其标准化。这项工作的目标在于参数化设置而无须编程，将调试时间缩短，节省整个开发和调试的成本。

#### 2.1.3.7 专用控制软件的应用及研发

专用控制软件是Know-How的封装容器，它可以将那些制造商的工艺深度封装起来，不易被复制，这些构成了机器的竞争力的核心。

芝浦机械EC-SX系列智能化全电动注塑机，采用了芝浦机械最新型的处理控制器，能够更精确地控制注塑机，提高了运算速度。自行研发的智能化DST（动态自调谐）控制软件用于控制注射和合模过程，可保持加工稳定性，保证每个部件的重量偏差维持在非常低的水平，在使用再生料进行加工的情况下其优势特别明显。

控制软件自主化，不但有利于保护知识产权，更有利于适应市场多变的特点。宁波伟立机器人科技股份有限公司机械手的智能化软件实现自主化，不但标志着我国注塑机机械手达到国际水平，而且在国际上占据了有利地位。

#### 2.1.3.8 视觉技术的应用及研发

视觉技术是实现类似人类视觉（眼睛+视觉神经中枢+视觉神经细胞）的功能，机器视觉是实现真正意义的智能化检测和重要的质量控制技术。由镜头、相机和控制器构成的机器视觉系统替代人工，根据物体在一定环境下得到的画面进行尺寸、缺陷、种类、匹配、文字等各种参数的测量和判别，在捕获图像之后，视觉传感器将其与内存中存储的基准图像进行比较，以做出分析。作为高精度、非接触的测量系统，视觉系统涉及视觉、光学和图像处理，机器视觉与运动控制、智能通信等先进技术的结合正在推动着工业自动化生产的提升，视觉技术与注塑成型加工相结合，成为实现注塑智能化不可缺少的技术。

#### 2.1.3.9 标准模块化技术的应用及研发

根据不同的功能需求，将CPU、存储器、PLC、通信等基本的模块做成标准的系列化产品，通过积木方式实现功能裁剪及模块数量的增减，以构成不同档次、不同功能的智能化控制系统。

#### 2.1.3.10 PID智能化控制技术的应用及研发

经典的PID控制建立在被控对象精确模型（传递函数和状态方程）的基础上，对多层共挤中空塑料成型机的复杂系统，特别是智能化控制系统，建立数学模型比较困难，有时甚至是不可能的，明显呈现出控制性能的不足，也就无法实现期望的自动控制。在计算机技术充分应用的前提下，在经典PID控制的基础上，把自校正技术、模糊控制、专家控制、智能控制等用于PID，微分信号产生的质量更高，打破了经典PID控制系统的局限性，实现PID智能化控制的科学发展。实时性是PID智能化控制的主要技术性能指标，包括两个内容：稳态精度，即稳态值与期望值之差；稳态时间，即系统阶跃快速收敛时间。

（1）实时性温度控制算法及应用技术的开发

温度是一个非线性、大惯性、纯滞后、相邻段有较强耦合的难控对象，经典的PID控制使系统的超调量变大、过渡过程时间增长，实时性差。应用与开发实时性温度控制软件，实现实时性稳定控制。下面两个例子为实时性温度控制算法，供参考。

① 实时性温度控制的模糊变系数PID互联算法。模糊控制运用模糊集合论模拟操作人员的操作和决策，从而实现自动控制，相对于传统的PID控制具有更好的动态和静态性能，控制精度也大为提高。传统的PID控制器依赖被控对象精确的数学模型，当应用在复杂的、非线性的、大迟滞的塑化挤出加热系统时难以达到良好的动态响应。

将模糊控制和PID控制相结合为互联算法，采用以模糊控制方式在线调整PID参数的控制算法，能使模糊控制器根据工艺生产实际情况实时自动调整比例系数、积分系数和微分系数，以达到调节和控制作用的最优实时性。PID参数调节则由模糊控制器根据偏差和偏差变化率进行自动调整，同时把模糊自整定控制器的模糊部分按比例系数、积分系数、微分系数分成3部分，分别由相应的子推理器来实现。模糊变系数PID的过渡时间、最大偏差、余差调节等动态和静态特性指标均明显优于PID控制，具有较好的自适应能力和鲁棒性，其超调量精度为0.3℃，稳态精度≤1℃，过渡过程的动、静态性能优良。

② 提高温度动态波动精度的统计过程控制（SPC，statistical process control）。这是一种基于预测过程发展趋势的先进控制方法，可比常规的逻辑程序控制方法的控制精度提高80%以上。采用SPC控制系统，可以将挤出温度的波动控制在 ±1℃以内。

（2）伺服控制的非线性PID算法

电液伺服系统在高端注塑机中得到广泛应用，如何提高其控制性能，一直是科研人员长期研究的课题。常规采用经典的PID控制，往往达不到理想的控制性能要求。经典的PID控制采用线性组合形式产生的控制量，常引起快速性和超调量及准确性之间的矛盾，比如可能会引起控制回路自激振荡，也会引起瞬态互调的失真，使被控对象出现损害的概率更高，达不到制品壁厚的技术设定要求。

非线性PID的设计是在经典PID基础之上，使用一种新的非线性机构——非线性跟踪/微分器来产生新的基本要素，并利用这些新的要素的非线性组合方式来改进经典PID控制器，在经典PID控制器的线性区间使用非线性组合，使其适应性和鲁棒性得以大幅度提高，有效地克服了电液伺服系统存在的大惯性、滞后性的缺陷，提高系统鲁棒性能及自适应性能，对传统PID控制器的比例、积分、微分系数进行实时调整，保证在误差较大时能够快速收敛，提高了跟踪能力，精确、实时达到型坯壁厚的控制要求。

控制系统定义每个任务的优先级和循环时间，实时多任务操作系统，循环时间最短可达1ms，使整个系统的实时性得到了优化；实现多通道的串口通信功能；实时地显示设备状态、操作指示、参数设定、动作流程、统计资料、警报信息及简易报表等内容；配以触摸屏，各种参数的设定、按钮开关的运用、控制曲线的显示，以及报警信息等都可由该触摸屏来完成，触摸屏上设定各种函数曲线，为壁厚图形的编辑提供了十分有利的工作平台；PLC控制器在接收到人机界面设定的曲线数据和参数信息后，控制伺服阀，实时调节并达到预设的口模间隙。

非线性PID控制系统在快速性与稳定性之间存在着矛盾，在未来的发展道路上，如何设计一些基于偏差的比例、积分和微分的非线性控制模块，并由这些模块以合适的方式组合出控制规律是一个需要解决的课题。

（3）伺服交流电机的回推非线性PID复合控制

伺服交流电机（ACSM）控制结构一般由电流环、速度环和位置环组成。一般电流环采用滞环控制方式，速度环采用PI控制规律，以保证进行稳定的速度控制。位置环通常采用比例控制规律来保证位置控制的高精度和良好的跟踪性能。但是由于速度环和电流环的非线性耦合等因素的影响，系统的快速性和抗干扰能力及对系统参数摄动的鲁棒性都不够理想。回推算法采用反向递推的设计原则，把状态坐标的变化、不确定参数的自适应调节函数和已知Lyapunov函数的虚拟控制系统的镇定函数等联系起来，实现系统的全局调节或跟踪。在大误差下利用回推控制进行调节，使系统全局渐近稳定，同时防止出现溢出现象；误差较小时则利用非线性PID的自调整能力；误差设定值以外的情况，通过回推算法使系统误差快速收敛到设定值以内，提高了跟踪能力，保证了非线性 PID 的调节作用。通过非线性 PID 的自调整能力，调节控制参数，以适应系统响应时间中系统位置的变化，减少了控制效果对人为因素的依赖，使电机达到比较理想的位置响应实时性能。

### 2.1.4 智能化与动力驱动系统之间的动态关联

智能化与动力驱动系统两者的动态响应性能匹配，才能达到智能化的良好效果。注塑机动力驱动系统包括动力驱动源、执行机构、传动系统。注塑机的动力驱动执行机构包括塑化、注射、合模、调模、顶出、注射座整移机构，其中，直接与注塑工艺相关的动力驱动执行机构为塑化、注射、合模、顶出、调模机构，直接与注塑件质量相关的动力驱动执行机构为塑化、注射、合模机构，直接与注塑动态参数相关的动力驱动执行机构为塑化、注射机构。塑化机构和注射机构两个动力驱动执行机构的动态性能是实现智能化动态性能的技术关键。

（1）动力驱动执行机构

注塑机的动力驱动执行机构匹配高速动态响应性能的动力驱动源，才能跟踪成型加工过程中工艺参数的高速动态变化和调整。

尽力降低执行机构的运行摩擦系数，有利于提高机构动态响应的自然频率。动力传动执行机构实现能量无损耗化或低损耗化，以达到与动力驱动源动态响应同步化。例如移动模板运行的摩擦副采用滚珠导轨，可提高启动的动态响应性能。塑化部件可设计为伺服电机直接驱动螺杆，实现塑化螺杆转速与伺服电机转速的动态变化同步。震雄公司与 MOOG 瑞士公司开发了不需滚珠丝杠的非线性注射系统，彻底解决了因丝杠磨损影响射出精度的问题，提高了运行动态性能，同时可实现超长时间保压。博创公司开发了移动模板运行与拉杆不接触化的技术，提高了动态响应性能。

（2）动力驱动源和动力传动系统

高动态响应性能是注塑设备智能化的重要特性，实现高动态响应性能的动力驱动传动系统是技术的关键。通用注塑机液压传动系统中，液压传动系统与执行部件之间都为高压软管连接，管路长，因此整个系统的固有频率很低，动态响应性能差，所以对通用注塑机液压驱动系统而言，研究动态响应性能没有实际意义。对阀控液压系统而言，高动态响应性能对研究实现智能化注塑具有实际意义。伺服电机驱动定量泵系统，虽然伺服电机的动态响应性能较高，但由于液压传动系统同三相异步电机驱动定量泵系统相似，整个传动系统的固有频率仍然很低，系统动态响应性能决定了其不具备智能化的高速动态响应注塑的能力。

（3）全电动动力驱动源

全电动注塑机是实现智能化注塑的理想设备。在普通全电动注塑机上使用动态响应 60ms 的伺服电机驱动塑化、注射，而在智能化注塑机上应用目前动态响应 15ms 的最高性能的伺服电机，才能实现智能化控制的最佳性能。伺服电机动力驱动系统转动惯量直接影响到系统的响应时间，系统等效总转动惯量由电机动力机构、同步带传动机构、被驱动部件等部分的转动惯量组成，其中，伺服电机的转动惯量主要决定了伺服动力驱动系统动态响应性能，选用高动态响应性能的伺服电机是获取系统高动态响应性能的关键。从动件的转动惯量约占系统转动惯量的 10%，增大传动比有利于降低从动件的转动惯量，尽力减小传动齿轮重量同样有利于降低转动惯量，从而提高系统动态响应性能。低速高转矩伺服电机为大惯量系统，比高速伺服电机的转矩要大 6 ～ 10 倍，其动态响应性能显然要差得多。

## 2.1.5 全电动注塑机

全电动注塑机（简称电动注塑机）的动力系统采用了全电机驱动，以及 PLC、变频和伺服控制技术，在实现高精密控制和大幅度节能的同时，避免了液压注塑机常有的噪声、发热和油液泄漏现象。

### 2.1.5.1 全电动注塑机与液压注塑机的区别

（1）动力来源不同

液压注塑机采用液压系统作为动力来源，主要通过电机、液压泵、液压缸、阀门等部件来完成动力转换和传递。而电动注塑机则采用电机作为动力来源，通过电机驱动螺杆来完成塑料原料的加工和注射。

（2）控制系统不同

液压注塑机的控制系统主要由电气控制、液压控制和机械传动三部分组成，涉及众多的传感器、阀门、泵等复杂部件，如图 2-10 所示。

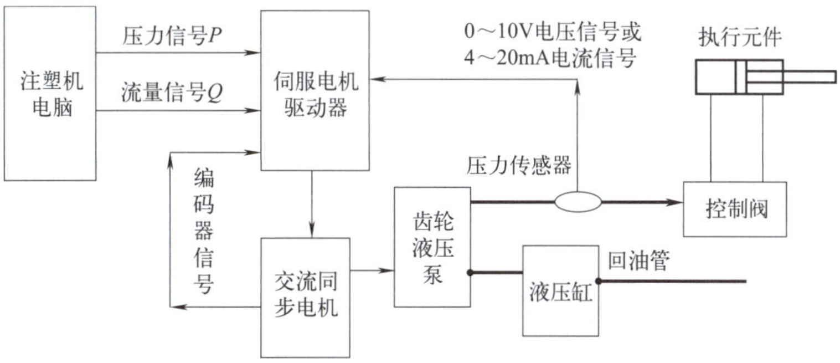


图 2-10 典型液压注塑机控制系统

而全电动注塑机则采用先进的电气控制系统，具备更高的精度和稳定性，如图 2-11 所示。

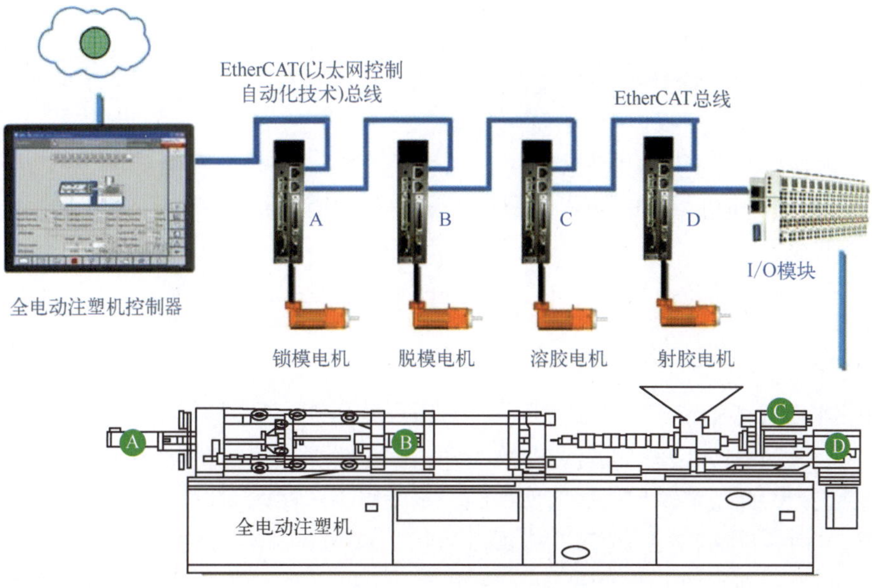


图 2-11 全电动注塑机的控制系统

（3）效率和精度的区别

全电动注塑机具有更快的响应速度和更高的精度，能够更好地保证成型品的质量和精度。液压注塑机则相对来说响应速度较慢，总体精度不如全电动注塑机。

#### 2.1.5.2 全电动注塑机的优点

全电动注塑机的注塑装置中的各机构（注射、塑化、计量和移座等）及合模装置的各机构（开 / 合模、锁模、顶出等）全部采用电动机驱动；与传统液压式注塑机相比，具有以下优点。

（1）节约能源

传统的液压传动注塑机由于全部动作都需通过油路来实现，所以不可避免地具有液压控制损失、管损、阀阻等流动损失，以及泵的容积效率、摩擦损失，等等。在高流量时，这种能量损失特别明显。据统计，液压式注塑机由于高压节油造成的能量损耗高达36% ～ 68%，同时液压系统在待机状态下仍有上述损失。而伺服电机运转时无流动损失、控制损失问题，磁滞损失极低；在待机时不转动，因此能耗低，而且与速度无关。全电式系列使用滚珠丝杠将伺服电机的旋转运动转成直线运动，滚珠丝杠的摩擦阻力远低于液压缸且无任何冷却系统，因此整体效率远远超过液压机械。实践表明，一般全电动式注塑机比传统液压式省电 1/3（包括加热部分，同等设备相比）；如不包括加热部分，全电式注塑机的耗电仅是传统注塑机的 1/8 ～ 1/10。以一台合模力为 800kN、注射量为 100g 的注塑机为例，液压式注塑机生产一个重 60g 的 ABS（丙烯腈、丁二烯、苯乙烯的三元共聚物）料产品，每分钟 3 模，耗电功率约 9kW；而生产同样产品、同样效率，全电动机器的耗电功率约为 6.5kW（其中加热功率均为 6kW）。

（2）清洁、噪声低

全电动注塑机的主要制动组件是交流同步伺服电机。而伺服电机的控制特性为噪声低、惯性低、激活阻力小、加减速特性控制容易，无液压系统中存在的压力脉冲、气泡、泄压声等问题。实践表明，一般全电动式注塑机比液压式注塑机的噪声低 10 ～ 15dB，已达到国内企业近年来为突破绿色贸易壁垒而纷纷实施的 ISO 14001 国际认证标准。另一方面，由于没有液压缸，因此不存在泄漏问题，亦无油气污染问题、液压设备维修保养问题，从而极大地提高了机器的洁净性。对于生产洁净度要求高的产品很有利，对于一些对洁净度有特殊要求的产品如医疗用品等，选择该类机型成为必然。

（3）速度控制范围宽、响应性好

相对于液压注塑机，全电动式注塑机由于采用伺服电机，所以其速度控制特性较好、范围大，高低速相差可达到 1000 倍。同时，伺服电机控制的注射压力和注射速度变化时间非常短，从高速向低速转换平滑，具有非常高的响应特性，特别适合在小型制品、短注射行程使用。

（4）精度高、重复性高

相对于液压式注塑机，全电动式注塑机具有精度高、重复性高等特点，高精密度注塑成型可以在全电动伺服注塑机上轻易实现。塑料塑化时螺杆的转动由伺服电机驱动，伺服电机的转速稳定，因此塑料塑化的稳定性得到大幅度提高。注射动作是由伺服电机带动滚珠丝杠来完成的，由于滚珠丝杠的位置精度可以达到 0.003mm，所以每次注射动作的精度也可相应达到 0.003mm；同时使注射动作的重复精度大为提高，保证了制品质量的一致性。与液压式注塑机的压力控制方法相比，全电动伺服注塑机注射时的压力是通过一个高精度的压力传感器反馈给控制系统的，压力传感器直接与螺杆连接，减少了中间环节造成的误差，感应速度快、精度高，使得注塑机的背压控制精度大幅度提高。滚珠丝杠与螺杆之间的连接是刚性的，注射速度完全由滚珠丝杠控制；因此，通过设置注射时各段的压力、速度，可方便地实现多级压力、多级速度的高精度复杂注射动作，以便满足多种制品的注射要求。如手机外壳、电脑组件等一些精密零件等多数采用全电动伺服注塑机生产。由于伺服电机转矩控制精度高，滚珠丝杠与合模系统刚性连接，使得开 / 合模动作的速度、位置精度也相应提高，保证了模板运动推力的精确性，控制了模板在运动中由于惯性产生的位移偏差，使低压模具保护这一动作的可靠性和响应精度大为提高，精密模具使用时的安全性有了更好的保障。

在成型某些薄壁制品时，往往需要进行注 - 压复合动作，即在注射开始时，模具不合紧，留有很小的缝隙以便排气，注射动作后期模具再合紧。例如用ABS料注射成型IC卡时，采用注 - 压复合动作制作出来的制品平面度高，无翘曲变形。这样的动作要求模板移动有较高的位置精度和响应速度。由于模具是后期合紧的，所以仅需要较小的合模力便可成型制品，这将延长注塑机和模具的使用寿命。全电动伺服注塑机完全可以满足上述要求。而对液压式注塑机而言，由于液压油的密度等物理性能将随环境温度的变化和使用次数的增加而改变，因此各个动作的执行精度无法达到很高。

（5）成型效率高和使用成本低

全电动注塑机的工作效率很高，使用成本低。效率，最直观的表现就是速度。全电动注塑机的注射速度是一般液压式注塑机的两倍左右，高速注射满足了部分制品的需求，同时提高了注射效率和成品率，降低了生产成本。合模动作的高精度使高速低压动作距离加长、合模速度更快。由于整部机器全部由电机驱动，各动作之间基本没有干扰，所以开模和顶出动作可以同步进行，节省了顶出动作的时间，实现了一般液压式注射机无法实现的开模 - 顶出复合动作。

液压式注塑机使用的高压软管和液压缸、活塞等老化、腐蚀、摩擦产生的粉末、铁屑进入液压系统，会导致阀芯卡住，动作失灵，严重时会将阀损坏，影响生产进度，增大维护费用；而全电动注塑机全部是电气 - 机械传动，滚珠丝杠的设计承载能力远大于实际使用中的载荷，各主要零部件均采用高强度材料，由加工中心加工而成，尺寸精度高。滚珠丝杠等运动部位都有防尘圈防护，伺服电机在过载时具有断电保护功能，因此，其使用寿命更长，可靠性更高，维护成本相对较低。液压式注塑机使用的传动介质为液压油，其在使用一定时间后，由于氧气、压力、摩擦等的综合作用，其物理化学性能将发生变化。为保证整机的性能，需要定期更换液压油，这将导致生产成本提高。全电动注塑机则不存在上述问题，由于全电动注塑机本身动作的重复精度很高，性能稳定，所以生产时废品率往往比较低，且用电、用水都相对较少。这些都将降低生产成本，保证了制品的市场竞争力。

#### 2.1.5.3 全电动注塑机与液压注塑机的各自优势及应用场景

（1）全电动注塑机优势和应用场景

全电动注塑机响应更快，噪声更小，清洁更方便，更加节能、环保。同时由于其高精度、高效率以及柔性化应用，适合制造高要求的产品，如高质量薄壁注塑件、高塑料化产品、高精度注塑件或一些对精度要求很高的塑料产品。

（2）液压注塑机的优势和应用场景

由于液压系统的特性，液压注塑机能够承受更大的压力和冲击力，因此适用于制造大件塑料制品和厚壁注塑件。此外，液压注塑机的可塑性更强，能够制造更加复杂和多样化的产品。

综合来看，全电动注塑机和液压注塑机各具有自己的优势和应用场景。选择注塑机的时候，应该根据需要的产品特性和生产压力来选择合适的机型。随着高精度塑件的普遍应用和制造成本的降低，全电动注塑机凭借其出色的节能特性、控制特性、加工特性、清洁特性、低噪特性等优势，将在未来20年迅速占据注塑机市场，这也是“大机二板化、小机全电化”趋势发展的原因。

## 2.1.6 日本芝浦机械全电动智能注塑机技术特点及主要优势

### 2.1.6.1 技术特点

芝浦机械公司（Shibaura Machine）研发了一种配备新型合模方式、全新控制方式的智能化全电动注塑机，为EC-SX系列，如图2-12所示为该系列的Ⅱ型全电动注塑机。该系列注塑机有多种型号规格，并且有多种锁模力如：83吨力[1]、110吨力、198吨力和253吨力。与以前推出的注塑机系列设备相比，该系列新款注塑机可降低模板发生翘曲变形的风险，并可缩短空循环时间。EC-SX系列设计采用了芝浦伺服电机操控塑化、合模、注射和顶出等程序动作，注塑装置滑座移动以及模具高度调节则分别采用标准的电机操控。按照注射装置尺寸的大小，标准注射速度为160～500mm/s。其中，83吨力和110吨力的机型采用伺服电机直接驱动注射装置，能将注射速度提高至1100mm/s。

图2-12 日本芝浦机械公司生产的EC230SXⅡ型全电动注塑机

芝浦机械的锁模装置——Solid Clamp设计是一种刚性高的双片式机械结构，用在5点肘杆系统上可使模板翘曲最小化。EC-SX系列注塑机重新设计了注射装置，装配了芝浦机械的新型Burn Free螺杆，该新型螺杆采用了新的涂覆处理以及新设计的几何结构，以防止硬聚氯乙烯、丙烯酸酯、尼龙和PBT（聚对苯二甲酸丁二酯）等材料在螺杆内出现烧焦、炭化现象。这种螺杆的最大直径为32mm，可装配的最大机型为110吨。EC-SX系列机型采用了芝浦机械最新型的处理控制器——Injectvisor-V50，能够更精确地控制注塑机，提高了运算速度。配备有15.9in（1in=25.4mm）的大显示控制屏，DST控制软件用于控制注射和合模过程，可保持加工稳定性，保证每个部件的重量偏差维持在非常低的水平，在使用再生料进行加工的情况下其优势特别明显。以该系列Ⅱ型注塑机为例，介绍它的主要技术参数与特点如表2-1所示。

表2-1 芝浦EC-SXⅡ全电动注塑机技术参数示例

| 项目 | 单位 | EC180SXⅡ | | | EC230SXⅡ | | | | | | | |
|---|---|---|---|---|---|---|---|---|---|---|---|---|
| 注塑记号 | | i8 | | | i4 | | | i6 | | i8 | | |
| 料筒记号 | | Y | A | B | Y | A | B | Y | A | Y | A | B |

[1] 吨力（tf），重力非法定计量单位，1tf=9.8kN。

续表

<table>
<tr><th colspan="2">项目</th><th>单位</th><th colspan="3">EC180SX Ⅱ</th><th colspan="8">EC230SX Ⅱ</th></tr>
<tr><td colspan="2">螺杆直径</td><td>mm</td><td>45</td><td>50</td><td>55</td><td>36</td><td>40</td><td>45</td><td>40</td><td>45</td><td>45</td><td>50</td><td>55</td></tr>
<tr><td rowspan="2">注塑质量</td><td>PS</td><td rowspan="2">g</td><td>292</td><td>361</td><td>437</td><td>145</td><td>180</td><td>230</td><td>208</td><td>263</td><td>292</td><td>361</td><td>437</td></tr>
<tr><td>PE</td><td>232</td><td>286</td><td>346</td><td>115</td><td>145</td><td>185</td><td>165</td><td>209</td><td>232</td><td>286</td><td>346</td></tr>
<tr><td colspan="2">最大注塑压力</td><td>MPa</td><td>247</td><td>200</td><td>165</td><td>247</td><td>200</td><td>158</td><td>253</td><td>200</td><td>247</td><td>200</td><td>165</td></tr>
<tr><td rowspan="3">注塑速度</td><td>标准</td><td>mm/s</td><td colspan="3">250</td><td colspan="5">300</td><td colspan="3">250</td></tr>
<tr><td>高负荷</td><td>mm/s</td><td colspan="3">160</td><td colspan="3">200</td><td colspan="5">160</td></tr>
<tr><td>高速规格</td><td>mm/s</td><td colspan="3">350</td><td colspan="5">400</td><td colspan="3">350</td></tr>
<tr><td colspan="2">塑化能力（PS）</td><td>kg/h</td><td>120</td><td>160</td><td>190</td><td>83</td><td>110</td><td>120</td><td>110</td><td>120</td><td>120</td><td>160</td><td>190</td></tr>
<tr><td colspan="2">锁模力</td><td>kN（tf）</td><td colspan="3">1760（180）</td><td colspan="8">2250（230）</td></tr>
<tr><td colspan="2">拉杆间距（$H\times V$）</td><td>mm</td><td colspan="3">560×510</td><td colspan="8">610×560</td></tr>
<tr><td colspan="2">锁模行程</td><td>mm</td><td colspan="3">450</td><td colspan="8">550</td></tr>
<tr><td colspan="2">模板间距</td><td>mm</td><td colspan="3">1050（*990）（**1030）</td><td colspan="8">1230（*1170）（**1210）</td></tr>
<tr><td rowspan="3">机械尺寸</td><td>长度 $L$</td><td rowspan="3">m</td><td colspan="3">8</td><td colspan="3">6.2</td><td colspan="2">6.2</td><td colspan="3">6.3</td></tr>
<tr><td>宽度 $W$</td><td colspan="3">1.5</td><td colspan="3">1.6</td><td colspan="2">1.6</td><td colspan="3">1.6</td></tr>
<tr><td>高度 $H$</td><td colspan="3">1.9</td><td colspan="3">2</td><td colspan="2">2</td><td colspan="3">2</td></tr>
</table>

注：1. * 是指带有 T 沟槽模板装置（特别规格）时的数值。

2.** 是指带有隔热板（特别规格）时的数值。

（1）新型锁模装置（Solid Clamp）

该装置以新设计的切换装置和提升的刚性赋予模具均匀的锁模力，以低于传统装置的锁模力进行成型。另外，该装置实现了业界领先的高速循环。

① 新型切换装置。连接线切换 + 双件式模板。最大限度地减少模具偏转，实现了均匀的锁模力分布。即使锁模力小于传统装置也能成型，有助于提升产品质量，减少了模具维护次数。

② 动态加速 / 减速控制。采用了加速 / 减速控制，在开模 / 合模时减少了冲击。可从任意位置执行最大加速，实现了高速循环成型。

③ 高响应顶出。快速运动缩短了顶出时间。

④ 无润滑拉杆。无润滑拉杆消除了模具或产品上的润滑油黏附，保持清洁的环境。料斗入口处的标配防锈处理可防止锈屑或垃圾混入产品中。

⑤ SFC（高速开模 / 合模）规格（选件）。进一步缩短了干循环时间，实现了高速循环成型。

（2）新注塑装置（S-Cube）

具有简单、稳定和平滑的特点，在高速和高压范围内沿袭了强大的填充性能，通过平滑运动实现了稳定的成型。

① 无摩擦驱动。将滑动阻力抑制到极限，通过稳定的注塑特性促进了精密和稳定成型；平滑了先期注塑响应，提高了充压稳定性；减小了成型机之间的差异。

② 注射压力和背压的控制精度提高。通过线性校正控制抵消了压力检测器的固有特征差异，将机械差异降到最低。这提高了注射压力和背压精度，实现了一次稳定成型。

③ 超高速和高压力注塑规格（选件）。将新开发的低惯性 / 高响应伺服电机与直接驱动装置相结合，实现了超高响应注塑。

（3）高性能注塑工艺程序控制装置（Injectvisor-V50）

① 大大提升了控制性能，实现了高生产率和精度稳定性。

② 高性能 HMI（人机交互）界面。15in 面板提高了可视度，增强了可操作性。沿袭了 Injectvisor-V30 的功能。可借助 U 盘或 iPAQET LiTE 在个人计算机上实现数据浏览或打印。

③ 拆分式宽屏。独立于主屏幕，在分屏上显示工艺所需的信息，减少了主屏幕的切换。

④ 信号自定义功能。可任意选择外围设备的输出信号，允许任意选择输出条件或输出形式。

⑤ 远程监控 / 管理系统“iPAQET”。使用 LAN 线路实时监控和管理多台成型机，可对广泛的信息进行集中式管理，包括监控机器和树脂批次的运行条件、监控生产状态或产品质量数据的积累或分析功能。

⑥ 允许安装外围设备和有序化设备的插件，促进集成式管理（包括有序化设备的管理）。

（4）全新注塑工艺程序控制装置（Injectvisor-S51）

① 大大提升了控制性能，实现了高的生产率和精度稳定性。高速控制能力提高，最小化了位移以固定位置。

② 高性能 HMI（人机交互）界面。10.2in 彩色显示器提供简单图像，支持日文、中文、英文、印度尼西亚语和越南语。

（5）成型控件（DST：动态自调谐）

① 向成型控件添加了自动纠正功能。有助于实现高精度成型和长期稳定成型的再生性。

② DST-Press（锁模力自动校正功能）。不会因锁模力波动而出现凹痕或缺料（气孔的影响）；成型期间做出的自动校正不影响运行周期，同时保证稳定地成型。

③ DST-Fill（成型条件自动校正功能）。对成型条件执行自动更改，保持稳定地成型，防止在长期运行期间由于树脂批次变化、材料破裂率变化或成型环境变化而造成的成型产品质量的变化。

④ 丰富的成型控件。安装了各种功能，如 VHI（虚拟液压注塑）电路、高敏感性模具保护和顶出转矩监控。

### 2.1.6.2 主要技术优势

日本芝浦公司最新研发的全电动注塑成型机（EC-SX Ⅲ系列 S-Concept）是应对注塑行业提高生产率、节省劳动力、实现智能化，以及更加环保等要求的全新一代注塑机。其主要的技术优势有下面几点。

（1）极高的生产率

提高输入效率，实现输出效率的最大化，射出系统更加稳定。通过无摩擦驱动，将滑动阻力降低到最低限度；通过抗噪能力较强的数字载荷传感器，提高压力检测精度；通过线性补偿，排除设备之间的偏差；通过采用高输出电机，达到业内顶级的保压耐力，如图 2-13 所示。

（2）具有树脂（塑料）均匀塑化能力的高性能螺杆

用于生产高品质注塑产品的卓越螺杆设计。标准螺杆通过副螺纹的设计，将未熔融（塑化）与熔融区域分开，从而防止分裂现象的发生。如图 2-14 所示。

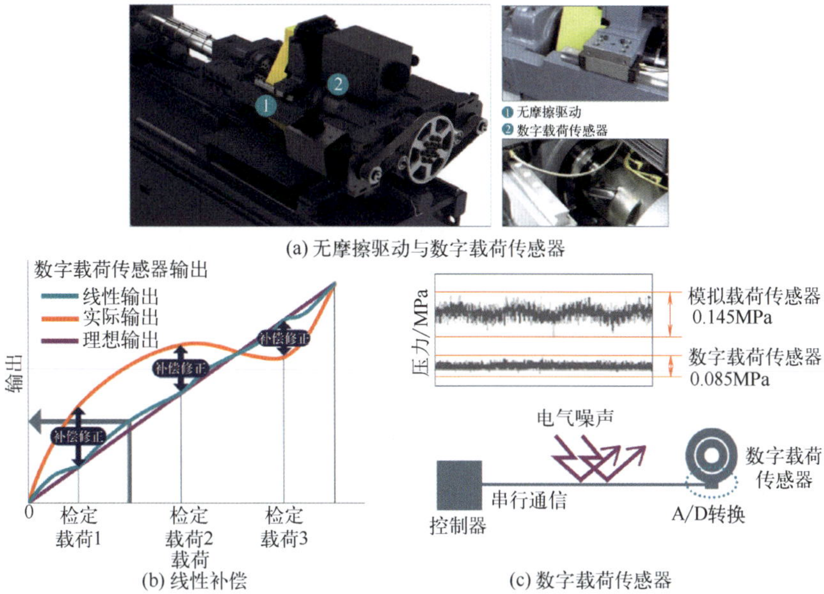


图 2-13　提高注塑生产率的措施

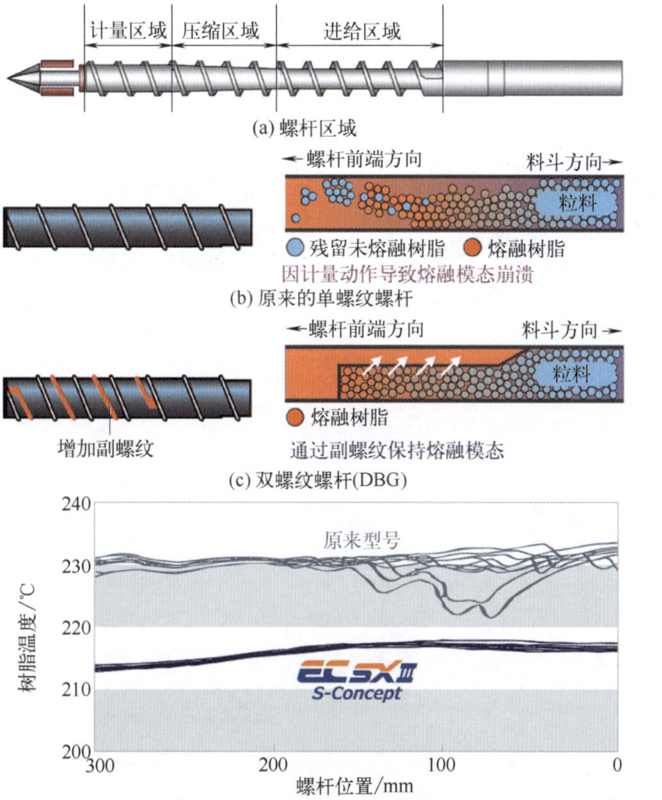


聚丙烯树脂；螺杆直径 $\phi$160；背压150kgf/cm²❶(树脂压力)；螺杆转速80r/min

(d) 树脂温度测量

图 2-14　高性能螺杆的特点

❶ $1kgf/cm^2=0.98MPa$。

（3）更加精密稳定的计量系统

通过特殊设计的螺杆头组件与螺杆反转动作，使止逆环的机械闭合成型稳定性得到飞跃性提升，如图 2-15 所示。

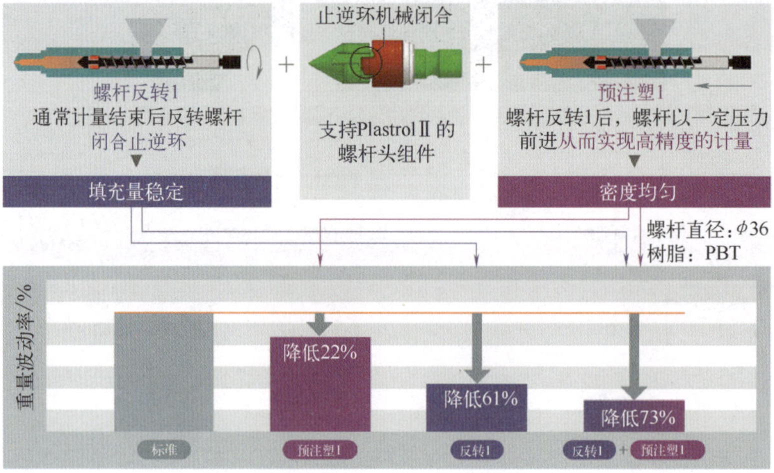


图 2-15　精密稳定计量系统的特点

（4）可靠高效的锁模装置

在不改变成型条件的状态下缩短循环周期而不影响质量，如图 2-16 所示。

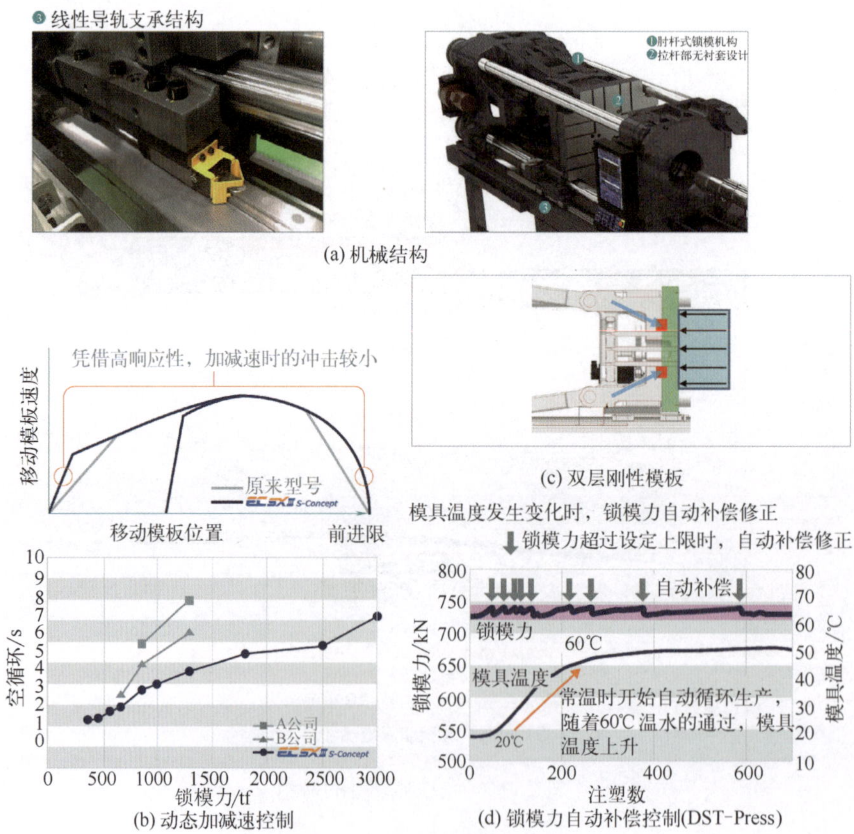


图 2-16　锁模装置的技术特点

（5）简洁的操作界面

采用自主研发的 Injectvisor-V70 控制器，将设定所需的 6 个要素集中到 1 个画面中，减少画面查找的麻烦，如图 2-17 所示。

（6）锁模力自动计算与设定，并具有全新的模具保护功能

计算并自动设定低压锁模力（PCL）、锁模限位（LS2），可通过对自动设定值的微调提升对模具的保护效果，如图 2-18 所示。

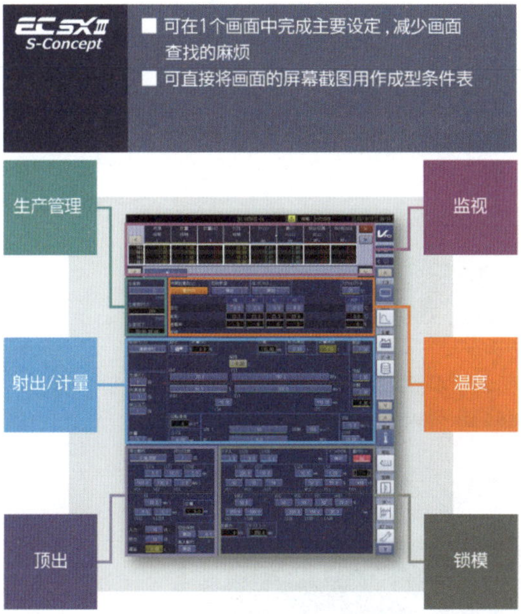


图 2-17 简洁的操作界面

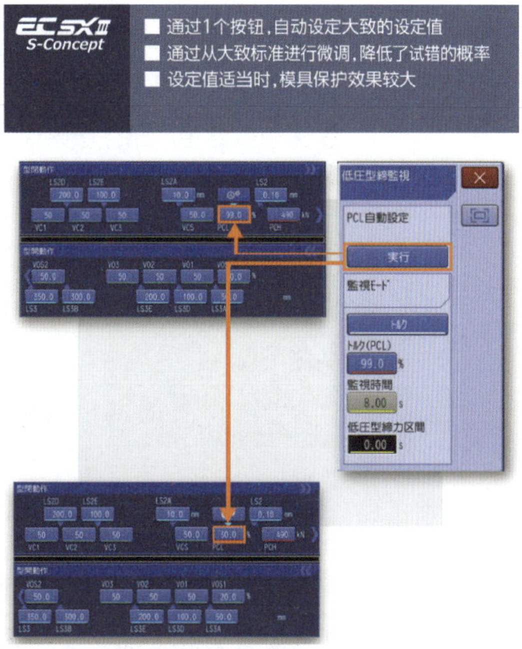


图 2-18 锁模力自动计算调整界面

（7）开闭模转矩监视

可获取基准转矩波形，并进行一键设定；开模、闭模过程均可被监控；通过更易于使用的新模具功能，预防模具损坏，如图 2-19 所示。

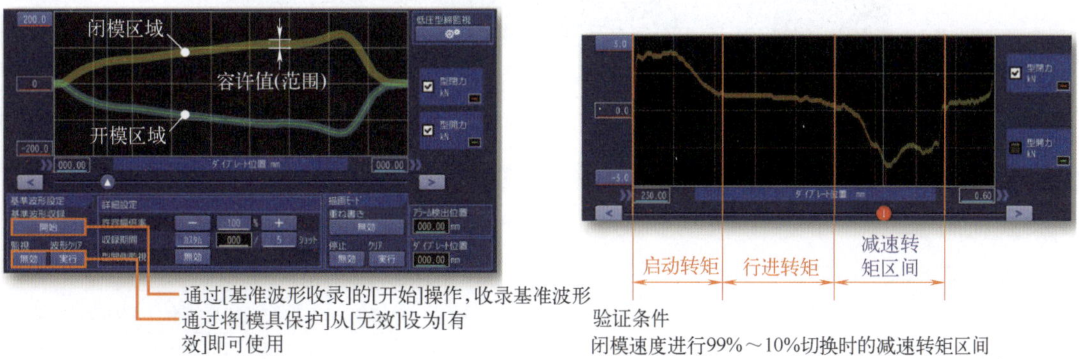


(a) 新模具保护功能画面　　(b) 效果实例

图 2-19 闭模期间的转矩监视

（8）清机作业简单易行

自动设定推荐清机条件与推荐值，可通过简单操作执行清机运作（也可以通过操作面板执行），如图 2-20 所示。

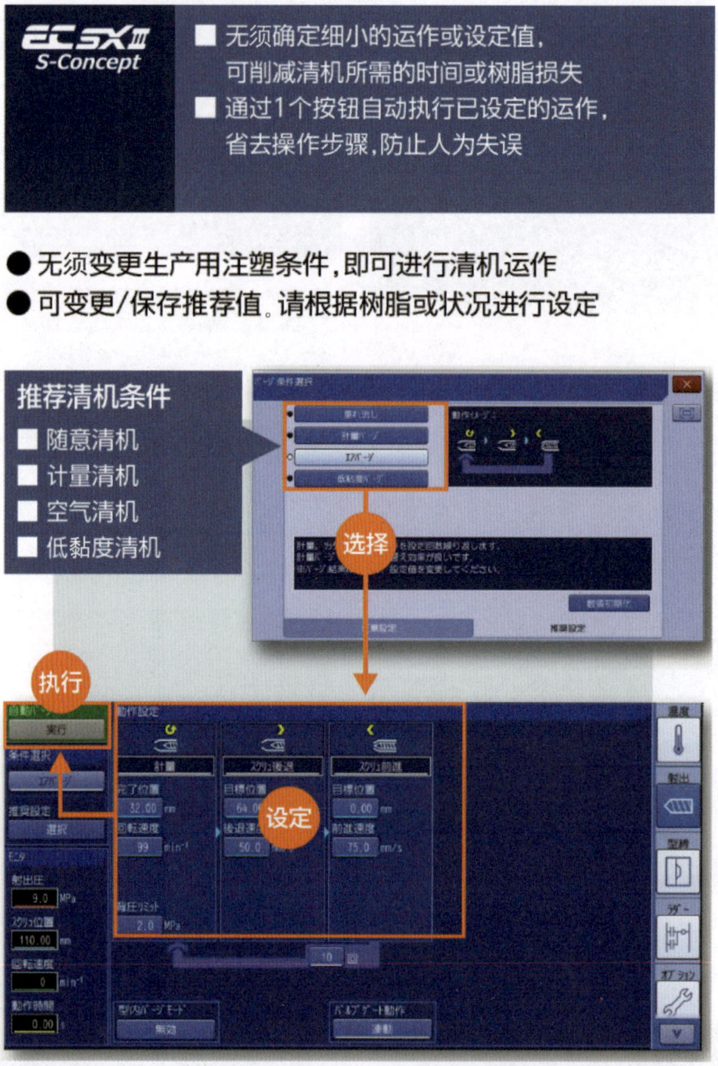


图 2-20　自动清洁机器设定界面

（9）节能环保

采用兼顾保温性能与冷却性能的新型加热器外罩，提高保温性能与节能性能，如图 2-21 所示。

（10）即时显示注塑机的功耗

系统即时显示功耗、累计功率、指定期间的功耗趋势图、电费等，可将功耗数据保存到 U 盘中，可调用过去 1 年的备份数据，如图 2-22 所示。

（11）换色效率得到显著提升

通过自动清机过程中螺杆高速回退动作，强力回吸注嘴内部树脂，从而显著提升换色作业效率，如图 2-23 所示。

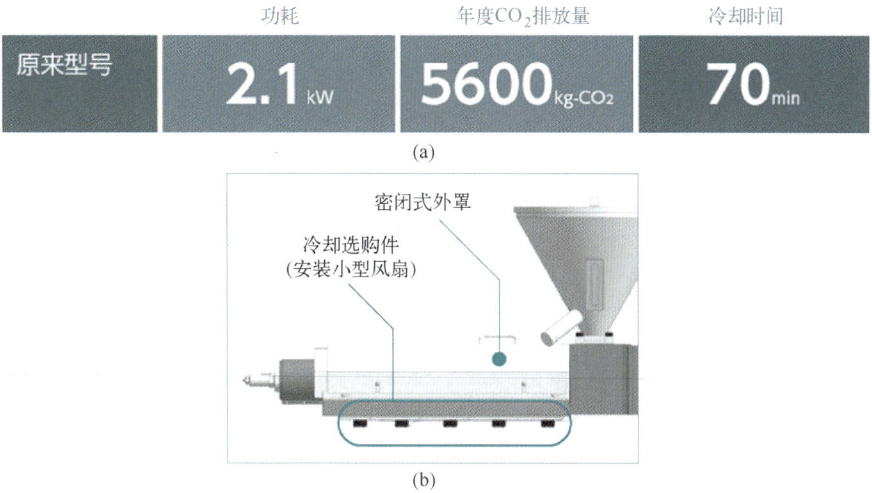


图 2-21　节能环保

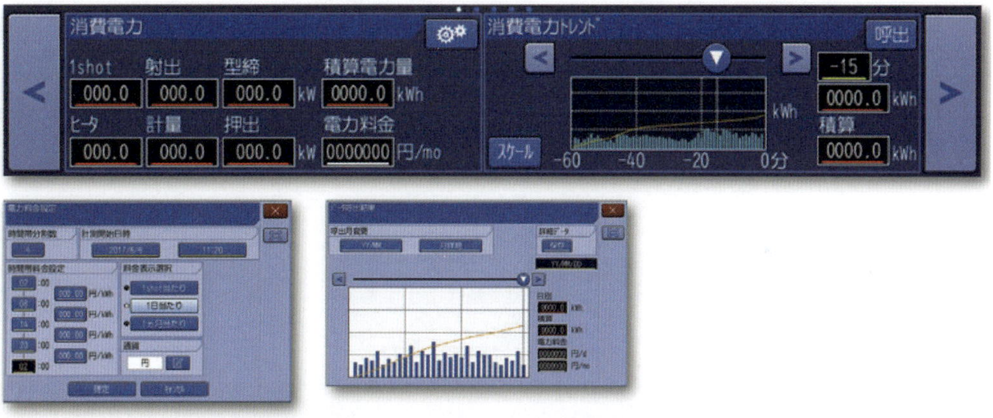


图 2-22　即时功耗显示界面

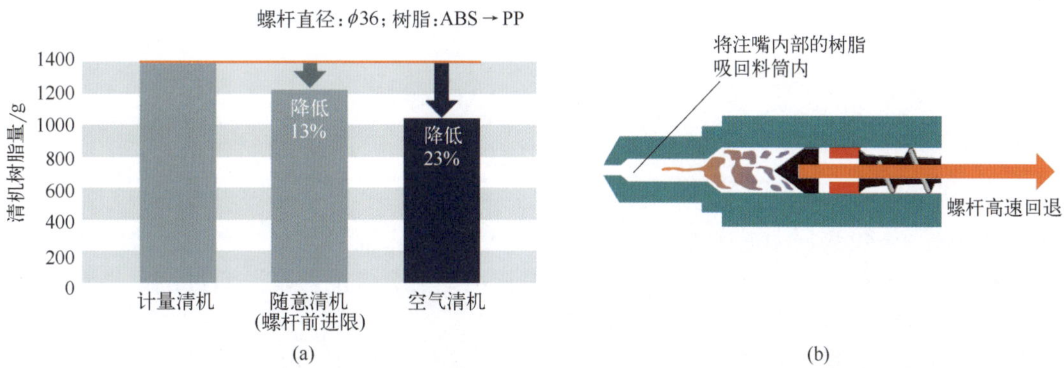


图 2-23　塑料配色换色界面

## 2.1.7 传统液压注塑机智能化改造

### 2.1.7.1 智能化改造的总体思路

注塑装备的智能化改造的总体思路主要有两条：其一，设计良好的控制器；其二，提升控制器的精度，从而提升注塑成型装备的整体智能性。

我国智能注塑起步稍晚，注塑机智能化水平还需提高，而从国外引进注塑成型智能化的成套系统价格高，往往一套系统高达上亿元人民币，不适合大范围推广。因此，前述装备及生产工艺对人的经验依赖性较高，建议将在流程工业成功推行的知识自动化方法引进到注塑成型装备及系统领域，把实践工人和知识工作者的经验和智慧提炼成知识，并用于注塑成型装备及生产过程的控制，从而实现注塑成型装备的改造。这是一条我国实现注塑成型装备智能化以及从中低端向高端转型升级的自主发展之路。

### 2.1.7.2 安装传感器并进行数据采集与传输

（1）准确的数据采集

注塑机数据采集方案应能够实时采集注塑机的各种运行参数，包括温度、压力、速度、位置等。这些数据不仅有助于企业了解设备的运行状态，还能为工艺优化和质量控制提供有力支持。

目前，成熟的数据采集方法是在注塑机上安装智能网关。智能网关是一款支持采集各种 PLC、仪器仪表、液压与气压设备、电力电子设备、CNC（计算机数控）设备等各种工业设备数据，具有协议解析、边缘计算的高可靠性工业智能网关，是构建工业互联网系统的核心边缘节点，如图 2-24 及图 2-25 所示。

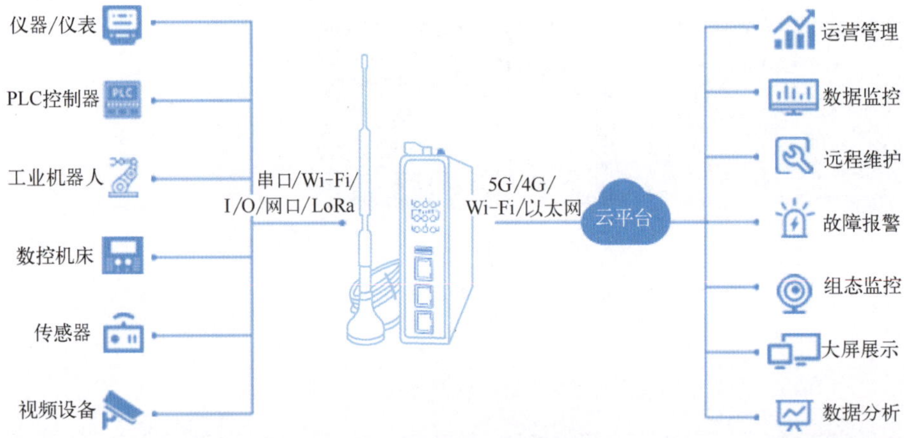


图 2-24 智能网关应用示意图

深圳某公司开发的注塑机数据采集网关 EBOX-DKM，是一款针对注塑机实现数据采集的设备，无须注塑机设备生产商开放协议，只需将采集网关设备与注塑机控制器连接，即可对注塑机进行全量数据无损接入，性价比高，即插即用，兼容大部分老旧注塑机及周边设备，可对接本地服务器、云平台、MES、ERP 等第三方系统的数据。通过该采集系统，可以采集如下参数。

① 运行状态：运行、手动、半自动、全自动、调模、停机、报警及各种状态持续时间；

② 生产数据：当日产量、昨日产量、总产量、生产节拍、稼动率、OEE（设备综合效率）；

图 2-25　某公司开发的应用于注塑机上的工业智能网关

③ 能耗管理：分项计量、能耗统计、能耗分析、单品能耗、能耗建议、评分工具；

④ 报警信息：注塑机控制器 255 个故障信息；

⑤ 实时参数：各段温度、压力、位置、模数、周期时间；

⑥ 工艺参数：开 / 合模、顶进、顶退、射胶、保压、储料等调机设置参数；

⑦ 成型参数：开 / 合模计时、射退时间、射退位置、保压转换压力、储料计时等；

⑧ 品质参数：开 / 合模、低压、高压、托模、循环、射出终点等。

（2）高效的数据传输和处理

数据采集后，系统应支持多种数据传输方式，如有线、无线和蓝牙等，确保数据能够实时、准确地传输到云端服务器。同时，要利用先进的数据处理算法和人工智能技术，对数据进行快速、准确的分析，为企业提供有价值的分析和建议。

### 2.1.7.3　充分利用物联网、大数据和云计算等技术

我国在物联网、大数据、云计算等新一代信息技术方面具有优势，这些技术是实现智能注塑的核心支撑技术，它们为注塑成型智能装备与智能服务——国家智能制造示范工厂的建设提供了必不可少的支持。物联网技术主要用于实现设备状态、生产现场信息的全面感知和可靠传输；大数据实现对智能制造数据的可靠存储、分析和挖掘，并提供智能决策支撑；云计算作为整个智能制造的关键，在 IaaS（基础设施即服务）、PaaS（平台即服务）、SaaS（软件即服务）三个层面都能够提供有效的支撑，将整个智能化的服务承载在云端，最终构建三级云服务平台，为全行业提供智能云服务，如图 2-26 所示。

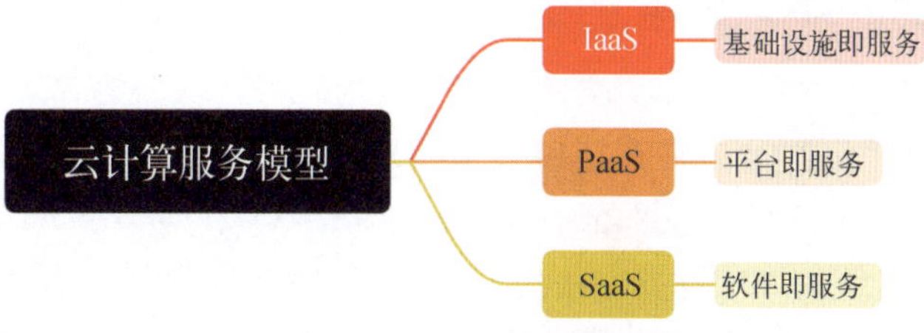


图 2-26　云计算服务模型

① IaaS（基础设施即服务）：IaaS 是一种提供基础设施服务的云计算模式。它主要关注

的是底层基础设施的提供，如服务器、存储、网络等。用户可以根据自己的需求选择相应的硬件资源，并按需付费。这种模式下，用户需要关心的是应用程序的开发和部署，而基础设施的管理和维护则由云服务提供商负责。

② PaaS（平台即服务）：PaaS 是一种提供应用开发和部署平台的云计算模式。它将基础设施和应用程序开发、部署、运行等环节进行了抽象处理，用户无须关心底层基础设施的具体实现，只需关注应用程序的开发和部署。PaaS 平台通常会提供一系列的开发工具、库和 API（应用程序接口），以方便用户快速构建应用程序。

③ SaaS（软件即服务）：SaaS 是一种提供软件应用服务的云计算模式。它将应用程序作为一种服务，通过互联网提供给用户。用户无须安装和维护应用程序，只需通过网络访问即可。这种模式下，用户无须关心应用程序的底层实现，只需关注应用程序的使用。

IaaS、PaaS、SaaS 三种云计算服务模式各有特点，适用于不同的场景。IaaS 适用于对基础设施有较高要求的场景，如企业级应用、大数据处理等；PaaS 适用于需要快速开发和部署应用程序的场景，如电商平台、在线办公等；SaaS 适用于对应用程序使用便捷性有较高要求的场景，如在线教育、企业邮箱等。在实际应用中，可以根据需求选择合适的云计算服务模式。

其中，大数据平台主要用于采集注塑装备行业的工艺参数、注塑装备和生产现场的运行数据等信息，然后对这些信息进行数据质量管理、数据挖掘与分析，最后构建注塑成型大数据知识发现体系，为行业的决策支撑提供服务。这些技术将助力我国注塑装备行业重点解决四个方面的问题：注塑成型工艺的优化、注塑成型装备故障诊断和最优控制、注塑成型工厂生产要素的优化和效能的整体提升、行业发展动态规划与决策支撑等。

未来我国注塑装备的需求量将继续平稳增长，基于注塑成型装备的智能化服务目前刚刚起步，在未来很长一段时间内，传统的注塑成型装备会和智能化装备并存，故智能化新装备的开发和传统装备智能化改造并进是未来注塑成型装备行业发展的必然趋势。因此，在不断提高注塑装备智能化水平的基础上，运用新兴技术真正解决行业痛点，为用户提供全方位的服务，已成为未来我国注塑装备行业实现智能转型与升级的关键所在。

## 2.2 模具更换与监测智能化

### 2.2.1 模具精准定位与快速更换

#### 2.2.1.1 模具的快速寻找

模具是重要的生产装备，是所有注塑生产的基础。一般来说，注塑生产企业大都建有模具存放架，以实现模具的条理存储和摆放。但即使有模架，对一个大中型企业来说，由于模具数量巨大，通过传统的人工寻找方法找到模具所在的存放架，也往往需花费较长时间。

而模具精准定位系统能帮助企业进行模具瞬间精准定位，一个按键就能轻松找到模具所在具体位置，且定位系统能与注塑智能控制系统无缝对接，如图 2-27 所示，使得管理操作简洁方便。

| 模具编号 | 模具名称 | 保养项目 | 上次保养日期 | 当前模数 | 间隔模数 | 上次保养模数 | 下次保养模数 | 实际保养模数 | 距离下次保养模数 | 是否保养 | 备注 | | |
|---|---|---|---|---|---|---|---|---|---|---|---|---|---|
| NP006 | L538 行李箱下饰板左 | 小保养 | | 4166 | 20000 | | 20000 | | 15834 | | | 编辑 | 删除 |
| NP017 | L538 左右C柱上部 | 小保养 | | 4026 | 20000 | | 20000 | | 15974 | | | 编辑 | 删除 |
| NP022 | L538 行李箱门槛条 | 小保养 | | 12653 | 20000 | | 20000 | | 7347 | | | 编辑 | 删除 |
| NP005 | L538 右后门模块 | 小保养 | | 18757 | 20000 | 482 | 20482 | | 1725 | | | 编辑 | 删除 |
| NP004 | L538 右前门模块 | 小保养 | | 17608 | 20000 | 482 | 20482 | | 2874 | | | 编辑 | 删除 |
| NP001 | L538 行李箱上饰板左右 | 小保养 | | 894 | 20000 | 499 | 20499 | | 19605 | | | 编辑 | 删除 |
| NP020 | L538 左右前门槛条 | 小保养 | | 15087 | 20000 | 783 | 20783 | | 5696 | | | 编辑 | 删除 |
| NP003 | L538 左后门模块 | 小保养 | | 17111 | 20000 | 816 | 20816 | | 3705 | | | 编辑 | 删除 |
| NP002 | L538 左前门模块 | 小保养 | | 19457 | 20000 | 890 | 20890 | | 1433 | | | 编辑 | 删除 |
| NE018 | NCV3 左门板本体 | 小保养 | | 1752 | 20000 | 1084 | 21084 | | 19332 | | | 编辑 | 删除 |
| NP014 | L538 保险盒盖板 | 小保养 | 2016-02-18 | 22181 | 20000 | 1103 | 21103 | 21553 | 0 | 已做小保养 | | 编辑 | 删除 |
| NE014 | NCV3 左右A饰柱 | 小保养 | | 1702 | 20000 | 1208 | 21208 | | 19506 | | | 编辑 | 删除 |
| NP011 | L538 左右轮眉护板 | 小保养 | 2016-02-22 | 21752 | 20000 | 1270 | 21270 | 21743 | 0 | 已做小保养 | | 编辑 | 删除 |
| NP013 | L538 左右A柱外饰板支架 | 小保养 | 2016-03-02 | 21561 | 20000 | 1440 | 21440 | 21561 | 0 | 已做小保养 | | 编辑 | 删除 |

图 2-27　智能控制系统——模具信息数据库

#### 2.2.1.2　自动快速换模

实践证明，通过采用磁力模板，可以节约 90% 安装、拆卸模具时间。对于拥有多台注塑机、需频繁换模的企业而言，通过缩短换模时间，可大幅提高总体生产效率，并简化工作，节省人工，提升车间管理水平，如图 2-28 所示。

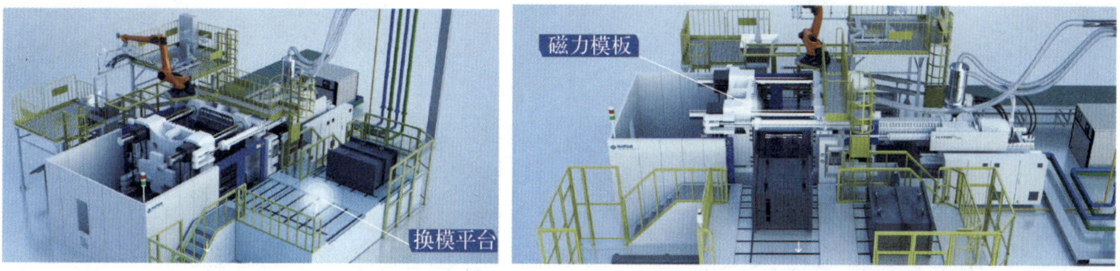


图 2-28　自动快速换模场景

自动快速换模系统是使用液压夹具或磁力模板替代螺钉，将模具固定在注塑机上，使换模工作更省时省力，工作更安全，如图 2-29 所示。据试验，快速自动换模系统可以使模具装卸时间节约 70% 以上，特别适合当前“多批少量”的生产模式，大大地提升了企业竞争能力，做到安全、快速、准时交货，提高生产效率，避免工伤事故的发生和模具的碰撞损坏，降低生产成本，节约生产时间。

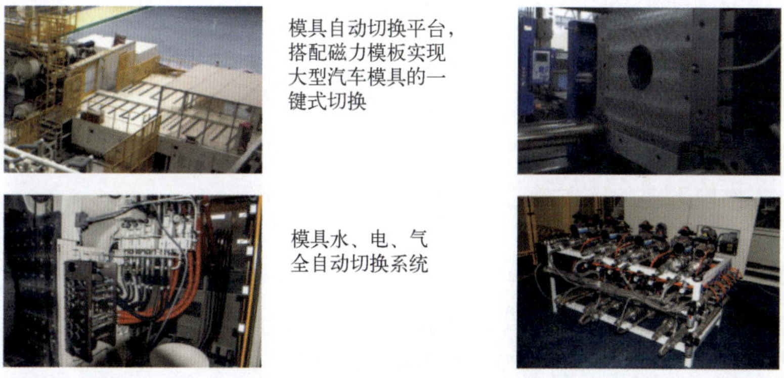


图 2-29　自动快速换模系统

（1）机械旋拉式快速换模系统

该系统是早期的快速换模系统，典型产品出自瑞士 Staubli（史陶比尔）公司，如图 2-30 所示。该系统工作时将模具背部中心夹紧，适用于中小型注塑机，其机械结构比较复杂。

该系统的优点是：模具四周完全开放，无任何夹压元件，便于外部管路的插接。

该系统的缺点是：模具背板须加装统一的夹紧机构。由于背板四周无夹紧力，工作中模具变形及磨损较大，夹压部位的元件磨损严重，无夹压元件的状态反馈信号供给主机，系统安装、维修难度较大，不适于现有设备的加装。

（2）磁力吸盘式换模系统

这是近年来发展迅速、被广为接受和采纳的快速换模系统，典型产品出自意大利 Tecnomagnete（泰磁）公司，如图 2-31 所示，该公司在此产品上有十多年的开发、生产和应用的经验，近万套系统应用于世界各地，特别是为汽车工业配套的厂家。近几年，瑞士 Staubli 公司和日本 Pascal（帕斯卡）公司也开始从传统的液压换模系统转向磁力换模系统的开发与销售。

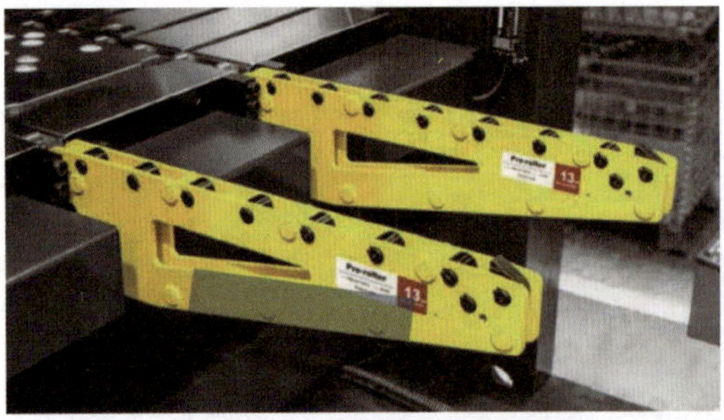

图 2-30　机械旋拉式快速换模系统

图 2-31　磁力吸盘式换模系统

磁力吸盘式换模系统的结构及控制非常简单，无任何机械夹紧元件和动作，在模具背板与吸盘磁极的接触面上，不论是心部还是周边，全部由永久磁力夹紧，适用于各种形式和规格的注塑机。

磁力吸盘式换模系统的优点是：加装方便，适用于各种规格的液压式和全电动注塑机，夹紧力来自永久磁性材料，工作中无须用电，夹紧状态由实时信号反馈给主机，保证夹紧的绝对安全；由于全接触面夹紧力均匀，模具在工作中变形和磨损很小，注塑件精度及一致性好，模具寿命延长；模具周边无任何执行元件，外围管路插接方便。该系统机械上无机械动作，电控上瞬间用电，因此在使用中无须维护，寿命极长。

磁力吸盘式换模系统的缺点是：磁力模板的厚度（54mm+54mm）对小型机的开模行程有一定影响。

（3）换模机器人

换模机器人实际上是一套自动化的快速换模装置，该装置配备了智能识别系统，能够自动识别模具类型并完成相应的旧模具拆卸、模具搬运、模具定位、模具安装等操作，如图 2-32 所示。

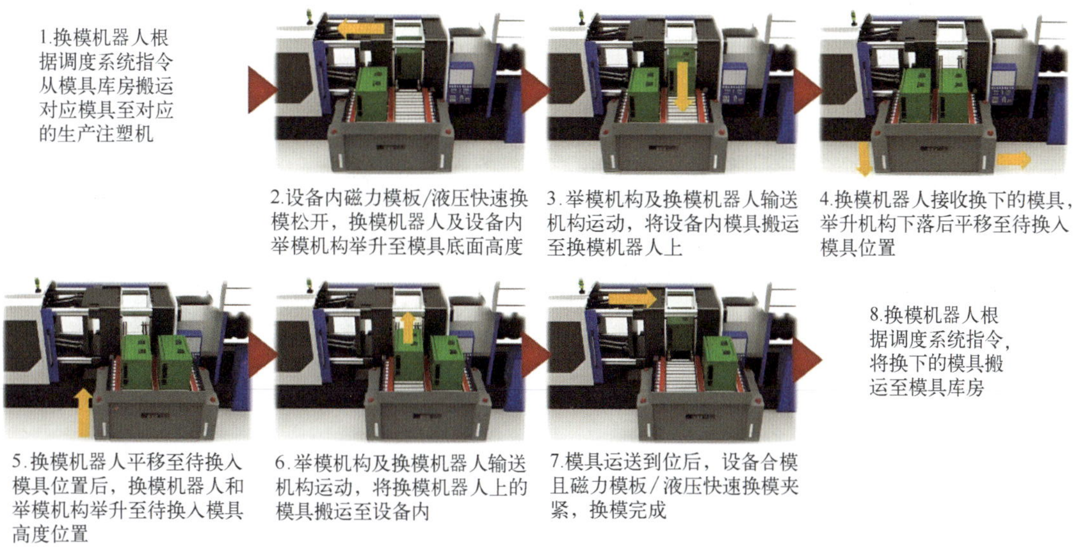


图 2-32　换模机器人智能换模示意图

#### 2.2.1.3　智能化的调模系统

调模系统的作用是当生产过程中更换产品需采用不同厚度的模具时，调节轴向容模量的大小，同时使合模系统对模具产生所要求的锁模力。

智能化调模的目的是使合模机构的锁模与模具成型加工模腔产生的胀模力达到最佳的匹配状态，不但保护了模具并延长模具的使用寿命，而且降低了锁模能耗。反映两者之间是否达到最佳匹配的表征是模具在注塑过程中，模具分型面胀模量是否处于临界状态，所以把模具分型面的胀模量作为智能化调模的检测参数。模具在注塑成型过程中的模温波动应处于一定范围内，以不产生影响锁模力的因素。

### 2.2.2　模具智能化监测

模具智能化监测是应用视觉技术对模具进行监测。视觉技术以其独特的非接触式监测方式，确保模具的正常使用，保障设备的正常运行。在一个完整的成型周期内对所关心的模具型腔面进行两次拍照，即一检和二检。一检指的是在模具开模的瞬间进行拍照检测，确认有无毛边、缺料等缺陷，同时根据制品的缺陷情况判断有无粘模的情况，如果存在粘模缺陷，便禁止顶出系统顶出。二检是指在顶针顶出完成并复位且机械手也已脱离监控区域后对模具进行拍照，以确认模具区域有无产品粘模或异物残留，并帮助判断模具的镶件、顶杆和滑块等活动零部件的位置或状态是否正常。如果异常情况出现，则禁止合模。以上检测中，如检测到异常情况，视觉系统发信息给中央控制系统，中央控制系统接到信息后发出故障信息和停止注射运行的指令，如图 2-33 所示。

目前，视觉技术在模具智能化上得到了应用。我国厦门某公司自主研发的双镜头模具监视系统具有 8 个功能：成型品粘定模监测、插件放置监测、顶针断掉监测、填充不足的监测、制品毛边的监测、制品脱落不良的监测、减少不必要顶出的监测、生产线或组装线的监测。该监视器可根据生产的需要进行监测区域设定，对多型腔及特殊镶件位置进行监测，通过触摸屏控制设定参数画面，自动监视模具的开 / 合模状况；监视系统采用高速、高清晰度数字照相机，检测精度较高，位置检测可精确到 0.05mm，判定处理时间 0.02s，并可针对不

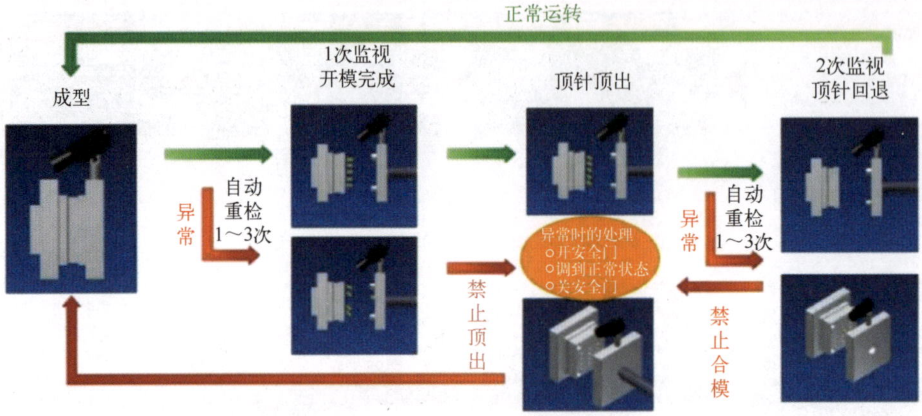


图 2-33　模具内部视觉监测系统

同模具存储相应的文件，有利于质量追踪。

模具监视器，又称模具保护器、模具电子眼，可对各类型注塑机的开模、脱模、合模的运行过程进行实时监视、控制，以保护模具，避免非正常损坏。模具监视器由高分辨率的工业相机（或机器视觉系统）、CPU 系统、外设端口控制系统等组成，如图 2-34 所示。通过工业相机对运行过程中的模具在开模、脱模、合模时抓拍图像，通过 CPU 对图像进行灰度等级处理以及特定的算法处理，有效判断当前产品是否存在异常，当前模具运行是否存在隐患，如发现异常或分析存在安全隐患，模具监视器则发出异常信号，停止注塑机动作并报警提醒现场作业人员来确认警报情况并进行下阶段处理。

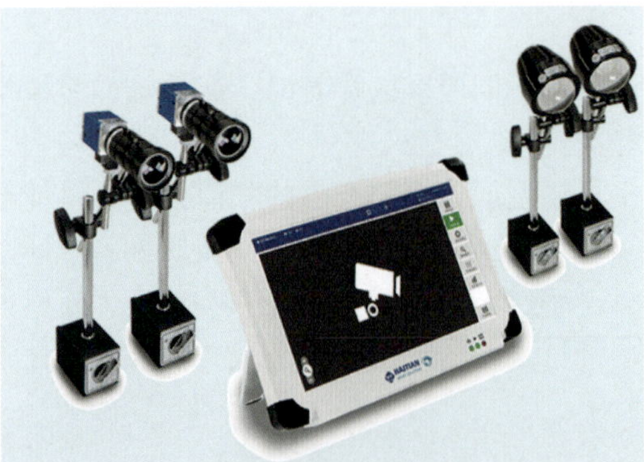

图 2-34　海天智联的 HDC-500 模具监视器

一套成熟的模具监视器，应具有如下功能：

① 自动生成检测区域、参数；

② 一键操作、新手操作指引；

③ 开模行程位移偏差时自动校正；

④ 光线自动补偿和校正；

⑤ 基于轮廓的最新模型匹配算法识别准确；

⑥ 一台模具监视器对应多台注塑机；

⑦ 远程报警提醒，可发送短信到指定的技术员手机。

## 2.2.3　模具智能化清洁

模具清洁目的是彻底清除灰尘、气蚀残渣和模具涂层、磨蚀以及腐蚀的表面、残留的矿物质和润滑剂等，包括对气孔周边的清洁处理。高效、安全、快速的环保清洁技术是精密模具清洁的发展方向，超声波、干冰、等离子等清洁技术都是环保清洁技术。智能化模具清洁技术运用视觉技术，一经发现模具异常，立即发信息给中央控制系统，中央控制系统接收到模具异常信息后，立即发指令让设备停止运行，并实现自动清洁模具或发出人工清洁模具的信息。

# 2.3 注塑机周边设备智能化

## 2.3.1 原料干燥设备智能化

### 2.3.1.1 原料干燥设备智能化技术

原料含水率直接影响塑化的物理性能，如重量、密度、黏度、熔融指数和导电性能等，从而影响其加工条件和性能，最终有损成品的质量。原料干燥智能化技术需达到能自动检测原料含水率，并进行分析评估，采取相应的技术措施，直至符合成型加工的标准，中央控制系统得到干燥系统信息后方可将原料投入运行。原料水分的自动检测必须达到快速、灵敏、真实。德国赛多利斯 LMA100P 物理法检测水分分析仪，可以精确测量 0.005% 的水分含量，可读性精度为 0.001%，重复性精度为 0.1mg。

### 2.3.1.2 常见的智能化干燥设备

（1）干燥机

注塑用干燥机的工作原理主要是通过热风循环系统对塑料颗粒进行加热干燥，去除其中的水分和湿气，如图 2-35 所示。注塑用干燥机主要由以下几个部分组成。

① 加热系统：通过加热系统将空气加热到特定温度。

② 循环风扇：将加热后的热空气均匀地吹到塑料颗粒表面，加速水分蒸发。

③ 温度控制系统：用于监测和调控干燥机的温度，确保塑料颗粒在适宜温度下干燥。

注塑用干燥机的工作流程如下。

① 加热：塑料颗粒被放入料斗内，加热系统将空气加热到特定温度。

② 循环：循环风扇将热空气均匀地吹到塑料颗粒表面，加速水分蒸发。

③ 过滤：干燥后的塑料颗粒通过过滤器去除杂质。

④ 送入注塑机：干燥后的塑料颗粒送入注塑机中，确保注塑过程的顺利进行。

采用干燥机对塑料原料进行干燥，其优势如下。

① 加热桶采用不锈钢制作，保证原料不被污染并且桶清理更容易。

② 不锈钢网板散风装置，使热风更均匀地吹向原料，整个桶内温度均匀，原料不易结块。

③ 加热桶与料斗铰链连接，打开方便省力，换料与清理更容易。

④ 开门式的磁力底座，取出磁力架清理铁屑等方便快捷。

⑤ 可选配 24h 定时启动装置，减少上班时的预热时间，提高效率。

⑥ 可选配热风回收装置，降低能耗。

⑦ 可选配集尘器，保证粉尘不污染车间。

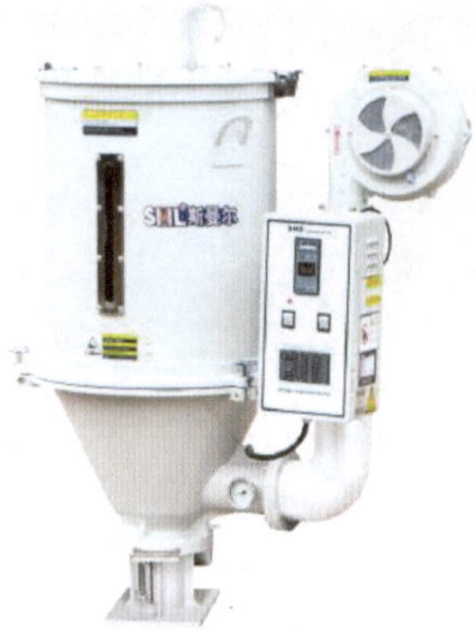

(a)

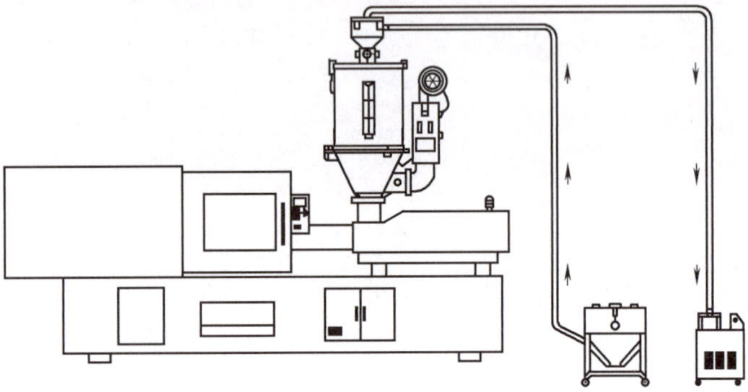

(b)

图 2-35　干燥机及其与注塑机连接示意图

（2）干燥箱

注塑用干燥箱的工作原理是通过加热和风扇吹风的方式，去除塑料原料中的水分和杂质，确保塑料原料满足注塑加工的要求，如图 2-36 所示。合格的干燥箱应具有如下特点。

图 2-36　干燥箱

① 料斗采用优质不锈钢制作，可有效保证原料不受污染。

② 内外层间有高效保温材料，减少热量损失。

③ 采用热风下吹式设计，使料桶内温度更均匀。

④ 控温采用进口温控表，PID 控制，可精确控制温度。

⑤ 配备 24 小时定时器，可实现提前开机，提高工作效率。

⑥ 配备清料门，可方便地清理料桶。

（3）欧化干燥机

普通干燥机通常采用简单的热风烘干技术，而欧化干燥机则采用先进的热风循环系统，能够更有效地干燥塑料颗粒，具有较高的热效率和更好的干燥效果，如图 2-37 所示。合格的欧化干燥机具有如下特点。

① 热风循环与均匀干燥：欧化干燥机采用特有的下吹风管设计，能够均匀分散热风，确保塑料干燥温度的稳定性，从而提高干燥效率。这种设计使得热风在桶内分布更加均匀，避免了局部过热或冷点，提高了干燥效果。

② 智能控制系统：欧化干燥机配备了微电脑控制系统和全数位 PID 控制，能够精确控制温度，并通过 LED 状态显示直观地反映设备运行状态。这种智能控制不仅提高了操作的便捷性，还确保了干燥过程的稳定性和可靠性。

③ 节能与环保：欧化干燥机注重节能环保，采用双层保温桶设计，减少热量损失，从而降低能耗。此外，部分机型还配备了热风回收装置，进一步提高了能源利用效率。

④ 安全保护措施：欧化干燥机具备双重过热保护装置，能够有效预防因人为操作失误或机械故障导致的过热现象，确保设备的安全稳定运行。

⑤ 易于维护与清理：欧化干燥机的料桶与底座采用分离设计，便于清料和换料。此外，部分机型还配备了可打开的视料门，方便用户观察内部情况并进行清理。

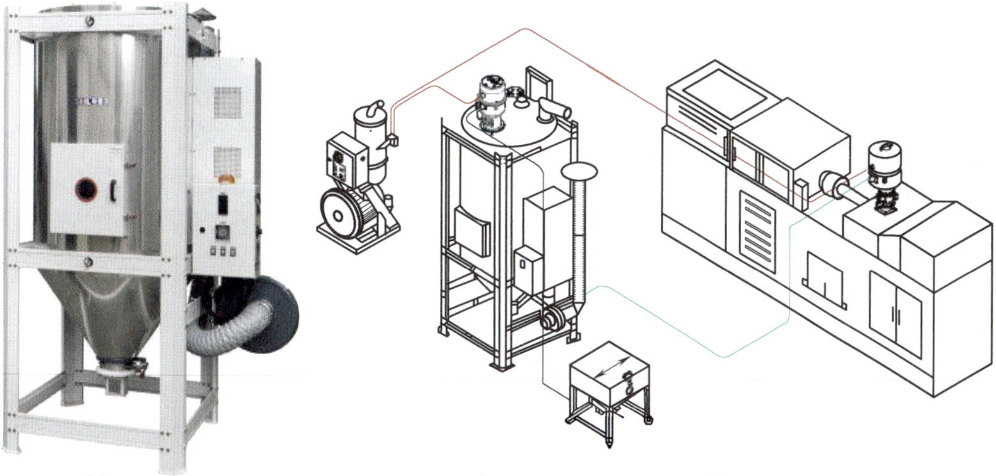

(a) (b)

图 2-37 欧化干燥机及其与注塑机连接示意图

⑥ 应用范围广泛：欧化干燥机适用于多种塑料材料的干燥，包括 ABS、PET、PC 等，具有广泛的适用性，其高效的干燥能力和稳定的性能使其在注塑生产中得到了广泛应用。

（4）光学级除湿机（三机一体除湿干燥机）

光学级除湿机也被称为三机一体除湿干燥机，该机采用多段式蜂巢转轮和全不锈钢双层下吹式保温料斗，集除湿、烘干、送料三机为一体，具有供料快速简单、结构紧凑、坚固耐用等优点，如图 2-38 所示。合格的光学级除湿机具有如下特点。

① 集干燥、除湿、两段送料三种功能于一体，也可根据客户需要做三段送料；

② 除湿干燥回路采用全密闭设计，确保更低露点的空气不与外界空气接触；

③ 送料系统采用全密闭设计，保证了干燥后的原料不与外界空气接触而再次受潮；

④ 送料装置加装截料阀，保证送料管路中无残余的原料，送料更顺畅；

⑤ 双层保温干燥桶，有效防止热量散失，减少加热能耗；

⑥ 高效能的散热器，确保更低温、更低露点的空气。

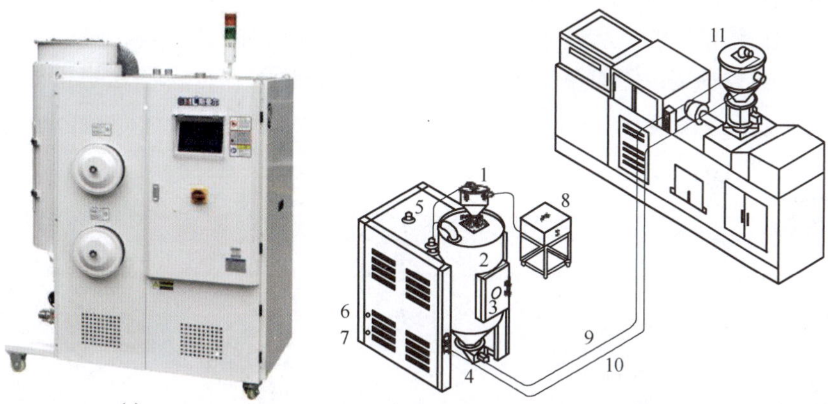


(a) (b)

图 2-38 光学级除湿机及其与注塑机连接示意图

1—真空料斗；2—双层保温桶；3—清料门；4—截料式吸料盒；5—湿气排出口；6—冷却水出口；7—冷却水入口；8—储料箱；9—吸风管；10—吸料管；11—光电料斗

（5）蜂巢除湿干燥机

蜂巢除湿干燥机是一种利用吸湿剂吸附空气中的水分，然后通过恒温恒湿的恢复工艺将吸附的水分脱附出来的设备。该设备主要由除湿系统、热源、恒温恒湿系统、风机和控制系统五部分组成。在运作时，新鲜空气与干燥空气通过热交换器进行热交换，降低新鲜空气温度，使其饱和，然后进入蜂巢吸湿器，被吸收的水分在较高温度下脱附。冷凝水通过水箱排出，干燥空气通过加热器升温至一定温度，进入热交换器与新鲜空气进行再次热交换，使新鲜空气回暖后排出，如图 2-39 所示。合格的蜂巢除湿干燥机一般具有如下特点。

① 可提供低至 -50℃的低露点干燥风，满足许多工程塑料的生产需要；

② 采用 PID 微电脑控制，温度控制准确；

③ 装有逆相报警功能；

④ 装有转轮异常报警功能；

⑤ 再生与干燥管路均装有过滤装置，确保蜂巢的使用寿命及干燥风清洁；

⑥ 装有高效冷却器，确保更低回风温度。

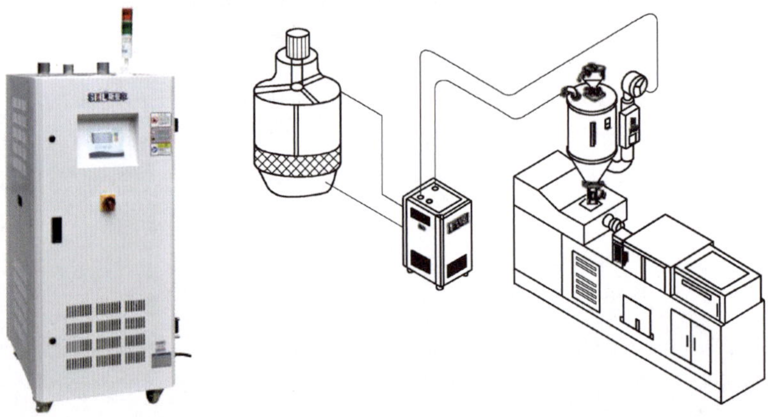

(a)　　(b)

图 2-39　蜂巢除湿干燥机及其与注塑机的连接

（6）模具除湿机

模具除湿机的工作原理为空气通过转轮蜂巢除湿后，再经过管路吹向模具，把模具上的露水带走，从而保证模具的清洁。图 2-40 所示的模具除湿机采用进口转轮蜂巢，能提供 -10℃左右的露点，且露点稳定，使塑料成型机模具远离结露的困扰，有效地提高产品品质。

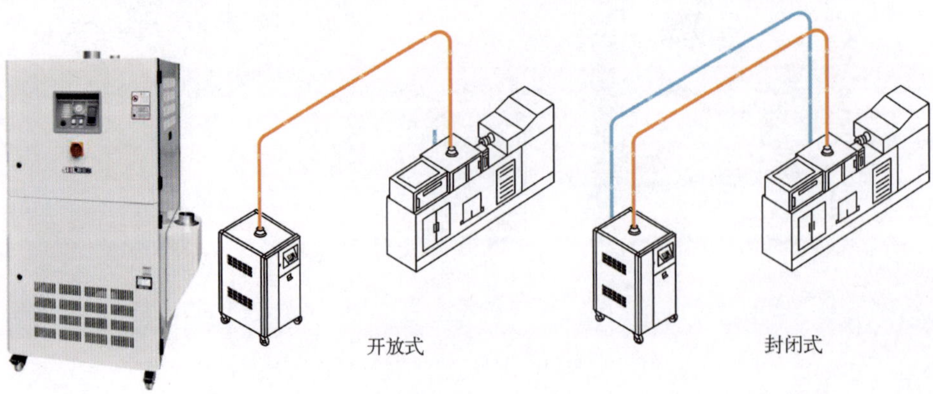


(a)　　(b)　　(c)

图 2-40　模具除湿机及其与模具连接示意图

## 2.3.2 配料混料设备智能化

塑料原料中不同塑料成分比例经常需要按照制品配方予以改变，因此实时控制添加剂含量就显得尤为重要，这就要求注塑机周边的配料混料系统能提供精确的、自由的、灵活的配料混料系统。配料混料系统智能化技术主要体现在精确控制塑料原料的成分，均匀混合每一种成分，以保证每一模次的制品质量完全一致。

（1）失重式计量配混料系统

失重式计量配混料系统，也称失重式混料机、失重秤，如图 2-41 所示。其工作原理是将计量斗以及整个给料机构作为一个秤体对物料进行称量，随着物料从失重秤中流出，控制系统对秤体的重量信号进行一个高速、高频的采集，得出单位时间内计量斗内物料减少的重量，再通过特有的滤波、优化处理，得出失重秤的实际流速，同时控制系统会将此给料速度与预设的给定速度进行比较，并将比较结果计算后反馈给失重秤的给料机构以自动修正给料机构的给料速度，形成闭环控制，以此让实际流速无限逼近给定流速，从而达到控制要求。

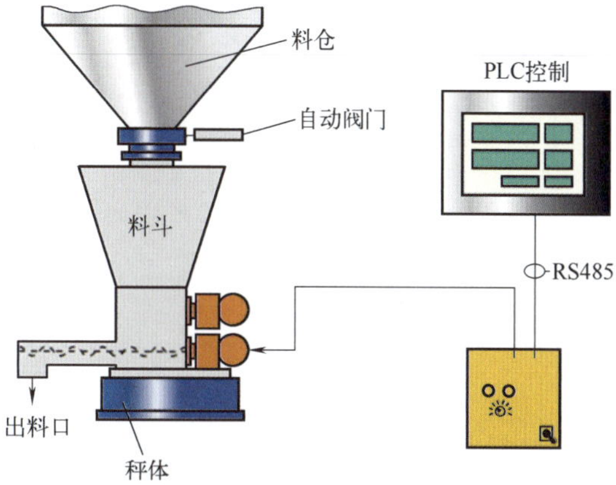

图 2-41 失重式计量配混料系统

失重式计量配混料系统的工作过程一般采用计算机进行控制，控制设备的运行状态、工艺配方、输入参数，实时监测原料的混合重量；系统具有通信功能，可以由主计算机设定、监控生产的各项参数，为注塑生产的自动化、智能化提供保证。

上海某公司制造的失重式计量配混料系统，实时在线动态监测，通过智能软件的计算和分析，可按设定要求对工艺参数自动优化和调整，最多可实现对 8 种物料的配混控制，适用于颗粒状物料及流动性较好的不规则物料的混料，其最大混料能力达到 1000kg/h。

（2）重力式计量配混料系统

重力式计量配混料系统，也叫称重式混料机，通过直接称重物料来达到配料的目的，可以实现多物料同时配料，极大缩短了配料时间。重力式配混料系统能够充分利用设备的运转时间，对下一生产批次的物料进行配料，当设备发送物料需求信号时，物料依靠自身重力从出料口卸料，提升了生产效率。重力式计量配混料系统适用于新料、回料、色母粒、添加剂等计量配料混料。

图 2-42 上海某公司生产制造的重力式计量配混料系统

图 2-42 所示为上海某公司开发的重力式计量配混料系统，该系统能根据设定的物料重量自动运行，无须人为计算物料的比例，精度达到 ±1%，组分可达 6 组，最大混料能力达到 1500kg/h。

（3）色母混色机

色母混色机简称色母机，如图 2-43 所示，其特别适

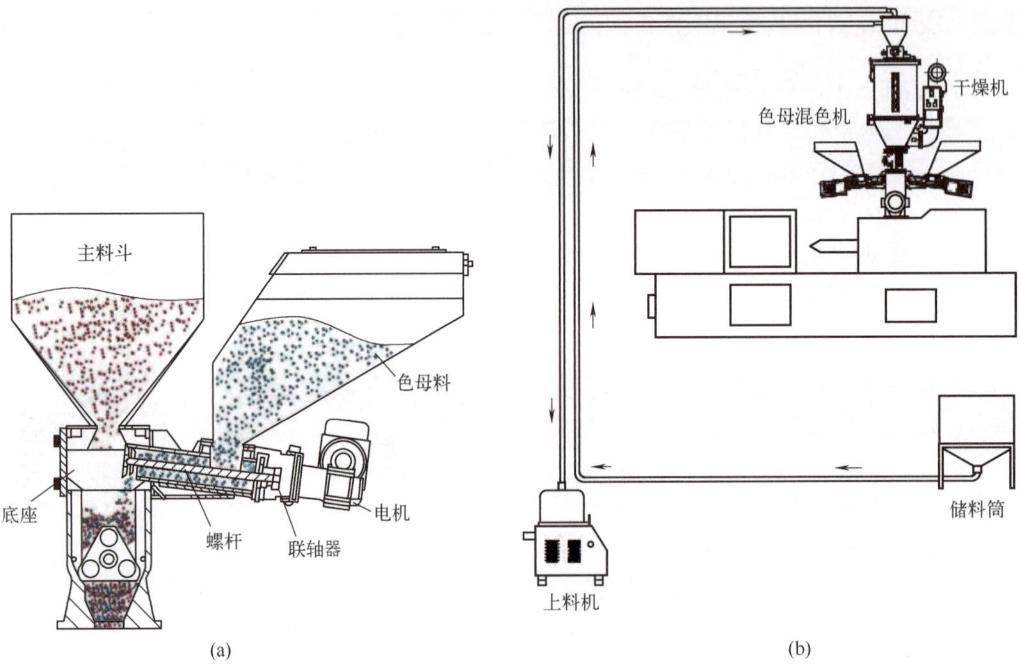


图 2-43　色母混色机及其与注塑机连接示意图

用于新料、次料、色母或添加剂等物料的自动比例混合。合格的色母机一般具备以下特点：

① 具有数据的永久记忆及存储功能；

② 使用直流无刷式电机，无须保养；

③ 采用微电脑控制，智能化精确计算；

④ 可同时满足外部信号输入的要求；

⑤ 螺杆采用镀铬处理，经久耐用；

⑥ 模块式的装配结构，拆装方便，易于清理及互换；

⑦ 单色色母机的标准底座配备三管料斗磁罐，可吸附金属物，防止成型机螺杆损坏；

⑧ 单色色母机型可选配搅拌器，并需同时选购具有搅拌控制功能的控制箱搭配使用，使混料均匀；

⑨ 搅拌器的底座为双色色母机的标准配置，它可以满足客户双重混料需求；

⑩ 主料斗为双色色母机的标准配置，单色色母机可选配。

### 2.3.3　物料输送设备智能化

（1）中央供料系统

中央供料系统，也称集中供料系统、注塑自动化配料站，如图 2-44 所示。注塑车间采用中央供料系统可实现将多种塑料原料自动供给不同的注塑机，其中包括原料从烘干、配色到浇口冷料的粉碎并按比例回收利用，能够实现这些过程自动化控制及监测，能保障 24 小时连续生产需要。

中央供料系统是为注塑车间的塑料产品生产而设计的，实现了不间断无人化连续成型作业。在生产中，可根据需要改变原料品种、颜色的组合方式，实现着色工序的自动化。系统能够以全自动方式再生和使用浇口冷料，能够对所有供料设备进行精确控制，并防止储料仓内阻塞现象的发生，通过设置中央监控台实现全自动化。

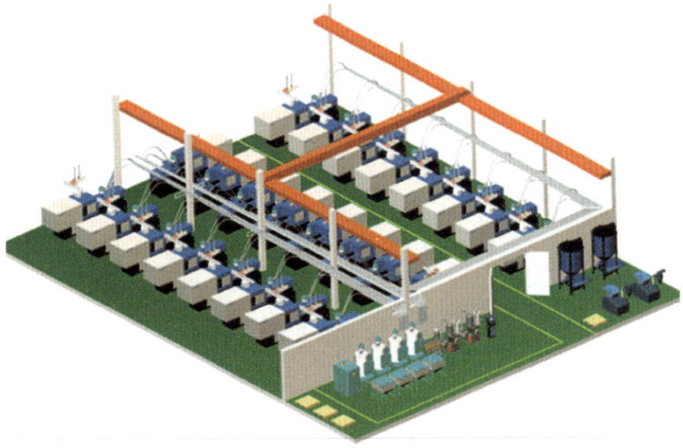

图 2-44　注塑车间中央供料系统

中央供料系统一般采用真空传送方式，通过集中的管路系统将塑料原料从储料罐输送到中央除湿干燥系统，然后将干燥后的原料输送到每台注塑机中。中央供料系统采用“一台机器一根管”的设计方式，保证整个系统的空气对原料进行输送，防止除湿干燥后的原料回潮。同时避免了堵料现象发生，配合中央除湿干燥系统使用，可在使用除湿干燥系统在原料输送后对输送管路进行清理，确保管路内没有残余的粒料，在避免原料回潮的同时，也保证了加入注塑机中的原料性能的一致。在真空负压作用下，原料中原有的粉尘会通过粉尘过滤系统被过滤出来，有助于提高成型产品的质量。

注塑车间采用中央供料系统，可以实现以下目标。

① 高效：中央供料系统可实现将多种原料自动供给多室、任意的注塑加工设备使用，其中可包括原料的干燥处理、配色处理，以及按比例的粉碎回收料利用，能够实行高度的自动化控制、监测等，并能满足 24 小时不停机的生产需要。

② 节能：首先，中央供料系统操作简易，只需要几个人即可控制整个注塑工厂的供料需求，从而减少了大量的劳动力成本；其次，减少了在注塑机旁边的原料带及相应的辅助设备，提高了空间的利用率；此外，由于采用了中央供料的方式，相应地减少了很多的单机设备，也就节省了电能及减少维护费用。

③ 个性化：中央供料系统可以做到对不同的使用用户、不同的车间特点、不同的原料使用要求，可以依实际的需要来设计出优化的方案。

④ 提升企业形象：中央供料系统将使原料及粉尘对注塑生产的污染减至最低，从而可以保持洁净的生产车间。中央供料系统独特的集中粉尘回收系统，清理更便捷、环保，效果更是达到 10 万级无尘室作业要求标准，并降低噪声，最终可实现无人化的自动化生产车间，树立起现代化工厂管理的形象。

（2）除湿干燥送料一体机

除湿干燥送料一体机集除湿、干燥、送料三种功能于一体，如图 2-45 所示。该机特别适用于吸湿性较强的塑料原料，如 PA、PET、PC、PBT 等。广东某企业生产的除湿干燥送料一体机除具有除湿、干燥、送料等三种基本功能外，还具有如下特点：

① 储料送料一体，原料不会污染，便于快捷更换原料；

② 可整体移动，方便、整洁、美观；

③ 可以使用色粉输送；

④ 落地式干燥，达到工厂安全标准。

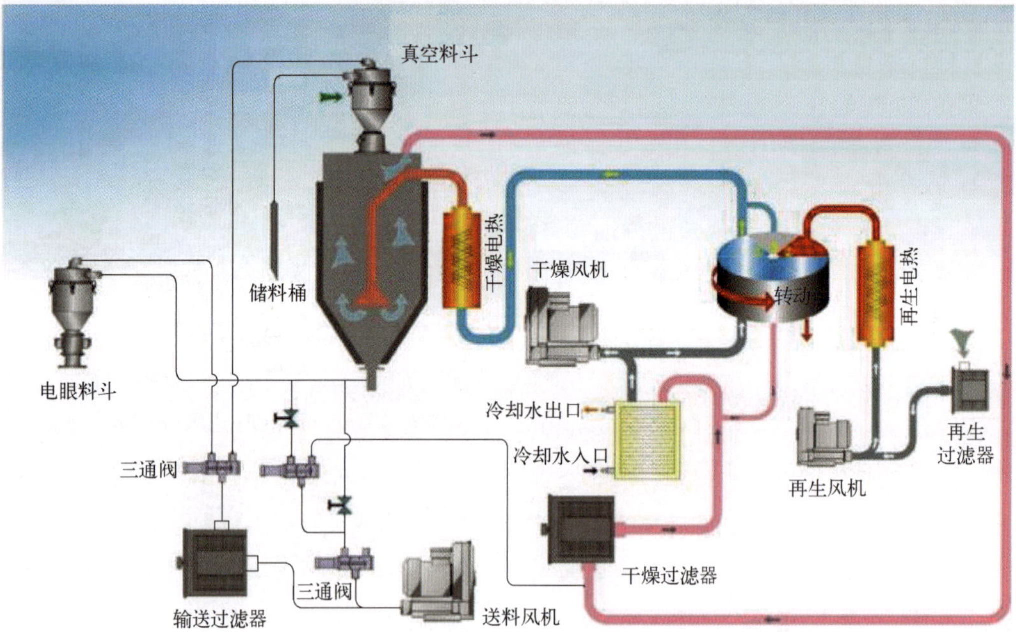


图 2-45　除湿干燥送料一体机应用示意图

## 2.3.4　温度控制设备智能化

（1）模具控温机

模具控温机，全称模具温度控制机，简称模温机，如图 2-46 所示。其主要由水箱、加热 / 冷却系统、动力传输系统、液位控制系统，以及温度传感器、注入口等器件组成。

通常情况下，模温机动力传输系统中的泵使热流体从装有内置加热器和冷却器的水箱中到达模具，再从模具回到水箱；温度传感器测量热流体的温度并把数据传送到控制部分的控制器；控制器调节热流体的温度，从而间接调节模具的温度。如果模温机在生产中，模具的温度超过控制器的设定值，控制器就会打开电磁阀接通进水管，直到热流液的温度，即模具的温度，回到设定值。如果模具温度低于设定值，控制器就会打开加热器。

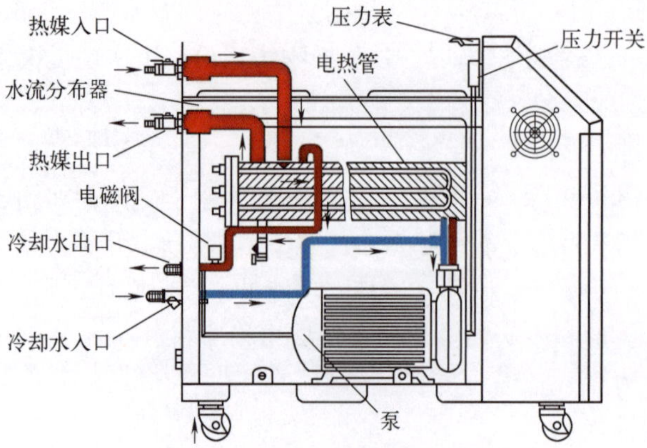


图 2-46　模具控温机

根据热量传输介质的不同，模温机可以分为水温机和油温机。水温机以水为介质，传热快、环保、方便。相较于油温机，水温机传热速率更高，换热效果更好。但水温机温度控制范围窄，一般不超过 180℃。而油温机介质为高温导热油，热稳定性好，温度控制范围宽，可达 350℃。

实践证明，不管是水温机还是油温机，一款高质量的模温机应具备以下特点：

① 采用 PID 微电脑控制，控温准确；

② 水（油）泵过载保护，有效保障其使用寿命；

③ 低液位报警装置，保证系统运行安全；

④ 主电源切断开关，符合 CE 安全标准；

⑤ 装有逆相报警功能；

⑥ 多重异常指示装置，让用户清楚了解故障原因，使故障及时得到解决；

⑦ 加热桶采用不锈钢制造，清洗容易。

（2）风冷式冷水机

风冷式冷水机是控制模具、注塑机料筒温度的常用设备之一。如图 2-47 所示，其基本原理是将常温的水通过冷水机的压缩机制冷到一定的温度以强化冷却模具或机器。作为单机使用，散热装置为内置的风机，主要有三个相互联系的系统：制冷剂循环系统、水循环系统、电器自控系统。

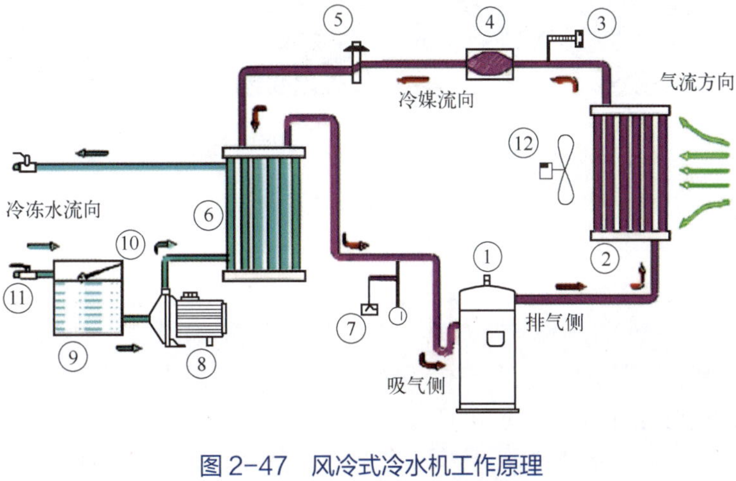


图 2-47 风冷式冷水机工作原理

1—压缩机；2—冷凝器；3—高压控制器；4—干燥过滤器；5—膨胀阀；6—蒸发器；7—低压控制器；8—水泵；9—冷冻水箱；10—浮球开关；11—球心阀；12—风机

风冷式冷水机有两个基本循环。一个是制冷剂循环系统，其蒸发器中的液态制冷剂吸收水中的热量并开始蒸发，最终液态制冷剂完全蒸发变为气态，后被压缩机吸入并压缩（压力和温度增加）。气态制冷剂通过冷凝器释放热量，凝结成液体；通过膨胀阀（或毛细管）节流后变成低温低压制冷剂进入蒸发器，完成制冷剂循环过程。另外一个是水循环系统，水泵负责将水从冷冻水箱抽出泵到用户需冷却的设备，冷冻水将热量带走后温度升高，再回到冷冻水箱中。

风冷式冷水机组采用空气冷却方式，省去了冷却水系统所必不可少的冷却塔、冷却水泵和管道系统，避免水质过差地区造成冷凝器结垢、水管堵塞，还节约了水资源，是冷水机设备中，保养维修较为经济、简单的机种。

### 2.3.5 注塑机械手智能化

（1）机械手在注塑生产中的应用

注塑生产中使用的机械手，简称注塑机械手、注塑机器人，是为实现注塑生产自动化配备的专业智能集成机械设备，它可以替代工人完成简单、重复的体力劳动，提高了安全生产保障，如图 2-48 所示。因此，机械手在注塑成型生产中发挥越来越重要的作用，机械手取出注塑件放置在输送带上输送至指定位置，使无人化、全自动化生产变为可能，连续的生产流水线也能够节省场地，使得整个车间规划更小，规划布局更加紧凑，管理更方便。

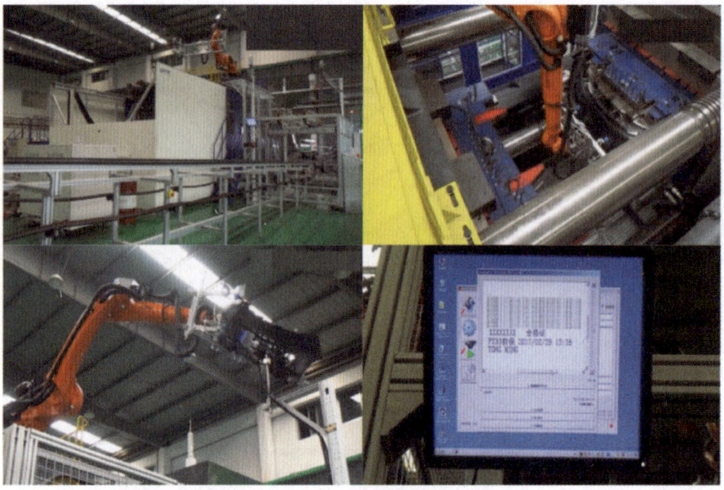

图 2-48　机械手自动取件场景

注塑生产中，大多数两板式注塑模具，开模后需要将连在一起的塑件和水口凝料分离；或者有些制件左右塑胶件同模成型时，开模后也需要将左右两边分离并放置。用在这些场合中的注塑机械手应该完成模内取件、分离制件或取废料的工作，为了提高产品质量和生产效率，多数企业选用三板式注塑模具与双臂式注塑机械手配合来进行注塑生产。对于一些尺寸较小或表面精度要求较高的制件，取件之后需要对型腔进行清理，避免型腔中的杂物影响制件的表面质量，针对这种情况，可以在注塑机械手上设置一个清洗机构来代替人工清洗型腔。对于某些特殊材料的注塑成型，需要在注塑成型前喷入脱模剂，这就要求在注塑机械手的末端设置一种自动传送装置来代替人工喷洒脱模剂。在日常生活中，像调味品或日化品的包装容器外表面需要贴附标签，通过控制吸附式机械手的抓取机构和伸缩机构可完成自动吸附薄膜、贴膜和输送产品的整个过程。目前，注塑产品的应用极为普及，而且种类也越来越多。在汽车、家电和医疗等行业中，很多产品为了追求轻薄化，纷纷采用金属塑料一体化的设计，而这种结构设计需要提前将金属嵌件埋入模具型腔中再进行注塑，这就要求注塑机械手能够完成模内埋入金属嵌件的工作。

综上所述，目前注塑机械手在注塑生产线上的应用变得越来越普遍，如模内取件、模外取件、去除废料、模内埋入金属嵌件、模内贴附标签和清洗模具型腔等，是实现智能注塑的基本设备之一。

（2）机械手智能化现状

注塑用机械手作为注塑成型加工链中的一个环节，应融入整个系统中，具有自动检测、识别、分析、处理的智能功能，其控制系统成为中央控制系统的一个分支。日本芝浦机械设计的TV800型6轴机械手，有效载荷是50N，重复定位精度在±0.02mm，并可实现在设备旁检测取出制品的质量。奥地利KEBA（科控）公司专门研发了标准化的控制软件，机械手能够在突然出现干扰因素时，瞬间做出反应加以调节接触力，显示出非常灵敏的“手感”智能。

国内制造机械手近年来积极向智能化发展。交流伺服电机取代气马达（气缸）实现高速动态响应和高速运转速度，加速度可达到30m/s$^2$，直线运动速度可达到4m/s，其总体技术水平达到国际水平。宁波伟立机器人科技股份有限公司机械手实现了与注塑机交换模具信息，注塑机换模后自动调出相对应的工作技术参数并存储；自动侦测顶出力的大小，并做方向微动以保持相对力矩，侦测到超力矩时自动停止，保护机械手和模具；手臂动作可随顶针位置变动；开发公共直流母线系统，回收伺服驱动系统在制动过程产生的能量并加以利用，运行中任何一轴制动产生的能量可供给其他轴，实现节能绿色化。厦门至工机电有限公司机械手内置控制系统软件，运动轨迹输入采用触摸屏进行图形化示教编程，设计目标运动轨迹，免代码；可通过I/O接口连接方式与任意品牌PLC交换数据，完成用户自定义控制功能。

注塑机械手的应用和现代化的管理模式，不仅改善了制造业的生产方式，而且增强了企业的活力和竞争力。实践证明，使用注塑机械手后，以下几个方面的改善最为明显。

① 管理方面。利用注塑机械手来代替工人完成模内取件等任务，一人可负责管理两台或多台注塑机的生产，这样既能节省人力，又能保证生产效率，而且还便于管理。

② 安全方面。由于刚成型好的产品还存在余温，采用人工的方式来取件时，极有可能出现烫伤的现象；或者当注塑模发生故障时，存在夹手或卷手的可能；尤其是在倒班制的工作中，由于生理疲劳等原因，容易发生安全事故。使用注塑机械手则可避免这些安全隐患，而且当模内产品未脱落时，会自动启动模具保护系统，避免模具的损坏。

③ 品质方面。利用注塑机械手取件可避免由于注塑机自动脱模或人工取件而造成的产品刮伤等现象；也可避免人工取件时由于用力不均而导致产品变形或损坏；还可避免由于人工取件时间不固定而引起的产品缩水、变形等问题；采用注塑机械手，还能保证模具的锁模时间以及模内温度，大大降低了产品的不良率。

④ 生产效率方面。人工取件的时间不固定，而且打开安全门的速度也不确定，加之人的生理基本需求等事项都会对生产效率产生一定的影响；而机械手能够不间断生产，使得生产效率迅速提升。采用注塑机械手还可以准确预估日产量与交货期，大大提高了企业的竞争力。

（3）注塑机械手的组成

注塑机械手的组成包括：执行系统、驱动系统和控制系统。

注塑机械手的执行系统是指机械手完成取件或者埋入金属嵌件等工作，能够实现机械手末端各种运动的系统，由横梁、悬臂梁、主副臂和手部组成。

注塑机械手的驱动系统是指驱动机械手的执行系统进行工作的部分，一般分为机械驱动、气压驱动、伺服驱动、液压驱动或者几种驱动方式的组合驱动。

注塑机械手的控制系统由程序控制和位置检测两部分组成。通过点位控制或连续轨迹控制实现对驱动系统的控制，使得执行系统能够按照预先设定的工作要求来完成相应的动作，注塑机与注塑机械手之间的配合也是由控制系统来实现的。

（4）注塑机械手的分类

① 根据机械手手臂运动形式的不同可分为四大类：直角坐标式机械手、圆柱坐标式机械手、球坐标式机械手和关节坐标式机械手，如图 2-49 所示。

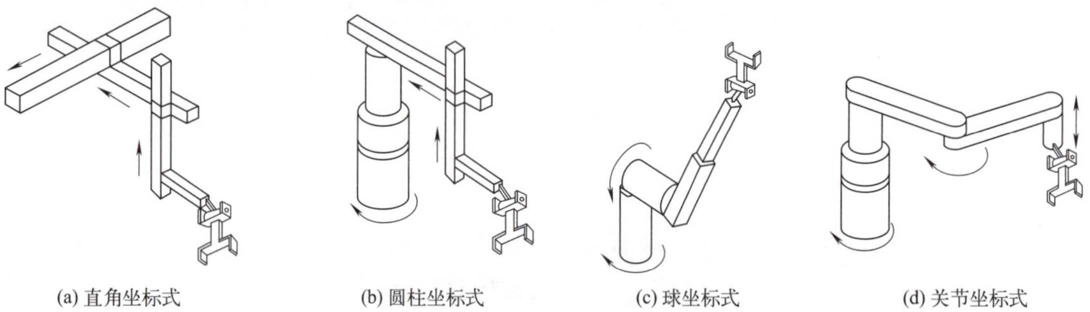


图 2-49　不同运动形式机械手的结构示意图

直角坐标式机械手的结构易于设计，定位精准，可实现三个方向的直线运动。这种机械手的体积较大、工作范围有限，而且其灵活性较差；但是对于大多数注塑机械手来说，通过三个方向的直线运动就能到达预设的位置，所以注塑机械手采用直角坐标式的较多。

圆柱坐标式机械手具有结构简单、占用空间较小、直观性好和定位精准的优点，可实现一个旋转运动加该轴线方向的直线运动，其基本动作包括手臂的回转、伸缩和上下运动，以及手爪的夹紧动作，一般适用于搬运和测量工件的场合。

球坐标式机械手的结构紧凑、工作范围较大、动作灵活，可实现一个方向的直线运动和两个方向的旋转运动，而且通常会在手腕上设置上下摆动来使手部在抓取工件时保持水平状态。这种机械手一般用于沿着直线运动方向向外的一些运动，在手臂摆角误差的影响下，手部中心处的误差被放大。

关节坐标式机械手包括立柱和大小两个臂，大臂与立柱之间的连接以及两臂之间的连接分别称为肩关节和肘关节，可实现三个方向的回转运动，分别为小臂的仰俯运动、大臂的仰俯和回转运动。关节坐标式机械手具有动作灵活、工作空间大和通用性强的特点。机械手中各个关节的相对转角决定了末端手部的定位，而且机械结构和控制装置都比较复杂。

② 根据注塑机械手动力源的不同可分为四类：机械驱动、气压驱动、液压驱动和电力驱动。驱动方式直接影响着机械手的定位精度和动态性能等指标。

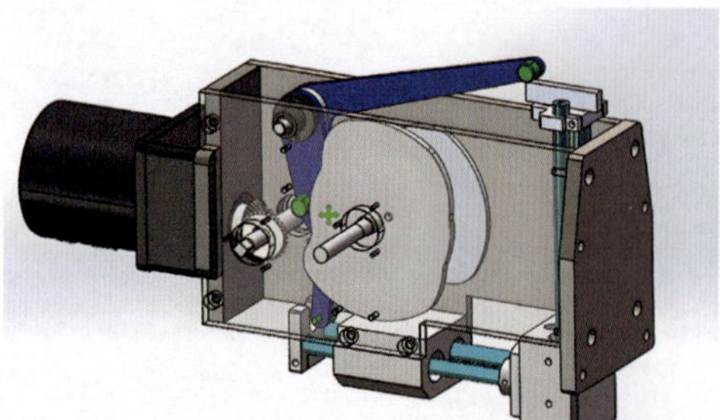

图 2-50　机械驱动型机械手

机械驱动型机械手的动力是由凸轮、齿轮等机械传动机构来提供的，如图 2-50 所示。该类机械手的运动平稳，工作效率高，但其动作程序固定且结构庞大。

气压驱动型机械手的动力获取极为方便，而且这类机械手的结构简单，输出力小，动作迅速，成本较低，但是空气的可压缩性且气源压力较低等因素，导致机械手的工作速度稳定性差且冲击较大，一般用于环境较恶劣和对机械手准确性要求较低的场合，如图 2-51 所示。

液压驱动型机械手的机械结构紧凑，驱动力大，定位精度较高，但是此类机械手需要配备压力源，其性能会受油温高低的影响，而且极易发生漏油的现象，对机械手的密封性要求较高。

电力驱动型机械手的应用最广，电源获取方便，而且该类机械手的响应较快，信号检测和处理相当方便，驱动力较大，控制方案可根据工作要求灵活组合。这类机械手直接通过电机来驱动机械手的传动机构，因此其响应较快，维护和使用较方便，而且结构可以从简。与其他三类机械手相比，全伺服电控机械手在精度、控制性、噪声、环保等方面都有很大的改善，如图 2-52 所示。

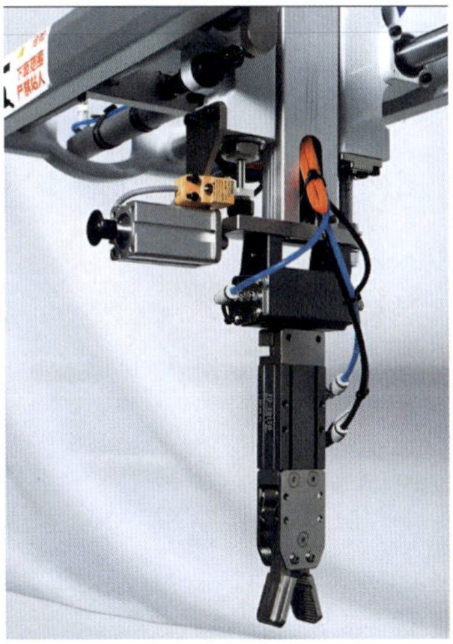

图 2-51　气压驱动型机械手

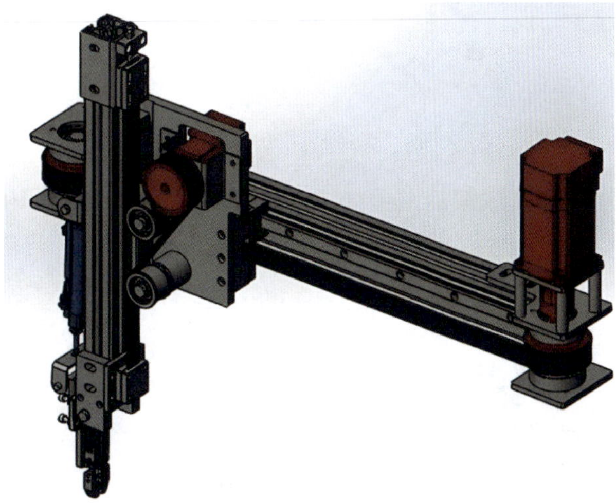

图 2-52　电力驱动型机械手

根据这四类机械手的特点，目前市场上应用最多的是电力驱动型机械手和气压驱动型机械手。

③ 按照注塑机械手的智能化程度可以将其分为两大类：基本型注塑机械手和智能型注塑机械手。

基本型注塑机械手中，固定模式程序型机械手的程序不能改变，主要应用在要求实现简单、单一动作的场合；而教导模式程序型机械手的程序可编译，是专门为特殊的生产工艺设计的，将基本的动作指令有序地编排在程序中，从而实现特殊的工艺要求，扩大了机械手的应用范围。

智能型注塑机械手包括任意点停留、多点记忆放置和多个自由度等功能。这种机械手通常由各类传感器控制，不仅能代替人类完成一些复杂的任务，还能代替人类的感受器官完成一些特殊的任务，使注塑机械手更加智能化，如图 2-53 所示。

④ 根据注塑机械手的动作方式不同，分为斜臂式和横走式注塑机械手。

斜臂式注塑机械手如图 2-54 所示。斜臂式注塑机械手的旋转方向和旋转角度的调整都很方便，而且操作简单，属于经济实惠型机械手。但这类机械手的横行距离和引拔行程必须通过高空调整限位块来实现，而且定位精度低，很难实现微量调整并存在较大的安全隐患，产品换线换模的辅助时间较长，工作效率低。另外，斜臂式注塑机械手只能靠旋转来取出制件，不能夹持着制件进行移动，其使用范围较小，主要应用在小型注塑机的生产中。

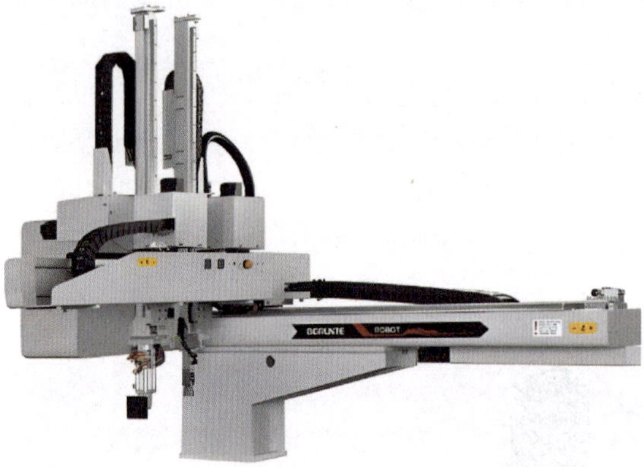

图 2-53　智能型注塑机械手

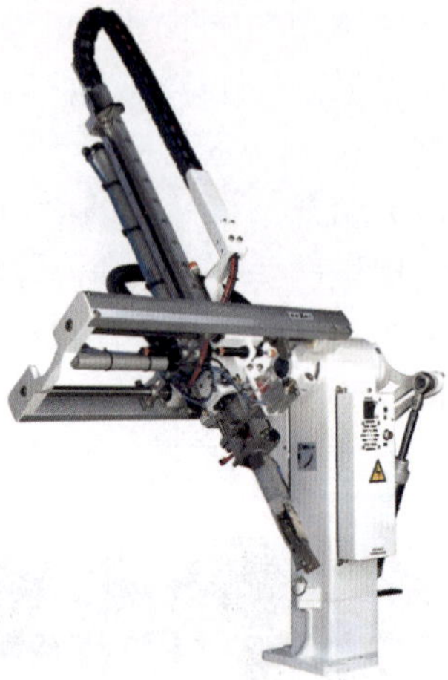

图 2-54　斜臂式注塑机械手

横走式注塑机械手如图 2-55 所示。横走式注塑机械手主要用于实现三个方向的直线运动，不仅可以夹取着制件移动，甚至可以完成有序的排列装箱任务，大大地提高了工作效率。

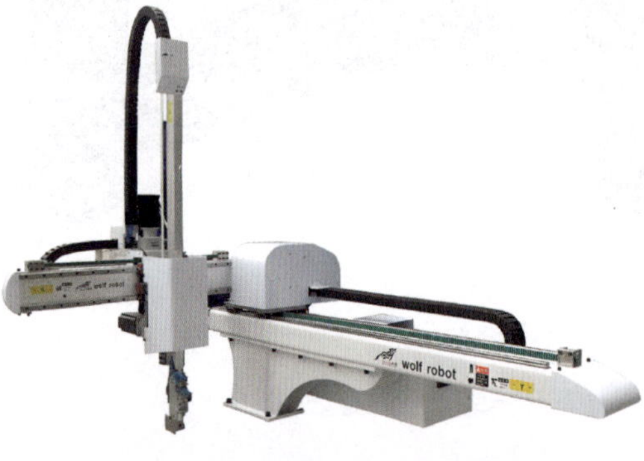


图 2-55　横走式注塑机械手

横走式注塑机械手又分为单轴、三轴和五轴横走式注塑机械手。仅在横行方向采用伺服电机驱动，而其他方向采用气压驱动的机械手称为单轴伺服机械手；在横行和上下行方向均采用伺服电机驱动，而引拔方向采用气压驱动的机械手称为三轴伺服机械手；在三个方向均采用伺服电机驱动的机械手称为五轴伺服机械手。单轴伺服机械手虽然价格低廉，但引拔行和上下行方向均使用气动装置来驱动，使得运行噪声较大；同时，气管接头部位容易受损、老化，经常出现漏气现象，使得维护保养工作变得艰难。全伺服注塑机械手能够克服上述这些缺点，具有结构紧凑、稳定性高、抗振效果好、维护保养容易、可操作性强等优点，能够满足注塑行业的高效生产和安全环保的基本要求，以及国内注塑产品企业的自动化和柔性化的生产要求，同时也符合注塑行业产品多样化、精密化和批量化的发展趋势。

（5）注塑机械手的功能要求

以全伺服横走式注塑机械手为例，该型机械手主要是针对金属塑料一体化注塑生产场景，在注塑过程中代替工人完成注塑生产线上的取件、模内埋入金属嵌件和取废料的工作，从而高效、保质地完成生产任务。按照生产要求，注塑机械手的任务如下。

① 注塑生产线上其他机器人将金属嵌件放置在工作台指定位置的定位块上（金属嵌件个数与型腔数相同）；注塑机械手抓取金属嵌件，回到注塑机上方等待。

② 待注塑机完成注塑成型开模后，注塑机械手主臂手部先取出注塑好的制件，同时副臂手部取出水口凝料；然后，注塑机械手主臂的另一个手部将金属嵌件埋入到型腔中；之后，注塑机械手抓取制件离开注塑机，注塑机合模准备进行下一次注塑。

③ 注塑机械手将制件放置在指定位置处，然后运动到金属嵌件放置的工作台处抓取金

属嵌件，等待注塑机开模。

注塑机械手主要是为减轻工人的劳动强度、提高生产效率和实现注塑生产线的自动化而设计的，所以注塑机械手的路径规划设计应该考虑工人的工作流程，进行有序、高效的替代。注塑机械手的工作流程如图 2-56 所示。

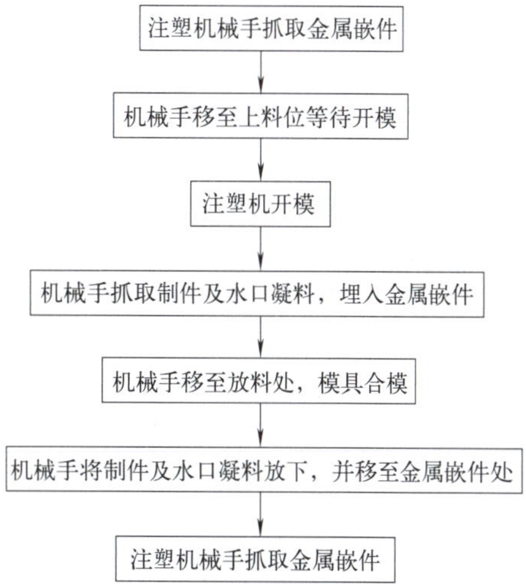

图 2-56　注塑机械手的工作流程

（6）注塑机械手控制系统的要求

机械手主要是完成模内取件，模内埋入金属嵌件并将制件放在指定位置处。机械手需要完成的动作包括：悬臂梁的横行，主副臂的引拔行和上下行，主手的翻转、夹放和埋入金属嵌件，副手的夹放。注塑机械手的工作流程应该与注塑机的工作相配合，保证安全有序地完成一系列工作，此时就需要注塑机的控制系统与注塑机械手的控制系统高效配合，所以注塑机械手的控制系统应该满足以下基本要求。

首先，注塑机械手的控制系统必须安全可靠、简单有效，在此基础上，尽量降低控制系统的成本和维护调试的时间。

其次，在注塑机开模前，为避免机械手在下行过程中与注塑模具发生碰撞，所以机械手不能有下行进入模内的动作。当注塑机械手在模内进行取件或埋入金属嵌件工作时，注塑机不能发出合模信号，避免注塑机和机械手之间的碰撞。机械手完成一系列预定的任务后应该回到初始位置，准备下一个周期的工作。

最后，机械手在取件或埋入金属嵌件过程中发生断电现象，再次启动机械手后应该先执行完剩下的动作再回到起始位置；如果机械手在其他时候发生断电，应该利用按钮盒或手操盒进行手动操作，将机械手移回初始位置。

（7）注塑机械手的选型

目前，注塑机械手已经由专业厂商进行研发和生产，相关的企业及其品种、型号众多，注塑企业更多的是在选型和使用，选型的原则如下。

① 拿得到：确保机械手臂长度足够，能够到达模具中心，以获取制件。

② 拿出来：产品的形状和结构应便于机械手顺利取出。

③ 放下：机械手应能够将产品安全地带到指定位置。

④ 力量：机械手的承载能力应满足产品和夹具的需求。

⑤ 速度：机械手的操作速度应与注塑机的生产周期相匹配。

⑥ 机械手臂类型：根据模具类型选择单臂或双臂机械手。

⑦ 固定截距的数量：根据起重机或车间高度选择机械手臂截距的数量。

⑧ 电机选择：根据生产速度、位置精度和耐用性要求选择 4 轴或 5 轴伺服机械手。

⑨ 夹具配合：根据工艺要求（如冷却、剪切喷嘴，金属镶件等）配合不同的模具夹具。

此外，注塑机械手还可以根据智能化程度进行选型，在选型时可按照如下六个步骤进行。

第一步：根据注塑机锁模吨位选择机械手型号（选择机械手臂上下行程）。机械手三轴运行的距离就是为人熟知的行程，行程的大小与部件尺寸、下降位置和注塑机有关系。为了便于理解，通常按三轴定义（在本节将使用 $X$、$Y$ 和 $Z$ 三轴来讲述）。$X$ 轴：这个轴为注塑机的开模行程，其行程大小和注塑件厚度有关（例如取出水桶，因水桶口到桶底较深，注塑机需要足够的开模行程，同时机械手引拔行程也得匹配）。$Y$ 轴：这个轴为机械手臂上下行程，由注塑机模板中心高度和安全门高度来决定。机械手臂上下行程要确保取件后，横出时不能碰到注塑机安全门，有特殊要求时可加长手臂行程。$Z$ 轴：机械手横出注塑机前安全门或后安全门的行程，$Z$ 轴行程可依客户需求定制。

第二步：依制品特性，选择斜臂或横走式机械手。①锁模力 150 吨力以下的制品，产品自动脱落，仅夹取浇口冷料，选斜臂机械手；②锁模力 150 吨力以上的制品，产品大都有外观要求，不能碰伤、刮伤，选择横走式机械手。

第三步：依模具结构，选择双臂或者单臂。①三板式模具，其制品种类较多，多用于代工为主的注塑企业，应选双臂机械手；②二板式模具，特别是热流道模具，一般生产自有产品，且制品长年不变，可选择单臂机械手。

第四步：依注塑车间环境，选择双截或者单截手臂。①锁模力 250 吨力以下的注塑机，行车高度够高，一般选单截式手臂；②锁模力 300 吨力以上的注塑机，选双截式手臂；③行车较低或厂房低者，必选双截式手臂。

第五步：依驱动方式，选择单轴伺服、两轴伺服、三轴伺服、五轴伺服。①单轴伺服：$Z$ 轴（横出入 AC 伺服电机驱动），手臂上下气缸驱动；②两轴伺服：$Z$ 轴（横出入 AC 伺服电机驱动），正臂上下 AC 伺服电机驱动。

优点 1：横行 AC 伺服电机驱动，定位准，周期快，方便快速调整横出入位置，并与输送带配合多点排列产品，达到节省人力的效果。

优点 2：正臂上下伺服，手臂上下运行定位精准，吸取产品稳定，报警少；调治具时可数值调整手臂上下位置，大量节省调治具时间；上下伺服，可设定模内取出快，模外置物平缓，既提升效率，又确保置物区安全。

优点 3：三轴 / 五轴伺服（全电动机械手），速度快，寿命长，精度高，调治具时间短，便捷，并且可以做模内贴标、模内镶件、剪切水口等复杂操作。

第六步：校核荷重。荷重为机械手正臂的承重能力，最大荷重 = 治具净重 + 产品净重等，治具净重通常依产品特性及工艺要求来确定，产品净重与治具净重都需控制在机械手臂的有效荷重范围内，才能保证机械手正常运行。

## 2.4 注塑生产数据采集与通信系统

### 2.4.1 注塑成型数据采集系统

大数据驱动智能制造、企业实施智能制造的关键就在于数据与互联。有了数据就可以使人清楚准确地掌握生产过程中的具体细节，通过分析生产数据就可以找到影响产品质量的因素，在生产新的产品时，改进产品质量。而想要获取数据就需要互联，互联是获取数据的基础，互联指的是通过一定的方法，将一种或者一种以上的设备相互连接起来，形成可以通信的系统。在注塑车间中，可以通过在设备上安装传感器的方式获取制造过程中的物理量。

注塑成型过程是一个比较复杂的流程，合模、预塑、注射、保压、冷却、开模、顶出制品等部分组合成注塑成型过程。注塑成型所产出的产品质量与注塑机的运行参数有密切的关系。成型工艺过程和注塑机设备结构都比较复杂，采集注塑机性能参数对智能注塑的发展具有很大的意义。所以在构建智能注塑云平台时，必须要得到注塑机的运行数据和注塑机本身的设计数据。注塑成型过程中涉及的主要数据参数有：

① 料筒温度。料筒的温度是否合适，直接影响塑料塑化品质的好坏，进而影响到熔体的流动性。在设计料筒温度时，要依据塑料的特性，既要达到塑料完全熔融的效果，又不能引起熔体的局部降解。塑料具有十分复杂的热氧化机理，它与温度和时间都有关系。

② 注塑速度。注塑速度决定了制品的尺寸、外观、内部相互作用力等。在注塑成型过程中一般是遵循慢—快—慢的速度规律，控制熔体表面的流速近似常数时可以避免制品出现放射纹、烧焦、溢边等缺陷。

③ 注射压力。注射压力的作用在于熔体向前运动时可以克服阻力。注射压力的高低直接影响了制品的密度、外观光泽、分量和变形。

④ 模具温度。制品的尺寸和变形不同，对模具温度的高低要求不一致。模具温度对于制品的外观、尺寸、变形，以及塑料结晶速度的快慢都有很大的作用。

除了基本的温度、速度、压力这些参数之外，还包括模具在各个开 / 合模阶段的位置、速度，射流各阶段的位置、压力等。这些基本的数据都需要进行实时获取和监控，随着自动化生产车间的普及，注塑成型产业也集成了很高的自动化技术。很多注塑车间不需要人力进行过多的干预，注塑成型行业也在朝着无人车间的方向发展，所以，当车间内某一设备出现故障无法进行正常运行时，要及时地进行处理，避免生产受到延误，造成巨大的损失。注塑机及周边设备本身具有故障报警功能，在获取注塑机运行参数的同时，对于机器发出的报警信号也要关注。

注塑行业归属于离散流程制造业，在整个注塑成型过程中会涉及大量的数据信息，要对这些数据进行分析，提取对改进生产有用的信息，就必须对整个流程产生的数据进行采集、储存、分类等，这就需要有数据采集系统，对注塑机的数据进行自动化、大批量的采集。

注塑成型数据采集系统如图 2-57 所示，该系统可以帮助企业实时采集和监控注塑生产过程中的各项关键数据，如型腔压力、模具温度、冷却速率、模具变形等，以便企业能够更好地掌握注塑生产情况并做出及时的调整和优化。

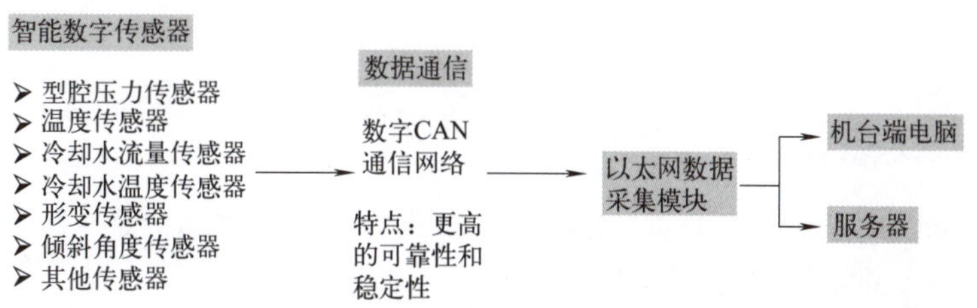


图 2-57 注塑成型数据采集系统的构成

注塑成型数据采集系统通过安装在模具、螺杆、料斗等设备上的传感器，以及通信系统与分析软件的连接，精准及时地掌握了各个设备的运行状态，如图 2-58 所示。

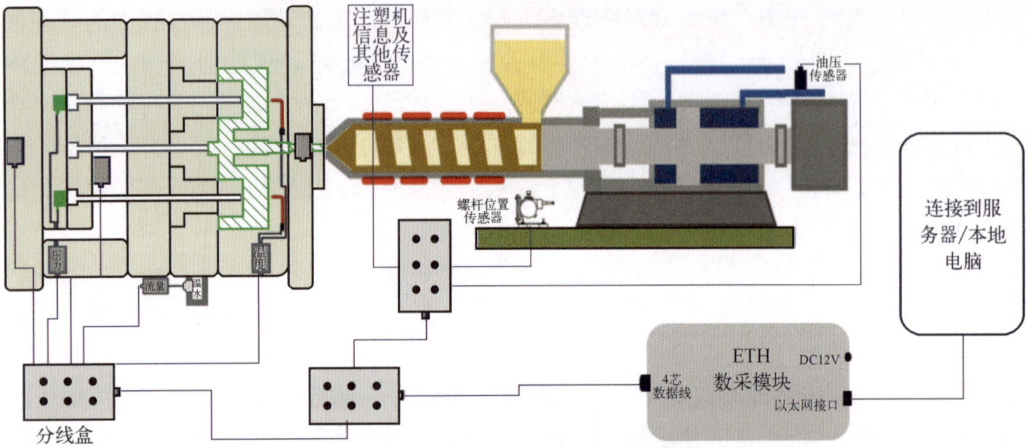


图 2-58 注塑成型数据采集系统的连接示意图

目前，已经有企业开发出专门用于注塑成型的监测与分析系统，并实现了商品化，表 2-2 为上海某公司开发的 C-DATA 注塑成型在线监控系统主要功能。

表 2-2 上海某公司开发的注塑成型在线监控系统主要功能

| 项目 | 型腔压力测试模块 | 试模过程辅助分析系统 | 工艺监控系统 | 注塑数据采集系统 |
|---|---|---|---|---|
| 通信类型 | RS485 通信 | 专用 CAN | 专用 CAN | 开放 CAN 通信 |
| 可以采集的信息（需配置对应的传感器） | 型腔压力 | 注塑机动作信号，型腔压力、温度，注射压力、速度、位置，冷却水流量、冷却水温度，等等 | 注塑机动作信号，型腔压力、温度，注射压力、速度、位置，冷却水流量、冷却水温度，等等 | 注塑机动作信号，型腔压力、温度，注射压力、速度、位置，冷却水流量、冷却水温度，等等 |
| 功能及应用 | 测试型腔压力，显示压力曲线。主要适用于测试型腔压力数据 | 采集数据，并显示工艺曲线；<br>模板匹配；<br>辅助科学注塑实验。<br>主要适用于试模过程中实验分析和转模过程中模板匹配 | 采集数据，并显示工艺曲线；<br>模板匹配；<br>辅助科学注塑实验；<br>生产过程监控；<br>不良品分拣；<br>高阶工艺控制（闭环控制）。<br>适用于注塑各环节 | 采集数据；<br>为用户 MES 提供数据支持；<br>为用户自有系统提供数据支持。<br>更多功能用户可以自主开发 |
| 优缺点 | 优点：成本极低；<br>缺点：功能单一 | 优点：成本低；<br>缺点：长时间运行可靠性不高，因此不适合用于生产监控 | 优点：功能全面、专业；<br>缺点：成本相对较高 | 优点：稳定、可靠、灵活；<br>缺点：需要用户有自主开发能力 |

## 2.4.2 数据采集系统的硬件

根据系统功能需求与框架组成，选择系统构建所需的实体组成部件，包括数据采集设备、数据传输设备、中心控制处理设备、人机交互设备等。

（1）数据采集设备

数据采集，又称数据获取，是利用采集装置从系统外部采集电信号并输入到系统中进行数据分析的过程。注塑设备运行状态采集主要依靠传感器完成。由于注塑生产中涉及多个目标参数的监测，所以传感采集设备需要用到温度传感器、压力传感器、速度传感器、质量传感器等。除了传感器外，采集部分还需要设置一种开关状态显示仪，监控注塑机启停状态、机械手自动运行状态及合模机构启闭状态等。选用上海沪彬电子科技有限公司的TP2800-A型开关状态显示仪，该显示仪集一次回路模拟图、断路器位置、开关状态、接地刀闸位置、弹簧储能状态、高压带电闭锁、高压验电等多项功能于一体。开关状态显示仪采用嵌入式，安装便捷。另外，该显示仪还具有良好的环境耐受能力、电磁兼容性能，以及较强的抗干扰性能，足以应对注塑过程中恶劣的环境。

（2）数据传输设备

物联网是互联网、传统电信网等信息的承载体，是一种让所有具有独立功能的普通物体实现互联互通的网络。监控智能化管理系统主要围绕物联网建设而成，以物联网作为数据传输的媒介和基础。在物联网中，网关是核心部件，起到网间连接器、协议转换器的作用。当采集设备采集完数据后，会利用工业以太网将其传输给物联网网关，网关接收数据后按照传输协议，将其转发给系统中心控制处理设备，进行数据分析。采用SymGate E102型网关，SymGate E102型网关是北京旋思科技有限公司自主研发的工业物联网智能网关产品家族成员，是一款基于工业物联网架构设计的工业级嵌入式软硬一体设备，可实现工业现场多种设备的数据接入和转发推送功能，具备1路网口及2路串口，每路端口均可作为采集或者转发通道，灵活配置实现多点采集转发。该网关还具备全新的远程协助能力，可随时随地将千里之外的现场设备虚拟到身边，实现设备诊断维护，极大降低了传统模式所带来的维护管理成本。

（3）中心控制处理设备

中心控制处理设备是系统的核心硬件，主要作用是协调系统各组成硬件，对数据进行分析处理。采用荷兰恩智浦公司的LPC2478型嵌入式微处理芯片作为注塑设备行业生产监控智能化管理系统的核心。该芯片包括4KB容量的ROM、128B容量的RAM、2个16bits定时/计数器、4个8bits并行接口、全双工串口等器件，具有处理功能强、速度快、低电压、低功耗、可靠性高等优点。

（4）人机交互设备

触控面板是一种高新技术产品，在系统中主要作为人机交互设备，其优点在于：可以作为模拟键盘，更为灵活，节省键盘所占用的空间；可以作为模拟鼠标，只要轻触屏幕就可以完成功能选择。长江三峡能达电气有限责任公司的SGW-3型自动旋光仪可以作为人机交互设备。SGW-3型自动旋光仪采用发光二极管作光源，避免了频繁更换钠光灯的麻烦，测试旋光度可达 ±89°，半导体珀尔帕装置具有加热及冷却功能，如果使用控温型试管可以对试样进行控温测量。仪器上的大屏幕触摸液晶显示器提供Windows操作界面，简便直观、稳定可靠。

### 2.4.3 数据采集系统的软件

系统硬件设计完成后，需要为其提供逻辑指导，控制各设备协调运行。基于物联网的注塑设备行业生产监控智能化管理系统软件运行程序如图2-59所示。

系统运行步骤如下。

① 系统通电，各设备初始化操作。

② 启动传感器设备与开关状态显示仪。在传感器采集信号后，要进行信号放大以及数模转换，转换完成后，对数据进行读取并储存。在这一过程中，为防止干扰波干扰，需要利用平均值滤波程序对信号进行滤波处理。结束后，将数据储存在寄存器中，等待打包传输。

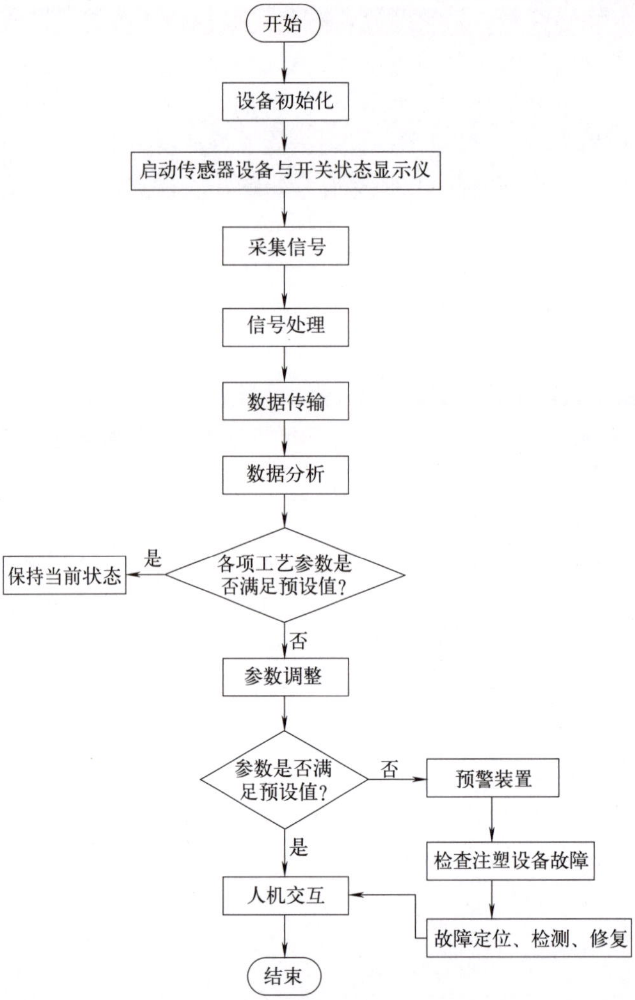


图 2-59　软件运行程序图

③ 利用物联网将数据传输给中心控制处理设备。

④ 利用 LPC2478 型嵌入式微处理芯片对数据进行分析，判断注塑过程中各项工艺参数（如温度、压力、速度、时间、体积及开关量等）是否满足预设值，若满足预设值，则保持当前运行状态，说明当前注塑状态良好。若不满足，则需要进行参数调整。然后再次判断调整后的参数是否符合预设值，若符合则进行下一步，若不符合，则会触发系统预警装置。同时检查注塑设备是否出现故障，如果发生故障，需要进行故障定位、故障检测、故障修复等，直到设备重新恢复运行。

⑤ 将以上过程中产生的历史数据传输给人机交互设备，并以图表的形式供用户阅览。用户可以根据得到的信息发出指令，对注塑设备进行控制和管理。

### 2.4.4　数据传输与通信

注塑机设备上配有大量的传感器，注塑机控制器本身通过这些传感器获取注塑成型过程中的各部分参数，所以要获取注塑机运行数据，只需要获取注塑机控制器内的数据即可，对于注塑机控制器内没有获得但是又有用的参数，可以再通过额外的硬件进行获取。

目前注塑机的控制器种类繁多，市场上的注塑机数据采集系统绝大部分为控制器厂商根据其自身产品针对性地开发的，其仅仅适用于各自品牌的注塑机控制器内部的数据采集，但是，实际上有超过 90% 的注塑成型制品生产商都使用了两种及两种以上的注塑机品牌，而不同品牌的注塑机所使用的控制器不尽相同，这给注塑成型制品生产商企业内部的注塑机数据采集增加了难度。市场上也存在一些第三方数据采集平台，可以支持部分不同的数据采集通信协议，但是第三方平台又不具备注塑机应用的特殊要求，不同的数据采集系统所采集的数据格式也大不相同，这使数据的存储和利用都有很大的不便性，需要花费额外的人力、物力对采集到的数据进行归一化处理。这种方式还存在着一个很大的弊端，就是无法保证数据的时效性，即通过第三方采集平台采集到的数据进行整理之后，时间上已经落后数据产生的时间很久，尤其是当注塑机出现异常时，无法及时得知。

现有的几种支持数据采集的通信协议如下。

① FTP（文件传输协议）。其属于 TCP/IP 协议组。FTP 的传输效率非常高，在进行大文件的数据交换时，经常采用 FTP 协议，FTP 协议实现的效果是从一个设备将文件传输到另一个设备上，只要两台设备相连，并且支持 FTP 协议对话，就可以使用这种方式进行传输。FTP 传输的是文件，将文件以字节流的方式进行传输，所以通过 FTP 协议这种方式获取注塑机数据时，实际上获取的是注塑机控制器内存储注塑机运行数据信息的文件。对使用杰福伦控制器和 Keba 控制器的注塑机就可以通过 FTP 协议获取注塑机的运行数据。但是 FTP 是一种驱动 B2B（商业对商业）操作的体系结构，FTP 无法扩展以满足动态和不可预测的集成需求，在目前的企业中有很多个设备需要互联，这种方式显然不适用于大型的注塑工厂，而且支持这种方式的注塑机控制器品牌也有限。

② Telnet（远程登录协议）。Telnet 类似于 FTP，也属于 TCP/IP 协议组。它是一种远程控制主机的方法，通过本地计算机上的 Telnet 程序可以远程操作主机。使用 Vedo 控制器的注塑机，可以通过 Telnet 方式达到数据采集的目的。

③ OPC（用于过程控制的面向对象技术）。OPC 是一个用户数据安全交换的工业标准，被普遍应用于制造业、自动化等领域。但是，伴随着在生产系统中融合以服务为导向的模式，OPC 维护者创立了新的技术规范 OPC UA（开放式产品通信统一架构），OPC UA 在 OPC 上进行增补，补充了一些重要的特点，主要涉及的特点有：独立性、扩展性、高可靠性，并且具备连接互联网的能力。在 OPC UA 技术标准中，数据被信息建模框架转变为信息，信息采用了 128 位或 256 位加密级别进行安全的传输。使用完全面向对象的功能，可以对高度复杂的多级架构进行建模和拓展，物联网是行业自动化的目标，然而，将成千上万台智能的设备通过互联网连接时，也将设备暴露在黑客的攻击下，这样具有很大的风险。OPC UA 具有一个端到端的安全方法，使用 OPC UA 可以保证数据在传输过程中的完整性和安全性。目前主流的注塑机控制器，如宏讯、Keba 等都支持 OPC 的方式。

④ Modbus。Modbus 是为 PLC 通信而产生的一种通信协议，而且成为了工业设备相互连接的最普遍方式，Modbus 是公开发表无版权的，具有便于部署和维护的优点，所以市面上几乎所有的 Modbus 实现方式都是对于原版本的复制和修改。Modbus 协议采用的是主 / 从模式，一条通信连接上仅允许存在一个主站，但是允许多个从站进行连接。Modbus 主站可以对从站进行读或者写的操作，所以可以将注塑机控制器设置为从站，然后主站从站获取数

据。大部分注塑机控制器都支持 Modbus 协议进行数据采集。

注塑机控制器和注塑机控制面板之间一般是通过 RS232 或者 RS485 进行通信，其接口如图 2-60 所示，两者的差异性主要如下。

① RS485 支持的最远无线传输间隔是 1200m，最大传输速率是 10Mb/s，而 RS232 的最远传输间隔只有 15m，传输速率最大也仅有 20kb/s。

② RS485 具有多站通信的能力，在总线上容许有 128 个收发器工作，这种特性方便用户使用单个的 RS485 接口实现多设备之间的网络通信。但是 RS232 只接受一个收发器存在于总线上，不具备多点通信，不具备多站收发能力。

③ RS485 可以进行网络传输，组成分布式网络系统，而 RS232 仅仅适用于本地设备的通信连接。

④ RS485 组合使用平衡驱动器和差分接收器，使得 RS485 进行传输具有低衰减、抗干扰能力强的优点，RS232 使用的是不平衡的传输形式。

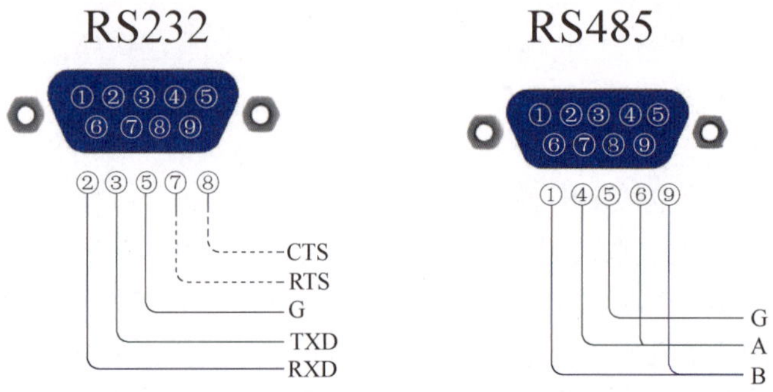


图 2-60　RS232 与 RS485 通信接口

综上所述，在绝大部分注塑机中都可以使用 Modbus 协议采集注塑机的数据，所以在采集注塑机的运行数据时，如果选择 RS485 作为传输介质，传输协议则采用 Modbus。

注塑机控制器与注塑机控制面板之间的通信接口采用的就是 RS485，所以实现数据采集的方法就是在注塑机控制器与注塑机控制面板之间连接一个数据采集装置，将注塑机控制器内传输的数据一分为二：一方面是传输到控制面板，另一方面是把数据提取出来传输到上层系统进行存储、分析和利用。而对于控制面板发出的控制指令不受影响，通过数据采集装置直接传输到注塑机控制器，指示注塑机做出相应的响应。数据采集装置配有蓝牙传输模块，采集到的数据通过无线的方式传输到对应的主站，多个从站配一个主站，主站将多个从站的数据集中上传到上层系统，供云平台使用，如图 2-61 所示。

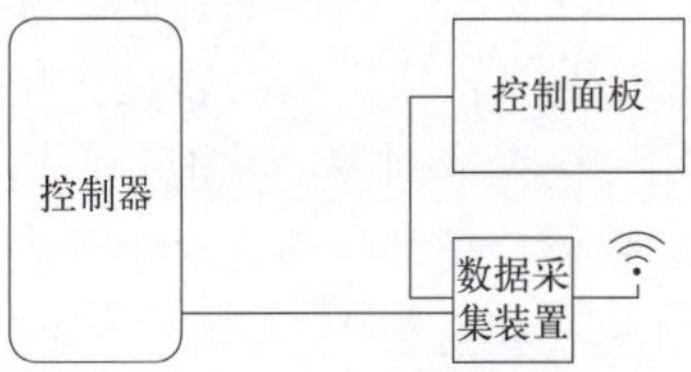


图 2-61　数据传输图

一些老旧的机器如果不支持这种数据采集方式，还可以采取 PLC 采集数据的方法。其原理是从 PLC 的输出端采集注塑机动作的信号，一个完整的注塑成型过程一定包括合模、熔胶、注射、射退、开模这几个动作。PLC 采集数据的方法就是采集这几个在注塑过程中一定存在的动作信号，这些信号的循环组成一个注塑成型的周期，对获取到的数据信息做计算和处理，也可以得出企业和用户需要的数据。

# 2.5 注塑生产过程智能化

## 2.5.1 仓储与物流智能化

自动仓储与物流输送是自动化生产改造不可或缺的一部分，如图 2-62 所示。若机械手把注塑产品从注塑机模具中取出来并放入中转箱内，然后通过相关物流运输到下一工位或车间进行下一工序作业，这样不仅会增加物流成本，而且在运输过程中容易把产品擦花，影响产品质量，尤其不适合高端产品。另外也容易使生产现场出现分散凌乱的现象，不利于生产现场管理。同时，注塑机在生产过程中，塑料原料熔融需要加热，加热会使周边温度升高，材料高温裂解也会排放出有毒的气体，影响车间的作业环境及危害作业人员的身体健康。采用自动输送系统后，让所有的注塑产品都输送到环境舒适的作业区域，原来车间繁忙的物流会变得顺畅，员工的工作环境也会得到改善。

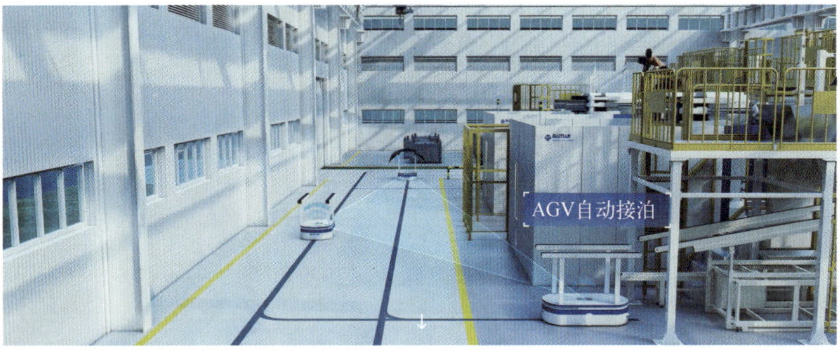


图 2-62　自动化仓储系统

自动仓储与物流输送系统的核心设备是自动导引车（AGV，automated guided vehicle），其具体的类型有背驮式、叉车式、潜伏式和拖挂式等，如图 2-63 所示。AGV 运行模式有如下三种方式。

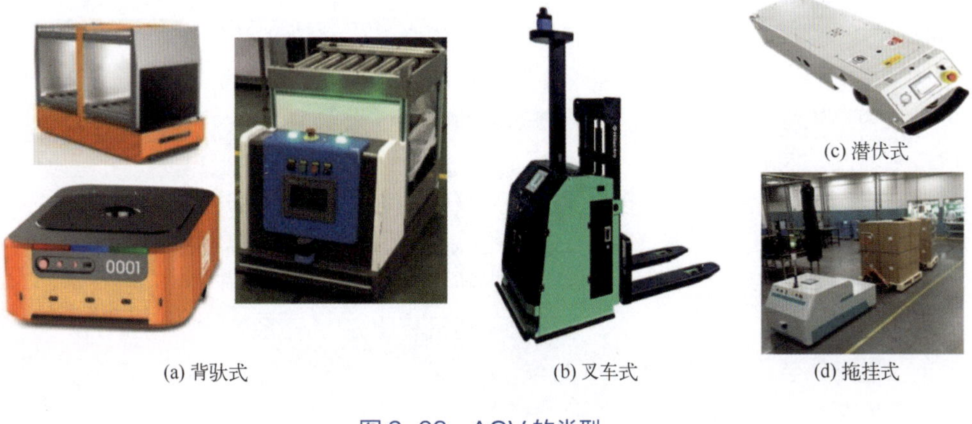

(a) 背驮式　(b) 叉车式　(c) 潜伏式　(d) 拖挂式

图 2-63　AGV 的类型

① 公交车模式：物流小车按固定路线循环运行，到点停靠，人工上下料。

② 出租车模式：注塑车间通过人工呼叫、调度系统进行调度，派遣空闲小车执行物料搬运。

③ 全自动无人值守模式：AGV 调度系统对接企业的生产管理系统，实现多车集群控制，完成全自动的运行与上下料。

### 2.5.2 能耗控制智能化

能源成本占据生产设备整个使用成本的 90% 以上。节约成型加工能耗一直是注塑成型加工科技进步的重点，也是实现注塑机绿色化的重点。最理想的能耗就是注塑设备的能耗匹配于塑料由原料熔融成为制品所吸收的热能。

注射能耗即注射压力和注射速度两个参数之积，目前注塑成型加工的这两个技术参数都由人为设定，具有很大的盲目性，而且都为开环运行，这两个技术参数的设定值往往大于模腔内成型制品的实际需要值，不但浪费能量，而且影响制品的表观质量及内在物理性能。智能化控制可把模腔内成型制品不同时间所需的熔融料的压力和流速通过检测系统反馈给中央控制系统，中央控制系统根据信息发出指令调整注射压力和注射速度，具有高速动态响应性能的注射机构在指令下迅速做出反应，实现注射参数匹配于成型制品所需的参数，达到最佳的动力驱动能耗。

德国克劳斯玛菲公司开发的智能省电系统，注塑成型时，塑化加热的温度实时性及实时检测性将直接关系到实现实时的智能化加热温度的灵敏精确控制，可有效控制热污染。传统的塑化温度控制技术，达不到智能化塑化温度实时性的动态响应性能，提供给电脑的温度数据与实时塑化温度存在误差，造成电脑在分析、判断、决策塑化温度时出现错误。而采用智能化实时塑化温度控制技术，根据料筒内塑料原料实时熔化的质量，控制螺杆剪切热和料筒外部加热量，能达到闭环实时性，在此基础上实现智能控制，把热损耗降到最低，降低热污染。

德国菲尼克斯公司的能量管理模块（EMM）具备获取能量数据和监视能量数据的作用，通过现场总线或以太网提供数据采集和传输，inline I/O 模块之间的连接实现了一种从能量消耗点到控制层系统的无缝信息流，实现能效智能化管理，降低电能消耗。

（1）智能化能量回收应用技术

该技术已经在全电动注塑机上得到开发和广泛应用。瑞士耐斯特公司（Netstal-Maschinen）开发的 Elion 系列全电动注塑机，把伺服电机制动过程产生的能量直接存入过渡电路，储存在电容电路中，这意味着产生的制动能量不必转化成热量，尤其是在注射循环期间，可以成为总能耗的一个重要部分。例如，当塑化过程发生在模具打开时，可从过渡电路中汲取产生的制动能量，驱动旋转螺杆旋转。该能量并不是取自电源供应电路，并且产生的能耗相对较少。注塑成型塑料花瓶表明，从伺服电机制动过程直接进入过渡电路的能量占所需循环能量的 15%，成型总能耗为 0.25kW·h/kg。对熔化塑料所需能量的计算表明：这仅比每个循环所需的总能量略少一点。同样，驱动机器所需的能量几乎全部来自各轴的制动过程，并未通过制动电阻转化为热量。与液压注塑机相比，Elion 系列注塑机能耗减少了 70%，比常规的全电动注塑机能耗低 10% 以上。

（2）智能化塑化加热辐射能回收应用技术

把塑化机筒的电阻丝加热圈辐射散发的热量收集起来，送入干燥器料斗，转为烘料热量使用，节省干燥料斗原需电加热供给的烘料热能。整个系统为气体循环的封闭系统，采用独立式的双重过滤进气系统，机筒集风罩具有空气过滤功能，保证了能量交换媒介的热风空气的清洁度。系统对设定的干燥温度及收集的散发热量进行分析对比，智能控制冷、热气体量的混合比和标准原料的干燥度。广东某塑料制品生产企业安装了深圳市某公司开发的注塑机热能回收利用的干燥装置系统，节能效果显著。该企业有30多台注塑机，机筒加热功率5kW，耗电5kW•h，每天工作16h，每月工作26天，月耗电为30台×5kW×16h×26d=62400kW•h；减去恒温消耗功率，以负载功率75%计，月耗电46800kW•h（其实恒温工作时也耗电），每千瓦时0.80元，年节省电费45万元。

（3）智能化伺服电机驱动油泵制动能回收应用技术

伺服电机驱动油泵的高效节能技术在国内制造的注塑机上已经得到广泛应用，进一步节能似乎成了发展的瓶颈。但香港大同机械有限公司的东华机械有限公司却突破了这一瓶颈，其智能化伺服电机驱动油泵制动能回收应用技术是国内注塑机行业首创的一项专利技术，具有自动识别储能和输能的工艺环节。在系统中增加伺服驱动制动回收单元，达到存储伺服永磁同步电机在刹车制动过程中产生的电能，同时能够将此电能释放到注塑机的工作过程中。在直流母线上串入伺服驱动制动回收单元，以减少制动电阻消耗的能量。制动电阻和伺服驱动制动回收单元并联在一起，用以消耗伺服驱动制动回收单元储存完成后多余的电能，保护伺服驱动制动单元和伺服驱动系统。伺服电机在刹车及减速过程中产生的能量转换为电能，通过伺服驱动器中的逆变模块单元和直流母线，将电能存储在伺服驱动制动回收单元中。而当系统重新提供电能开始工作时，伺服驱动制动回收单元中的电能首先释放，能源再生单元储存的能量将通过直流母线回放到系统中，实现储存能量和释放能量的双向作用，当电压低于整流模块输入的电压时，才使用外部电能，从而达到节能的目的，能效提高3%～5%。

### 2.5.3 注塑装备维护与保养智能化

注塑装备维护与保养智能化的手段之一是虚拟维修/维护，虚拟维修是虚拟现实技术近年来的一个重要研究方向，目的是通过采用计算机虚拟仿真和虚拟现实技术，在计算机上真实展现装备的维修过程，增强装备寿命周期各阶段关于维修的各种决策能力，包括维修性设计分析、维修性演示验证、维修过程核查、维修训练实施等，如图2-64所示。

图2-64 虚拟维修场景

虚拟维修的技术特点包括逼真的虚拟现实环境、实时的碰撞检测、约束处理、装配路径与序列处理等功能，使用户能够对产品的可装配性进行分析，并对产品零部件的装配序列进行验证和规划。此外，虚拟维修系统还具有零风险、低成本的特点，通过多种交互方式相结合，增强了虚拟操作训练效果。虚拟维修的重要性在于它能够提升维修效率和质量，降低维修成本和风险。

虚拟维修是虚拟现实技术在设备维修中的应用，突破了设备维修在空间和时间上的限制，可以实现逼真的设备拆装、故障维修等操作，提取生产设备的已有资料、状态数据，检验设备性能。虚拟维修技术还可以通过仿真操作过程，统计维修作业的时间、维修工种的配置、维修工具的选择、设备部件拆卸的顺序、维修作业所需的空间、预计维修费用。

虚拟维修主要有三大潜在应用方向：维修性设计分析、维修规程确认、辅助维修训练。未来发展的方向之一应该是在产品（如注塑机、注塑模具等）开发初期对产品维修性进行验证，减少由于维修性设计缺陷导致的回溯性修改；尽早形成维修规程，减少由于对实体样机的依赖而导致的规程研制滞后；以及通过虚拟维修培训，减少实体样机的损耗，降低培训成本。

虚拟维修不但能减少维修投入、降低维修费用、提高维修效率，而且还能保障人员安全、降低对环境的污染。

### 2.5.4 智能注塑与绿色生产

随着全球对可持续发展的重视程度不断加深，注塑行业也迎来了一场绿色革命。注塑工艺作为制造业中的重要一环，正通过技术创新和工艺优化，响应环保和效率的双重挑战。

① 环保材料的崛起。在注塑行业，传统的塑料材料正逐渐被环保材料所取代。生物降解塑料、可回收材料和再生塑料等新型材料不仅减小了环境的负担，还提升了产品的性能。这些材料的应用，使得注塑产品在满足消费者需求的同时，符合了环保标准。

目前，绿色塑料品种主要有光降解性塑料、天然高分子塑料、微生物高分子型塑料和转基因型塑料等。而现有的绿色高分子塑料按降解的方式主要可以划分为生物降解类、光降解类、光降解 - 生物降解双降解类等几大类型。

目前生物可降解塑料根据原料来源可分为生物基和石化基两类。生物基可降解塑料包括聚乳酸（PLA）、聚羟基脂肪酸酯类聚合物（PHAs）、全淀粉基、纤维素等；石化基可降解塑料包括二元酸二元醇共聚酯系列［聚丁二酸丁二醇酯（PBS）、聚己二酸 - 对苯二甲酸丁二醇（PBAT）、聚碳酸亚内酯（PPC）、聚己内酯（PCL）、聚乙醇酸（PGA）等］。目前在我国市场上形成工业化规模生产，并占据较大市场份额的主要为 PBAT、PBS、PLA 等，如图 2-65 所示。

图 2-65 可降解的塑料（PLA）餐盒

② 自动化与智能化的融合。自动化和智能化技术在注塑工艺中的应用，不仅提高了生产效率，还降低了生产成本。通过引入机器人和自动化设备，注塑企业能够实现 24 小时不间断生产，减少人工干预，从而减少人为错误，提高产品质量。同时，智能化管理系统能够实时监控生产过程，优化资源配置，降低能耗。

在这方面，我国注塑机制造企业和注塑生产企业联合进行技术攻关，并取得了巨大的进步：在注塑机的研发和制造中就高度重视智造和节能技术的发展，不断通过技术创新提高设备的可持续能力，减少注塑机在生产与使用的过程中的能源消耗；构建数字化平台，通过研发智能化的注塑生产云平台，让注塑机与周围辅机等设备进行互联互通，完成双向数据通信，建立全面覆盖装备层、控制层、应用层的数字化车间，实现互联互通、网络化的智能制造，提升设备综合利用率，减少模具故障、等待停机时间，使订单准交率提升，实现少人化、无人化车间，最终帮助企业实现智能化转型升级，如图 2-66 所示。

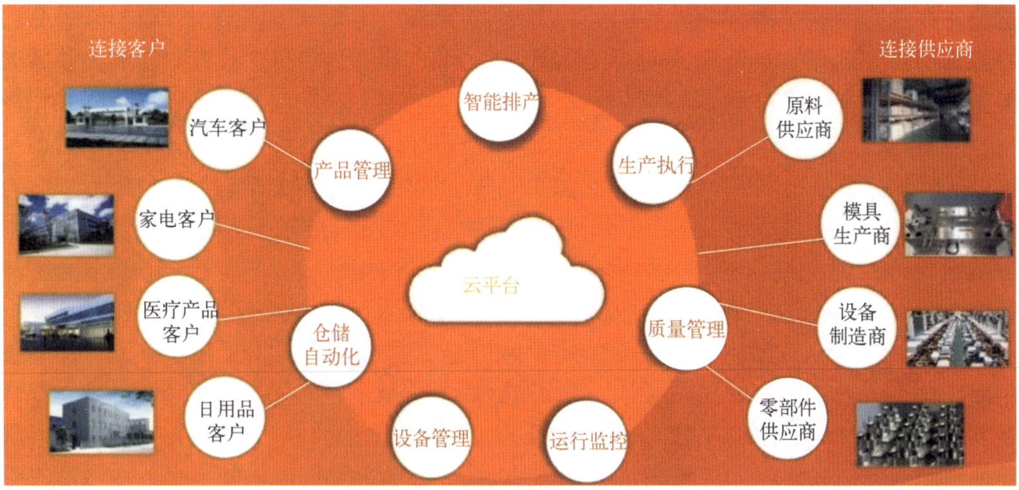


图 2-66　注塑生产企业的智能注塑

③ 精密注塑技术的发展。精密注塑技术的发展使得注塑产品能够达到更高的精度和复杂度。这项技术的应用，使得注塑企业能够生产出更精细、更复杂的产品，满足高端市场的需求。精密注塑不仅提升了产品的性能，还提高了生产效率，降低了生产成本。

④ 工艺优化与成本控制。为了提升注塑工艺的竞争力，企业需要在工艺优化和成本控制上下功夫。通过精益生产和六西格玛管理，企业能够减少生产过程中的浪费，提高生产效率。同时，通过成本分析和控制，企业能够优化生产成本，提高盈利能力。

⑤ 环保与可持续性的战略。在注塑行业，环保和可持续性已成为企业战略的一部分。通过减少废弃物、使用绿色材料和采用节能技术，企业能够在生产过程中实现资源的循环利用，减少对环境的影响。这种环保的生产方式不仅提升了企业的社会责任形象，也增强了其市场竞争力。

综上所述，智能注塑的发展进一步促进和提高了绿色生产，使注塑生产更体现可持续发展的理念。绿色化设计的基本思想是在设计阶段就将环境因素和防污染的措施纳入到设备设计之中，将环境性能作为设备的设计目标和出发点，从根本上防止污染、节约资源和能源，不能等设备产生了不良的环境后果再采取防治措施，要预先设法防止设备及其成型工艺对环境产生的副作用，力图使设备在整个生命周期内对环境影响最小。

# 第 3 章
# 注塑成型工艺智能化

- 注塑成型原理及工艺流程
- 注塑成型工艺参数优化
- 注塑成型的计算机仿真技术

# 3.1 注塑成型原理及工艺流程

## 3.1.1 注塑成型原理

注塑成型的基本设备是注塑机和注塑模具，图 3-1 所示为螺杆式注塑机的注塑成型原理。其原理是将粒状或粉状的塑料加入注塑机料筒，经加热熔融后，由注塑机的螺杆高压高速推动熔融的塑料通过料筒前端喷嘴，快速射入已经闭合的模具型腔［图（a）］，充满型腔的熔体在受压情况下，经冷却固化而保持型腔所赋予的形状［图（b）］，然后打开模具，取出制品［图（c）］。

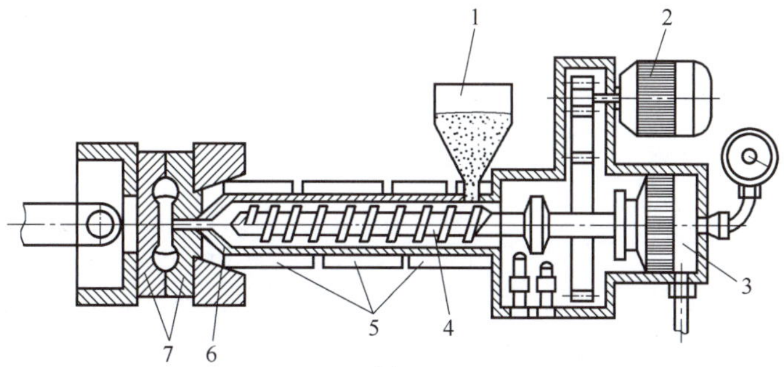

(a)

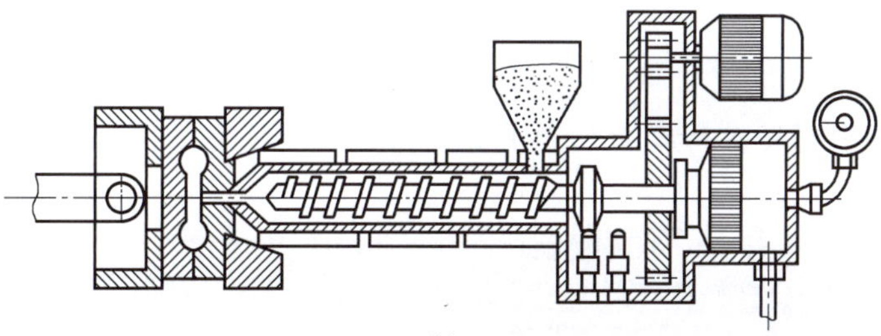
(b)

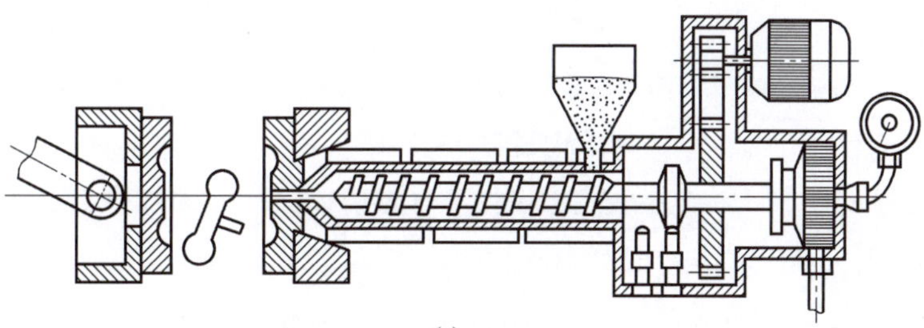
(c)

图 3-1　螺杆式注塑机注塑成型原理

1—料筒；2—螺杆转动传动装置；3—注射液压缸；4—螺杆；5—加热器；6—喷嘴；7—模具

塑料在成型过程中，依次会发生软化、熔融、流动、赋形及固化等变化，如图 3-2 所示。

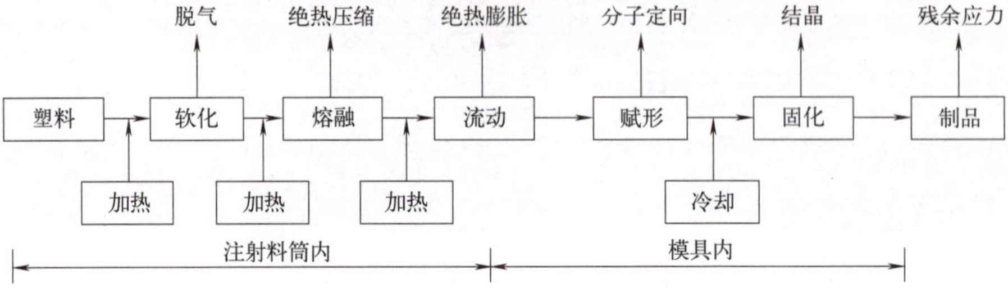


图 3-2　塑料在注塑成型过程中物理化学变化

（1）软化和熔融

如图 3-3 所示为注塑机的料筒及螺杆结构，因料筒外部设有圆形加热器，在螺杆的转动下，塑料一边前进一边熔融，最后经喷嘴被注射到模具内。

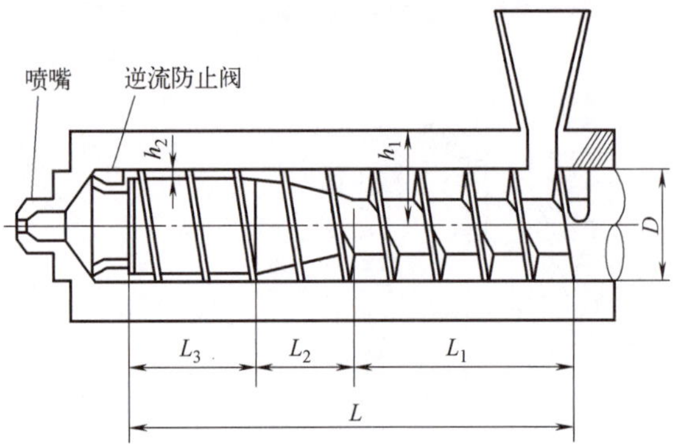


图 3-3　注塑机料筒和螺杆结构示意

$L_1$—送料段；$L_2$—压缩段；$L_3$—计量段；$h_1/h_2$—压缩比；$D$—螺杆直径

塑料在塑化过程中将发生如下变化：首先塑料从送料段（$L_1$）进入压缩段（$L_2$）时，因螺杆槽体积的变小而被压缩并发生脱气，在进入计量段（$L_3$）前，塑料温度已达到熔融温度而成为熔融体。为了保证制品的质量，塑料必须充分脱气后再熔融，否则塑料如果在进入压缩段就已经熔融的话，其脱气效果将受到很大的影响。

计量段（$L_3$）也称混炼段，由于螺杆槽深 $h_2$ 更小，塑料将在螺杆旋转过程中受到较强的剪切力的混炼，因而熔融变得更加完全。

下列三个有关螺杆的数值，将影响塑料的脱气和熔融的程度。

① 螺杆的有效长度和直径比（长径比）：$L/D$=22 ～ 25。

② 螺杆的压缩比：$h_1/h_2$=2.0 ～ 3.0（一般为 2.5）。

③ 螺杆的压缩部分相对长度比：$L_1/L_2$=40% ～ 60%。

这三个值越大，材料的熔融也就越彻底；螺杆旋转时，熔融的塑料将被输送至螺杆的前端，与此同时，塑料产生的反压力又将使螺杆后退至某一个位置而完成计量过程，然后螺杆将在机械力的作用下前进，将熔融塑料注射到模具中去。在塑料被射入模具前的瞬间，其熔体将受到急剧的压缩（称之为绝热压缩），有时熔体会因此而发生结晶，使喷嘴口变窄（结晶化较完全，由于其熔点上升而发生固化）。普通螺杆的主要参数如表 3-1 所示。

表 3-1　普通螺杆的主要参数

| 直径 /mm | 加料段螺纹深度 /mm | 均化段螺纹深度 /mm | 压缩比 | 螺杆与料筒间隙 /mm |
|---|---|---|---|---|
| 30 | 4.3 | 2.1 | 2 ∶ 1 | 0.15 |
| 40 | 5.4 | 2.6 | 2.1 ∶ 1 | 0.15 |
| 60 | 7.5 | 3.4 | 2.2 ∶ 1 | 0.15 |
| 80 | 9.1 | 3.8 | 2.4 ∶ 1 | 0.20 |

续表

| 直径 /mm | 加料段螺纹深度 /mm | 均化段螺纹深度 /mm | 压缩比 | 螺杆与料筒间隙 /mm |
|---|---|---|---|---|
| 100 | 10.7 | 4.3 | 2.5 ∶ 1 | 0.20 |
| 120 | 12 | 4.8 | 2.5 ∶ 1 | 0.25 |
| ＞120 | 最大 14 | 最大 5.6 | 最大 3 ∶ 1 | 0.25 |

（2）流动

熔体在高压高速下被注射入模具时，往往会发生两种现象。一是在料筒中处于受压状态，熔融塑料会因突然的减压而膨胀，这种急剧的膨胀（称之为绝热膨胀）将引起熔融塑料本身的温度下降（其原理和冷冻机的绝热膨胀相同）。有实例表明，聚碳酸酯（PC）的这种温度下降可达 50℃，聚甲醛（POM）的温度下降可达 30℃。同时，熔融塑料进入模具并接触到模具的冷壁面时，也将产生急剧的温度下降。二是熔融塑料的大分子将顺着其流动方向发生取向，图 3-4 是描述这种现象的模拟图。

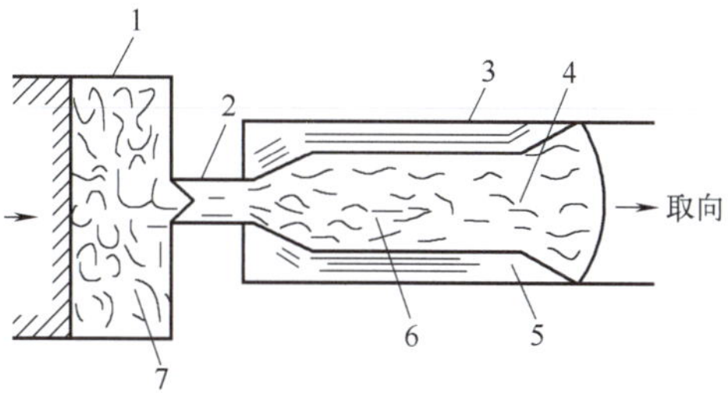


图 3-4　注塑时塑料流动引起的分子取向（定向作用）

1—注塑机；2—树脂注入模具（实际上由主流道、浇口组成）；3—模具（型腔内部）；4—中心处流速较快的部分；5—沿模腔壁面而流速极慢的部分；6—同取向而拉伸展开的树脂分子；7—缠绕在一起的树脂分子

从图 3-4 中可知，熔体在型腔的壁面附近流动极慢，而在型腔的中心部分流动较快，塑料的分子在流动较快的区域中被拉伸和取向。塑料在这样的状态下经冷却固化成为制品后，和熔体流动的平行方向及垂直方向产生的收缩率之差，往往会造成制品的变形和翘曲。

（3）赋形和固化

熔融塑料在注射时，经喷嘴进入模具中被赋予形状，并经冷却和固化而成为制品。但熔融塑料被填充到模具中的时间实际上只有数秒，要想观察其填充过程是非常困难的。

美国人斯迪文森采用计算机模拟的方法，描绘了有两个浇口的热流道模具成型聚丙烯汽车门时的填充过程，并以此计算出注射时间（即填充时间）、熔接痕及所需锁模力等，图 3-5 描述了其模拟所得的模型。

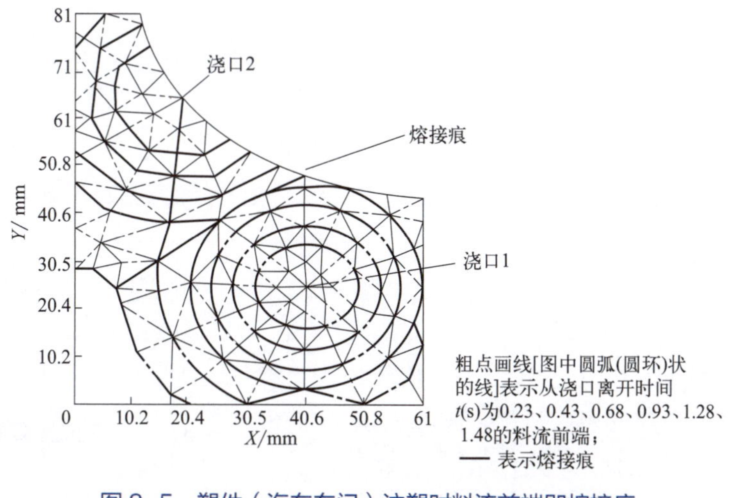


图 3-5　塑件（汽车车门）注塑时料流前端即熔接痕

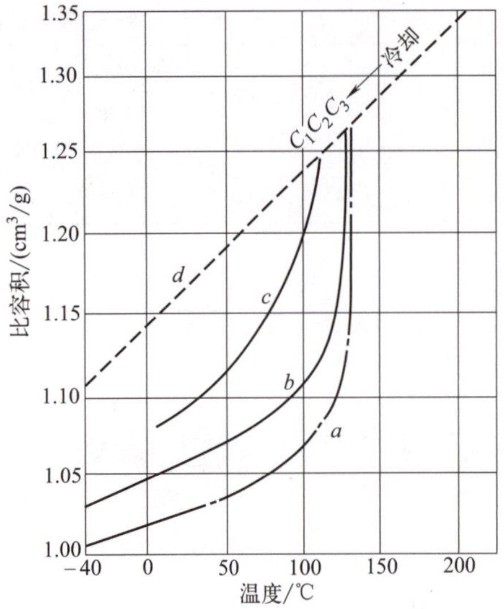


图 3-6 不同温度下聚乙烯（PE）的密度变化

*a*—相对密度为 0.9645 的 PE；*b*—相对密度为 0.95 的 PE；*c*—相对密度为 0.918 的 PE；*d*—冷却速度线；$C_1$，$C_2$，$C_3$—三者的冷却速度相同

图 3-5 中熔体的流动填充状态，与人们想象的相差不是很大，可能较为准确地反映了该塑件熔体的实际填充过程。

目前对注射过程的流动模拟已经有了很多种方法（如：FAN 法、CAIM 模拟系统、Mold Flow 模拟仿真等），人们往往采用这些模拟手段来预测熔融塑料在模具中的填充过程，以期进行更合理的模具设计，并选择合理的浇口位置或形式。

熔融塑料被赋予形状后就进入了固化过程，在固化过程中发生的主要现象是收缩，固化时因冷却引起的收缩和因结晶化而引起的收缩将同时进行。图 3-6 表示三种不同结晶性的聚乙烯在温度下降时的收缩情况。

### 3.1.2 注塑成型工艺流程

注塑成型工艺流程主要包括塑化—合模—高压锁模—注射—保压—冷却定型—开模取出制品等过程，如图 3-7 所示。上述过程循环反复进行，如图 3-8 所示，注塑生产即可以连续进行。

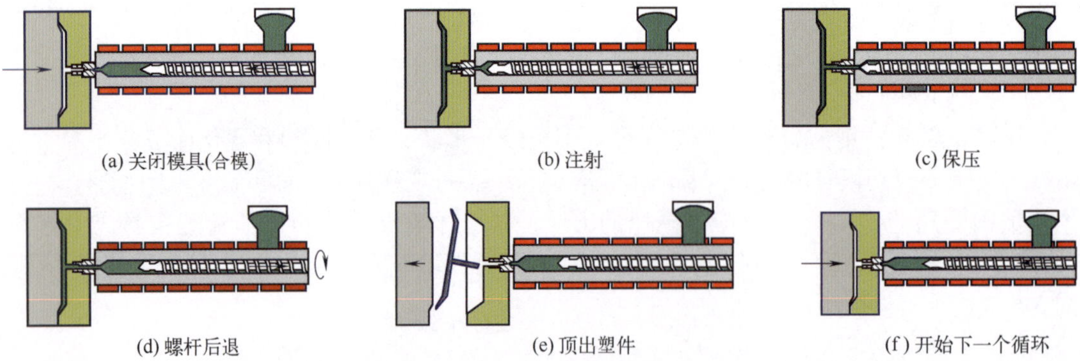


图 3-7 注塑成型的工艺过程

上述工艺过程中，主要的环节包括以下部分。

（1）塑料的塑化（熔融）

塑化是注塑成型前的准备过程，对其的主要要求有：加热塑料达到规定的温度，温度、组分应均匀一致并能在规定的时间内提供足够数量的熔融塑料，塑料分解物控制在最低限度。

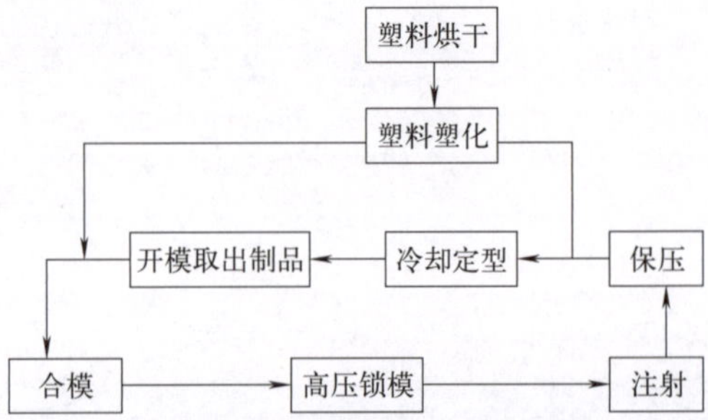


图 3-8 注塑成型工作循环图

塑化螺杆在预塑时，一边后退一边旋转，把塑料熔体从螺杆后段向前段挤出，使之集聚在螺杆头部的空间里，形成熔体计量室并建立起熔体压力，此压力称为预塑背压。螺杆旋转时，正是在背压的作用下克服系统阻力才后退

的，后退到螺杆所控制的计量行程为止，该过程叫作塑化过程。

塑料从料筒加料口到喷嘴由于热历程不同，也有三种聚集态：入口处为玻璃态，喷嘴及计量室处为黏流态，中间为高弹态。与之相对应的螺杆也分为固体输送段、均化段和压缩段。物料在螺槽中的吸热取决于传热过程，在此过程中，螺杆的转速起着重要作用，物料的热能来源主要是机械能转换和料筒的外部加热。采用不同的背压和螺杆转速可改善塑料的塑化质量。

（2）熔体填充

塑料在注塑机料筒内塑化达到流动状态后，螺杆将熔体经浇注系统注入模具的型腔，该过程称为熔体填充过程。

填充是整个注射过程的关键步骤，时间从模具闭合开始时算起，到模具型腔被填充到大约 95% 为止。理论上，填充时间越短，生产效率越高，但是在实际生产中，成型时间或者注塑速度要受到很多条件的制约。

① 高速填充。高速填充时剪切速率较高，塑料由于剪切变稀的作用而存在黏度下降的情形，使整体流动阻力降低；局部的黏滞加热影响也会使固化层厚度变薄。因此在流动控制阶段，填充行为往往取决于待填充的体积大小。即在流动控制阶段，由于高速填充，熔体的剪切变稀效果往往很大，而薄壁的冷却作用并不明显，所以速率的效用占了上风。

② 低速填充。热传导控制低速填充时，剪切速率较低，局部黏度较高，流动阻力较大。由于热塑料补充速率较慢，流动较为缓慢，使热传导效应较为明显，热量迅速被冷模壁带走。加上较少量的黏滞加热现象，固化层厚度较厚，又进一步增加了壁部较薄处的流动阻力。

（3）保压

保压阶段的作用是螺杆对塑料熔体持续施加压力，压实熔体，增加塑料密度，以补偿塑料的收缩行为。在保压过程中，由于型腔中已经填满塑料熔体，因此背压较高。在保压压实过程中，注塑机螺杆仅能慢慢地向前做微小移动，塑料的流动速度也较为缓慢，这时的流动称作保压流动。由于在保压阶段，塑料熔体受型腔壁体的冷却而固化加快，熔体黏度增加也很快，因此模具型腔内的阻力很大。在保压的后期，塑料熔体密度持续增大，塑件也逐渐成型，保压阶段要一直持续到浇口固化封口为止，此时保压阶段的型腔压力达到最高值。

在保压阶段，由于压力相当高，塑料呈现部分可压缩特性。在压力较高区域，塑料较为密实，密度较高；在压力较低区域，塑料较为疏松，密度较低，因此造成密度分布随位置及时间而发生变化的现象。保压过程中塑料流速极低，流动不再起主导作用；压力成为影响保压过程的主要因素。保压过程中，塑料已经充满型腔，此时逐渐固化的熔体作为传递压力的介质。型腔中的压力借助塑料传递至型腔壁表面，有撑开模具的趋势，因此需要足够的锁模力进行锁模。胀模力在正常情形下会微微将模具撑开，对于模具的排气具有帮助作用；但胀模力过大，易造成成型品毛边、溢料，甚至撑开模具。因此在选择注塑机时，应选择具有足够大锁模力的注塑机，以防止胀模现象并能有效进行保压。

（4）冷却定型

在注塑成型模具中，冷却系统的设计非常重要。这是因为成型塑料制品只有冷却固化到一定刚性，脱模后才能避免塑料制品因受到外力而产生变形。由于冷却时间占整个成型周期约 70% ～ 80%，因此设计良好的冷却系统可以大幅缩短成型时间，提高注塑生产率，降低成本。设计不当的冷却系统会使成型时间拉长，增加成本；冷却不均匀会进一步造成塑料制品的翘曲变形。

根据实验，由熔体进入模具的热量大体分两部分散发，有 5% 经辐射、对流传递到大气中，其余 95% 从熔体传导到模具。塑料制品在模具中由于冷却水管的作用，热量由型腔中的塑料通过热传导经模架传至冷却水管，再通过热对流被冷却液带走。少数未被冷却液带走的热量则继续在模具中传导，直至接触外界后散溢于空气中。

注塑成型的成型周期由合模时间、熔体填充时间、保压时间、冷却时间及脱模时间等组成。其中以冷却时间所占比重最大，大约为 70% ～ 80%。因此冷却时间将直接影响塑料制品成型周期长短及产量大小。脱模阶段塑料制品温度应冷却至低于塑料制品的热变形温度，以防止塑料制品因残余应力导致的松弛现象或脱模外力所造成的翘曲及变形。

（5）塑件脱模

塑件脱模是注塑成型循环中的最后一个环节，即利用人工或机械的方式，将塑料件从模具上脱出。虽然塑件已经冷固成型，但脱模还是对塑件的质量有很重要的影响，脱模方式不当，可能会导致塑件在脱模时受力不均，顶出时引起塑件翘曲、变形等缺陷。脱模的方式主要有两种：顶杆脱模和脱料板脱模。设计模具时要根据制品的结构特点选择合适的脱模方式，以保证塑件质量。

### 3.1.3 注塑质量控制及工艺发展趋势

（1）注塑质量控制

塑料制品的质量控制按照注塑机控制对象的不同，可划分为底层控制、中层控制和顶层控制三个层次，如图 3-9 所示。

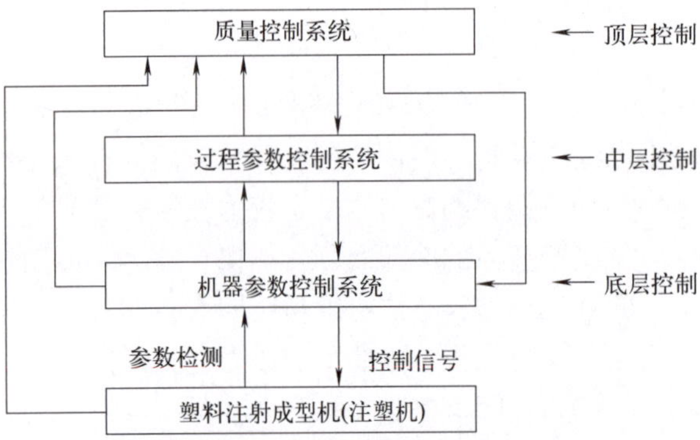


图 3-9　注塑成型工艺参数的多层控制结构

底层控制指的就是对注塑机机器参数的直接控制，底层控制保证注射生产过程的稳定性，是中层控制和顶层控制的基础。底层控制系统追求的目标是保证各循环周期的可重复性以及控制的精确性和灵敏性，不具备工艺参数的优化功能，并不能保证成型制品的质量最优。随着新型传感器技术的发明和先进控制技术的应用，注塑机的底层控制已经相当成熟。

制品质量存在难以表征的问题，有部分学者采用软测量技术设计易于测量的二次变量，实现对制品质量的间接表征。二次变量包括型腔压力、喷嘴压力、熔体温度和熔体前沿速度等，中层控制指的就是对这种二次变量的控制。

顶层控制的被控对象直接是制品质量，如重量、飞边、短射、烧焦和翘曲等。中层控制可理解为开环的顶层控制。顶层质量控制是所有注塑机控制系统研究者的理想目标。但是，由于该系统的复杂性，顶层质量控制目前还处于研究的初级阶段。

注塑制品的质量包括内部质量和表观质量两方面的内容。内部质量是指与力学性能有关的拉伸、冲击和熔合纹强度，以及与聚合物结构形态有关的结晶、取向及内应力分布等，制品的内部质量会影响其使用性能。制品的表观质量直接影响到制品的美观，常见的表观缺陷有短射、飞边、烧焦、缩水、剥离、波纹、表面暗色、光泽不良和透明不良等。塑料制品的表观质量与内部质量有着十分密切的内在联系，表观质量是内部质量的必然反映。本章将以塑料制品的表观质量作为控制对象，针对不同的塑料材料、模具结构和注塑机型号，分析注塑工艺参数的设置与优化方法，使注塑机达到最佳工作状态并生产出优质的塑料制品。

（2）注塑工艺参数优化发展趋势

随着计算机技术的发展和数值优化方法的应用，注塑参数的优化成为改善塑料制品质量的重要手段之一。大量的研究者致力于开发新的智能算法或采用多种现有优化算法对注塑工艺缺陷进行优化，提高模具生产效率和制造质量。通过总结近年来研究人员的研究方法可以发现，注塑工艺参数优化研究呈现试验因素和试验方法多样化、研究对象由点及面，优化方法由单目标转向多目标，以及数学模型预测越来越精确等发展趋势，图 3-10 所示为注塑工艺参数优化发展趋势。

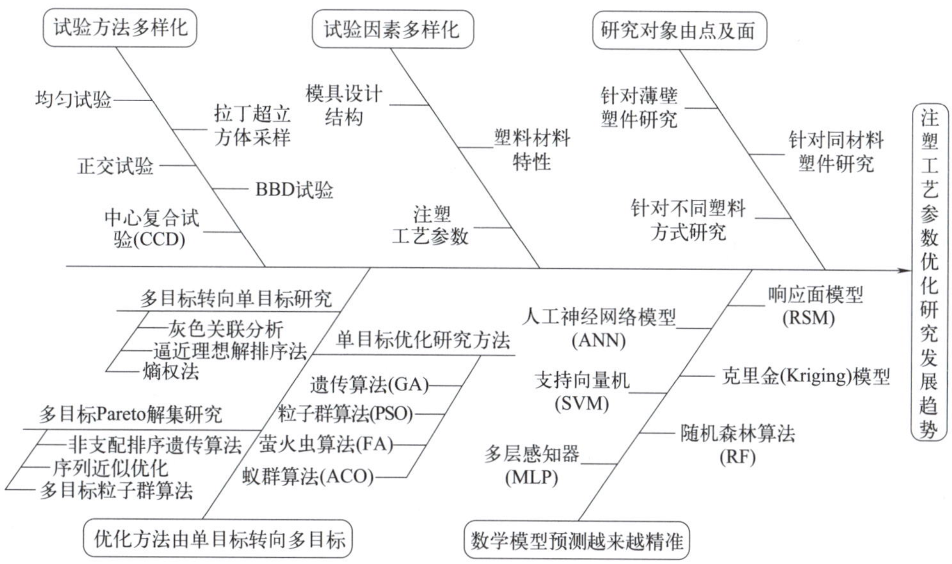


图 3-10　注塑工艺参数优化技术发展趋势

## 3.2 注塑成型工艺参数优化

### 3.2.1 注塑成型的工艺参数

（1）注射压力

注射压力是为了克服熔体在流动过程中的阻力，流动过程中存在的阻力需要注塑机的压力来抵消，给予熔体一定的填充速度及对熔体进行压实、补缩，以保证填充过程顺利进行。

如图 3-11 所示，在注塑过程中，注塑机喷嘴处的压力最高，以克服熔体全程中的流动阻力；其后，注射压力随着流动长度往熔体最前端逐步降低，如果型腔内部排气良好，则熔体前端最后的压力就是大气压。

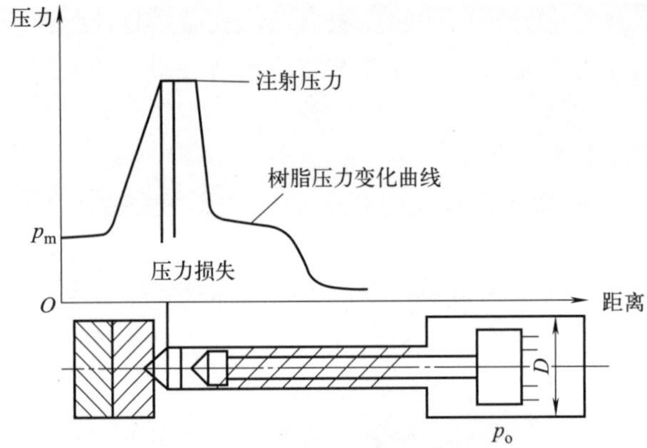


图 3-11　注射压力形成与消耗

如图 3-12 所示为熔体压力在其流动路径上的分布，随着流动长度的增加，沿途需要克服的阻力增加，注射压力也随之增大。为了维持恒定的压力梯度以保证熔体填充速度的均一，必须随着流动长度的变化而相应地增加注射压力，因而必须相应增加熔体入口处的压力。

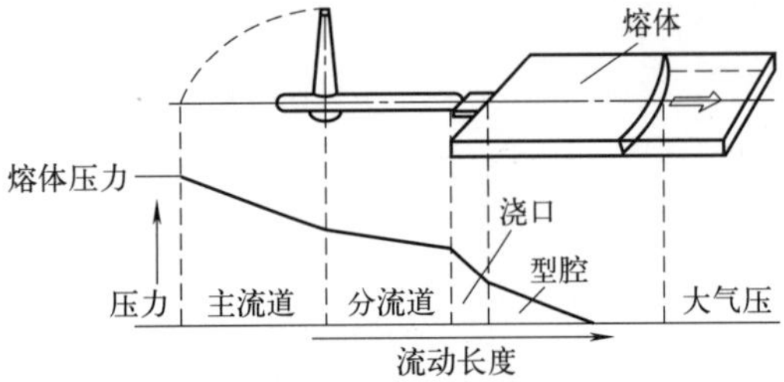


图 3-12　熔体压力在其流动路径上的分布

（2）保压压力

在注射过程将近结束时，注射压力切换为保压压力后，就会进入保压阶段。保压过程中注塑机由喷嘴向型腔补料，以填充由于制件收缩而空出的容积；如果型腔充满后不进行保压，制件会收缩 25% 左右，特别是筋处由于收缩过大而形成收缩痕迹。保压压力一般为填充最大压力的 85% 左右，当然要根据实际情况来确定。

如图 3-13（a）所示为保压过程控制：1 表示注射开始；2 表示熔体进入到型腔；3 表示填充过程中发生了保压切换；4 代表型腔已经充满；5 表示填充过程进入补缩阶段；6 表示补缩结束，冷却开始。后填充阶段包含保压、冷却两个过程。

经验表明，保压时间过长或过短都对成型不利。保压时间过长会使得保压不均匀，塑件内部应力增大，塑件容易变形，严重时会发生应力开裂；保压时间过短则保压不充分，制件体积收缩严重，表面质量差。

保压曲线分为两部分，一部分是恒定压力的保压，大约需要 2 ～ 3s，称为恒定保压曲线；另一部分是保压压力逐步减小释放，大约需要 1s，称为延迟保压曲线，延迟保压曲线对于成型制件的影响非常明显。如果恒定保压曲线变长，制件体积收缩会减小，反之则增大；如果延迟保压曲线斜率变大，延迟保压时间变短，制件体积收缩会变大，反之则变小；如果延迟保压曲线分段且延长，制件体积收缩变小，反之则变大。

塑料熔体在填充过程中，当型腔快要充满时，螺杆的运动从流动速率控制转换到压力控制，这个转化点称为保压切换控制点。保压切换对于成型工艺的控制很重要，保压切换点以前熔体前进的速度和压力很大，保压切换后，螺杆向前挤压推动熔体前进的压力较小。如果不进行保压切换，当型腔充满熔体时压力会很大，造成注射压力陡增，所需锁模力也会变大，甚至会出现溢料（飞边）等一系列的问题。

注塑机中的保压切换一般都是按照注塑位置进行的，也就是当螺杆进行到某一位置即发生保压切换，保压切换的位置、时间和压力如图 3-13（b）所示。

如图 3-13（c）所示为不同的保压设置而可能得到的结果。其中 1 为经过优化的设置，没有出现错误，可以期望得到高质量的零件；2 的型腔压力出现尖峰，原因是保压切换过迟（过度注射）；3 是在压缩前压力下降，原因是保压切换过早（填充失控，注塑件翘曲）；4 是保压阶段中压力下降，导致压力保持时间过短，熔体回流，浇口附近出现凹痕；5 为制品残余压力大，原因是模具刚度不够大，或者是保压切换太迟，注射阶段模具板发生变形，导致熔体凝固后应力没有释放。

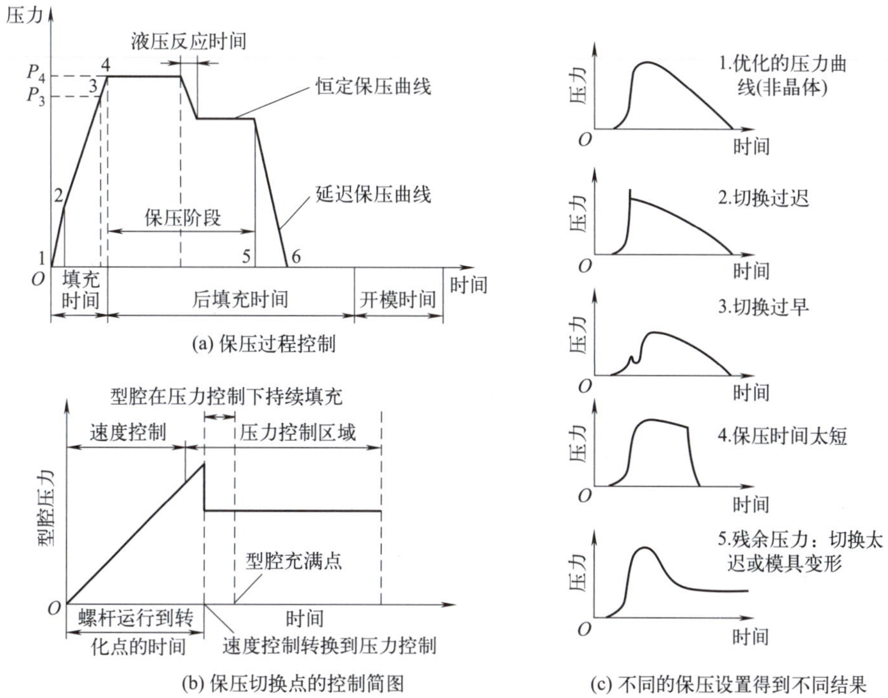


图 3-13　保压压力

（3）螺杆的背压

在塑料塑化过程中，熔体不断移向料筒前端（计量室内），且越来越多，逐渐形成一个压力，推动螺杆向后退。为了阻止螺杆后退过快，确保熔体均匀压实，需要给螺杆提供一个反方向的压力，这个反方向阻止螺杆后退的压力称为背压，如图 3-14 所示。

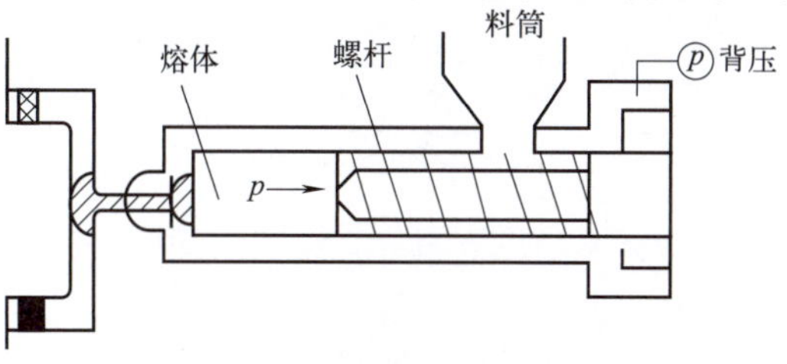


图 3-14　背压的形成原理

背压亦称塑化压力，它的控制是通过调节注射液压缸之回油节流阀实现的。预塑化螺杆注射液压缸后部都设有背压阀，调节螺杆旋转后退时注射液压缸泄油的速度，使液压缸保持一定的压力；全电动机的螺杆后移速度（阻力）是由 AC 伺服阀控制的。

适当调校背压对注塑质量有很大的好处。在注塑成型中，适当调整背压的大小，可以获得如下效果：

① 能将料筒内的熔体压实，增加密度，提高注射量、制品重量和尺寸的稳定性。

② 可将熔体内的气体挤出，减少制品表面的气花、内部气泡、提高光泽均匀性。

③ 减慢螺杆后退速度，使料筒内的熔体充分塑化，增加色粉、色母与熔体的混合均匀度，避免制品出现混色现象。

④ 适当提升背压，可改善制品表面的缩水和产品周边的走胶情况。

⑤ 能提升熔体的温度，使熔体塑化质量提高，改善熔体充模时的流动性，使制品表面无冷胶纹。

（4）锁模力

锁模力是为了抵抗塑料熔体对模具的胀力而设定的，其大小根据注射压力等具体情况决定。但实际上，塑料熔体从注塑机的料筒喷嘴射出后，要经过模具的主流道、分流道、浇口而进入型腔，途中的压力损失是很大的。如图 3-15 所示，图（a）表示注射压力在料筒至进入模具的整个过程中的变化情况，从图（b）中的压力变化可知，到达型腔的末端时，其压力仅相当于初始注射压力的 20%。

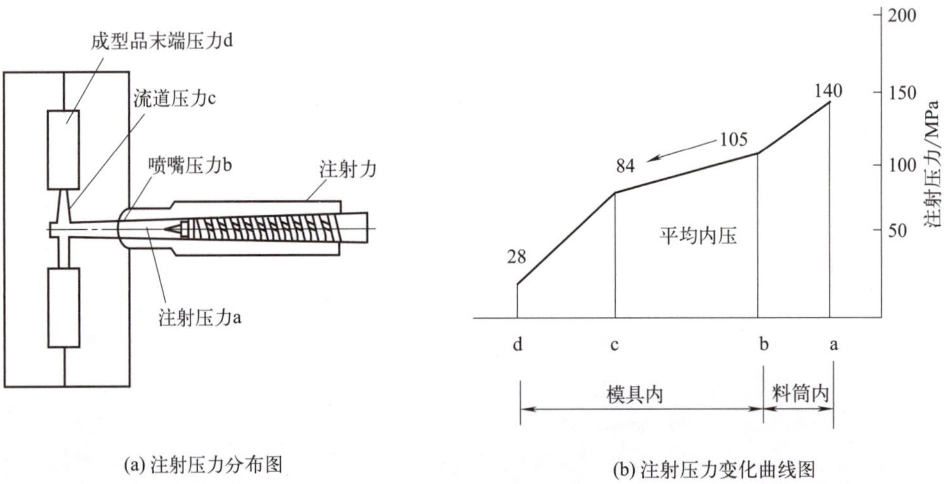


图 3-15　注射压力和模具内压力示意图

（5）料筒温度

熔体温度必须控制在一定的范围内，温度太低，熔体塑化不良会影响成型件的质量，增加工艺难度；温度太高，原料容易分解。在实际的注塑成型过程中，熔体温度往往比料筒温度高，高出的数值与注塑速率和材料的性能有关，最高可达 30℃。这是由于熔体通过浇口时受到剪切而产生很高的热量造成的，如图 3-16 所示。

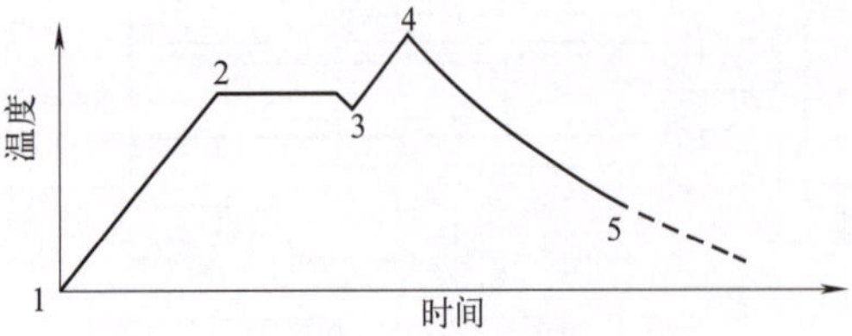


图 3-16　注塑过程中熔体温度的变化

1—料筒加热开始；2—螺杆塑化开始；3—熔体到达流道末端；4—熔体通过浇口；5—填充结束

料筒温度是影响注射压力的重要因素，注塑机料筒一般有 5 ～ 6 个加热段，每种原料都有其合适的成型温度，具体的成型温度可以参阅供应商提供的数据，表 3-2 所示是部分常见塑料的成型温度。

表 3-2　常见塑料的成型温度　　单位：℃

| ABS | PP | PS | PC | POM | PVC |
|---|---|---|---|---|---|
| 235 | 225 | 235 | 300 | 205 | 190 |

注：PP 为聚丙烯；PS 为聚苯乙烯；PC 为聚碳酸酯；POM 为聚甲醛；PVC 为聚氯乙烯。

关于注射温度（即喷嘴附近的温度）调整的大体原则，主要是根据塑料的基本情况来考虑。如具有活性原子团的聚合物（多为缩合物）的最佳注射温度一般离熔点较近，寻找和考察其最佳温度时，每次进行 2 ～ 3℃范围的小幅度调节即可。而对于不具有活性原子团的聚合物，其最佳注射温度比熔点要高得多（50℃前后），而且考察其最佳注射温度，要进行 5 ～ 10℃范围的较大幅度的调节，如图 3-17 所示。

（6）模具温度

注塑成型时模具温度分布情况如图 3-18 所示。为了保证制品的质量，对模具温度的设定也存在着最佳温度，如制造对外观要求较高的 ABS 盒状制品时，可将型腔中制品的外表面侧（即固定模板侧）温度设定在 50 ～ 65℃，而将内表面侧（动模板侧）的温度设在低于外表面侧 10℃左右，此时得到的制品表面无缩痕，外观好。又如，模具温度较高的话，制品表面的转印性较好，特别是成型表面有花纹等的制品时，更要注意适当地提高模具温度。

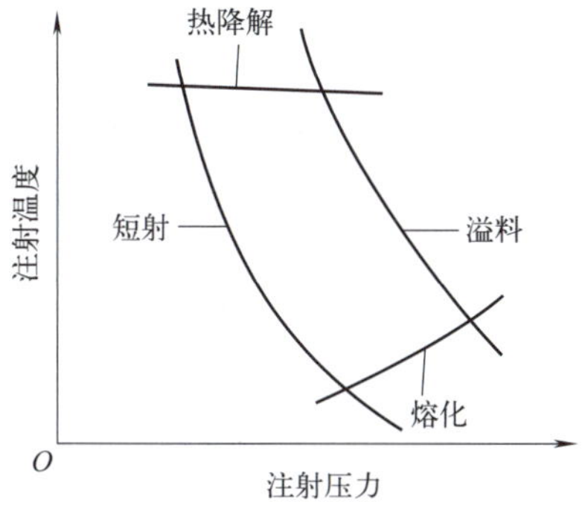

图 3-17　注射温度与注射压力的关系

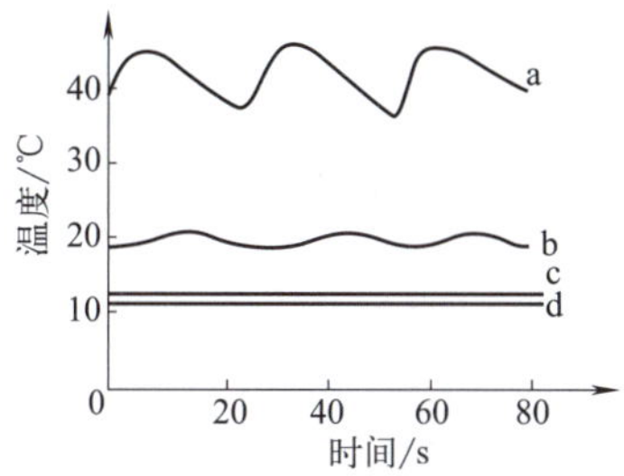

图 3-18　模具内不同位置的温度 - 时间曲线

a—模腔表面；b—冷却管路壁面；

c—冷却管路出口；d—冷却管路进口

对结晶性塑料而言，其结晶速度受冷却速度支配，如果提高模具温度，由于冷却慢，可以使其结晶度变大，有利于提高和改善其制品的尺寸精度和力学性能等。如：尼龙塑料、PBT 塑料等结晶性塑料，都因这样的缘由而需采用较高的模具温度。表 3-3 所示为常见热塑性塑料注塑成型时的模具温度。

表 3-3　常见热塑性塑料注塑成型时的模具温度

| 塑料种类 | 模温 /℃ | 塑料种类 | 模温 /℃ |
|---|---|---|---|
| HDPE | 60 ～ 70 | PA6 | 40 ～ 80 |
| LDPE | 35 ～ 55 | PA610 | 20 ～ 60 |
| PE | 40 ～ 60 | PA1010 | 40 ～ 80 |
| PP | 55 ～ 65 | POM | 90 ～ 120 |
| PS | 30 ～ 65 | PC | 90 ～ 120 |
| PVC | 30 ～ 60 | 氯化聚醚 | 80 ～ 110 |
| PMMA | 40 ～ 60 | 聚苯醚 | 110 ～ 150 |
| ABS | 50 ～ 80 | 聚砜 | 130 ～ 150 |
| 改性 PS | 40 ～ 60 | 聚三氟氯乙烯 | 110 ～ 130 |

（7）注射速率

注射速率是指螺杆前进将塑料熔体填充到型腔时的速率，一般用单位时间的注射质量（g/s）或螺杆前进的速率（m/s）表示，它和注射压力都是注射条件中的重要条件之一。注射速率不同，可能出现不同的效果，图 3-19 表示为低速和高速充模时的料流情况。

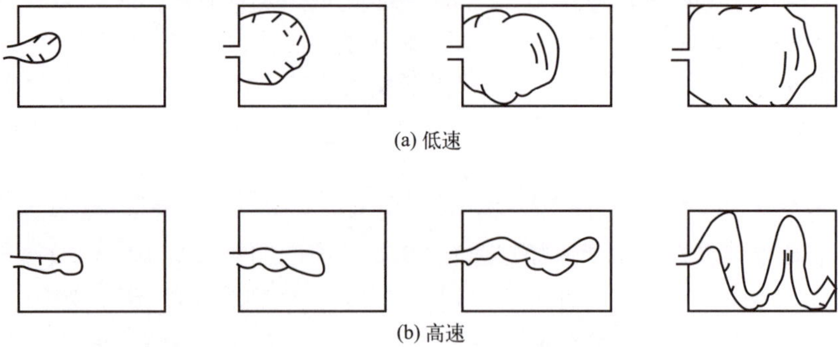


图 3-19　两种不同注射速率下的充模情况

低速注射时，料流速率慢，熔体从浇口开始渐向型腔远端流动，料流前端呈球形，先进入型腔的熔体先冷却而流速减慢，靠近型腔壁的部分冷却成高弹态的薄壳；而远离型腔壁的部分仍为黏流态的热流，料流前端仍呈球形，至完全充满型腔后，冷却壳的厚度加大而变硬。这种慢速充模由于熔体进入型腔的时间长，冷却慢使得黏度增大，流动阻力也增大，需要用较高注射压力充模。

（8）注射量

注射量为制品和主流道、分流道等加在一起时的总质量（g），如果其值小于注塑机最大注射量（g），在理论上是可以成型的。但是，一般情况下，注射量应小于注塑机的额定注射量的 85%。但实际使用的注射量如果太小的话，塑料会因在料筒中的滞留时间过长而产生热分解，为避免这种现象的发生，实际注射量应该在注塑机额定注射量的 30% 以上。因此，一般注射量最好设定在注塑机额定注射量的 30% ～ 85% 之间。

（9）螺杆的注射位置

注射位置是注塑工艺中最重要的参数之一，注射位置一般是根据塑件和凝料（浇口冷料）的总重量来确定的，有时要根据所用的塑料种类、模具结构、产品质量等来设定螺杆注射终点的位置。

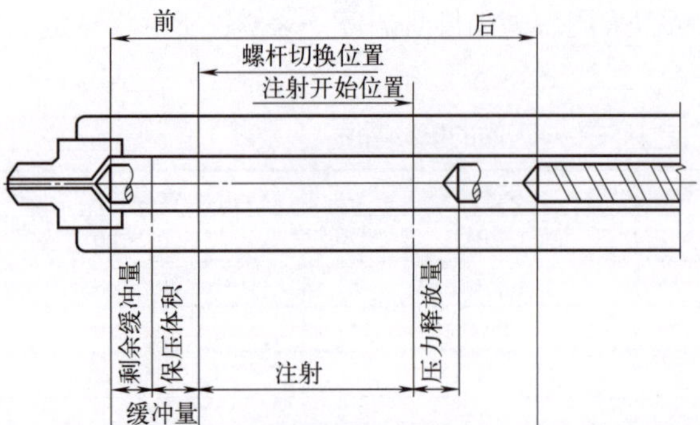


图 3-20　螺杆的注射位置

大多数塑料制品的注塑成型，均采用三段以上的注射方式。控制器注射方式的要点包括设置不同的注射开始位置、螺杆切换位置、保压体积、剩余缓冲量、压力释放量等，如图 3-20 所示。

（10）注射时间

注射时间就是施加压力于螺杆的时间，包含塑料的流动、模具填充、保压所需的时间，因此注射时间、注射速度和注射压力都是重要的成型条件，至于寻找正确的注射时间，可以用两种方法进行：外观设定方法和重量设定方法。

尽管注射时间很短，对于成型周期的影响也很小，但是注射时间的调整对于浇口、流道和型腔等压力控制有着很大作用。合理的注射时间不仅有助于熔体实现理想填充，而且对于提高制品的表面质量以及减小尺寸公差值有着非常重要的意义。

注射时间要远远低于冷却时间，大约为冷却时间的 1/10 ～ 1/15，这个规律可以作为预测塑件全部成型时间的依据，如图 3-21 所示。

（11）冷却时间

冷却过程基本是由注塑开始时开始而并不是注塑完成后开始，而冷却时间的长短，其要求是在保证塑件顺利从模具取出的基础上，时间越短越好。一般冷却时间占周期时间的 70% ～ 80%，如图 3-22 所示。

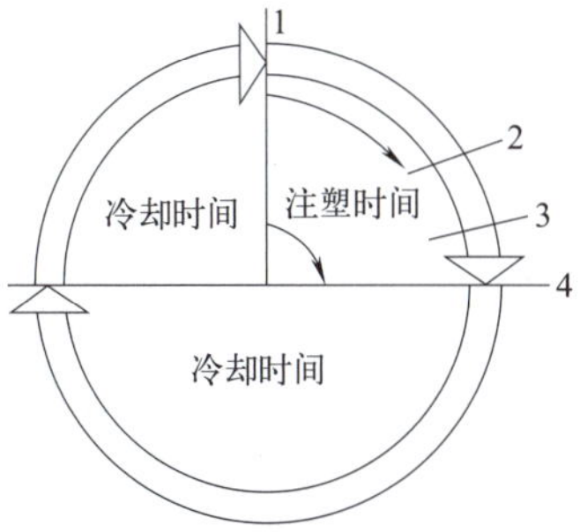


图 3-21　注射时间在成型周期中所占的比例

1—注射循环开始；2—注射填充；3—保压切换；4—型腔充满

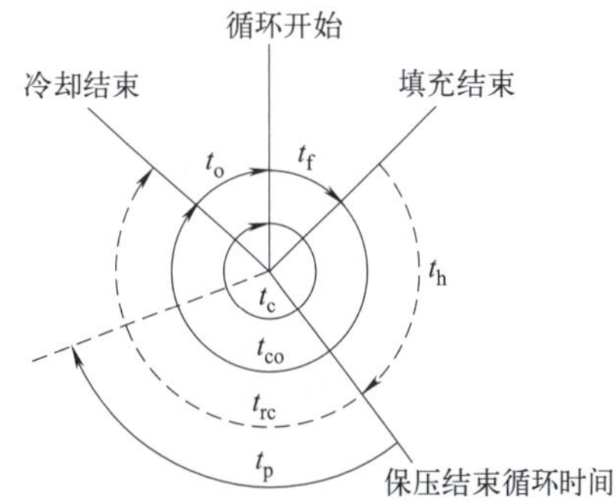


图 3-22　冷却循环时间

$t_f$—填充时间；$t_h$—保压时间；$t_{rc}$—持续冷却时间；$t_{co}$—冷却时间；$t_p$—塑化时间；$t_o$—模具开合时间；$t_c$—循环时间（$t_f$+$t_{co}$+$t_o$）

（12）螺杆转速

螺杆转速影响注塑物料在螺杆中输送和塑化的热历程和剪切效应，是影响塑化能力、塑化质量和成型周期等因素的重要参数。随着螺杆转速的提高（一般为 50 ～ 120r/min），塑化能力提高、熔体温度及熔体温度的均匀性提高，塑化作用有所下降。

对热塑性塑料（如：PVC、POM 等），采用低螺杆转速，以防物料分解；对熔体黏度较高的塑料，也可以采用较低的螺杆转速。

（13）防涎量（螺杆松退量）

螺杆计量（预塑）到位后，又直线地倒退一段距离，使计量室中熔体的空间增大，内压下降，防止熔体从计量室向外流出（通过喷嘴或间隙），这个后退动作称为防流涎，后退的距离称为防涎量或防流涎行程。防流涎还有另外一个目的就是在喷嘴不退回进行预塑时，降低喷嘴流道系统的压力，减少内应力，并在开模时容易抽出主流道。防涎量的设置要视塑料的黏度和制品的情况而定，过大的防涎量会使计量室中的熔体夹杂气泡，严重影响制品质量，对黏度大的物料可不设防涎量（一般为 2 ～ 3mm）。

（14）余料量

螺杆注射结束之后，并不希望把螺杆头部的熔体全部注射出去，还希望留存一些，形成一个余料量。这样，一方面可防止螺杆头部和喷嘴接触发生机械碰撞事故；另一方面可通过此余料量来控制注射量的重复精度，达到稳定注塑制品质量的目的（余料量过小，则达不到缓冲的目的，过大会使余料累积过多）。余料量一般为 5 ～ 10mm。

### 3.2.2　注塑成型工艺参数设定流程及要点

在设定注塑工艺参数时，一般按照以下流程进行，请注意其中的设置要点。

（1）设置塑料的塑化温度

温度过低，塑料就可能不能完全熔融或者流动比较困难；

熔融温度过高，塑料会降解；

从塑料供应商那里获得准确的熔融温度和成型温度；

料筒上有三到五个加热区域，最接近料筒的加热区温度最低，其后逐渐增温，在喷嘴处加热器需保证温度的一致性；

实际的熔融温度通常高于加热器设定值，主要是因为背压的影响与螺杆的旋转而产生的摩擦热；

探针式温度计可测量实际的熔体温度。

（2）设置模具温度

从塑料供应商那里获取模温的推荐值；

模温可以用温度计测量；

应该将冷却液的温度设置为低于模温 10 ～ 20℃；

如果模温是 40 ～ 50℃或者更高，就要考虑在模具与锁模板之间设置绝热板；

为了提高零件的表面质量，有时较高的模温也是必要的。

（3）设置螺杆的注射终点

注射终点就是由填充阶段切换到保压阶段时螺杆的位置，如图 3-23 所示，如果补充的垫料不足，制品表面就有可能产生缩痕。一般情况下，垫料设定为 5 ～ 10mm。

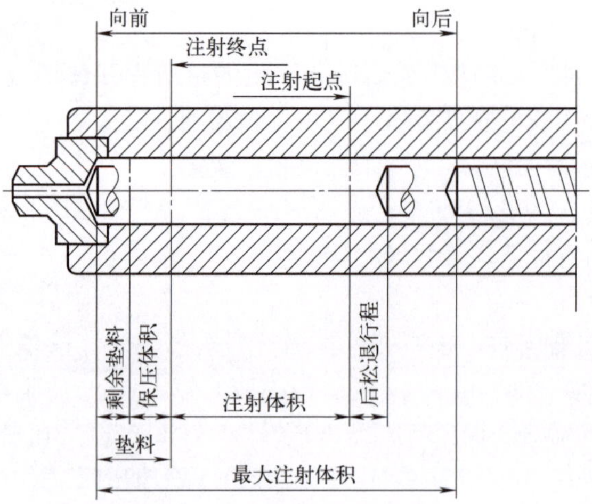


图 3-23　设置螺杆的注射终点

经验表明，如在本步骤中设定注射终点位置为填充型腔 2/3，这样可以防止注塑机和模具受到损坏。

（4）设置螺杆转速

设置所需的转速来塑化塑料；

塑化过程不应该延长整个循环周期的时间；如果延长了，那么就需提高速度；

理想的螺杆转速是在不延长循环周期的情况下，设置为最小的转速。

（5）设置背压

推荐的背压是 5 ～ 10MPa；

背压太低会导致出现不一致的制品；

增加背压会增加摩擦热并减少塑化所需的时间；

采用较低的背压时，会增加材料停留在料筒内的时间。

（6）设置注射压力值

设置注射压力为注塑机的最大值的目的是更好地利用注塑机的注射速度，所以压力设置将不会限制注射速度；

在模具填充满前，压力就会切换到保压压力阶段，因此模具不会受到损坏。

（7）设置初始保压压力值

设置保压压力为 0MPa，那么螺杆到达注射终点时就会停止，这样就可以防止注塑机和模具受到损坏；

保压压力将会逐渐增加，最终达到其设定值。

（8）设置注射速度

采用最大的注射速度时，将会获得更小的流动阻力、更长的流动长度、更大的熔合纹强度；但是，这样就需要设置排气孔。排气不畅的话会出现困气，这样就会在型腔里产生非常高的温度和压力，导致灼痕、材料降解和短射。

应该设计合理的排气系统，显示熔接痕和困气出现的位置，以避免或者减小由困气引起的缺陷。

此外还需要定期地清洗模具表面和排气设施，尤其是对于 ABS/PVC 材料。

（9）设置保压时间

理想的保压时间取浇口凝固时间和零件凝固时间的最小值；

浇口凝固的时间和零件凝固的时间可以计算或估计出；

对于首次实验，可以根据 CAE（计算机辅助工程）软件预测的充模时间，设置保压时间为此充模时间的 10 倍。

（10）设置足够的冷却时间

冷却时间可以估计或计算，它包括保压时间和持续冷却时间；

可以粗略估计持续冷却时间为 10 倍的注射时间（充模时间），例如，如果预测的注射时间是 0.85s，那么保压时间是 8.5s，而冷却时间亦为 8.5s，这可以保证零件和流道系统充分固化，以便脱模。

（11）设置模具开合时间

一般而言，模具开合时间设置为 2 ～ 5s，包括开模、脱模、合模等过程，生产循环周期是填充时间、保压时间、持续冷却时间和开模时间的总和，如图 3-24 所示。

（12）逐步增加注射体积直至型腔容积的 95%

通过 CAE 软件可以测出塑件和浇口流道等重量，有了这些信息，加上已知的螺杆直径或料筒的内径，每次注射的注射量和注射起点位置可以估计出。

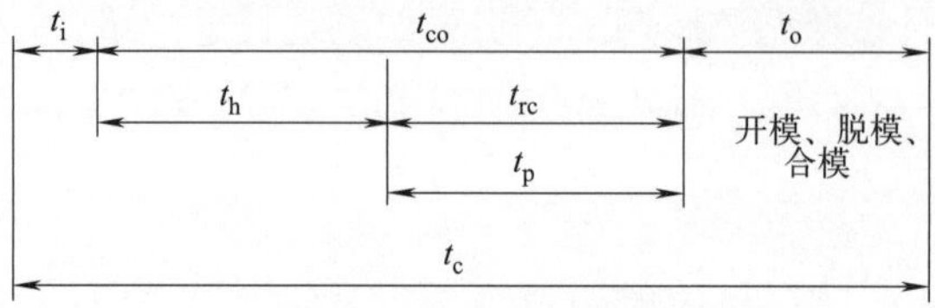


图 3-24　开模时间在注塑周期中的比例

$t_i$—填充时间；$t_h$—保压时间；$t_{rc}$—持续冷却时间；$t_p$—塑化时间；$t_o$—模具开合时间；$t_c$—循环时间；$t_{co}$—冷却时间

首先，仅仅填充型腔容积的 2/3，保压压力设定为 0MPa。这样，在螺杆到达注射终点位置时，充模会停止，这可以保护模具。接下来，每步增加 5% 到 10%，直到充满型腔容积的 95%。

为了防止塑料从喷嘴流涎，使用了防逆流安全阀。在螺杆转动结束后，立即回退几毫米，以释放在塑化阶段建立的背压。

（13）切换到自动操作

为了获得加工过程的稳定性，需要切换到自动操作的模式。

（14）设置开模行程

开模行程设置包括了型芯高度、制品高度、预留空间等，如图 3-25 所示。应当使开模距离最短，每次开模时，起始速度应当较低，然后加速，在快结束时，再次降低。合模与开模的顺序相似：慢—快—慢。

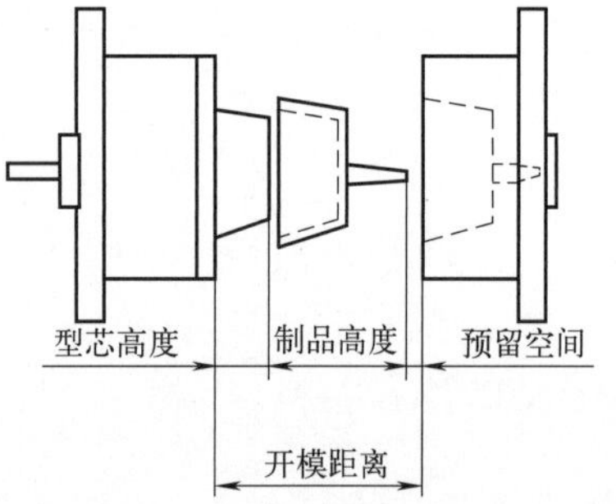


图 3-25　开模行程

（15）设置脱模行程、起始位置和顶出速度

首先消除所有的滑动，最大的顶杆行程是型芯的高度。如果注塑机装有液压顶杆装置，那么起始位置设置在零件完全能从定模中取出的位置。当顶出的速度等于开模速度时，则零件保留在定模侧。

（16）设置注射体积到充满型腔容积的 99%

当工艺过程已经固定（每次生产出同样的零件）时，调节注射终点位置为充满型腔容积的 99%，这样可以充分利用最大的注射速度。

（17）逐步增加保压压力

逐步增加保压压力值，每次增加约 10MPa。如果型腔没有完全充满，就需要增加注射体积。

选择可接受的最低压力值，这样可使制品内部的压力最小，并且能够节约材料，也降低了生产成本；一个较高的保压压力会导致高的内应力，内应力会使零件翘曲。内应力可以通过将制品加热到热变形温度 10℃以下进行退火释放。

如果垫料用尽了，那么保压的末期起不到作用。这就需要改变注射起点位置，以增加注射体积。

液压缸的液压压力可以通过注塑机的压力计读得。然而，螺杆前部的注射压力更为重要，为了计算注射压力，需要将液压乘上一个转换因子，转换因子通常可以在注塑机的注射部分或者用户指导手册中找到，转换因子通常为 10 ～ 15。

（18）得到最短的保压时间

最简单的获得最短保压时间是开始设置一个较长的保压时间，然后逐步减少，直到出现缩痕的现象。

如果零件的尺寸较为稳定，可以利用图3-26获得更精确的保压时间，根据图中制品质量和保压时间关系曲线，得到浇口或制品凝固的时间。例如，在9s之后，保压时间对于制品的质量没有影响，这就是最短保压时间。

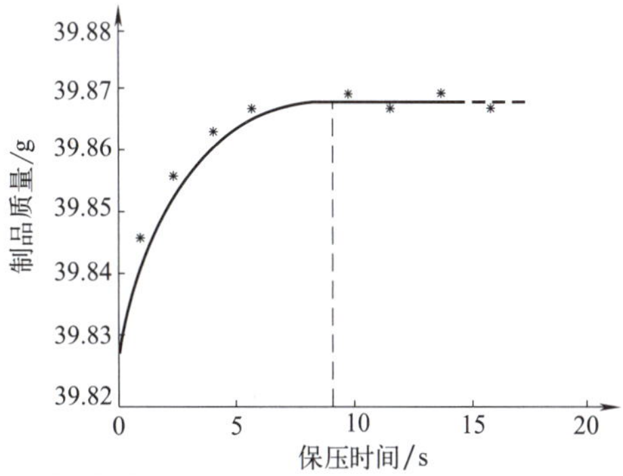

图3-26 保压时间与制品质量的关系

（19）获取最短的持续冷却时间

减少持续冷却时间直到零件的最大表面温度达到材料的热变形温度，热变形温度可以从供应商提供的塑料材料说明书中查到。

在上述过程中，如果是新产品投产，对工艺参数值没有把握时，应注意以下几点。

① 温度：偏低设置塑料温度（防止分解）和偏高设置模具温度。

② 压力：注射压力、保压压力、背压均从偏低处开始（防止过量填充引起模具、机器损伤）。

③ 锁模力：从偏大处开始（防止溢料）。

④ 速度：注射速度，从稍慢开始（防止过量填充）；螺杆转速，从稍慢开始；开闭模速度，从稍慢开始（防止模具损伤）；计量行程，从偏小开始（防止过量填充）。

⑤ 时间：注射保压时间，从偏长开始（确认浇口密封）；冷却时间，从偏长开始。

### 3.2.3 型腔压力变化分析

型腔压力是能够清楚地表征注塑过程的主要参数之一，通过型腔压力曲线能够真实地反映注塑过程中的注射、压缩和保压情况，型腔压力变化是预测注塑件质量的重要参数（如：质量、形状、飞边、凹痕、气孔、收缩及变形等）。

（1）型腔压力特征

某塑料制品在注塑成型时，其型腔压力曲线如图3-27所示，表3-4所示为每一特征点或每一时间段的压力变化效应。

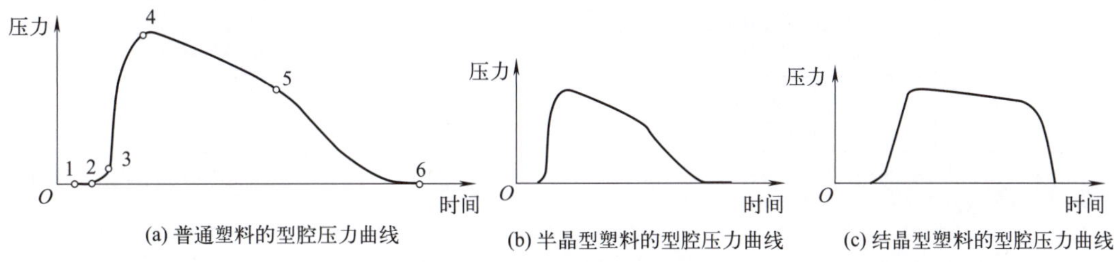

图3-27 型腔压力曲线

表3-4 型腔压力曲线特征点的压力变化

| 特征点 | 动作 | 过程事件 | 熔体注入 | 对材料、压力曲线和注塑的影响 |
|---|---|---|---|---|
| 1 | 注射开始 | 液压上升，螺杆向前推进 | — | — |

续表

| 特征点 | 动作 | 过程事件 | 熔体注入 | 对材料、压力曲线和注塑的影响 |
|---|---|---|---|---|
| 1—2 | 熔体注入模腔 | 传感器所在位置的模腔压力 =1bar❶ | — | — |
| 2 | 熔体到达传感器 | 模腔压力开始上升 | — | — |
| 2—3 | 填充模腔 | 填充压力取决于流动阻力 | 平衡上升 | ①缓慢注入<br>②无压力峰<br>③内部应力低 |
| | | | 快速上升 | ①快速注入<br>②出现压力峰<br>③内部压力大<br>④注塑件飞边 |
| 3 | 模腔充满 | 理想的保压切换时刻 | — | ①注射控制适当<br>②切换适时，注塑件内部压力适中 |
| 3—4（3—5） | 压缩熔体 | 体积收缩的平衡 | 平稳上升 | ①压缩率低<br>②无压力峰<br>③平稳过渡<br>④注塑件内部应力低<br>⑤可能产生气孔 |
| | | | 快速上升 | ①压缩率高<br>②压力峰，过度注射<br>③内部应力高<br>④注塑件飞边 |
| 4 | 最大模腔压力 | 取决于保持压力和材料特性 | — | — |
| 4—6 | 压力持续下降 | — | 普通塑料 | ①保压时间适当<br>②过程优化 |
| | 压力下降出现明显转折 | 晶态固化 | 半结晶型塑料 | ①保压时间适当<br>②过程优化 |
| | 压力下降出现明显转折 | 熔体回流 | 结晶型塑料 | ①保压时间过短<br>②浇口未密封<br>③注塑件凹陷 |
| 5 | 凝固点 | 浇口处熔体冷却（模腔内体积不变） | — | — |
| 6 | 大气压力—收缩过程开始 | 保持尺寸稳定的重要监控依据 | — | 压力波动通常标志着注塑件尺寸不一致 |

（2）最大型腔压力

最大型腔压力取决于注塑机保持压力的设定值。如图 3-28 所示，保持压力的设定值越大，其所需的保压时间就越长。具体的保压时间会受到注射速度、注塑件的几何形状、塑料本身的特性、模具和熔体温度等因素的影响。

❶ 1bar=$10^5$Pa。

（3）压力的作用时间

保压时间应足够长，反之，如果保压时间过短，则可能出现型腔压力突然下降的现象，如图 3-29 所示，图中出现的陡峭的保压时间 - 型腔压力曲线，原因是压力保持时间过短，熔体从尚未凝固的浇口回流，其结果是产品将出现缺料、填充不充分等缺陷。

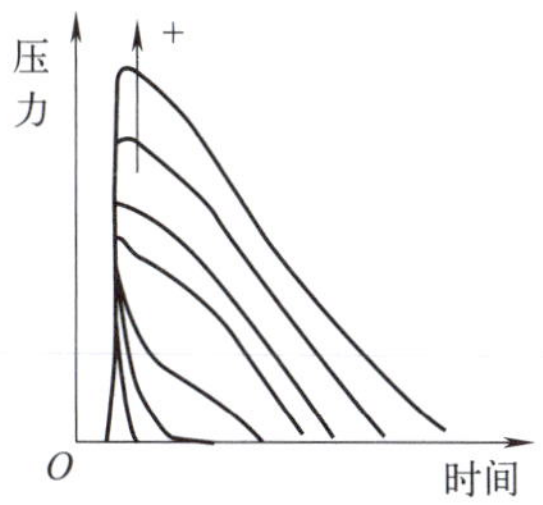


图 3-28　最大型腔压力

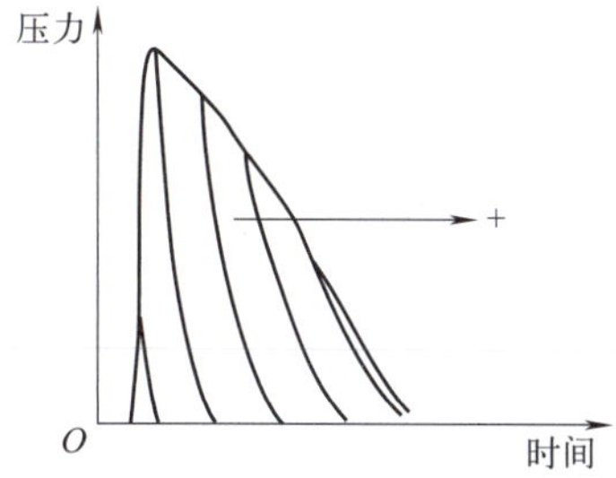


图 3-29　压力的作用时间

（4）型腔压力的变化曲线

一般而言，流动阻力小，压力损耗小，保压较完全，浇口封闭时间晚，补偿收缩时间长，型腔压力较高。

① 保压时间的影响。保压时间越短，型腔压力降低越快，如图 3-30 所示。

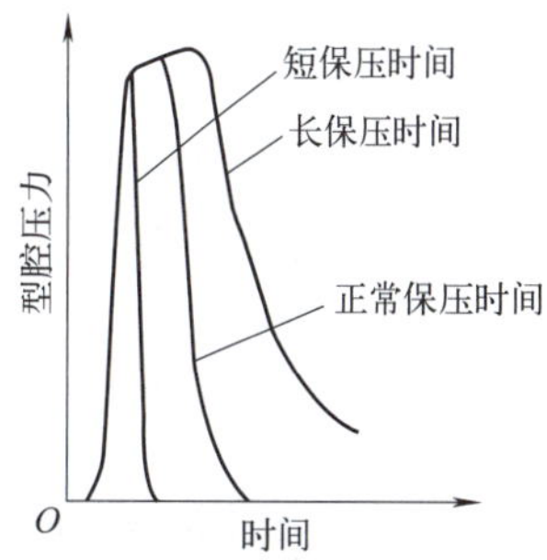


图 3-30　保压时间的影响

② 塑料熔体温度的影响。注塑机喷嘴入口的塑料温度越高，浇口越不易封口，补料时间越长，压力下降越少，因此型腔压力较高，如图 3-31 所示。

③ 模具温度的影响。模具的模壁温度越高，与塑料的温度差越小，温度梯度越小，冷却速率越慢，塑料熔体传递压力时间越长，压力损失越小，因此型腔压力越高。反之，模温越低，型腔压力越小（如图 3-32 所示）。

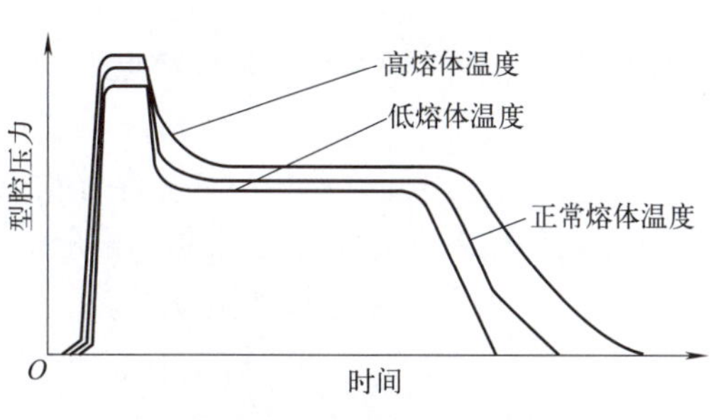


图 3-31　熔体温度的影响

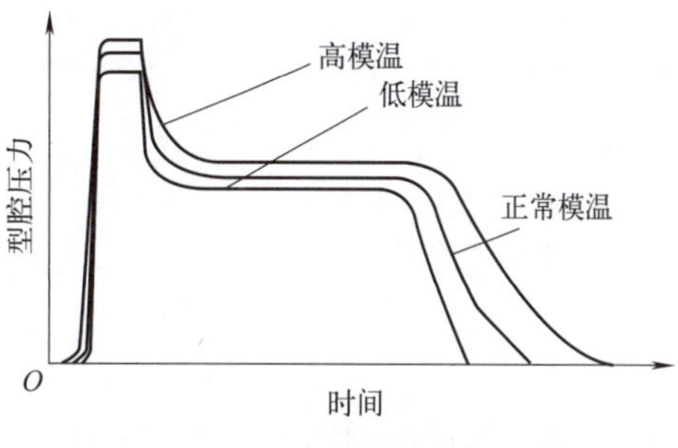


图 3-32　模具温度的影响

④ 塑料种类的影响。保压及冷却过程中，结晶性塑料的比体积变化较非晶性塑料大，型腔压力较低，如图 3-33 所示。

⑤ 流道及浇口长度的影响。一般而言，流道越长，压降损耗越大，型腔压力越低，浇口长度与型腔压力成反比关系，如图 3-34 所示。

⑥ 流道及浇口尺寸的影响。流道尺寸过小造成压力损耗较大，会降低型腔压力；浇口尺寸增加，浇口压力损耗小，使型腔压力升高；但截面积超过某一临界值，塑料通过浇口发

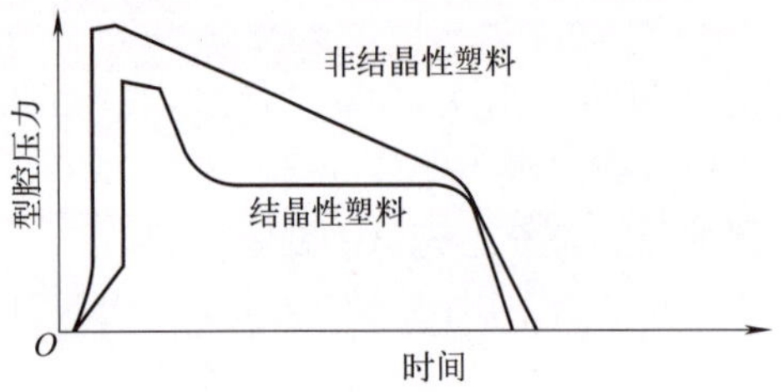

图 3-33　塑料种类的影响

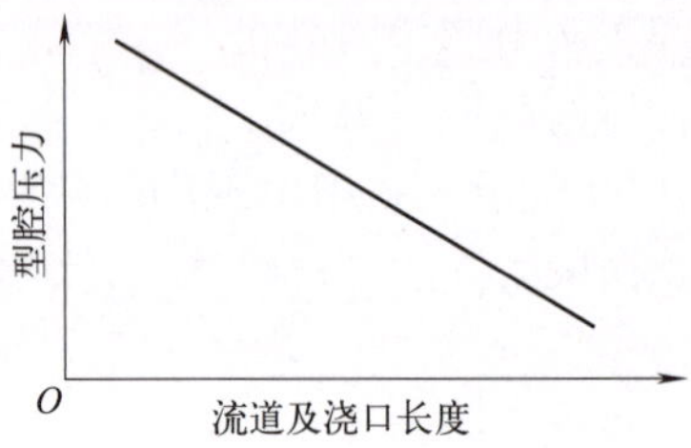

图 3-34　流道及浇口长度的影响

生的黏滞加热效应削弱，料温降低，黏度提高，使压力传递效果变差，反而降低型腔压力，如图 3-35 所示。

（5）注射压力与螺杆位置关系

从注塑机的角度进行分析，注塑机注射过程中的型腔（末端）压力曲线与螺杆位置密切相关，两者的关系曲线如图 3-36 所示。

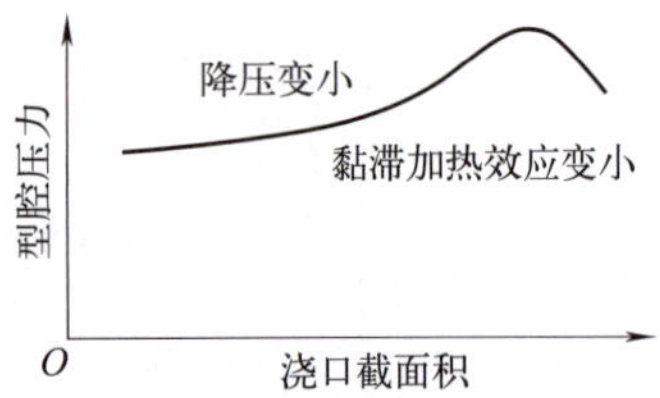

图 3-35　流道及浇口尺寸的影响

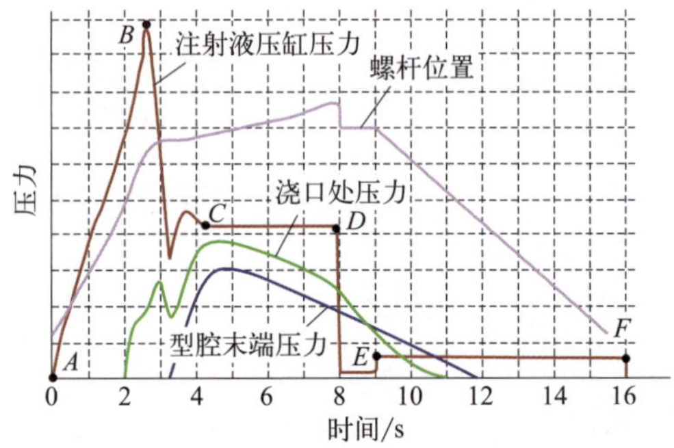

图 3-36　注射压力曲线图

① $A$ 点到 $B$ 点对应时间内：随着螺杆快速向前移动，注射液压缸压力迅速升高。在这个过程中，注塑机做填充动作，其中 $B$ 点为注射压力峰值，$B$ 点对应螺杆位置为注塑机上设定的保压切换位置。

② $C$ 点到 $D$ 点对应时间内：液压缸压力持续不变，注塑机做保压动作，$C$ 点或 $D$ 点的压力值就是注塑机上设定的保压压力。

③ $E$ 点到 $F$ 点对应时间内：螺杆受前端塑料挤压，匀速退回，液压缸压力很小并保持不变，注塑机做熔胶（塑化）动作，$E$ 点或 $F$ 点的压力值就是注塑机上设定的背压压力。

④ $B$ 点到 $C$ 点对应时间：注射压力从高压突然降低，注塑机做保压切换动作。

⑤ $D$ 点到 $E$ 点对应时间内：注塑机液压系统快速泄压，螺杆前端塑料压力挤压螺杆反弹，$D$ 点到 $E$ 点的时间为设定的溶胶延时时间。

（6）型腔压力曲线

型腔压力与注塑机螺杆液压缸注射压力紧密相关，两者的关系曲线如图 3-37 所示。

① $O$ 点到 $A$ 点：$O$ 点注塑机开始填充，$A$ 点塑料才流进型腔，所以 $O$ 点到 $A$ 点，塑料在填充流道。

② $A$ 点到 $B$ 点：$A$ 点是塑料刚穿过浇口的时候，$B$ 点是塑料刚填满型腔的时候。那么，$A$ 点到 $B$ 点就是填充型腔的过程。

③ $B$ 点到 $D$ 点：塑料填满型腔后，继续有塑料被挤进型腔，使型腔内部压力持续上升。

$C$ 点为浇口处压力峰值，$D$ 点为型腔末端压力峰值，$B$ 点到 $D$ 点就是补缩型腔的过程，$B$ 点到 $D$ 点型腔压力曲线的斜率就是补缩速率。

④ $C$ 点到 $E$ 点：$E$ 点为注塑机保压结束点。$C$ 点到 $E$ 点就是型腔的保压阶段，$C$ 点到 $E$ 点的时间是等待浇口冻结的时间。

⑤ $D$ 点到 $F$ 点：随着塑料逐渐冷却，型腔压力慢慢降低，$D$ 点到 $F$ 点型腔压力曲线的斜率就是冷却速率。

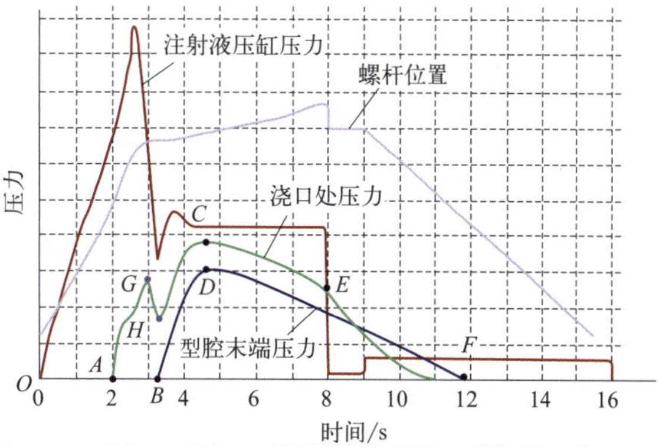


图 3-37　型腔压力曲线图

⑥ $G$ 点：切换点。切换保压后料筒内塑料压力迅速降低，压力传递后，型腔压力也会迅速降低，造成浇口处压力曲线产生波峰（$G$ 点）。

⑦ $H$ 点：型腔填满点。在 $G$ 点切换后，进入慢速补缩，型腔压力下降，等塑料填满型腔后，型腔压力又开始继续上升，从而在浇口处压力曲线上出现 $H$ 点，即型腔填满点。

### 3.2.4　注塑工艺参数的自适应控制

传统的注塑工艺参数设置方法主要是尝试法（也称实验法），即依据操作者有限的经验和比较简单的计算公式进行反复的“试凑”。但是在实际生产中，塑料熔体的流动性能千差万别、模具结构千变万化、工艺参数相互影响，仅凭有限的经验和简单的公式难以对这些因素作全面的考虑和处理，因此需要反复试模，从而导致生产周期长、费用高、产品质量难以保证等问题。对于大型复杂和精密制品，问题更加突出。随着塑料行业的迅猛发展和市场竞争的日趋激烈，对塑料产品的生产质量及生产效率要求越来越高，研究新型的注塑机工艺参数设置与优化方法，缩短工艺设置周期，提高产品质量，降低生产成本，使注塑机工艺参数的设定建立在科学分析的基础上，以突破经验的束缚，已成为我国注塑生产行业发展的关键，具有十分重要的工程意义和广阔的应用前景。

因此，国内外许多学者致力于研究不同的方法来优化注射工艺参数，以实现塑料制品的快速、稳定生产。目前较广泛的研究方法大致可分为两类：一类是基于成型机理模型的研究方法，另外一类是基于经验模型的研究方法。基于成型机理模型的研究方法采用塑料注射成型过程的数值模拟技术预测工艺参数与制品质量之间的隐含关系，而基于经验模型的研究方法则采用多项式回归、人工神经网络和专家系统等经验模型反映制品质量与工艺参数的映射关系。

注塑成型实践表明，即便是注塑机参数不变、材料不变、模具不变，注塑出来的制品质量依然会有波动。主要原因是注塑成型中存在许多不可控变量，这些变量包括环境的温度、湿度（目前国内大多数注塑车间还不能做到恒温恒湿管理）、塑料原料批次之间的流动性、黏度波动、注塑机的零部件磨损，等等，这些因素都会造成同样的工艺参数，却会注塑出质量不完全一致的制品。

基于以上认识，众多企业的工程师们一直在努力，以期开发出一种更加智能的技术，能够自动调整注塑工艺参数，去补偿诸如环境温度、原料批次差异等方面的波动。目前，在这方面取得较大进展的有下面几种。

（1）克劳斯玛菲公司的 APC plus 自适应控制系统

德国克劳斯玛菲（Krauss Maffei）公司开发的 KM APC 系统（Krauss Maffei adaptive control，自适应工艺控制，最新版本被称为 APC plus）能够补偿外部因素对制品质量的影响，确保生产过程中的稳定性、精确度和成本效益。通过 APC plus 的自动化、智能化工艺控制，追求实现制品质量的高度一致性。实践表明，通过该系统进行工艺调整的注塑生产，最高可以实现如下效果：

① 平均生产效率提高 25% 左右；

② 制品质量一致性达到 50% 以上；

③ 实现 24h 零缺陷生产；

④ 100% 的注塑过程稳定性。

APC plus 系统的核心思路是，先考虑有很多因素会造成熔体流动性的变化，包括：材料批次差异、熔体温度波动、环境温 / 湿度变化、流动阻力变化（模具排气、模具温度等）、机器响应能力变化等。这些因素都会造成熔体流动性的变化，如果用同样的工艺参数去生产不同流动性的熔体，那么注塑成型出来的制品质量必然会有差异。熔体的流动性变好之后，制品的重量会增加，可能会有飞边；熔体的流动性降低之后，可能出现短射现象，这将导致制品的重量降低。

APC plus 能够均匀地测量熔体黏度，考虑材料特性，如各自的压缩曲线，并根据预测的注射量，调节当前射出的切换点和保压水平。这对于超过 80% 的高纤维填充量的塑料而言尤为重要。由于纤维含量高，再加上加工温度相对低，与热塑性塑料相比，这种塑料几乎不可压缩。

通常，填充开始时的最小偏差（这在加工过程中机器操作人员是看不出来的）或残余熔料的最小偏差，对注射量具有直接的影响。如果没有自动修正选项，将无法应对这一问题。相反，APC plus 可保持型腔填充均匀，这对于自由流动的热固性塑料如团状模塑料（BMC）以及液态硅胶（LSR）和固态硅胶（HTV）同样如此。

比如，在加工 BMC 时，如果料筒温度升高 2℃，塑料会因此而变得不太具有黏性，APC plus 就会在较早的时间点从注射切换到保压，同时降低保压水平，这都有助于防止制品出现溢流。

APC plus 在注塑的第一阶段（填充阶段）一般会以速度控制的方式来进行闭环控制，即注塑机会通过提高或者降低注塑压力的方式来保证每一模次的填充速度一致。塑料流动性发生变化后，注塑机需要更高的压力来推动塑料熔体，塑料流动性变好之后，注射压力会随之降低。所以，经过长期监测，人们发现总体的注射速度基本能够保持不变，但是注射压力会有一个波动区间，具体如图 3-38 所示。

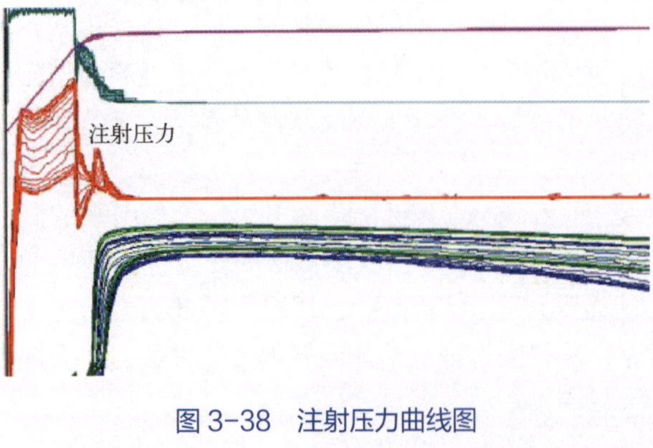


图 3-38 注射压力曲线图

APC 的功能就是对注塑产品的重量偏差进行自动补偿：在一个注塑周期内，带 APC 功能的注塑机会实施全闭环控制，对止逆阀和熔体黏度进行实时的监控，然后根据塑料黏度的变化情况对保压切换位置进行实时自动纠正；在保压阶段，通过调节保压压力对产品的重量进行实时的补偿。

简单来说，APC 技术有两个控制变量，分别是保压切换点和保压压力。通过对这两个变量的调整，使得最终产品的一致性更好，APC 功能效果对比如图 3-39 所示。

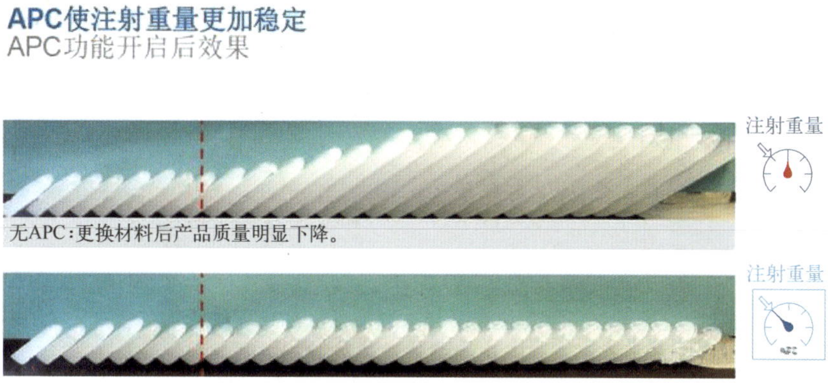


图 3-39 APC 功能效果对比图

实践证明，APC plus 系统可使注塑成型在总体上更加稳定、更加精密，目前，该系统还在持续改进、升级和完善中，后续推出的 APC plus 将增加更多的智能功能。

① 新的 APC plus 为检测由环境条件（如温度或湿度）变化、黏度波动及其他因素引起的工艺波动提供了更好的精准性，能够使生产过程中令人烦恼的波动得到补偿，从而实现更快速、更精密的注塑成型，最终获得始终如一的高质量制品。

② 在新的 APC plus 中，用户可以在一个下拉菜单中，从 20 种“基础材料 + 填料”类型中进行选择，以便将目标材料的特定性能考虑进去。这使得注塑机能够对主要由材料引起的缺陷作出响应，并在保压阶段采取纠正措施。

③ APC plus 还考虑了熔体的可压缩性随压力而发生变化的情况，这种可压缩性提供了有关多少熔体被注入型腔中的信息，从而使采取的相应对策具有更大的精确性。

④ 归功于一种优化算法，APC plus 能够更精确地预测止逆阀的闭合行为，使得确定理想的转换点成为可能。

⑤ 对于应用越来越多的回收材料，APC plus 也使其应用起来更加容易。

⑥ 除了热塑性塑料的加工、多组分注塑成型或硅橡胶的加工外，APC plus 还成为诸如薄壁制品或顺序注塑成型等特殊应用的理想之选。比如在顺序注塑成型中，它使得所有的针阀式喷嘴总能在恰当的时间开启，也就是说，它们总能够在模具填充水平完全一样的情况下开启，而无论当前注射的熔体黏度如何，由此确保了优良的制品质量。

在一台 KM CX 100-380 注塑机上对 30% 玻璃纤维增强的 PA6（尼龙塑料）制品进行注塑生产，图 3-40 所示为未使用 APC、使用 APC 以及使用 APC plus 得到的制品注射量一致性对比图。

从结果中可以看出，APC plus 系统能够识别出由环境条件变化或黏度波动而引起的工艺波动，能够立即对注塑成型过程中产生的波动进行补偿，因而生产出的制品能获得始终如一的高质量，废品量显著降低，极大地节省了时间、成本和材料，并可以独立地采取应对措施。

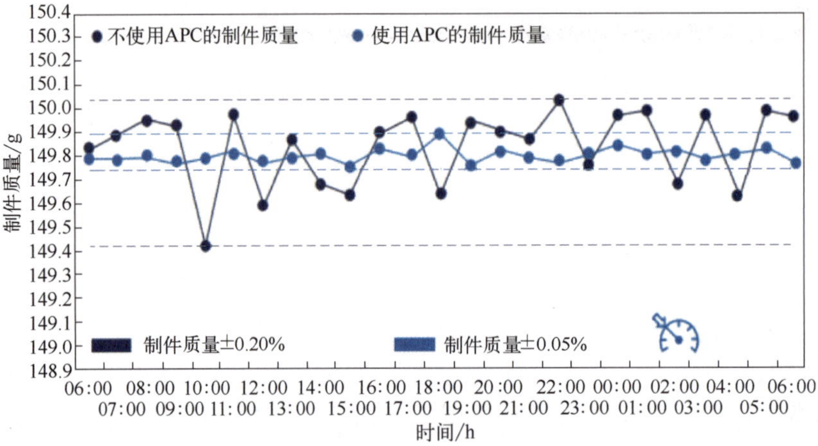


图 3-40　采用 APC 注塑效果图

（2）Engel（恩格尔）公司的智能补偿工艺波动技术

德国注塑机厂商 Engel 公司开发的 iQ weight control（智能补偿工艺波动）系统，其名称与 APC 系统不同，但技术原理大同小异，都是通过注塑机良好的识别能力和控制能力，首先识别输入因子的变化，然后调整和优化注塑机的相关参数，补偿输入因子的变化，从而保证输出结果（产品重量）的一致性。

其输入因子包括：环境温 / 湿度的波动、止逆阀泄漏情况、材料分子链长度分布波动、注塑机热稳定前后之间的波动、材料烘干效果波动等。由于这些输入因子的波动，都可能会对最终的制品重量造成不良的影响。传统的做法是当工艺技术人员或者质量人员发现产品的品质发生变化后，会尝试去调整机器的参数设定从而来补偿输入因子的波动。而自动工艺调整系统的核心，则是将工艺人员要做的调机工作交给机器，通过合理的算法和机器优秀的控制能力去自动调整注塑机的相关参数（主要是切换位置和保压压力），以保证每一模次之间注塑制品的重量是一致的。

但是，实际的填充量在注入过程中可能因为外部影响而有所变化，Engel 公司开发的智能软件 Engel iQ weight control 在注入过程中实时分析压力变化，并将测量值与事先给定的参考值进行对比，如果系统确认有物料量的变化，将根据当前情况在同一次注射中及时调整注射曲线和转换点。

Engel iQ weight control 系统的工作流程为：识别和监控注射量和黏度，实时调整注入模具中的熔体量，自动进行保压，修正并提高工艺的稳定性。其监控熔体黏度的方式一般是通过监测第一阶段的注射压力和注射时间来实现的。在此过程中，第一阶段一般是速度控制，其原理与汽车的定速巡航相类似；如果材料黏度增加，则相当于汽车进行爬坡，此时如果要保持汽车的速度一致，发动机必然要输出更多的功率到轮胎，所以此时注射压力必然会增大。反之，如果材料黏度降低，则相当于汽车下坡，如果要保证汽车速度不变，则发动机输出的功率应减小，故此时注射压力必然会变小。

标准的二段成型工艺会要求熔体的填充比例范围为 95% ～ 98%，所以当塑料熔体在模具里面的流动性发生变化之后，注塑机需要根据流动性变化来改变保压切换位置，来实时调整注入模具中的熔体量。

最后，在保压切换之后，系统通过控制保压阶段的保压压力来保证最终制品重量的一致性。

图 3-41 显示出在速度受控的注射阶段中，注射压力在不同螺杆位置的变化。这一曲线图犹如模具填充的指纹，对比实际的压力曲线和储存的参考曲线能取得有关过程变化的重要信息。

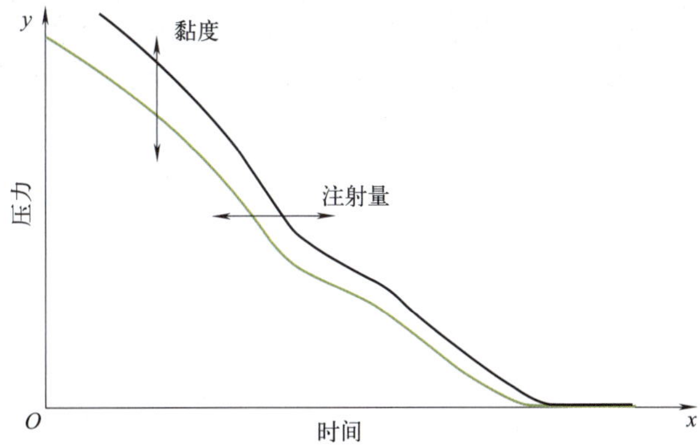


图 3-41　时间 - 注射压力曲线图

填充量的波动表现在图形上即压力曲线在 $x$ 轴上的移动，黏度变化则使压力曲线在 $y$ 轴上移动。实践中出现的总是两种作用的组合。

（3）注塑工艺参数的模块化与可视化

工艺参数模块化是指工艺参数按材料类别做成一定的模块，把常用的材料（如 ABS）在相对理想的状态下进行注塑成型仿真模拟，从中得到最佳的工艺参数组（如塑化温度、注射速度、保压压力、冷却时间和模具温度等），到了实际注塑生产该材料的制品时，操作者只需根据塑料的种类、塑件的大小来选择相应的工艺参数组就可以快速进行试模，再根据试模的结果，对工艺参数做细小的调整即可迅速确定该制品的最佳工艺参数。这一方法类似于“傻瓜”相机的用法，非常方便技术人员快速掌握注塑工艺参数的设置方法。

注塑工艺参数设置可视化和工艺参数模块化有着紧密的联系，其方法是在工艺参数模块化后面增加一个工艺参数可视化模块，也就是在试模调整工艺参数过程中，通过 PC 机或者手机形象、直观地观看塑料熔体的流动情况和填充情况，进一步方便技术人员对整个注塑成型情况进行监视与控制。通过可视化，技术人员能够更加准确判断、预测塑件的质量情况，以方便后期对注塑工艺做出调整和完善。

通过注塑智能控制系统，注塑生产现场的数据实时采集到 MES 的数据库中，再远的生产现场也犹如在眼前，如图 3-42 所示。目前，工艺参数设置可视化有两种方式，一种是采用注塑机可视化虚拟设置平台，另一种是采用注塑制品模内可视化模具。无论采用何种方式，都要反映在 PC 机或者手机上，以便于工艺参数设置可视化。

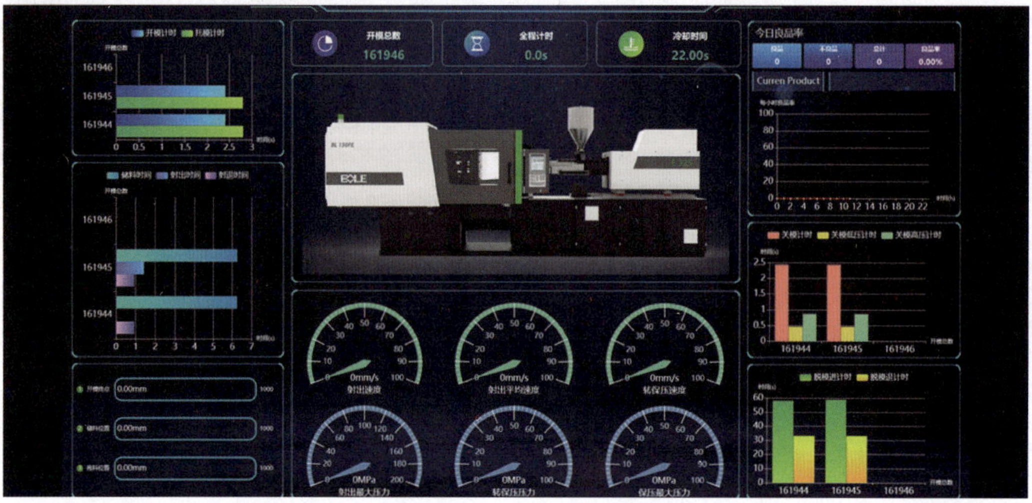


图 3-42　智能化控制系统——工艺参数设置可视化

（4）工艺参数智能化跟踪与监控

注塑智能控制系统采用二维迭代预测控制算法，对注塑工艺参数等设置进行智能化跟踪管理，对注塑机上的过程曲线、精度跟踪、时间跟踪、过程数据跟踪等都实现了智能化采集。

注塑过程曲线有注塑压力曲线、开 / 合模曲线、温度控制曲线等；精度跟踪是对每一模产品的模数、周期时间、各种压力、切换及开模位置、注射速度及其他速度等进行精准的记录。

时间跟踪是对注塑过程中射胶、熔胶、保压、开模、顶出等时间进行跟踪记录，甚至连空隙时间都有记录；精度跟踪和时间跟踪具体到每一模次的具体数据，每一模次的各项数据都不可避免地有波动，系统保留小数点后两位，文件最后都有最大值、最小值和波动值的统计。如广东某厂商开发的工艺参数检测系统可以实现开模重复定位精度 0.35mm、熔胶终点位置重复精度 0.99mm、料温波动误差 0.3℃、制品重量重复精度 0.04%、时间误差 0.5s 等高精度的注塑效果，大大提高了注塑制品的质量和生产效率。

注塑过程中工艺情况变幻莫测，除了人工监控外，还要依赖于系统智能监控。注塑工艺过程跟踪的参数有 20 多个，如温度情况、注射最大压力、最小射胶位置、切换位置、切换时间等，由于每一个制品均有自己具体的形状特点，结合设备情况，可以选择对产品影响较大的 4 ～ 6 个参数进行监控。过程监控数据有上下偏差和误差值的设定，当设备运行中出现波动，系统自行调整并保存记录，当波动超出误差值后，系统会做出报警或停机，并提示现场管理人员。

智能控制系统还可以自动诊断常见故障，包括加热圈、热电偶、漏胶、过胶圈、压力传感器等，并显示于人机界面上，对快速分析各种事故原因和整改方案有着重要的帮助，如图 3-43 所示。

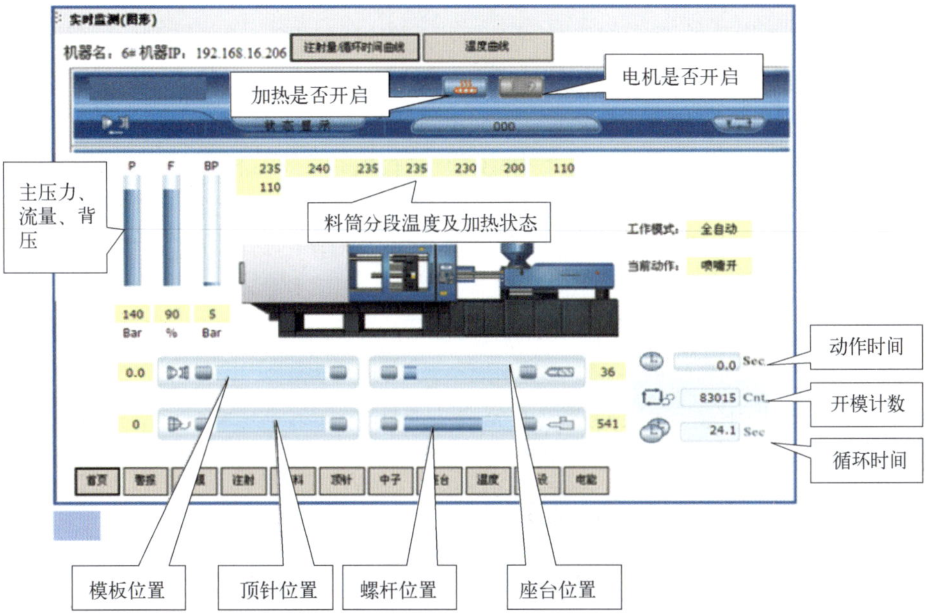


图 3-43 注塑工艺参数实时监测界面

## 3.2.5 智能化背压、保压与温控技术

### 3.2.5.1 智能化调整塑化背压

螺杆在预塑时，螺杆计量室中熔体的压强称为背压。背压控制是为了减少轴向温差，控制熔体密度，达到塑化精确计量。螺杆头部的储料腔熔融料密度精度是实现精确计量的标志参数，因此其储料腔的熔融料的压力直接反映出其密度精度。

现行塑化背压都是人为设定的开环系统，是通过预选油压的多级控制来实现的。当螺杆预塑时，其在物料的作用下要后退，这就会使注射液压缸腔的回油经过背压阀流回油箱，因此通过调整背压阀在螺杆不同位置时的泄油压力，可以间接起到调节螺杆头部熔体压力（背压）的作用，从而使其轴向温差得到调节。这种间接的开环的背压调节不能实现理想塑化质量下的精确计量。

智能化背压技术的塑化背压将压力传感器检测螺杆头部储料腔的熔融料的压力信息作为控制背压的指令，直接反馈并与设定的压力进行比较，在填充—保压过程中按合格品压力波形进行追踪控制的功能，提高塑化质量精度。日本东洋的背压自动跟踪技术，在 si-100（C75）中的应用表明，能将塑化计量精度提高 50% 以上。

智能化背压技术为实现智能化计量创造了前提。智能化计量就是要实现不论在何种条件下，均能反映出真实的塑化计量。根据塑化 PVT（压力 - 比容 - 温度）原理，熔融料在不同温度及压力下，具有不同的比热容，质量也不同。目前，塑化计量只是计螺杆的位移量，实际上达不到塑化的真实计量。智能化背压实现了储料腔的熔融料的温度、压力和热比容一致，保证了塑化计量的精确性。

智能化计量系统只要选取三个参数中的一个参数进行分析、推理、决策，就能确定塑化螺杆的位移，达到真实的塑化质量值。

#### 3.2.5.2 智能化保压技术

注塑成型时，型腔内熔体的温度是时间的函数，该温度是通过传感器进行连续地检测来获得的。因此，利用型腔温度作为信号对保压过程进行控制（*P-T* 控制）比传统的时间控制（*P-t* 控制）具有更好的适应性和控制精度。经对比试验表明，*P-T* 控制得到的重量重复精度达 0.0785%，比时间控制方式 0.1843% 的重复精度高出很多。

基于型腔熔体压力的保压控制。传统注塑机保压控制为从注射到保压采用位置切换，而到保压阶段就从位置切换转入用时间切换的多级保压的控制方法，其精度和稳定性都较差。而智能化保压技术是依靠检测型腔压力来实现压力切换的，即通过一个预先设定的程序来控制，也就是切换点的压力值先存储在控制系统中，其后转换成逻辑控制信号。如果型腔中的压力与设定值相同，则立即切换到保压控制，压力及温度传感器的性能直接关系保压质量的控制水平。

#### 3.2.5.3 智能化控制塑化温度

计算机本身具有 PID 闭环精确控制塑化温度功能。塑化加热温度的实时性及实时检测性，直接关系到实现智能化加热温度的灵敏精确控制。

（1）传统的电阻丝加热

传统的电阻丝加热原理是电阻丝本身产生高温，然后热量慢慢地从加热圈本体传导到料筒外表面，再从机筒高温区传导到机筒的中心低温区。这种加热速度缓慢，并且位于料筒中心的塑料实际温度和料筒表面温度有较大误差，当塑料温度达到要求时虽然电阻丝停止加热，但由于存在温度误差，料筒表面仍然继续向料筒内部传导热量，导致温度控制不准确，热电偶不能实时反映塑化温度，提供给电脑的温度数据与实时塑化温度存在误差，造成电脑在分析、判断、决策塑化温度时存在错误。达不到智能化塑化温度的实时性的动态响应要求。

（2）高频电磁感应实时加热系统

高频电磁感应实时加热系统使机筒本身自行高速发热，热能由料筒金属整体产生，温度控制实时性准确，料筒内外温度一致，实现对塑化温度的高动态响应控制。电磁感应线圈对机筒来说是零热容，加热直接作用于机筒，这样感应温度所需的时间会更少，沿机筒长度和圆周方向的感应热分布非常均匀，其快速响应转化为更加均匀的机筒温度。温度控制器将动力输入到感应加热器时，输入到机筒的热量几乎瞬时达到最大值，当动力被控制器切断时，热量输入很快降至零。

（3）纳米红外实时加热系统

纳米红外实时加热系统，发热体采用新型高分子纳米发热合金材料，加热圈表面经高分子远红外材料做特殊处理后，能够产生特定波长的红外线，有效提升加热速度，升温速度比传统电热圈快 20% 以上，热惯性小，温控精度可达 ±1℃。在通电时只产生热辐射，热量通过红外辐射传导，不产生高频辐射，无紫外线。

实时加热系统同时具有高效节能、环保、清洁的生产性能。传热效率在 99% 以上；加热圈的表面温度仅为 50 ～ 70℃，对环境温度影响小，且能有效地降低工作车间的室温 5 ～ 10℃；节能率高达 30% ～ 80%。由于加热圈表面温度低，它不会烧焦吸附在它表面的异物，如塑料颗粒、油污、灰尘等，不会产生有害气体。完全避免传统加热方式带来的因表面高温而造成的烧伤、烫伤事故的发生，更杜绝了因表面高温引燃附着物而发生的事故。

### 3.2.6 基于型腔压力监控的注塑工艺参数优化

（1）系统原理与作用

注塑成型过程中，模具型腔（末端）的压力变化反映了注射过程熔体的流动性能，并且这是一个直接关系到注塑制品质量的工艺变量。通过型腔（末端）压力的变化，可推算出诸如螺杆位置、注射压力、浇口压力、熔体流动速率等的变化，用于监控诸如零件重量、尺寸的变化，以及飞边、缩水、短射和翘曲等缺陷的发生。

实践证明，型腔压力控制在业内被视为最精确和有效的成型工艺控制方法，利用型腔压力监控系统，可优化工艺参数，并延长模具的使用寿命，提高注塑生产效率和制品质量。

在模具型腔内部放置若干压力传感器，实时检测型腔压力的变化，可以初步实现注塑过程的透明化和可视化。

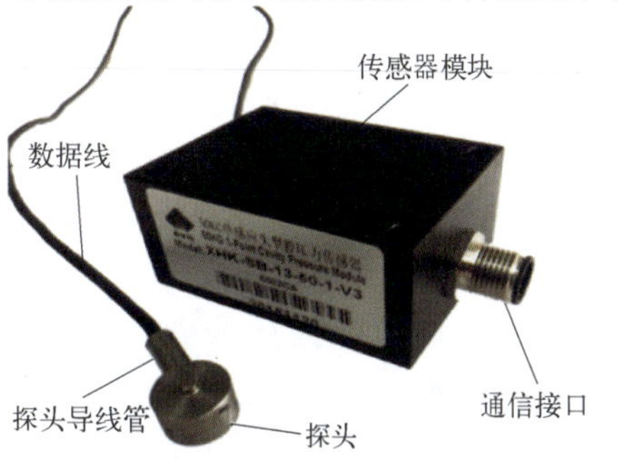

图 3-44　用于测量型腔压力的传感器模块

（2）压力传感器及安装

如图 3-44 所示是一种数字化智能型压力传感器，该传感器可用于精确、实时测量模具型腔内部熔体的压力。

压力传感器的探头一般安装在模具的型腔内，但如果型腔表面质量要求高，不允许在型腔上加工出相应的安装沉孔，则可以将传感器的探头安装到相应的流道、顶杆（顶针）端部等位置上，如图 3-45 所示。

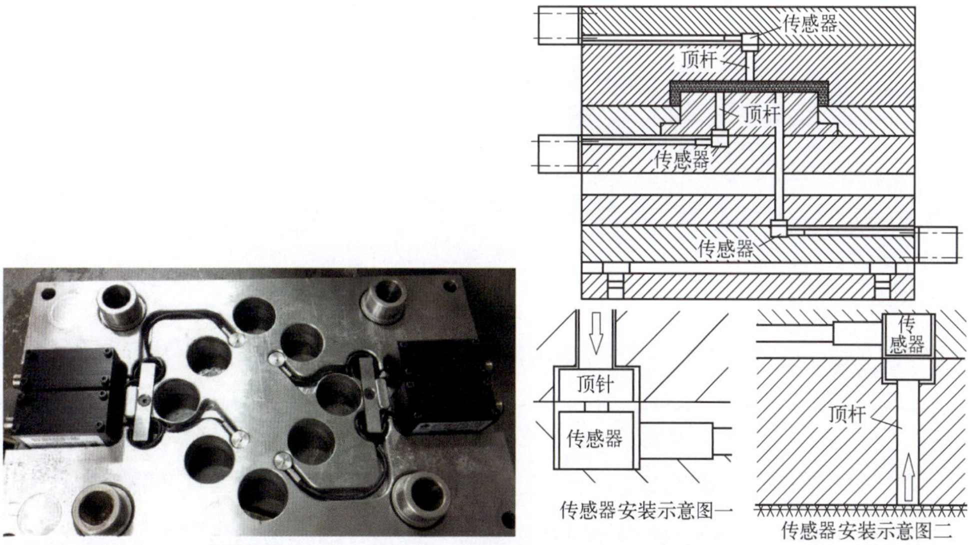

图 3-45　一体式压力传感器模块及其安装示意图

（3）压力传感器的应用

注塑模具上配置型腔压力传感器之后，可以实现如下目标。

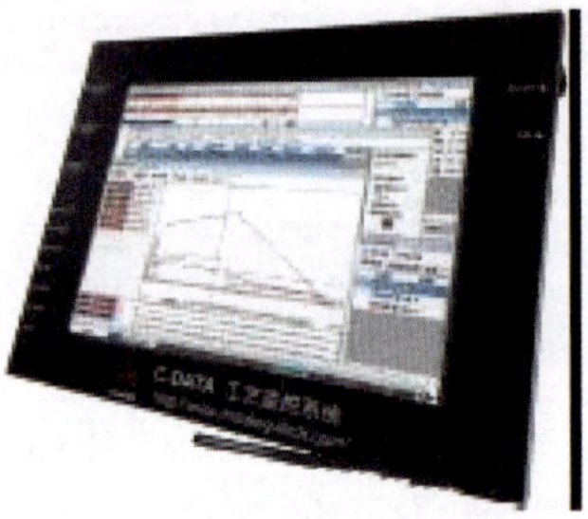

图 3-46　C-DATA 注塑工艺监控系统

① 模具变得“透明”了。没有传感器的模具，在成型过程中无法知道塑料在型腔中的流动状态。当在模具上安装型腔压力传感器之后，通过 C-DATA 注塑工艺监控系统（如图 3-46 所示）就可以实时采集传感器的数据，处理后以动态曲线的形式显示出来。透过动态曲线，技术人员实时了解塑料熔体在型腔内的流动状态。运用该技术对注塑过程进行工艺分析，可以有效提高对模具、工艺及注塑机问题判断的全面性和准确性，有效减少试模次数，提高试模效率。

② 进行工艺模板匹配，实现不同时间、不同地点、不同机台之间快速工艺再现。如图 3-47 所示，每个传感器对应曲线的形状都反映着工艺过程塑料熔体流动工艺的变量（如流动速率、压力分布、冷却速率、黏度变化等）。换言之，特定形状的曲线能反映最终塑料制品的特定品质。反之，每套模具生产出来的合格产品对应一组特定形状的曲线，把这个曲线作为模板，在以后的生产过程中，配合科学的工艺方法，通过工艺控制手段让生产过程的曲线与模板曲线重合，就可以获得一样品质的产品。即该套模具不管在哪里，技术人员都可以快速匹配出模板曲线，从而注塑出品质一致的制品。

③ 进行塑料制品品质监控，保证实现 100% 的合格率。如前文所述，特定形状的曲线反映最终塑料制品的特定品质，那么可以通过对比当前生产中的曲线与模板曲线，实现产品分拣。即指定的关键变量超出范围，C-DATA 注塑工艺监控系统发出信号给分拣设备（如机械手等），实现无人化制品分拣。

④ 用型腔压力技术进行工艺控制，提高控制精度，降低制品不良率。如图 3-48 所示，用型腔压力技术的普通两阶段成型工艺，就是用速度控制填充，将补缩和保压连在一起，用压力控制完成。压力控制点在注塑机的注射单元，在成型生产过程中，有效黏度的波动会造成型腔压力的波动，也就是产品质量波动，如重量、尺寸、外观等因素。

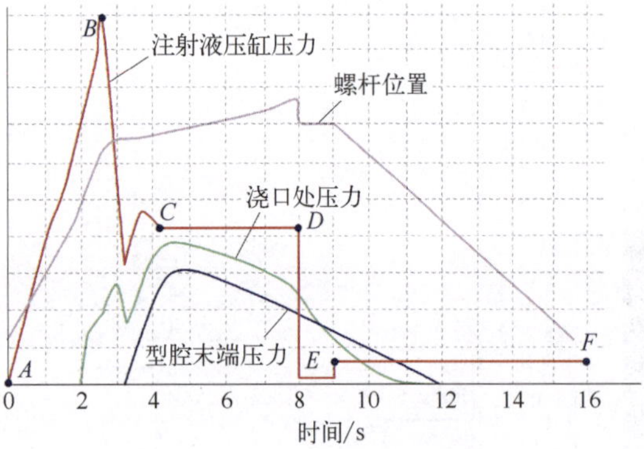


图 3-47　传感器曲线的形状

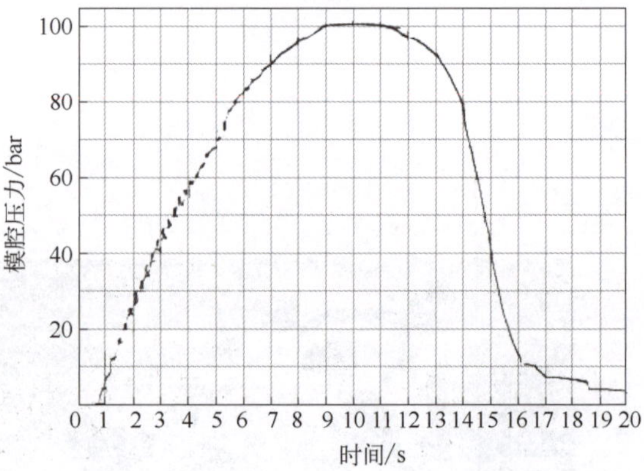


图 3-48　两阶段成型工艺型腔压力变化图

采用两阶段成型工艺时，如果塑料有效黏度有波动，型腔末端的压力就会有较大波动，导致塑料制品品质波动。

如图 3-49 所示为三阶段成型工艺，就是快速填充。当填到型腔容积的 90% 时，用螺杆位置切换，转换到速度控制的慢速补缩，也就是注塑机上的第二段速度控制；当型腔压力达到设定值时，用型腔压力切换方式进行保压切换，结束补缩阶段，切换到保压阶段。

这时保压压力的设定非常重要。保压压力的大小要刚好保持既不能使型腔里的塑料回流到注塑机，也不能有塑料继续流入型腔。这样就可以保证每次成型过程中，型腔压力的峰值受型腔压力设备的控制而保持一致，因此塑料制品的品质也就非常稳定。

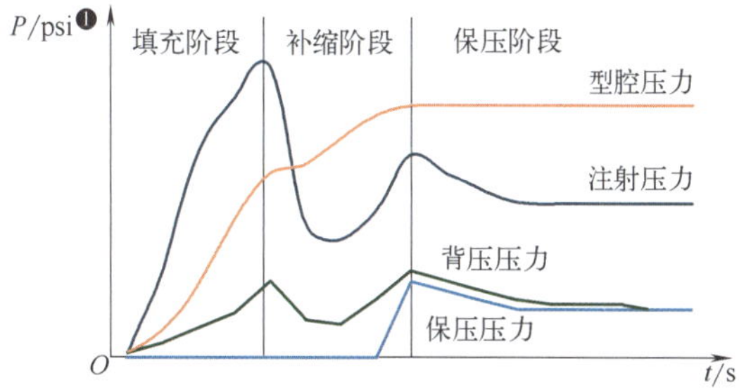


图 3-49 三阶段成型工艺型腔压力变化图

如图 3-50 所示，三阶段成型工艺的型腔压力控制点通常选择设置到浇口处。由于从感应到压力，再反馈信号给注塑机进行保压切换，时间会延迟几毫秒，所以，控制点的实际型腔压力通常会高于设定压力，这在工艺设定时要多加注意。

如图 3-51 所示，采用三阶段成型工艺时，如果塑料有效黏度有波动（图中填充阶段压力峰值波动），型腔末端的压力就会有较小波动，导致塑料制品的品质发生波动。

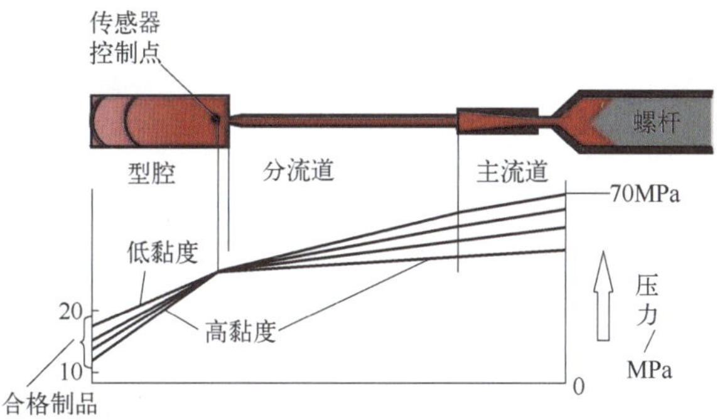


图 3-50 两级注射速度时的压力损失示意图

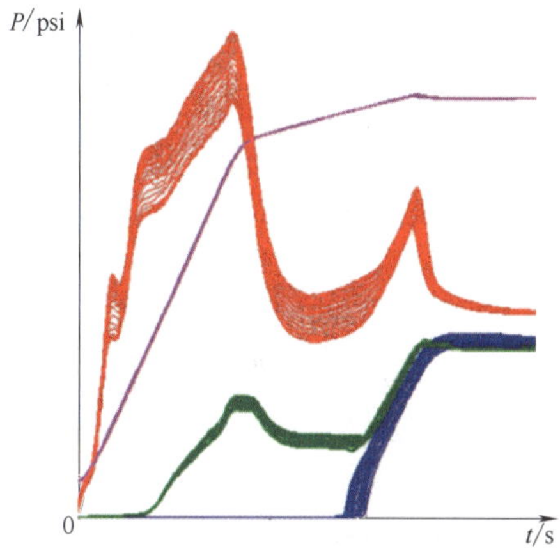


图 3-51 塑料熔体黏度变化引起的型腔压力变化图

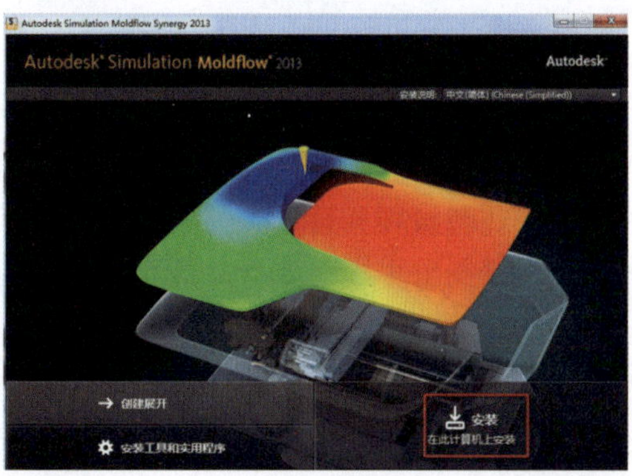


图 3-52 Autodesk Moldflow 安装界面

### 3.2.7 基于成型机理的注塑工艺参数优化

基于成型机理的注塑工艺参数优化是采用有限体积法对塑料注射成型的填充过程进行三维模拟，并根据模拟结果再返回去修正工艺参数。目前，国际上较有影响力的商品化注塑模拟软件主要有 Autodesk Moldflow，如图 3-52 所示。

注塑成型模拟软件可用来代替实际注射生产中的试模，借助于有限元法、有限差分法和边界元法等数值计算方法，分析型腔中

❶ psi 为压力单位，1psi=6894.76Pa。

塑料的流动、保压和冷却过程，计算制品和模具的应力分布，预测制品的翘曲变形，并由此分析工艺条件、材料参数及模具结构对制品质量的影响，为工艺人员优化工艺参数提供了科学依据。

### 3.2.8 基于经验模型的注塑工艺参数优化

基于经验模型的注塑工艺参数优化方法，主要包括人工神经网络、专家系统、实例推理和模糊逻辑等。

（1）人工神经网络法

人工神经网络是一种算法数学模型，类似大脑神经突触结构，可以进行分布式并行信息处理，具有非线性特性、大量并行分布结构以及学习和归纳能力。反向传播（BP）神经网络在人工神经网络中使用最广泛。人工神经网络具有自学习和自适应的能力，可以通过相互对应的输入输出数据分析潜在规律，用新的输入数据依据分析得出的规律推算输出结果，该过程被称为训练。

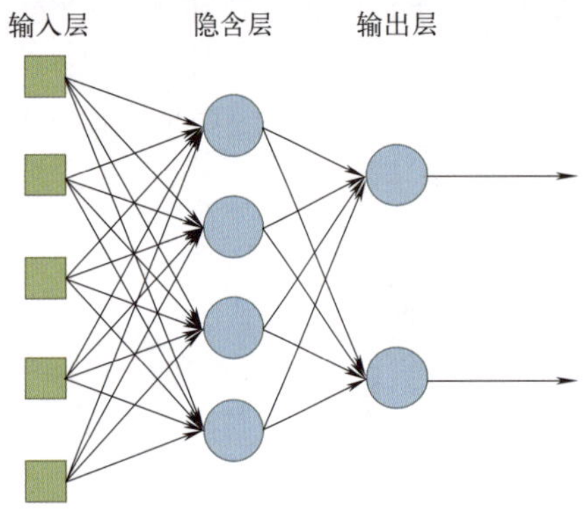

图 3-53　人工神经网络基本思路

人工神经网络可以无限逼近任何连续的非线性函数，具有较强的容错能力并可在线调节以适应环境变化，是应用最为广泛的一种方法。其基本思路是以关键加工变量和材料性能参数作为输入，以制品质量作为输出，如图 3-53 所示。实验测试表明，训练后的神经网络能够快速预测出制品缺陷。

但是，人工神经网络优化法存在学习样本收集的瓶颈，正确且充足的学习样本才能保证神经网络的性能。有些学者引入了实验设计方法用于学习样本的收集与组织等，比如，应用实验设计方法组织学习样本训练神经网络，用于建立工艺参数与制品质量指标之间的隐性关系，并以最小的收缩量为优化目标，采用遗传算法优化影响收缩的关键工艺参数。

（2）专家系统法

专家系统是人工智能的一个分支，是基于领域内的特定知识，模拟人类专家进行推理的一门技术。比如，EIMS 专家系统采用了多维矩阵的方法，如图 3-54 所示，该系统构造了基本对策矩阵、结果矩阵、过程检核矩阵和对策历史矩阵来表征注射参数与专家经验之间的关系。

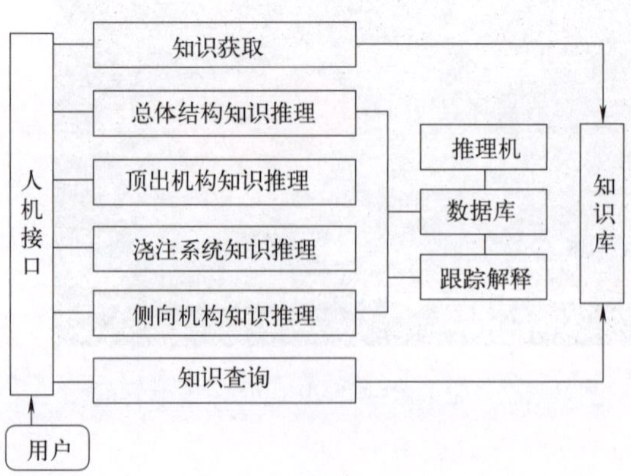

图 3-54　专家系统原理

由于专家系统中的专家知识难以获得等原因，有人提出来了一种基于实例推理的系统，实现注射成型工艺参数的设定。实例推理是一种类比或相似推理的方法，实例本身包含了丰富的经验知识，如表 3-5 所示，该方法解决了专家知识难以获得的问题。也有学者将基于规则的推理和基于实例的推理相结合，实现工艺参数的设定与优化。

表 3-5　注塑成型专家系统的数据表

| 注塑工艺条件 | PA610 | PA612 | PA1010 | 玻纤增强 PA1010 | 透明尼龙 | 聚碳酸酯 PC | PC/PE | 玻纤增强 PC | 聚砜 PSU | 改性 PSU | 玻纤增强 PSU | 聚芳砜 PAS | 聚醚砜 PES | 聚苯醚 PPO | 改性 PPO | 聚苯硫醚 PPS |
|---|---|---|---|---|---|---|---|---|---|---|---|---|---|---|---|---|
| 注塑机类型 | 螺杆 - 线式 | 螺杆 - 线式 | 螺杆 - 线式 | 螺杆 - 线式 | 螺杆 - 线式 | 螺杆 - 线式 | 螺杆 - 线式 | 螺杆 - 线式 | 螺杆 - 线式 | 螺杆 - 线式 | 螺杆 - 线式 | 螺杆 - 线式 | 螺杆 - 线式 | 螺杆 - 线式 | 螺杆 - 线式 | 螺杆 - 线式 |
| 螺杆形式 | 突变式 | 突变式 | 突变式 | 突变式 | 突变式 | 突变式 | 突变式 | 突变式 | 突变式 | 突变式 | 突变式 | 突变式 | 突变式 | 突变式 | 突变式 | 突变式 |
| 转速 /（r/min） | 20 ～ 50 | 50 ～ 50 | 20 ～ 50 | 20 ～ 40 | 50 ～ 50 | 20 ～ 40 | 50 ～ 40 | 20 ～ 30 | 20 ～ 30 | 20 ～ 30 | 20 ～ 30 | 20 ～ 30 | 20 ～ 30 | 20 ～ 30 | 20 ～ 50 | 20 ～ 30 |
| 喷嘴形式 | 自锁式 | 自锁式 | 自锁式 | 直通式 | 自锁式 | 延伸式 | 延伸式 | 直通式 | 延伸式 | 延伸式 | 直通式 | 延伸式 | 延伸式 | 延伸式 | 延伸式 | 延伸式 |
| 喷嘴温度 /℃ | 200 ～ 210 | 200 ～ 210 | 190 ～ 200 | 190 ～ 210 | 220 ～ 240 | 230 ～ 250 | 220 ～ 230 | 240 ～ 260 | 280 ～ 290 | 250 ～ 260 | 280 ～ 300 | 380 ～ 410 | 240 ～ 270 | 250 ～ 280 | 220 ～ 240 | 280 ～ 300 |
| 料筒温度前 /℃ | 220 ～ 230 | 210 ～ 220 | 200 ～ 210 | 230 ～ 250 | 240 ～ 250 | 240 ～ 280 | 230 ～ 250 | 250 ～ 290 | 290 ～ 310 | 250 ～ 280 | 300 ～ 320 | 385 ～ 420 | 250 ～ 290 | 250 ～ 280 | 230 ～ 250 | 300 ～ 310 |
| 料筒温度中 /℃ | 230 ～ 250 | 210 ～ 230 | 220 ～ 240 | 230 ～ 250 | 250 ～ 270 | 260 ～ 290 | 240 ～ 260 | 270 ～ 310 | 300 ～ 330 | 280 ～ 300 | 310 ～ 330 | 345 ～ 385 | 280 ～ 310 | 260 ～ 290 | 240 ～ 270 | 320 ～ 340 |
| 料筒温度后 /℃ | 200 ～ 210 | 200 ～ 205 | 190 ～ 200 | 190 ～ 200 | 220 ～ 240 | 240 ～ 270 | 230 ～ 240 | 260 ～ 280 | 280 ～ 300 | 260 ～ 270 | 290 ～ 300 | 320 ～ 370 | 260 ～ 290 | 230 ～ 240 | 230 ～ 240 | 260 ～ 280 |
| 模具温度 /℃ | 60 ～ 90 | 40 ～ 70 | 40 ～ 80 | 40 ～ 80 | 40 ～ 60 | 90 ～ 110 | 80 ～ 100 | 90 ～ 110 | 130 ～ 150 | 80 ～ 100 | 130 ～ 150 | 230 ～ 260 | 90 ～ 120 | 110 ～ 150 | 60 ～ 80 | 120 ～ 150 |

续表

| 注塑工艺条件 | PA610 | PA612 | PA1010 | 玻纤增强PA1010 | 透明尼龙 | 聚碳酸酯PC | PC/PE | 玻纤增强PC | 聚砜PSU | 改性PSU | 玻纤增强PSU | 聚芳砜PAS | 聚醚砜PES | 聚苯醚PPO | 改性PPO | 聚苯硫醚PPS |
|---|---|---|---|---|---|---|---|---|---|---|---|---|---|---|---|---|
| 注射压力/MPa | 70～110 | 70～120 | 70～100 | 90～130 | 80～130 | 80～130 | 80～120 | 100～140 | 100～140 | 100～140 | 100～140 | 100～200 | 100～140 | 100～140 | 70～110 | 80～130 |
| 保压压力/MPa | 20～40 | 30～50 | 20～40 | 40～50 | 40～50 | 40～50 | 40～50 | 40～50 | 40～50 | 40～50 | 40～50 | 50～70 | 50～70 | 50～70 | 40～60 | 40～50 |
| 注射时间/s | 2～5 | 2～5 | 2～5 | 2～5 | 2～5 | 2～5 | 2～5 | 2～5 | 2～5 | 2～7 | 2～5 | 2～5 | 2～5 | 2～5 | 2～5 | 2～5 |
| 保压时间/s | 20～50 | 20～50 | 20～50 | 20～40 | 20～60 | 20～80 | 20～80 | 20～60 | 20～80 | 20～70 | 20～50 | 15～40 | 14～40 | 30～70 | 30～70 | 10～30 |
| 冷却时间/s | 20～40 | 20～50 | 20～40 | 20～40 | 20～40 | 20～50 | 20～50 | 20～50 | 20～50 | 20～60 | 20～50 | 15～20 | 15～30 | 20～60 | 20～50 | 20～50 |
| 总周期/s | 50～100 | 50～110 | 50～100 | 50～90 | 50～110 | 50～130 | 50～140 | 50～110 | 50～140 | 50～130 | 50～110 | 40～50 | 40～80 | 60～140 | 60～130 | 40～90 |
| 干燥设备 | 卧式沸腾 | 卧式沸腾 | 卧式沸腾 | 卧式沸腾 | 卧式沸腾 | 卧式沸腾 | 卧式沸腾 | 卧式沸腾 | 卧式沸腾 | 卧式沸腾 | 卧式沸腾 | 卧式沸腾 | 卧式沸腾 | 卧式沸腾 | 卧式沸腾 | 卧式沸腾 |
| 干燥温度/℃ | 110～120 | 110～120 | 110～120 | 110～120 | 110～120 | 130～150 | 120～140 | 130～150 | 130～150 | 120～140 | 130～150 | 150～170 | 130～150 | 130～150 | 125～140 | 150～170 |
| 干燥时间/h | 0.5～1.0 | 0.5～1.0 | 0.5～1.0 | 0.5～1.0 | 0.5～1.0 | 2.0 | 2.0 | 2.0 | 1.0～2.0 | 1.0～2.0 | 1.0～2.0 | 2.0 | 2.0 | 1.0～2.0 | 1.0～2.0 | 2.0 |

（3）实例推理和模糊逻辑法

实例推理和模糊逻辑法是两种不同的知识表达和推理方法，各自有其独特的应用和特点。

实例推理是一种基于案例的方法，通过在数据库中查找与当前问题最相似的案例来解决问题。这种方法通常用于那些可以通过历史数据或先前经验进行学习和决策的场景。注塑工艺实例推理涵盖了从工艺参数设置、模具设计到产品缺陷分析等多个方面。通过结合理论知识和实际案例，可以有效提升注塑成型的质量和生产效率。

模糊逻辑法则是一种处理不确定性和模糊性的数学工具，它允许命题具有介于 0 和 1 之间的真值，从而能够更好地模拟人类的模糊思维过程。模糊逻辑通过一系列的模糊规则（如 IF-THEN 规则）来进行推理，其核心在于使用隶属度函数来描述变量的模糊集合，并通过模糊推理方法（如 Mamdani 方法、Sugeno 方法等）将输入数据转化为输出结果。

在实际生产中，塑料制品缺陷的严重程度常常无法精确描述，建立在模糊集合理论基础上的模糊逻辑法适合于此类不精确问题的求解。

有人采用模糊多目标优化方法，将注塑制品出现的变形、收缩、缩痕、无光泽等缺陷划分为不同的目标优先等级，对冷却水温度、喷嘴温度、注射速度、保压压力和冷却时间等工艺参数进行了优化，在满足优先级较高的目标的同时，尽可能地优化其他目标，从而达到整体最优的效果。

### 3.2.9 基于人工神经网络原理的注塑工艺参数优化

采用人工神经网络技术模拟注塑成型中两个重要参数（压力和温度），基于压力和温度参数的优化原则，选出最佳的工艺方案。

#### 3.2.9.1 优化原则和目标函数的确立

在注塑成型过程中，过高的注射压力不仅提高了对注塑机的要求，而且往往会导致成型制品的各种缺陷（如飞边、翘曲变形等），所以较小的成型压力是模具设计人员追求的目标。同时，成型过程中的塑料温度对成型质量也有重要影响。过大的温差导致熔体冷却不一致，局部的过热使塑料发生降解，等等。均匀且适当的熔体温度也是成型质量的保证。

因此，基于压力和温度的优化原则可描述为：较小的注射压力、较小的温差、较小的温降。相应的优化目标函数为

$$F(P, T_{max}, T_{min}) = w_1P + w_2(T_{max} - T_{min}) + f_1(T_{max}) + f_2(T_{min})$$

式中 $F$——目标函数；

$P$——注射压力；

$T_{max}$——熔体最高温度；

$T_{min}$——熔体最低温度；

$f_1$——罚函数，若 $T_{max}$ >降解温度，有值，否则无值；

$f_2$——罚函数，若 $T_{min}$ <不流动温度，有值，否则无值；

$w_1$，$w_2$——权值。

当目标函数取得最小值时，即达到优化目标，相应的一组工艺参数为最优参数。

由此可以看出，建立正确的压力模型和温度模型是优化问题求解的关键。

### 3.2.9.2 基于神经网络的压力、温度模型的建立

（1）神经网络概述

人工神经网络（ANN，artificial neural network）是在人类对大脑神经网络认识、理解的基础上人工构造的能实现某种功能的、理论化的数学模型，是模仿大脑神经网络结构和功能而建立的一种信息处理系统。它实际上是由大量简单元件相互连接而成的复杂网络，具有高度的非线性，能够进行复杂的逻辑操作和模拟复杂的非线性系统。

反向传播网络（BP 网络，back propagation network）是目前大量采用的一种网络模型，从理论到实践都很成熟，理论上已证明可用其模仿任何非线性系统。本小节正是采用 BP 网络作为计算压力、温度参数的神经网络模型。

（2）网络输入输出参数的确定

确定输入输出参数是建立神经网络过程中的关键环节。参数的选择应当既反映被模仿系统的行为规律，又力求简洁（单个输入参数含义明确、参数之间彼此独立、输入输出关系尽量简单）。

对于以压力、温度参数作为控制对象的注塑成型物理系统，其行为规律是极其复杂的，往往需要一组联立的偏微分数理方程和边界条件来描述，尤其是注射压力，其影响因素甚多。而且诸因素之间还存在耦合关系，从这样一个系统中提取一组能反应压力变化的参数是比较困难的。

从力学模型来看，浇口处所需注射压力应当满足下述关系：

$$P=\int_0^L \frac{\partial p}{\partial l}\mathrm{d}l$$

式中 $P$——注射压力；

$\frac{\partial p}{\partial l}$——单位流动长度的压降；

$L$——流动长度。

而 $\frac{\partial p}{\partial l}$ 正比于流动率 $S$：

$$S=\int_0^b \frac{z^2}{\eta}\mathrm{d}z$$

式中 $b$——制品壁厚；

$\eta$——剪切黏度；

$z$——流道有效宽度。

$$\eta=\frac{\eta_0}{1+\left(\frac{\eta_0\gamma}{\tau}\right)^{1-n}}$$

式中 $\eta$——剪切黏度；

$\eta_0$——零剪切黏度；

$\gamma$——剪切速率；

$\tau$——切应力；

$n$——非牛顿指数。

$$\eta_0=B\mathrm{e}^{T_\mathrm{b}/T}\mathrm{e}^{\beta p}$$

式中　$T$——熔体温度；

$B$，$T_b$，$\beta_p$——材料参数。

综合考虑上述公式，压力网络的输入参数可归结为流动长度、注射流量、制品壁厚、注射温度时的零剪切黏度和熔体最低温度时的零剪切黏度，输出参数为注射压力，其神经网络模型如图 3-55 所示。

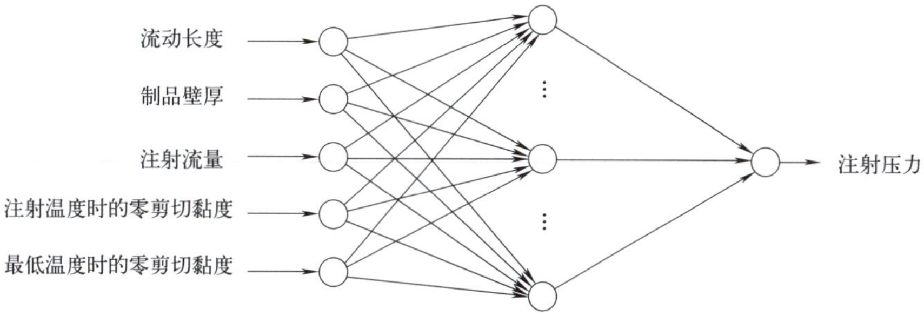


图 3-55　注射压力神经网络模型

在 CAE 系统中，流动长度、制品壁厚可由制品的网格及浇口信息获取，注射流量由填充时间及制品体积确定，两个零剪切黏度参数则与所选材料及熔体温度相关，熔体温度的获取依赖于温度网络模拟值。

温度神经网络参数的选取较为简单。引起温度变化的因素主要是热传导、热对流作用和流动过程中的剪切发热。可用注射时间、制品壁厚、材料的热扩散系数作为网络的输入参数，用填充完成时熔体的最高、最低温度与注射温度之差作为网络的输出参数，模拟注射成型过程的温度系统。其神经网络模型如图 3-56 所示。

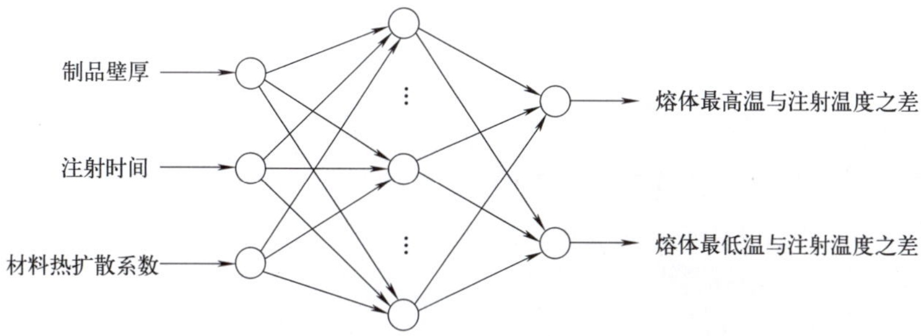


图 3-56　注射过程熔体最高、最低温度神经网络模型

（3）网络训练样本的获取

在网络结构确定之后，学习样本的选择也是至关重要的。充足且正确的学习样本才能够正确反映系统的性能。因此，需利用有限元分析系统来获得不同条件下的学习样本。实际过程中，选取不同制品壁厚、不同流动长度、不同材料，以及不同注塑时间下共计 600 个用于压力网络的学习样本，160 个用于温度网络的学习样本。

（4）网络的训练

采用 Matlab5.2 神经网络工具箱作为神经网络的训练工具，经过长时间反复训练，网络获得了良好的收敛效果。

图 3-57　试验塑件——鼠标上盖

### 3.2.9.3　试验

为了验证网络对压力、温度参数的模拟效果，本小节进行了实例验证。制品为鼠标外壳，如图 3-57 所示。外围尺寸为 136mm × 86mm × 42mm，材料为 ABS，注射温度为 235℃。

试验结果分析：

① 图 3-58 所示为由于注射时间变化而引起熔体温度变化的曲线图。由该曲线图可知，温度神经网络可反映熔体温度随注射时间的变化趋势。

② 图 3-59 为注射压力随注射时间变化的曲线，可以看出，压力神经网络能够反映注射压力随注射时间变化的复杂关系，拟合出二者间 U 形关系曲线，从而优化出最小注射压力对应的注射时间。

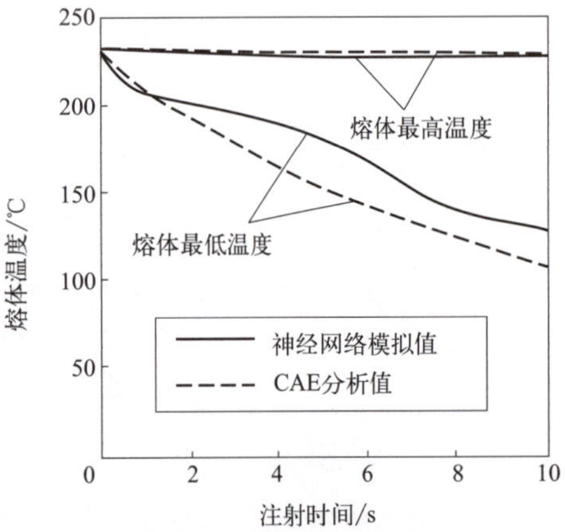


图 3-58　注射时间 - 熔体温度的关系曲线

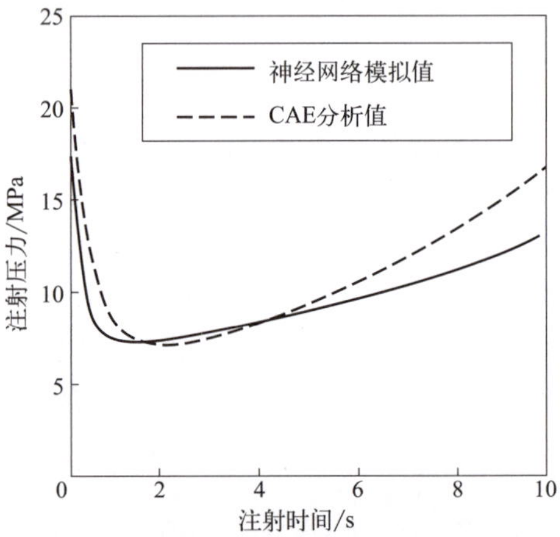


图 3-59　注射时间 - 注射压力的关系曲线

### 3.2.9.4　工艺参数优化系统的建立

基于上述压力、温度模型，构建了如图 3-60 所示的工艺参数优化系统。

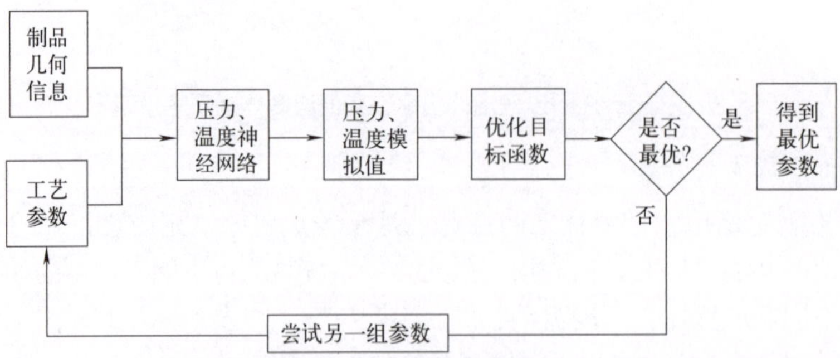


图 3-60　工艺参数优化系统

制品几何信息包含了流动长度、制品壁厚信息，工艺参数包含了流量（与填充时间有关）、材料物性参数（剪切黏度、热扩散系数）等信息，系统提取上述信息作为压力、温度神经网络的输入，由神经网络模拟出注射成型时的压力、温度值，利用优化目标函数并在一定优化策略下得出一组由优化系统确认的最优参数，此参数可送 CAE 系统分析做进一步验证。

## 3.2.10 基于 AI 技术的注塑工艺参数优化

虽然注塑工艺参数是一个强经验、弱理论的工作，很难精确地建立为数学模型。但是人工智能的出现，将很多原来的不可能变得可能。

在传统注塑工艺中，工程师需要依靠经验和试错来优化生产参数，这不仅耗时费力，而且存在一定的不确定性。而借助 AI 技术，注塑工艺的优化变得更加智能和高效。通过采集和分析大量的实时数据，AI 算法可以自动识别并建立注塑工艺的模型，该模型可以预测不同工艺参数对产品质量和生产效率的影响，帮助工程师快速找到最佳的工艺设定。这种智能化的优化过程大大减少了试错时间和成本，提高了生产效率和产品质量的稳定性。

AI 与注塑工艺的结合正在为注塑行业带来巨大的变革。智能化的注塑工艺优化、质量控制和资源管理，提高了生产效率和产品质量，降低了生产成本和不良品率，进一步增强了企业的竞争力。

### 3.2.10.1 人工智能优化注塑工艺参数的技术路线

（1）基于仿真计算的优化

这是业界较为熟悉，也是普遍认为可行的方案。Moldflow、Moldex3D、Hscae 等等，这些仿真模拟软件分析塑料熔体在模具型腔中的流动、冷却过程，预测成型产品的缺陷、翘曲变形与材料性能。然后通过优化多个成型条件，评估不同参数输出的结果。但是这种方法仍有很多不足之处：

① 仿真的精度。涉及非常多的学科理论知识，如高分子流变学、聚合物力学、传热学、有限元法等，理论知识还有待扩展。

② 仿真计算的效率。往往一个大型零件需要计算数小时，实际生产是不可能等这么久的，需要加快时间以及优化算法。

③ 仿真结果与实际注塑机的衔接。仿真软件做不到精确模拟，这个需要更多的计算。

（2）专家系统（实例推理系统）

注塑工艺参数与制品质量之间很难用确定的关系表达式来描述，所以需要依据经验和算法。专家系统内存储了许多注塑模型，将工艺参数与制品质量之间建立模糊的连接，分析出更好的优化工艺参数模式。

工艺人员通过回忆、比较、借鉴过去类似的模具、原料、缺陷问题来逐步改善工艺参数，符合实例推理（CBR，case-based reasoning）人工智能解决方法。美国 IBM（国际商业机器）公司生产的超级国际象棋电脑“深蓝”（Deep Blue）就是同类的人工智能产品，“深蓝”存储了一百多年来全球优秀棋手的对局，达两百多万局，从而成了国际象棋的“专家级棋手”。

专家系统需要具备 3 个能力：专家级知识（所有的塑料参数、模具分类模型等）、模拟专家思维（成型理论等）和专家级解题水平（注塑工艺参数与制品质量的关系、优化工艺参数等）。

（3）试验设计与优化

注塑工艺参数与制品质量之间很难用确定的关系表达式来描述，试验设计就是解决这个问题的。通过机器自动运行动作，然后输入产品质量结果，实时获得这种关系表达式，从而优化工艺。这种方法优点在于可以适应不同的设备和模具，缺点也非常明显：

① 注塑成型工艺参数很多，参数之间也会有耦合关系，这就导致机器的“训练样本”（可以理解为自动调机产生的不良品）很多；

② 质量结果难以自动描述给注塑机，人一眼就了解的注塑缺陷，机器需要很久、很费力才能“理解”某个缺陷；

③ 在机器或者其他条件变化时，工艺与制品质量之间的关系表达式也会发生变化，很难做到稳定。

石英高温压力传感器安装在喷嘴（射嘴）处，可测量高达 2000bar 的压力，能耐 400℃熔体高温，但其只能测量注射压力，不能测量温度，如图 3-61 所示。

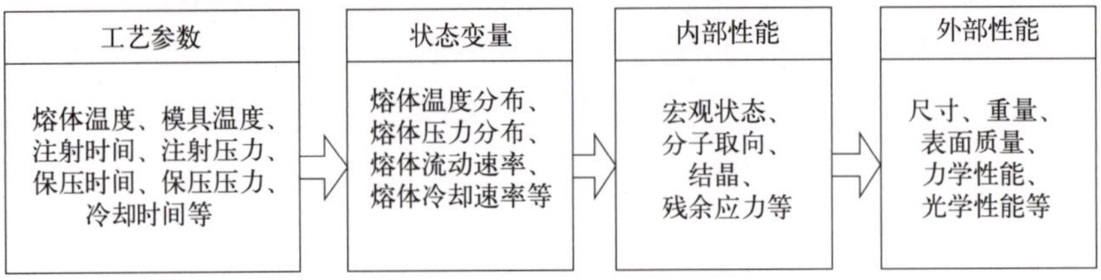


图 3-61　压力传感器测量推算图

### 3.2.10.2　人工智能优化注塑工艺参数的原理

人工智能优化注塑工艺参数最重要的是收集足够的专家经验和知识，进行大量的试验研究和验证，涉及的方面有：注塑参数与材料性能间的关系、注塑参数相互间的影响关系、注塑参数和缺陷项间的关系等。这些方面都已有了许多研究成果。

比如，国外科学家们针对几种材料研究了填充时间对材料力学性能的影响，有人针对聚苯乙烯研究了注射压力和保压时间与材料表面性能间的关系，甚至有人研究了注射速度对翘曲、溢料等缺陷的影响。相关的研究表明，保压时间是影响凹痕的最有效参数，而熔体温度和模具温度对凹痕也有一定程度的影响。有人对聚碳酸酯（PC）形成的表面水波纹研究后发现，增加熔体温度、模具温度和注射速度可以防止水波纹的形成。

在国内，我国专家钟汉如和郁滨等研究了注塑型腔几何形状与喷嘴压力的关系，并提出对注射速度进行分级设定；王喜顺和彭玉成分析了料筒存料及熔体温度的分布，并对注塑模具中圆形截面浇口封闭时间作了研究；姚磊和方康玲对料筒温度的模糊控制系统作了研究；李萍等对填充过程平均型腔压力进行了研究；申长雨等对保压过程进行了数学描述；吉继亮和汪琦等研究了注塑制品的冷却时间；吴虎林对注射成型过程中加工工艺参数对浇口封闭过程的影响作了研究；等等。所有这些相关的研究都是实现人工智能设定注塑参数的理论基础和知识来源。

（1）消除缺陷的方法研究现状

针对如何有效地消除注塑件的缺陷，已经有了不少研究成果。专家 Bryce 对消除缺陷的过程做了分析，分析了注塑过程中出现的各种缺陷产生的原因，并说明了解决方法，指出了参数调整的方向。专家 Tan 提出了一种设定注塑参数与消除缺陷的方法，他从简单结构的注塑件和单一缺陷入手，进而研究复杂结构注塑件的多缺陷问题，强调从注塑机、聚合物材料性质和注塑模具几何尺寸出发对初始参数进行设定，提出寻找缺陷消除有效方向的原则和算法，对缺陷消除过程中的参数设定问题进行了深入的研究，并用 C-Mold 对其方法进行了验证。专家 Pate 以一尼龙注塑件为研究对象，通过不断改变参数，设计不同的实验来研究各种缺陷和注塑参数间的关系，提出根据缺陷的严重程度，将缺陷分成 10 级，再根据其严重程度设定缺陷消除优先级。并用 C-Mold 仿真对缺陷的消除方法进行了研究。

（2）人工智能设定注塑工艺参数的研究

在上述研究成果的基础上，考虑到注塑参数的设定很大程度上依赖于专家经验和知识，因此将人工智能引入注塑参数的设定过程中，而如何有效地利用专家经验和知识，是人工智能设定注塑参数的关键。

注塑参数的设定是注塑过程中一个很重要的步骤，与产品形状、尺寸、原材料和注塑机类型等密切相关，各参数间又互相关联，设定参数的过程中专家知识尤为重要。为了充分利用专家知识，工程师 Seiji Kaeoka 等开发出一个用于解决此问题的专家系统——注塑模型专家系统（ESIM，expert system for injection molding），利用此专家系统设定参数的流程如图 3-62 所示。

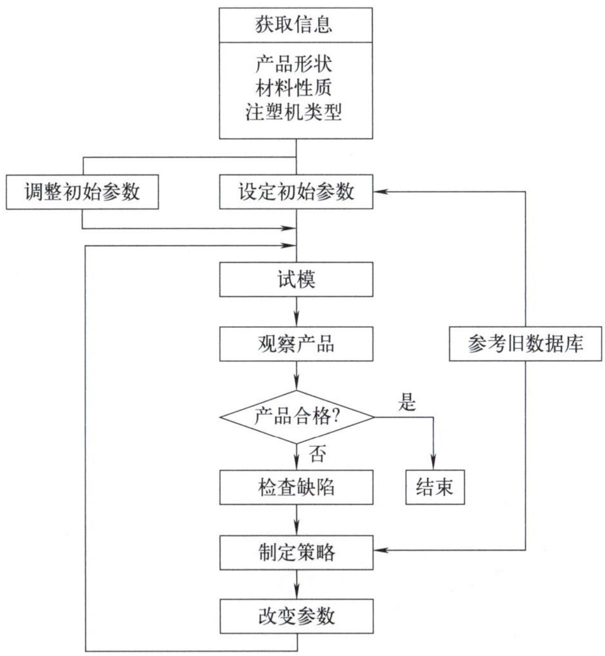


图 3-62　ESIM 注塑工艺参数设定流程图

考虑到每个当前对策都是在以往对策的基础上作出的，ESIM 采取如图 3-63 所示的推理机制。

此外，ESIM 中采用了一种多维矩阵的方法，其中构造的矩阵有基本对策矩阵、结果矩阵、过程检核矩阵和对策历史矩阵，用这些矩阵来表达注塑参数和专家经验之间的关系。据称此专家系统已达到中级技术人员的操作水平。

由于专家知识难以获得，不易表达，因此知识的获取是专家系统的瓶颈。科学家 Kwong、Smith 和 Hu 开发了一个基于范例的推理（CBR，case based reasoning）系统来解决注塑机参数设定的问题，系统结构如图 3-64 所示。

使用者通过用户输入界面输入用于索引的数据和信息（注塑件几何尺寸、材料类型、产品体积等），范例库以结构化的形式存储旧的注塑范例，推理机进行范例的检索、获取、

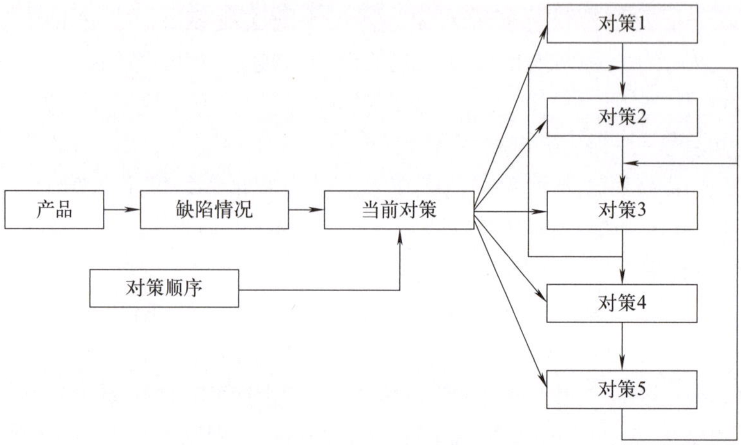


图 3-63　ESIM 的推理机制

匹配和修正，此外用户还可以通过编辑界面对范例进行编辑修改。范例主要由以下三部分组成：问题描述、参数设定、结果。系统推理的基本算法，如图 3-65 所示。

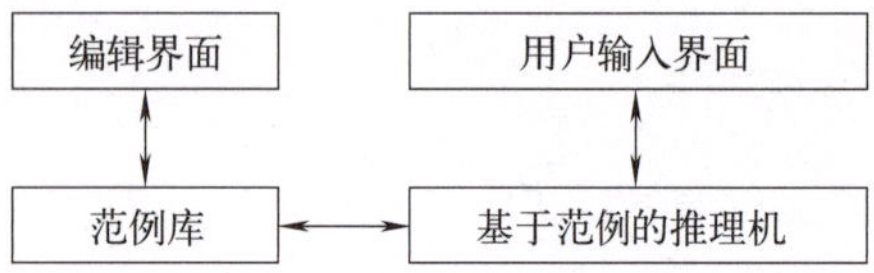


图 3-64　CBR 的系统结构

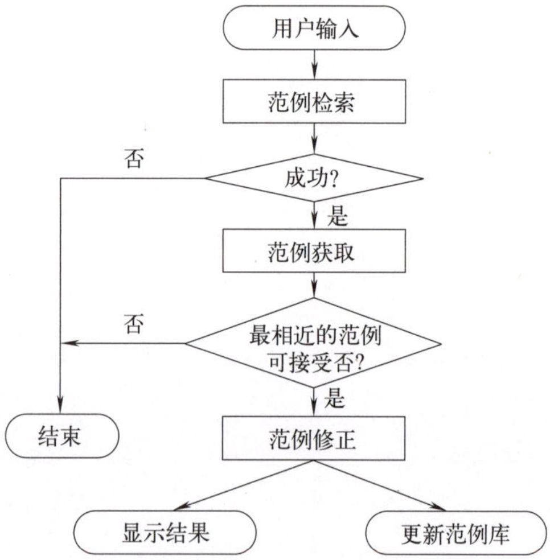


图 3-65　CBR 系统推理基本算法

科学家 K.Shelesh-Nezhad 和 E.Siores 将基于规则的推理（RBR，rule-based reasoning）和基于范例的推理（CBR，case based reasoning）结合起来，开发了一个可进行注塑过程参数设定的智能系统，基于范例的推理用于初始参数的设定，即首先从范例库中获得最匹配的范例，在其基础上修正，获得初始参数，其推理过程如图 3-66 所示。

图 3-66　范例推理过程

获得初始参数后，系统用基于规则的推理，根据缺陷项对参数进行进一步修正，直到得到满意的结果。范例库是利用 Moldflow 分析获得的，整个智能系统的结构如图 3-67 所示。

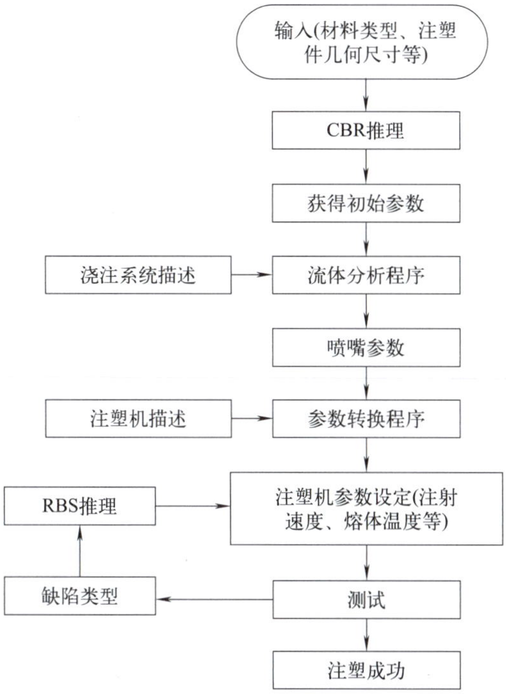


图 3-67　智能系统的结构

科学家 Pate 等提出将知识库系统和 C-Mold 结合起来进行注塑机过程参数的设定，在注塑过程中根据材料、注塑件、注塑机的不同进行归类，针对各个类别有不同的专家知识，运用专家知识进行参数设置，然后由 C-Mold 仿真来校验是否有缺陷存在，直到获得优化的参数为止。

国内也已有人采用人工智能的技术进行注塑参数的设定，周华民等用 C++ 软件开发了一个塑料成型缺陷诊断专家（PPFDES）系统，该系统可根据缺陷来进行原因诊断，并提出参考方法，调整参数。该系统的结构如图 3-68 所示。

PPFDES 系统采用基于规则的知识表示方法，考虑到知识的不确定性和模糊性以及知识表达的不精确性等特征，其推理采用了 MYCIN 的不精确推理模型，整个系统采用了混合推理方法。推理诊断过程如图 3-69 所示。

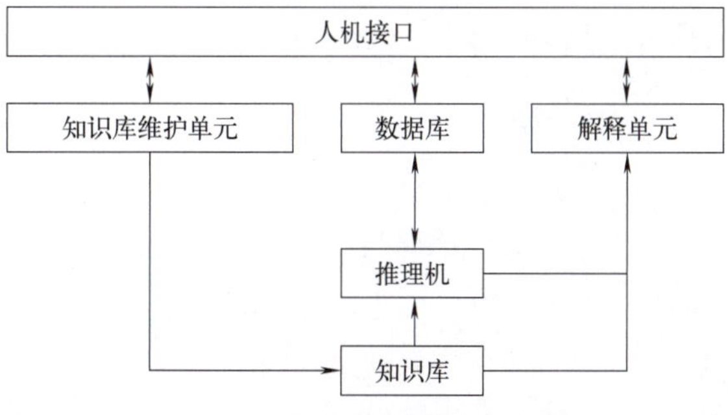


图 3-68　PPFDES 系统结构

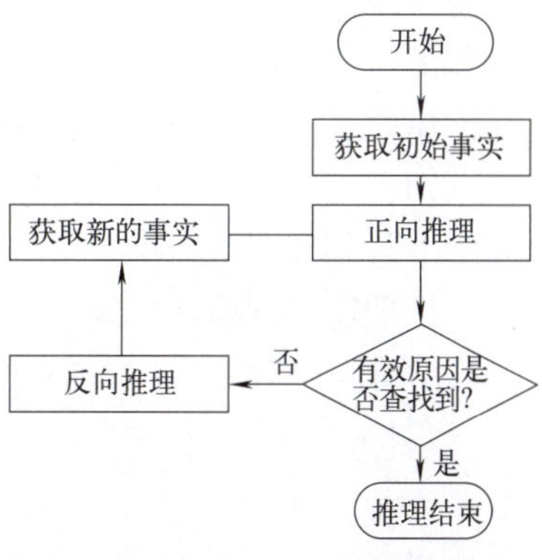


图 3-69　PPFDES 推理诊断过程

将人工智能引入注塑参数的设定过程，能充分利用专家的知识和经验，使参数设定过程智能化、简单化，同时有助于注塑成型行业的发展，具有巨大的社会效益和经济效益。人工智能技术在注塑参数设定中的应用及发展将取决于以下几个方面：一是人工智能技术本身的发展和成熟；二是注塑过程理论研究和仿真模拟的进展；三是注塑行业本身的发展需要。

可以预见，随着社会对注塑行业越来越大的需求和理论研究的深入，人工智能在注塑行业的应用会越来越广，在注塑工艺参数设定上的应用也会越来越成功。

## 3.2.11 注塑工艺参数优化实例

实现注塑生产中对塑件缺陷的分析与控制，一直是人们追求的目标。塑件质量受加工过程中多种因素的影响，其中工艺参数的设置对成型过程中塑料熔体的状态和最终塑件质量有着直接的影响。传统的工艺设置方法是靠人工进行注塑缺陷诊断以优化工艺，强烈依赖于操作人员的知识和经验，而这些经验很难用数学公式加以描述。因此，采用人工智能技术，建立基于知识和经验的注塑制品缺陷诊断及工艺优化（DOFP，diagnosing and optimizing the flaws of injection molding part）专家系统，系统中收集了大量注塑专家的知识和经验，可以处理有关塑件缺陷诊断方面许多错综复杂的问题，分析缺陷产生的原因并且提出优化解决方案，从而达到提高塑件质量的目的。

### 3.2.11.1 DOFP 专家系统设计

（1）系统模块

DOFP 专家系统的基本结构以推理机和知识库为核心，共包括知识库、综合数据库、推理机、解释机、知识获取机和用户界面 6 个部分，如图 3-70 所示。

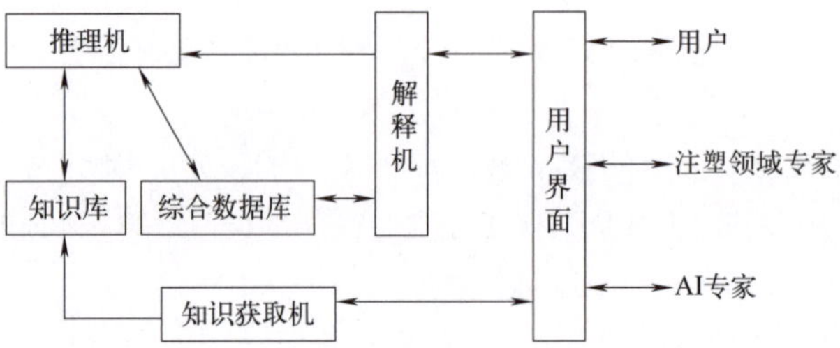


图 3-70 DOFP 专家系统的基本结构

（2）知识获取和表达方法

该专家系统中的知识库中包括了注塑生产中各种因素以及和制件缺陷产生有关的知识，如常见制品质量缺陷（欠注、气泡、熔接痕 / 熔合纹等）信息、树脂材料信息、注塑工艺参数（注射压力、保压压力、冷却时间、注射速度、模具温度等）对注塑缺陷的影响状况知识等。这些知识主要来源于一些长期从事注塑工作的人类专家，以及国内外有关注塑件缺陷诊断分析的专著和文献。

（3）推理控制策略

该专家系统的整个推理过程分两个阶段进行，首先是基于浅知识的缺陷诊断，然后根据诊断的结果信息进行基于深层知识的推理，从而获得可以消除缺陷的优化的工艺参数设置。

推理过程的作用是根据事实和推理规则推出结论。常用的推理算法有正向推理、逆向推理和正反向混合推理三种。DOFP 专家系统采用的是正向推理，推理流程如图 3-71 所示。

（4）不确定性推理

由于专家系统中处理的注塑生产信息常常是不确定、模糊或不完备的，所以系统需要在这种不确定的信息基础上，推理得出一个具有一定可信度的结论，这就是不确定性推理。

DOFP 专家系统采用不确定性推理的确定性理论模型。尽管这种模型理论基础较弱，但却简单直观，理论计算也不复杂，易于被掌握和使用。不确定性推理模型描述如下。

在专家系统中知识一般表示为

IF E，THEN H；CF（H，E）

式中，E为一些证据（或断言）的组合逻辑；H为结论；CF（H，E）为可信度因子。当证据E成立时，结论H有CF（H，E）的可信度成立。

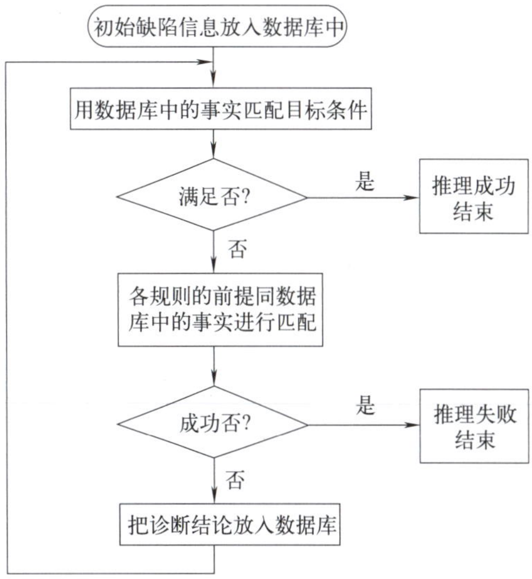


图 3-71　DOFP 专家系统推理流程

$$CF(H,E)=\begin{cases}\dfrac{P(H/E)-P(H)}{1-P(H)}, & P(H/E)>P(H)\\ 1, & P(H/E)=P(H)\\ \dfrac{P(H)-P(H/E)}{P(H)}, & P(H/E)<P(H)\end{cases}$$

DOFP专家系统利用不确定因子法建立不确定推理模型，但实际使用时，规定的CF（H，E）值并不是由P（H/E）、P（H）计算得到，而是由专家根据经验给出的，取值为0～1。

（5）系统诊断及优化参数流程

系统诊断与优化参数流程如下：

① 用户输入缺陷信息和模糊化缺陷严重度，求出其隶属度。

② 选择材料名称和塑件的相关信息，调用材料信息数据文件，对当前各个工艺参数进行模糊化处理。

③ 选择合适的规则并调用出来，以确定引起缺陷的真正原因和提高结论可信度。

④ 根据诊断信息，利用模糊化推理推出各工艺参数的调整幅度，并且输出。

⑤ 按照上一步最终确定的调整幅度，修改当前工艺参数，并利用该组新的参数注塑一个制品，或用 CAE 软件模拟填充过程。

⑥ 判断缺陷是否消除，是则结束，否则回到①。

### 3.2.11.2　应用实例

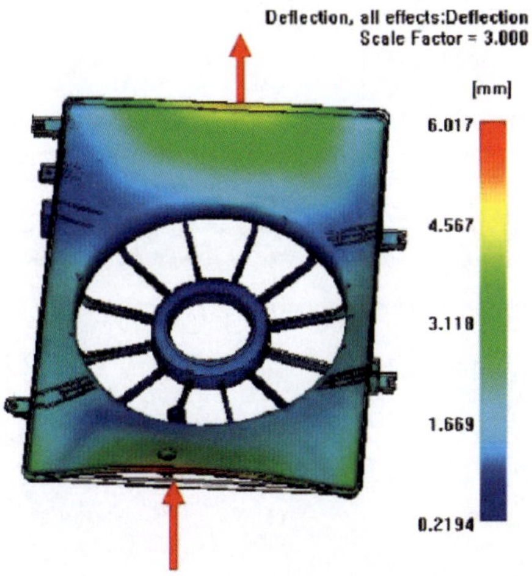


图 3-72　Moldflow 模拟的变形量

某塑件在成型过程中出现变形，对该塑件变形缺陷诊断及工艺优化推理的过程如下：首先，在初始工艺设置方案下，利用 Moldflow 软件对该模型进行流动分析，最大变形量为 6.017mm，如图 3-72 所示。然后，利用专家系统对缺陷的成因进行诊断，并得到优化的工艺参数设置。优化后，产品的缺陷得到明显改善，最大变形量降低为 2.812mm。

#### 3.2.11.3 结论

利用人工智能专家系统技术，采用 VC++ 语言，开发注塑制品缺陷诊断及工艺优化专家系统。实际应用证明，DOFP 专家系统软件通用性强，用户界面友好，操作简单，可进行包括欠注、翘曲变形等在内的 11 种常见注塑制品缺陷的原因诊断，且系统参数优化合理，智能化程度较高。

该系统创新点是：以知识表达方式结合模糊函数控制，运用正向推理控制策略，使用不确定性理论来解决注塑过程的不确定性，有效地将制品缺陷诊断和工艺优化结合在一起，实用性较好。

## 3.3 注塑成型的计算机仿真技术

### 3.3.1 注塑成型的 CAE

计算机辅助工程（CAE，computer aided engineering）技术是一种先进的技术手段，起源于 20 世纪 70 年代，是现代制造业重要的手段之一，它比传统的 CAD 技术更高一级，一般是在完成产品的结构设计之后，利用计算机技术对产品的三维模型进行仿真分析，以提前预知产品的性能、制造工艺及可能存在的缺陷，从而缩短产品的开发周期，优化加工制造的工艺，降低产品的制造成本。

塑料产品从设计到生产成型是一个十分复杂的过程，它包括塑料制品设计、模具结构设计、模具加工制造和模塑生产等几个主要方面，需要产品设计师、模具设计师、模具加工工艺师及熟练的操作工人协同努力来完成，它是一个设计、修改、再设计的反复迭代、不断优化的过程。传统的手工设计、制造已越来越难以满足市场激烈竞争的需要。计算机技术正在各方面取代传统的手工设计方式，并取得了显著的经济效益。计算机仿真技术在注塑成型中的应用主要表现在以下两个方面。

（1）塑料制品及模具结构的优化

商品化三维 CAD 造型软件如 Pro/Engineer、UG、Catia 等为设计师提供了方便的设计平台，其强大的曲面造型和编辑修改功能以及逼真的显示效果使设计者可以运用自如地表达自己的设计意图，真正做到所想即所得。而且制品的质量、体积等各种物理参数一并计算保存，为后续的模具设计和分析打下良好的基础。同时，这些软件都有专门的注塑模具设计模块，提供方便的模具分型面定义工具，使得复杂的成型零件也能自动生成，而且标准模架库、典型结构及标准零件库品种齐全、调用简单、添加方便，这些功能大大缩短了模具设计时间。同时，还提供模具开 / 合模运动仿真功能，这样就保证了模具结构设计的合理性。

（2）注塑成型过程的仿真

运用 CAE 软件如 Moldflow 模拟塑料熔体在模具型腔中的流动、保压、冷却过程，对制品可能发生的翘曲进行预测等，其结果对优化模具结构和注塑工艺参数有着重要的指导意义，可提高一次试模的成功率。

## 3.3.2 Moldflow 模流仿真实例

### 3.3.2.1 Moldflow 概要

Moldflow 原来是澳大利亚 Moldflow 公司于 1978 年开发的产品，该公司是注塑成型 CAE 技术的领导者和革新者，于 2000 年与同类公司 C-Mold 公司合并，并于 2008 年被美国著名的 CAD 供应商 Autodesk 公司收购，并将该软件的全称更名为 Autodesk Moldflow，如图 3-73 所示，目前最新的版本为 Autodesk Moldflow 2024。

Moldflow 利用计算机技术模拟注塑成型全过程，预测制品最终可能出现的缺陷，找到缺陷产生的正确原因，在模具加工之前得到最优化的制品设计、模具设计方案和最适宜的成型工艺条件，确保产品以最短的周期、最低的成本投入市场，增强市场竞争能力。

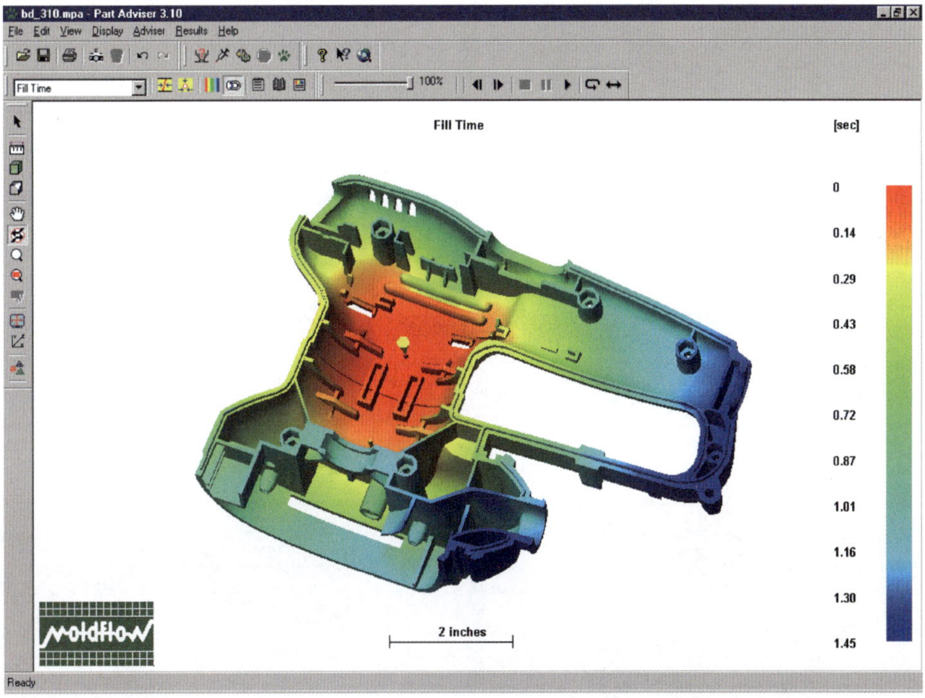


图 3-73 Moldflow 软件

（1）Moldflow 软件的三个模块

① Moldflow Plastics Advisers（MPA，产品优化顾问）：塑料产品设计师在设计完产品后，运用 MPA 软件进行模拟分析，在很短的时间内，就可以得到优化的产品设计方案，并确认产品表面质量。

② Moldflow Plastics Insight（MPI，注塑成型模拟分析）：它是对塑料产品和模具进行深入分析的软件包，它可以在计算机上对整个注塑过程进行模拟分析，包括填充、保压、冷却、翘曲、纤维取向、结构应力和收缩，以及气体辅助成型分析等，使模具设计师在设计阶段就找出未来产品可能出现的缺陷，提高一次试模的成功率。

③ Moldflow Plastics Xpert（MPX，注塑成型过程控制专家）：它是集软硬件为一体的注塑成型品质控制专家，可以直接与注塑机控制器相连，可进行工艺优化和质量监控，自动优化注塑周期、降低废品率及监控整个生产过程。

（2）Moldflow 的主要功能

① 优化塑料制品。运用Moldflow软件，可以得到制品的实际最小壁厚，优化制品结构，降低材料成本，缩短生产周期，保证模具能全部充满。

② 优化模具结构。运用 Moldflow 软件，可以得到最佳的浇口数量与位置、合理的流道系统与冷却系统，并对型腔尺寸、浇口尺寸、流道尺寸和冷却系统尺寸进行优化，在计算机上进行试模、修模，大大提高模具质量，减少修模次数。

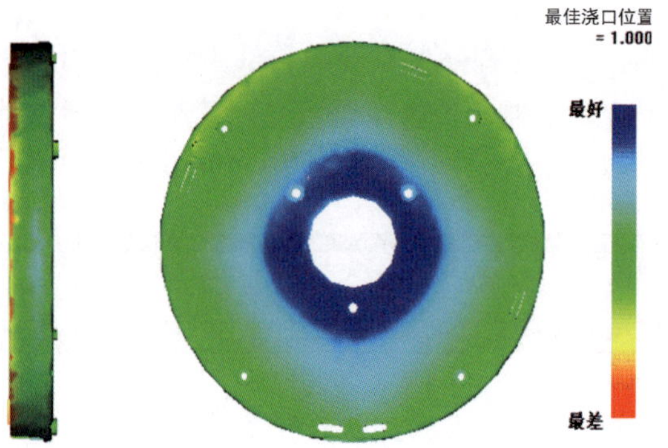


(a) 左视图　　(b) 俯视图

图 3-74　Moldflow 浇口位置推荐图

③ 优化注塑工艺参数。运用 Moldflow 软件，可以确定最佳的注射压力、保压压力、锁模力、模具温度、熔体温度、注射时间、保压时间和冷却时间，以注塑出最佳的塑料制品。

（3）Moldflow 在注塑成型中的应用

① 最佳浇口位置分析：根据塑件的形状结构，分析出最佳的浇口位置，如图 3-74 所示。

② 熔体填充过程动态模拟：通过填充、保压、冷却、开模等模拟来推算制品成型周期，可以看出是否出现缺胶或者短射现象，如图 3-75 所示。

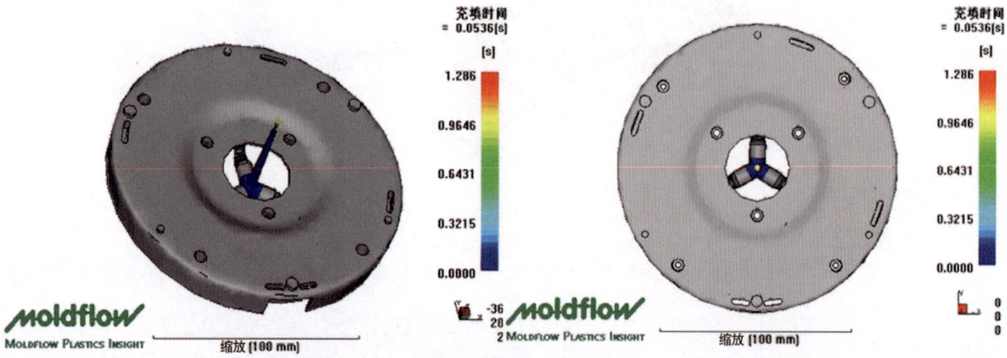


(a) 缺省方向　　(b) 俯视方向

图 3-75　Moldflow 熔体填充模拟图

③ 翘曲变形分析：通过对比分析不同冷却、不同收缩、不同分子取向所引起的翘曲变形量及变形位置面积，来确定引起变形的主要原因。例如：其塑件的所有因素综合变形量为 1.022mm，而由不同收缩引起的变形量是 1.011mm，所以引起变形的主要原因是不同收缩，可以通过提高模温来改善该问题，如图 3-76 所示。

④ 气穴和熔接痕位置模拟分析：模拟气穴与熔接痕的位置，从而确定模具的修改方案，如图 3-77 所示，该塑件气穴较多，在分型面位置所出现的气穴可以忽略，因为分型面处排

气效果较优，而其他部位的气穴应通过加强排气系统的设置来改善；熔接痕较少，所在位置不影响产品外观，可不做处理。

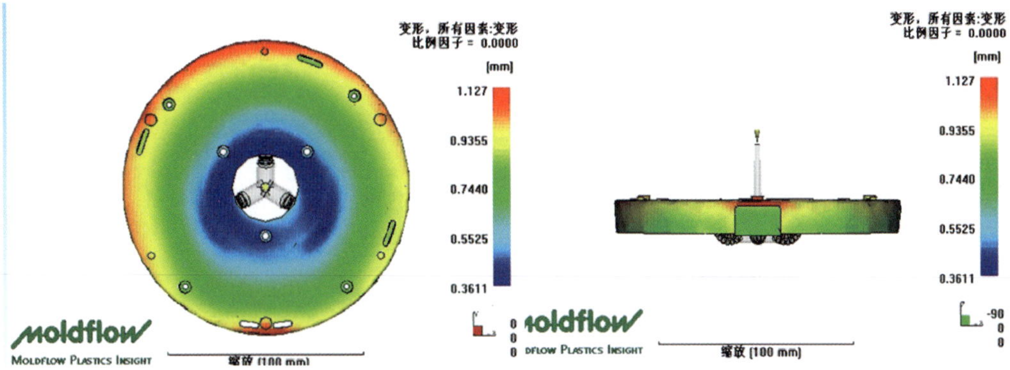


图 3-76　Moldflow 翘曲变形分析结果图

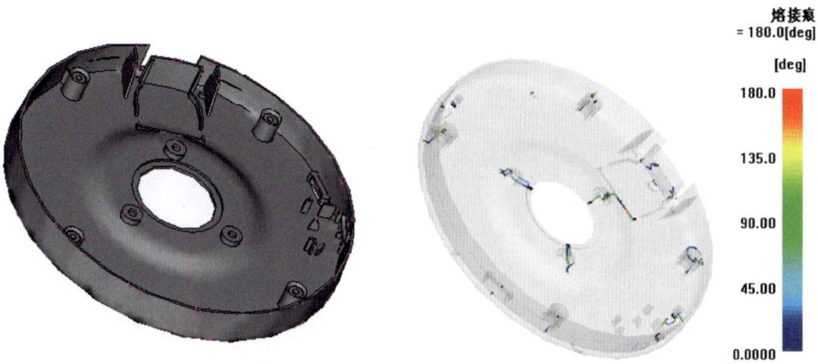


图 3-77　Moldflow 气穴（气泡）分析结果图

⑤ 迭代分析：某一组基准条件开始进行分析，评估结果，一次改变一个变数并且重新分析，详细记录每一次迭代分析的结果。例如：改变保压压力，分析保压压力对成型的影响，如图 3-78 所示。

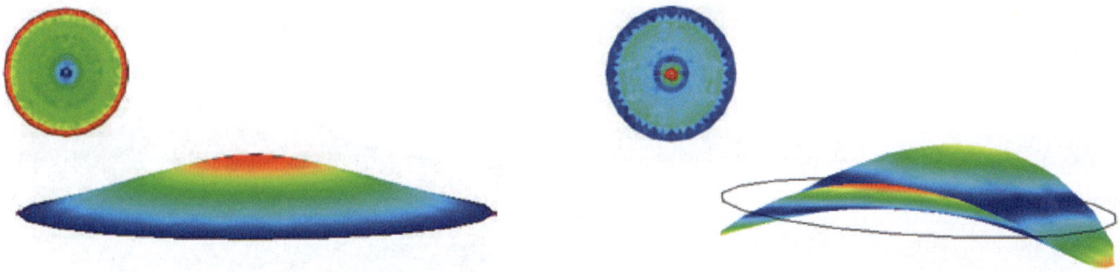

(a) 过保压　　(b) 保压不足

图 3-78　Moldflow 保压分析结果图

⑥ 冷却分析：分析冷却水路的冷却效果，冷却不均会导致产品翘曲变形，如图 3-79 所示，冷却水路进出口水温差在 2 ～ 3℃为佳。

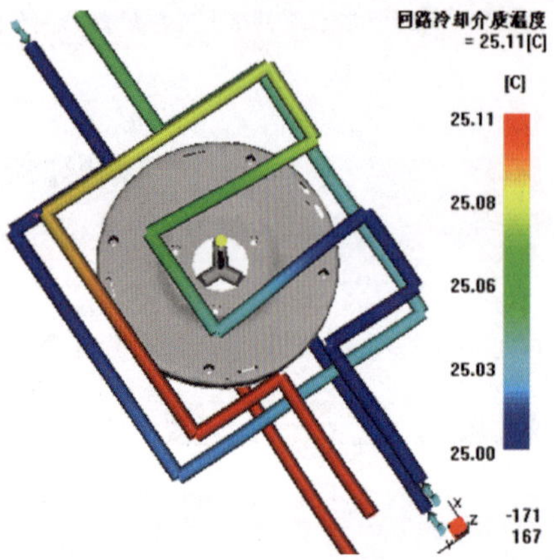


图 3-79　Moldflow 冷却分析结果图

#### 3.3.2.2 Moldflow 应用案例

（1）制品所用塑料

某款式汽车前保险杠所用的材料为 PP+T15（商品名称 Daplen EE188AI），该材料的特性如下：

① 推荐注射温度 240.0℃。

② 推荐模具温度 40.0℃。

③ 顶出温度 108.0℃。

④ 不流动温度 200.0℃。

⑤ 许可剪切应力 0.25MPa。

⑥ 许可剪切速率 100000s$^{-1}$。

在本次分析中，选择相近材料 Borealis EE188AI（PP+T16），通过对流动过程与保压过程的模拟分析，来预测浇注系统的可行性。

该材料的剪切速率 - 黏度曲线、PVT 曲线如图 3-80 和图 3-81 所示。

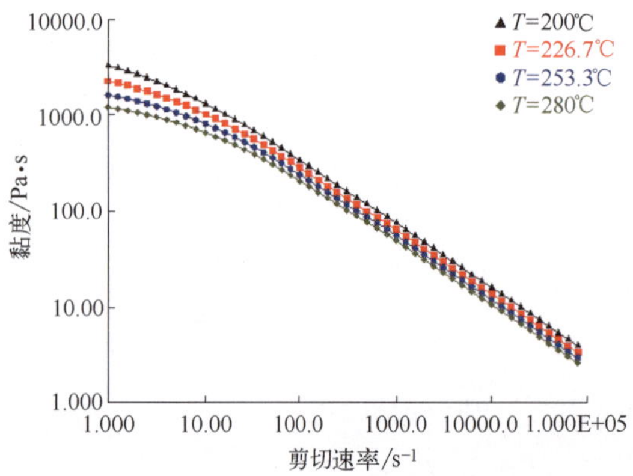


图 3-80　PP+T16 塑料的剪切速率 - 黏度曲线

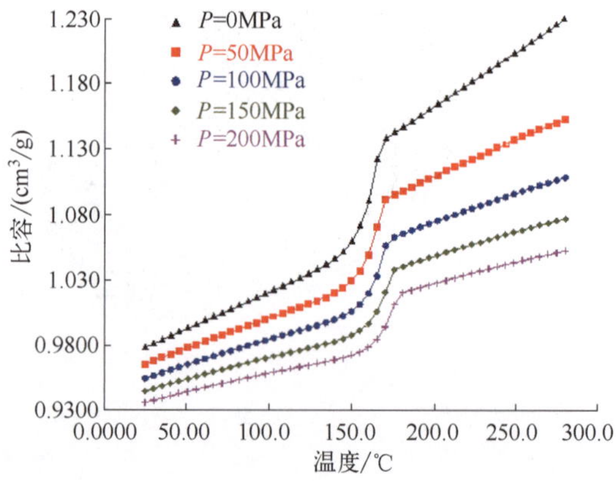


图 3-81　PP+T16 PVT 曲线

采用 MPI/FILL、MPI/PACK 进行分析。预测填充状况、型腔压力分布、温度分布、锁模力大小、体积收缩率、熔接痕情况、困气位置。

（2）预设注塑工艺参数

该模具一模一腔，采用顺序阀式热流道系统，6 点顺序阀，如图 3-82 所示。

确定的主要注塑工艺参数如下：

① 模温：40.0℃；

② 熔体温度：230.0℃；

③ 注射时间：6.8s；

④ 保压采用 3 段保压，各段参数如表 3-6 所示。

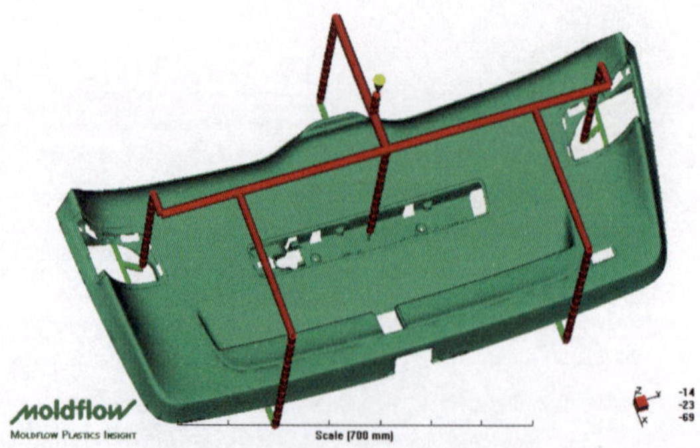


图 3-82　设计的浇注系统

表 3-6　设定的保压参数

| 阶段 | 保压压力 /MPa | 保压时间 /s |
|---|---|---|
| 第 1 段 | 50 | 6 |
| 第 2 段 | 40 | 4 |
| 第 3 段 | 0 | 4 |

（3）分析结果

① 熔体填充情况。如图 3-83 所示，从蓝色到红色表示填充的先后次序。评估填充情况质量的标准主要有两个：一是流动是否平衡，二是各个参数是否超过材料的许可值。结论：中间喷嘴先注射，其余顺序注射，填充较平衡。

② 熔接痕位置。图 3-84 所示为熔接痕分布位置。结论：熔接痕在可接受范围内。

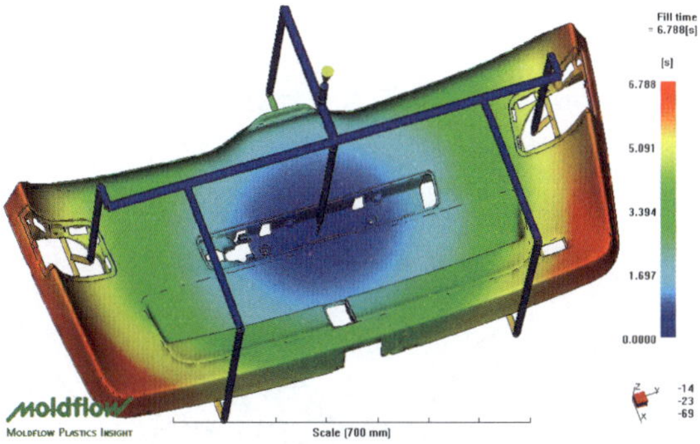


图 3-83　熔体填充情况

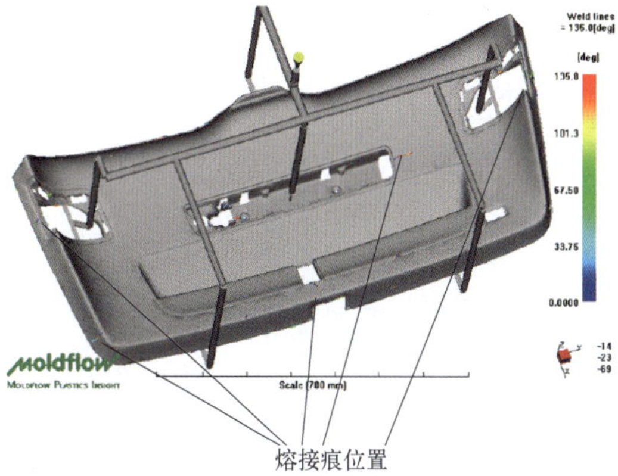


图 3-84　熔接痕分布情况

③ 困气位置。图 3-85 所示为塑件注塑过程中的困气位置，说明实际生产中，模具此处应开设排气系统。

④ 压力分布。图 3-86 为型腔被充满瞬间的型腔压力分布。从此结果可知成型所需注射压力和型腔压力均匀与否，此方案压力分布较为均匀。

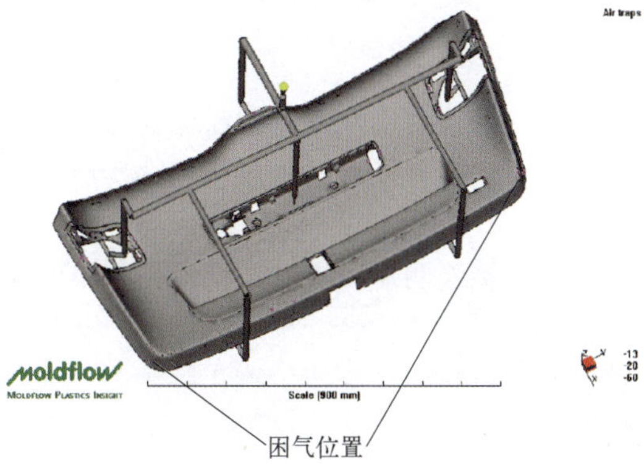


图 3-85　型腔困气位置

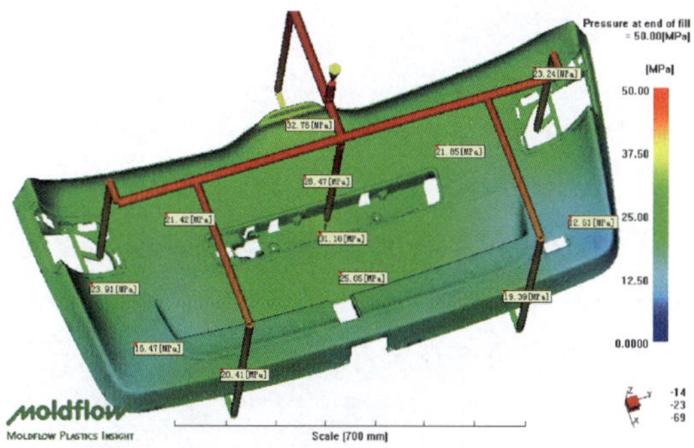


图 3-86　模具型腔压力分布情况

⑤ 熔体前锋温度分布。图 3-87 所示为温度分布情况，可见此注塑方案下，熔体前锋的温度分布较为均匀。

⑥ 喷嘴处的压力分布。图 3-88 所示为浇口（即注塑机的喷嘴）的压力 - 时间曲线图，从中看出，所需入口最高注射压力约为 62MPa，实际成型压力约为 80MPa，因此满足实际注塑成型需要。

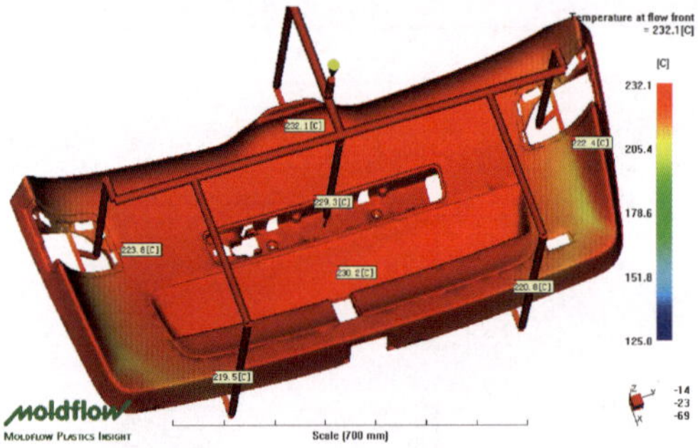


图 3-87　熔体前锋温度分布情况

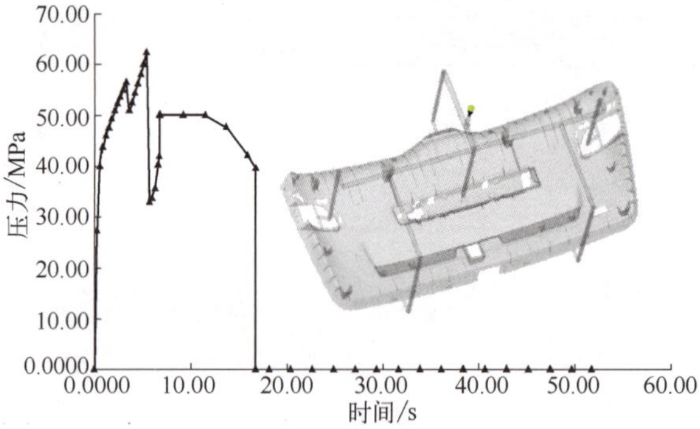


图 3-88　浇口（喷嘴）处压力 - 时间曲线图

⑦ 锁模力。图 3-89 所示为锁模力 - 时间曲线。可以看出，所需最大锁模力约为 2297tf。受保压压力影响，锁模力较大，实际生产中可通过降低保压压力调整锁模力。

⑧ 体积收缩率。收缩不均匀是制品出现缩痕和翘曲变形的重要原因之一。在本例中，从图 3-90 看出，制品的体积收缩率大部分为 2.8% ～ 3.5%，总体收缩较均匀。

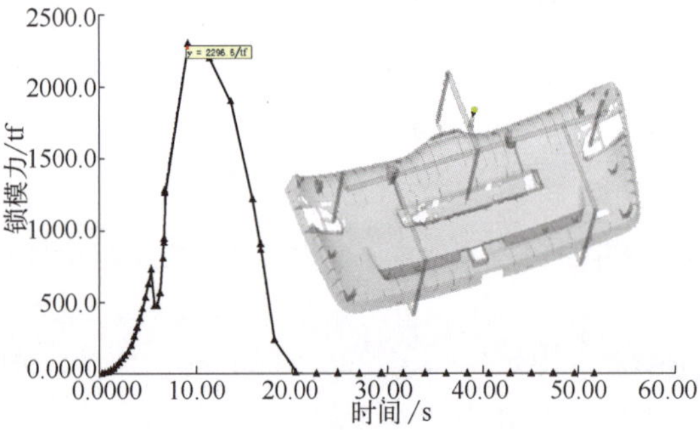


图 3-89　锁模力分布情况

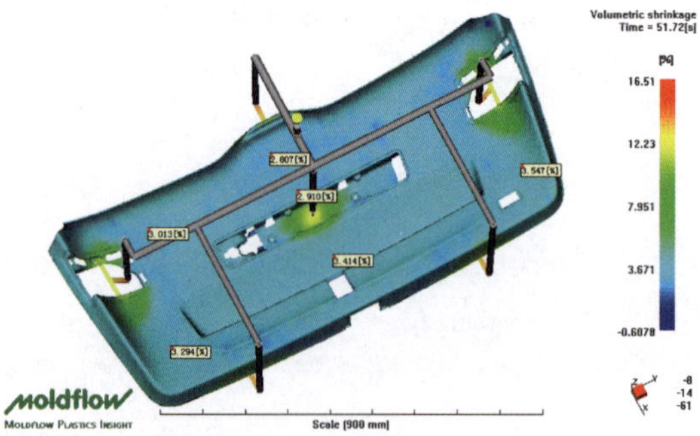


图 3-90　制品的体积收缩情况

⑨ 综合分析结果。

a. 该方案注射较为均衡，成型压力适中，型腔压力分布较为均衡，体积收缩较为均匀。

b. 受投影面积影响及保压压力影响，锁模力较大，可在实际投产时通过调整保压压力降低锁模力。

c. 在制品边角处形成困气，熔体包合处容易烧焦或熔接痕明显，需调整浇口位置及顺序阀开关时间。

d. 可采用 6 点顺序阀式热流道方案，建议调整下面两点喷嘴及浇口位置，减小两喷嘴间距，调整开阀注射时间，以改善填充状况及困气情况，优化保压工艺。

# 第 4 章
# 注塑生产的智能检测

- ◆ 注塑制品检测方法
- ◆ 基于机器视觉的智能检测技术
- ◆ Vision Master 机器视觉系统及应用实例

## 4.1 注塑制品检测方法

### 4.1.1 人工检测与智能检测

传统的注塑生产中，制品脱模后，为了判断其尺寸、精度、外观质量等是否达到预期要求，必须设置质检岗位对制品进行检测。随着注塑生产行业的发展，传统人工检测存在检测效率低下、可靠性不足等问题。

① 主观性和一致性：不同的质检人员可能会有不同的主观判断，导致质检结果不一致，特别是对塑料制品的流纹、气泡、表面粗糙度等影响外观的质量因素的判断尤为明显。

② 疲劳和专注度：人工质检员可能因为长时间的重复性工作而感到疲劳，从而影响其专注度和判断的准确性。

③ 成本较高：人工质检通常需要大量的人力资源，特别是在高速、大规模的注塑生产中，这导致质检成本上升，并可能限制对制品的全面检测。

④ 人为因素：个人喜好、情绪和工作态度等，均可能影响质检员的判断，从而导致不公正或不准确的质检结果。

⑤ 难以处理复杂和大规模数据：在需要处理大量和复杂数据的情况下，人工质检的效率和准确性难以满足要求。

⑥ 难以适应动态变化：当生产过程或产品要求发生变化时，人工质检可能需要较长的时间来调整和适应。

⑦ 难以处理高速注塑：在一些一模多腔的高速注塑生产中，人工质检可能无法达到足够快的检测速度，从而导致制品漏检或生产延迟。

智能检测通过先进的传感器技术和数字图像处理技术，结合计算机系统、人工智能算法，自动完成塑料制品的图像采集、信号处理、缺陷特征提取和识别，以及多种分析和计算，最终实现对制品质量的判断。

与人工检测相比，智能检测的优势主要体现在提高效率、降低成本、减少漏检和误检、全天候工作、高精度测量等方面。

① 提高效率与降低成本：智能检测技术能够实现对产品缺陷的自动识别、分类和评估，其检测能力在同等时间内远超人工检测，大大提高了生产效率。此外，智能检测技术可以对复杂的生产过程持续不断地进行全面监控，实现全天候开机工作，从而节省人工检测的成本。

② 减少漏检和误检：智能检测系统通过先进的传感器技术和图像处理技术，能够精确识别出产品中的微小缺陷，降低了漏检率和误报率。相比之下，传统人工检测中，即使企业提供完善的质检标准、海量的案例辅助，但如果仅凭质检员的理解，难免会出现误判现象。

③ 全天候工作：智能检测系统可以 24 小时不间断工作，实现快速检测，这一点在需要持续监控的注塑生产环境中尤为重要。

④ 高精度测量：由于采用了先进的传感器技术和图像处理技术，智能检测系统能够实时、准确地收集相关数据，提供更为精确的检测结果。

实践证明，智能检测在满足大批量、连续性、一致性和可靠性要求的同时，能将人从重复、烦琐的劳动中解放出来，并且可以很好地适应注塑生产的应用场景，极大地提高了塑料制品检测过程的柔性化和智能化水平。

### 4.1.2 智能检测原理与方法

（1）智能检测原理

智能检测主要基于传感器技术、图像识别技术、人工智能技术和机器学习技术，特别是计算机视觉和深度学习算法，通过采集数据、特征提取、模型训练和测试、模型优化及模型部署等步骤，实现对图像中目标的识别、定位和分类，从而准确判断被检对象的合格与否。

智能检测系统的核心在于利用计算机视觉技术和机器学习算法对图像或视频进行分析和处理，这个过程大致可以分为以下几个步骤。

① 图像获取：通过摄像头或其他图像采集设备获取待检测的图像或视频。

② 预处理：对获取的图像进行去噪、增强等预处理操作，提升图像质量。

③ 特征提取：利用计算机视觉技术提取图像中的关键特征，如颜色、形状、纹理等。

④ 特征匹配与分类识别：将提取的特征与已知目标特征进行匹配，实现目标的识别和分类。

具体到注塑制品的检测技术，其原理是将塑料制品图像转换为数字信号，并与数据库中预先存储的图像进行比对，通过计算相似度来判断是否为合格产品。通过以图像识别为基础的智能检测系统，实现对塑料制品自动化、智能化的检测和处理，大大提高了检测的工作效率和准确性，降低了成本和误判率，是实现智能注塑的关键技术之一。系统工作原理如图 4-1 所示。

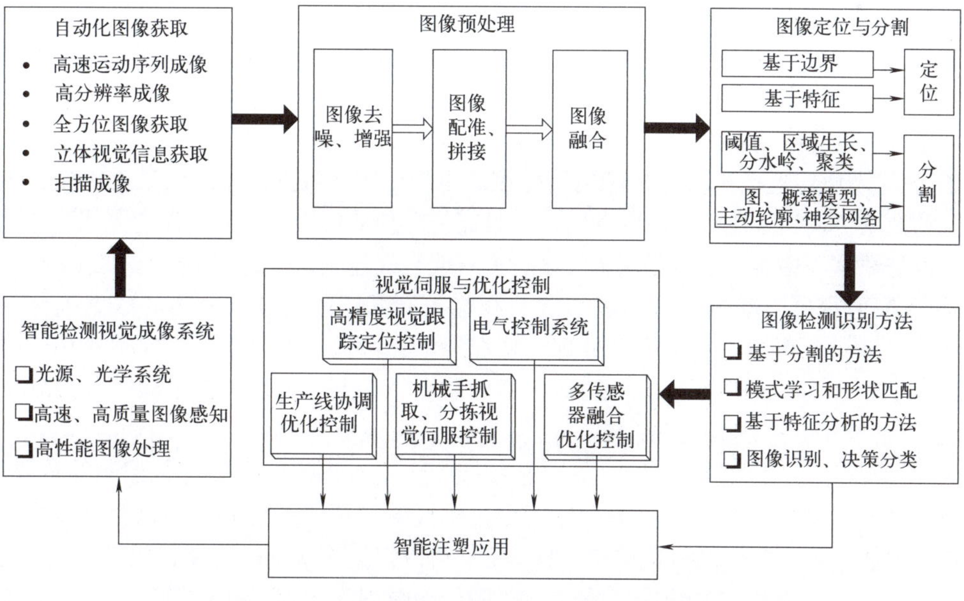


图 4-1 智能检测技术在智能注塑中的工作原理

（2）智能检测的主要理论与方法

智能检测主要理论与方法包括智能检测理论、混合建模与抗差滤波方法、优化控制理论、群智能与多目标决策方法、软测量理论与复杂测控系统的分析与集成方法、智能测控系统软件体系结构等。

① 智能检测理论。涉及对物体的智能识别和检测，包括对目标物体的特征进行提取、分析和判断，以实现自动化和智能化的检测过程。

② 混合建模与抗差滤波方法。是智能检测中的重要技术，用于处理复杂系统和环境下的数据融合和滤波问题，解决如何提高检测的准确性和可靠性问题。

③ 优化控制理论和群智能与多目标决策方法。分别关注如何通过优化算法和群智能技术来解决复杂的控制问题和多目标决策问题，以提高检测效率和准确性。

④ 软测量理论与复杂测控系统的分析与集成方法。涉及复杂测控系统的建模和分析，以及如何将这些理论应用于实际系统中，实现测控系统的优化和智能化。

⑤ 智能测控系统软件体系结构。从软件架构的角度出发，设计并实现高效、可靠的智能测控系统，以支持各种智能检测应用的实施。

上述理论和方法共同构成了智能检测领域的基础，为各种实际应用提供了理论支持和解决方案。

### 4.1.3 智能检测系统的组成

智能检测系统是能自动完成测量、数据处理、显示（输出）测试结果的一类系统的总称，其一般包括硬件和软件两大部分。

（1）智能检测系统的硬件

智能检测系统的硬件一般包括如下主要零部件：

① 传感器：传感器是智能检测系统的核心组件之一，用于将各种物理量转换为电信号或数字信号，如图像、温度、湿度、压力、流量等，提供给数据采集器进行采集和处理。传感器的种类、参数和应用范围不同，需要根据实际需求做出选择。

② 数据采集器：数据采集器是将传感器采集到的信号进行数字化处理的设备，通常具有多路输入通道和高精度采样模块，可以将各种信号传输到主控制器进行处理。数据采集器可以根据要求进行定制和配置，也可以对现成的产品进行选择。

③ 通信模块：通信模块是智能检测与控制系统中用于数据传输和管理的组件，可以将采集到的数据传输到云端或本地服务器，并且支持多种通信协议和数据加密方式。通信模块通常可以与数据采集器、控制器等组件进行无线或有线连接，通过网络进行数据交换。

④ 数据处理器：数据处理器是智能检测与控制系统中用于对采集的数据进行分析和处理的核心组件，可以进行数据预处理、特征提取、数据挖掘等操作，并生成相应的处理结果。数据处理器具有高性能、低功耗、高可靠性的特点，可以根据不同的应用场景进行定制。

⑤ 控制器：控制器是智能检测与控制系统中用于对采集的数据进行控制的重要组件，可以将处理后的数据转化为实际的操作指令，实现对设备和系统的自动化控制和智能化管理。控制器通常具有多种控制模式和控制算法，可以根据需求进行选择和配置。

综上所述，智能检测系统的硬件包括传感器、数据采集器、通信模块、数据处理器和控制器等核心组件，这些组件相互协作，实现了对设备和系统的全方位监测、控制和管理。在实际应用中，需要根据实际需求进行选择和定制，从而达到最佳的控制效果和管理效率。

（2）智能检测系统的软件

智能检测系统的软件主要由以下几个部分组成：

① 数据采集子系统：智能检测系统通过数据采集技术，如传感器、数据输入、网络爬虫等，收集大量的数据。这些数据可以是结构化的、半结构化的或非结构化的，包括文本、图像和视频等。

② 数据存储子系统：采集到的数据需要存储起来以备后续使用。智能检测系统通常使用分布式存储系统或云存储系统，以实现数据的快速、可靠存储和管理。

③ 数据分析子系统：智能检测系统的核心是对采集到的数据进行分析，这包括数据挖掘、机器学习和人工智能等技术，以得出结论和决策。

④ 算法设计：系统需要使用特定的算法来处理和分析数据，这些算法通常需要根据特定的应用场景进行定制，如物联网、机器视觉等。

⑤ 用户界面：智能检测系统提供直观的用户界面，使用户能够清晰地了解系统的状态和应用场景。界面设计应简单、操作方便，提供良好的用户体验。

智能检测系统通过硬件与软件相结合，使得系统能够自动完成测量、数据处理、显示测试结果等操作，具有高速度、多功能、多参数等特点。

# 4.2 基于机器视觉的智能检测技术

## 4.2.1 机器视觉原理与系统组成

### 4.2.1.1 机器视觉原理

机器视觉利用工业相机和计算机来模仿人的眼睛和大脑完成对目标的识别、跟踪和测量等任务。通俗地说，就是用机器代替人眼来做测量和判断。它的工作过程大致为：首先，使用工业相机将被摄取目标转换成图像信号，传送给专用的图像处理系统，图像处理系统对该图像中包含的信息进行处理和计算；然后计算机根据处理的结果做出判断或决策；最后将控制信号传送给执行机构。机器视觉的特点是自动化、客观、非接触和高精度，与一般意义上的图像处理系统相比，机器视觉强调的是精度和速度，以及工业现场环境下的可靠性。

相对人类视觉，机器视觉在速度、感光范围、观测精度、环境要求等方面都存在显著优势，如表 4-1 所示。

表 4-1 人类视觉与机器视觉对比

| 项目 | 人类视觉 | 机器视觉 |
| --- | --- | --- |
| 精确性 | 差，64 灰度级，不能分辨微小目标 | 强，256 灰度级，可观测微米级的目标 |
| 速度性 | 慢，无法看清较快运动的目标 | 快，快门时间可达到 10μs |
| 适应性 | 弱，很多环境对人体有害 | 强，可适应各种恶劣的环境 |
| 客观性 | 低，数据无法量化 | 高，数据可量化 |
| 重复性 | 弱，易疲劳 | 强，可持续工作 |
| 可靠性 | 易疲劳，受情绪波动 | 检测效果稳定可靠 |
| 效率性 | 效率低 | 效率高 |
| 信息集成 | 不容易信息集成 | 方便信息集成 |

#### 4.2.1.2 机器视觉系统的基本组成

机器视觉系统的基本组成包括光源与照明系统、光学镜头、工业相机、图像采集卡、图像信号处理系统和计算机等，是一个综合性的技术系统，如图 4-2 所示。系统利用相机捕捉图像，通过图像采集卡将模拟信号转换为数字信号，再利用图像信号处理系统对图像进行分析和处理，最终通过计算机进行结果展示或控制操作。系统的核心在于通过图像处理和分析来模拟人的视觉功能，实现对目标的检测、测量和识别等任务。

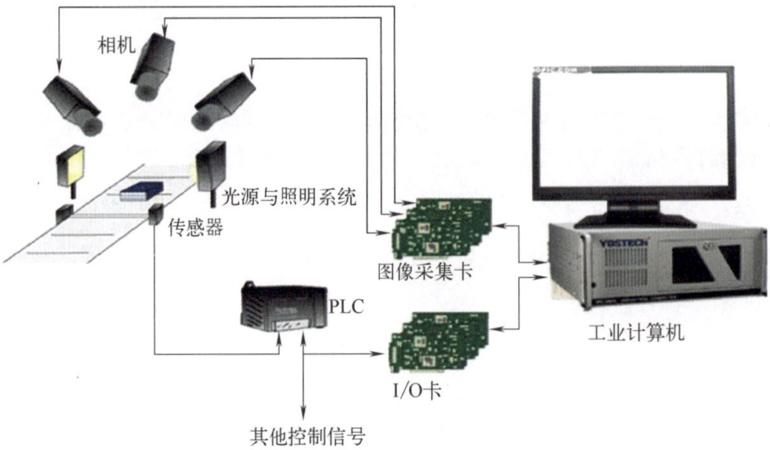


图 4-2 机器视觉系统的基本组成

图 4-3 集成型机器视觉系统（智能相机）

此外，还有以智能相机为中心的集成型机器视觉系统，将照明、成像、图像信号处理等模块内置于相机内部，一台相机即可完成机器视觉系统的全部功能，如图 4-3 所示。

（1）光源与照明系统

在机器视觉系统中，好的光源与照明系统往往是整个系统成功的关键，起着非常重要的作用，并不是简单地照亮物体而已。

光源设备的选择必须符合所需的几何形状，照明亮度、均匀度，发光的光谱特性等，同时还要考虑光源的发光效率和使用寿命。表 4-2 列出了几种主要光源的相关特性。

表 4-2 光源对比

| 光源 | 颜色 | 寿命 /h | 发光亮度 | 特点 |
|---|---|---|---|---|
| 卤素灯 | 白色，偏黄 | 5000 ~ 7000 | 很亮 | 发热多、较便宜 |
| 荧光灯 | 白色，偏绿 | 5000 ~ 7000 | 亮 | 较便宜 |
| LED 灯 | 红、黄、绿、白、蓝 | 60000 ~ 100000 | 较亮 | 发热少、能做成很多形状 |
| 氙灯 | 白色，偏蓝 | 3000 ~ 7000 | 亮 | 发热多、持续发光 |
| 电致发光管 | 由发光频率决定 | 5000 ~ 7000 | 较亮 | 发热少、较便宜 |

综合比较来看，LED 灯具有显色性好、光谱范围宽的特点，能覆盖可见光谱的整个范围，且发光强度高，稳定时间长。近年来随着 LED 灯制造工艺和技术的不断发展成熟，价

格逐步降低，其在机器视觉领域得到了越来越广泛的应用。

（2）光学镜头

光学镜头简称镜头，如图 4-4 所示。光学镜头是机器视觉系统中必不可少的部件，直接影响成像质量的优劣，影响算法的实现和效果，其原理就是光学成像，相当于人眼的晶状体，是机器视觉系统中非常重要的部件。

（3）工业相机

工业相机，简称相机，是机器视觉系统中的一个关键组件，其最本质的功能就是将光信号转变成有序的电信号。选择合适的相机也是机器视觉系统设计中的重要环节，相机的选择不仅直接决定所采集到的图像分辨率、图像质量等标准，同时也与整个系统的运行模式直接相关。

目前，CCD 相机以其小巧、可靠、清晰度高、灵敏度高、图像畸变小、寿命长、抗振动等特点在商用与工业领域都得到了广泛的使用，如图 4-5 所示。

图 4-4　光学镜头

图 4-5　CCD 相机

（4）图像采集卡

图像采集卡又称为图像卡，它将工业相机采集的图像、视频信号送到计算机的内存中，供计算机处理、存储、显示和传输等使用，如图 4-6 所示。其主要模块及功能如下：

① A/D 转换模块。将图像信号放大和数字化。

② 相机控制模块。负责提供相机的设置及实现异步重置拍照、定时拍照。

③ 总线接口及控制模块。主要通过 PCI（外部设备互连标准）总线完成数字图像数据的传输。

④ 数字输入 / 输出模块。允许图像采集卡通过 TTL（晶体管 - 晶体管逻辑）信号与外部装置进行通信，用于控制和响应外部事件。

图 4-6　图像采集卡

（5）图像信号处理系统

图像信号的处理是机器视觉系统的核心。视觉信息的处理技术主要依赖于图像处理方法，它包括图像变换，数据编码压缩，图像增强复原、平滑、边缘锐化、分割、特征抽取，图像识别与理解等内容。随着计算机技术、微电子技术以及大规模集成电路的发展，图像处理的很多工作都可以借助硬件完成，如 DSP 芯片、GPU 芯片、专用图像信号处理卡等，提高了系统的实时性。软件主要完成算法中非常复杂、不太成熟或尚需不断探索和改进的部分。在处理时间上，要求图像信号处理系统处理速度必须大于等于采集速度，才能保证目标图像无遗漏，完成实时处理。

（6）执行机构

机器视觉系统最终功能的实现还需执行机构来完成，如图 4-7 所示。不同的应用场合，执行机构可能不同，比如机电系统、液压系统、气动系统等，无论哪一种系统，除了要严格保证其加工制造和装配的精度外，在设计时还应对动态特性，尤其是快速性和稳定性给予充分重视。

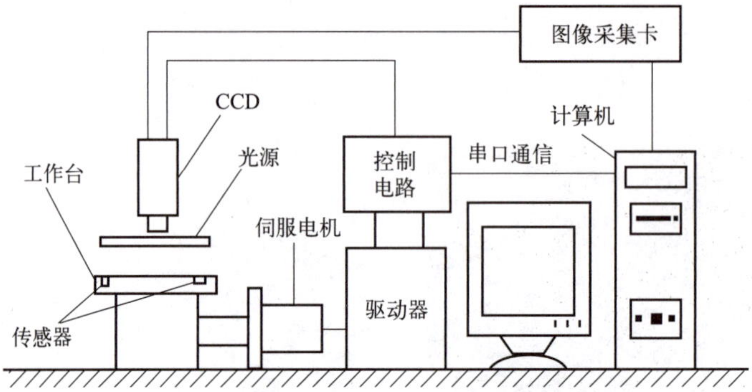


图 4-7　伺服电机在智能检测系统中的应用

### 4.2.1.3　机器视觉的应用

将机器视觉应用到制造业的检测领域中，用机器视觉系统确定产品相对于标准要求的偏差，该过程通常称为机器视觉检测或智能检测。它是机器视觉在工业生产方面的应用，是机器视觉应用和研究领域中的一个重要分支。

机器视觉让机器拥有了像人一样的视觉功能，能更好地实现各种测量、识别和判断功能。随着各类技术的不断完善，机器视觉下游应用领域也不断拓宽，最开始主要用于电子装配检测，现已发展到在识别、检测、测量和定位等领域进行应用，并凭借其检测速度快、信息量大、功能多等优点日益成为制造业的主要技术，如表 4-3 所示。

表 4-3　机器视觉应用

| 序号 | 应用领域 | 示例 | 主要应用行业 |
|---|---|---|---|
| 1 | 识别 | 标准一维码、二维码的解码 | 电子产品制造行业、汽车行业、消费品行业、食品和饮料行业、物流行业、包装行业、医药行业 |
| | | 光学字符识别（OCR） | |
| | | 色彩和瑕疵检测 | |
| 2 | 检测 | 零件或部件的有无检测 | |
| | | 目标位置和方向检测 | |
| 3 | 测量 | 尺寸和容量测量 | |
| | | 预设标记的测量，如孔位到孔位的距离 | |
| 4 | 定位 | 机械手引导，输出坐标空间，引导机械手准确定位 | |

目前，机器视觉已成功地应用于注塑成型领域，大幅度地提高了注塑生产的效率和制品质量，大大提高了总体生产的速度，具体应用如下。

① 引导和定位：注塑机开模后，使用机器视觉来定位，引导机械手臂快速、准确抓取塑件。

② 尺寸测量：尺寸测量是机器视觉的重要应用领域，通过机器视觉可以快速、准确测量塑料制品的关键尺寸。

③ 制品外观检测：检测注塑成型出来的制品外观，确定其外观质量是否合格，这是取代人工最多的环节。

## 4.2.2 机器视觉系统关键设备选型——工业相机

### 4.2.2.1 工业相机原理与类型

机器视觉系统是由图像采集、图像处理以及信息综合分析处理三个模块构成。而工业相机则是机器视觉系统当中图像采集模块的核心部件，对于机器视觉系统来说，工业相机的选型是至关重要的。在工业相机选型时，也会涉及相机的类型、定位、参数、传输接口、光学接口等各个方面的信息和内容。

一般来说，工业相机主要由图像传感器、内部处理电路、数据接口、I/O 接口、镜头接口等几个基本模块组成，如图 4-8 所示。

当相机在进行拍摄时，光信号首先通过镜头到达图像传感器，然后被转化为电信号，再由内部处理电路对图像信号进行算法处理，最终按照相关标准协议通过数据接口向上位机传输数据。I/O 接口则提供相机与上下游设备的信号交互，如可以使用输入信号触发相机拍照，相机输出频闪信号控制光源亮起等，如图 4-9 所示。

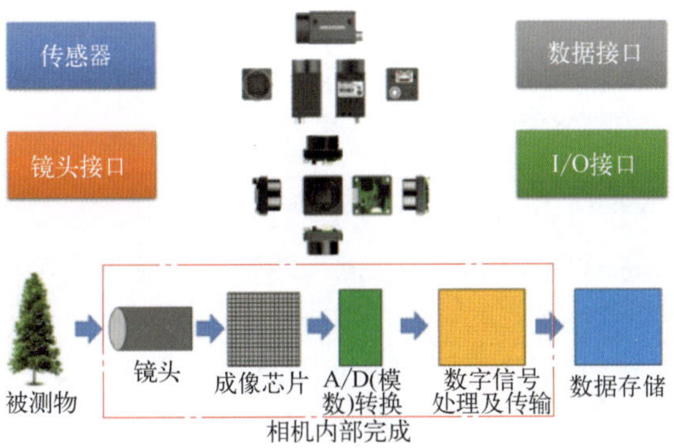


图 4-8 工业相机的组成单元

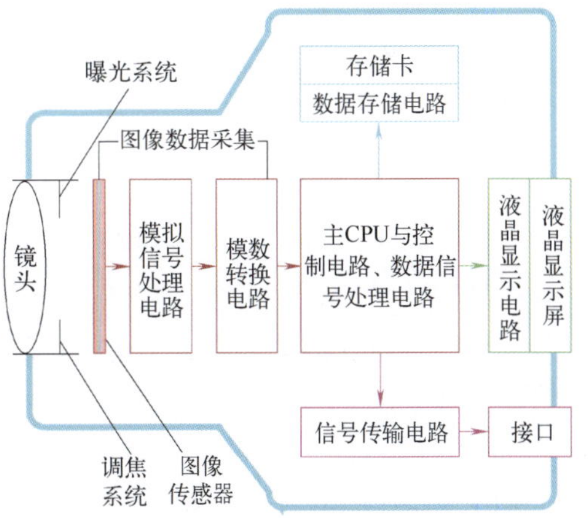


图 4-9 工业相机结构

结合工业相机结构的几大基本模块及不同的选型维度来看，工业相机一般可按以下标准分类：

① 传感器类型：面阵相机、线阵相机，彩色相机、黑白相机，CCD 相机、CMOS 相机，等等。

② 数据接口类型：网口相机、USB 3 相机、万兆网口相机、Camera Link 相机、CoaXPress 相机等。

③ 光学接口类型：C 口、CS 口、M12 口、F 口、M58 口等。

#### 4.2.2.2 工业相机的主要技术参数

（1）分辨率

分辨率是工业相机最关键的参数之一，主要用于描述相机对被摄物的分辨能力。一般情况下，面阵相机的分辨率是指相机感光芯片的像素（pixel）个数，目前主流工业面阵相机涵盖从 0.3MP（million pixel，万像素）到 151MP 级别的分辨率。对于线阵相机而言，其像素排布与面阵相机不同，芯片像素排布以横向为主，纵向为单行或数行，主流工业线阵相机包含 2k、4k 以及 8k 分辨率，能够满足多样化的市场需求，如图 4-10 所示。

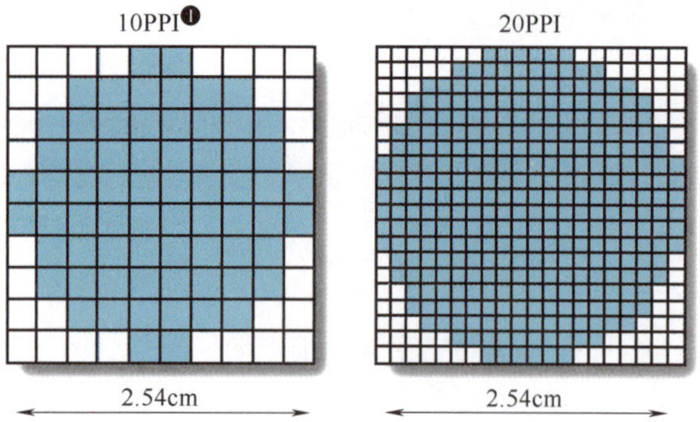

图 4-10 不同像素对比效果

（2）像元尺寸与靶面尺寸

像元是相机芯片上的最小感光单元，每个像元对应图像上的一个像素；像元尺寸指芯片像元阵列上每个像元的实际物理尺寸。通常情况下，芯片的像元尺寸越大，单个像元能够接收到的光子就越多，该芯片的感光性能也就越强。在同样的光照条件和曝光时间下，大像元尺寸的芯片可以产生更多的电荷数量，从而使得图像的亮度更高。主流工业相机所采用的感光芯片的像元尺寸有 1.67μm、2.2μm、3.75μm、6.45μm、7μm、9μm、10μm 等。

靶面尺寸是指相机传感器的有效成像区域的物理尺寸，通常用对角线长度来表示，单位为 in（英寸）。在工业相机领域，1in 等于 16mm，而不是常规的 25.4mm。常见的靶面尺寸包括 1/4in、1/3in、1/2in、2/3in 和 1in 等，如图 4-11 所示。

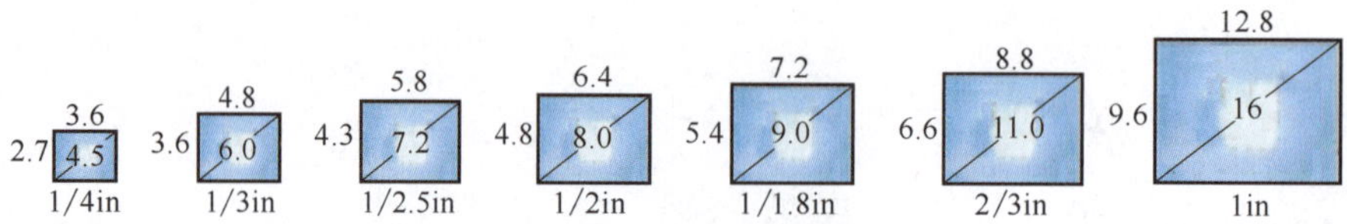

图 4-11 靶面尺寸

靶面尺寸的选择需要综合考虑应用场景、像素量、分辨率、镜头匹配、安装方式、周围环境及成本预算等因素。

（3）帧率 / 行频

帧率 / 行频指相机采集和传输图像的速率。对于面阵相机来说，一般用每秒采集的帧数（f/s），即帧率来表征；而线阵相机通常用每秒采集的行数（Hz），即行频来衡量。

$$帧率(行频)=\frac{相机每秒出图数(帧或行)}{单帧(行)出图所耗时间(s)}$$

相机帧率 / 行频的选择取决于现场对拍摄速率的要求，并非越高越好。帧率 / 行频很大程度上受限于相机的数据传输接口和硬件网络环境。

（4）像素位深

像素位深指单个像素数据的位数，一般常用的为 8bits，一般工业相机还可提供 10bits、

❶ PPI(pixels per inch) 为每英寸所拥有的像素数。

12bits 以及 16bits 等，如图 4-12 所示。当像素位深越大时，其表示单个像素的位数越大，它能表达的灰阶范围就越大。而像素位深越大，所占用的存储空间也就越大。因此，像素位深的选用需要视实际算法需求而定。

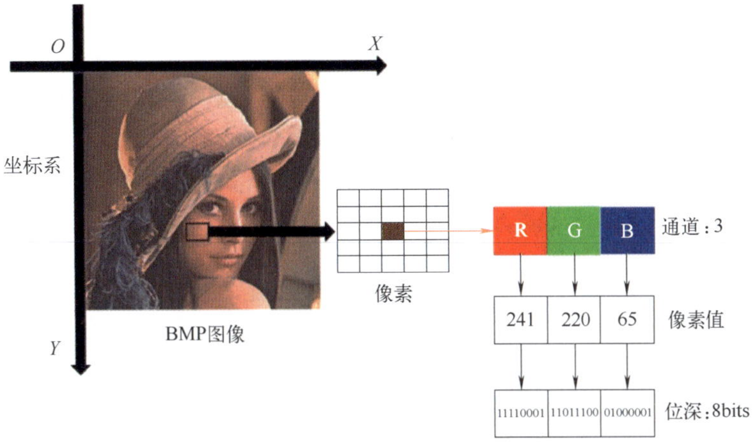


图 4-12　3 通道 8bits BMP 图像的像素位深

（5）曝光时间

曝光时间即为像素感光的时间，也称为快门时间。在相同外部条件下，曝光时间越长，图像亮度越高，但相应的帧率 / 行频会降低。不同的相机曝光时间上下限不同。在一些飞拍应用中，曝光时间不够短会导致图像拖影，因此需要工业相机具备在极短的曝光时间内成像的特性。目前的主流工业相机部分型号支持超短曝光模式，可以达到 1μs 的最小曝光时间，适合飞拍需求。

例如 MV-CA004-10GM/GC 相机采用了 CMOS 全局快门的 IMX287 传感器，是 40 万像素、靶面尺寸型号为 1/2.9″的 CMOS 千兆以太网工业面阵相机，最小曝光时间可达 1 μs，满足飞拍等需要超短曝光时间的应用。

（6）光谱响应

光谱响应特性是指芯片对于不同波段光线的响应能力，通常用光谱响应曲线来表征。以杭州海康机器人股份有限公司的工业相机 MV-CA060-11GM 和 MV-CA050-10GC 为例，横轴为波长范围，纵轴是芯片在给定波长下的光谱响应曲线，如图 4-13 所示。

关于彩色相机，对于光线传感器而言，光没有颜色之分，只有波长不同。比如说 600 ～ 650nm 波长的光是红光，图 4-14 所示是不同波长的光线及其对应的光谱响应曲线。

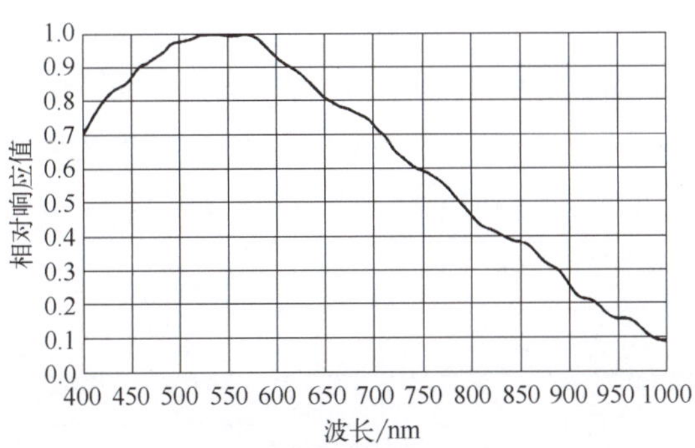


图 4-13　光谱响应曲线示意图

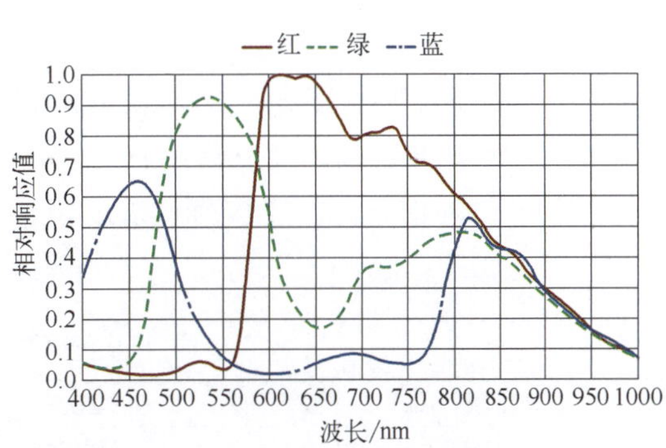


图 4-14　彩色相机光谱响应曲线示意图

在选用工业相机时，通常需要根据实际应用场景光源的波段来选择芯片，以达到最好的成像效果。

（7）动态范围

动态范围反映了工业相机探测光信号的范围，动态范围越大，相机对于图像上亮处和暗处的细节展现越明显。在线性响应区域，动态范围可由公式计算，其中满阱容量是指像素势阱中能够存储的最大信号电荷量，噪声信号是由芯片本身工艺和设计决定。

（8）信噪比

信噪比是指图像中信号与噪声的比例，通常以 SNR 表示，单位为分贝（dB）。图像信噪比越高，图像质量越好。通常，相机中噪声有热噪声、固有噪声（读出噪声、采样噪声和信号处理过程中产生的噪声）等。

（9）光学接口

工业相机与镜头之间的接口为光学接口，一般有 C 口、CS 口、M12 口、M42 口、F 口、M58 口、M72 口等。

相机安装面到传感器（sensor）的光学距离称为法兰距。不同的接口有不同的法兰距标准，参考表 4-4，镜头选型时需要注意相机接口法兰距与镜头法兰距的匹配。

表 4-4　不同接口的法兰距标准

| 接口类型 | 法兰距 | 口径及螺纹 |
| --- | --- | --- |
| C 口 | 17.526mm | 1-32UNF |
| CS 口 | 12.5mm | 1-32UNF |
| F 口 | 46.5mm | 内径 47mm |
| M12、M42、M58、M72 | 无固定标准 | M12 × 0.5mm、M42 × 1.0mm、M58 × 0.75mm、M72 × 0.75mm |

#### 4.2.2.3　工业相机的传感器

相机制造商将图像传感器与各具特色的硬件电路集成起来，并开发了图像处理功能，为用户提供了丰富的选择。依据不同的分类标准，行业也针对不同类型的传感器做出了技术区分。

一般来说，相机传感器按元器件类型不同，可分为 CCD 和 CMOS 两类。其中，CCD 的工作原理是将光信号转换成电信号，并按顺序传送到一个共同输出结构，然后把电荷转换成电压，接着再将这些信号送到缓冲器并存储到芯片外。而 CMOS 是将光信号转换成电信号后直接集成在芯片表面，因此电子元件能够快速地读取成像数据。一般来说，CMOS 读取速度比 CCD 快。

CCD 与 CMOS 在不同的应用场景下各有优势。CCD 由于其特有的工艺，具备低照度效果好、信噪比高、通透感强、色彩还原能力佳等优点，可广泛应用在屏幕检测、交通、医疗等高端领域中。但同时由于其成本高、功耗大也制约了其市场发展的空间。随着 CMOS 工艺和技术的不断提升，以及高端 CMOS 价格的不断下降，在机器视觉行业中，CMOS 将占据越来越重要的地位。CCD 与 CMOS 的对比如表 4-5 所示。

表 4-5　CCD 与 CMOS 对比

| 对比项 | CCD | CMOS |
| --- | --- | --- |
| 设计技术 | 单一感光器 | 感光器连接放大器 |
| 灵敏度 | 较高 | 感光开口小，灵敏度低 |

续表

| 对比项 | CCD | CMOS |
|---|---|---|
| 成本 | 线路品质影响程度高，成本高 | CMOS 整合集成，成本低 |
| 分辨率 | 连接复杂度低，分辨率高 | 具有极高的分辨率 |
| 噪点 | 单一放大，噪点低 | 百万放大，噪点高 |
| 功耗 | 需外加电压，功耗高 | 直接放大，功耗低 |
| 信息读取方式 | 需要外部电压控制，复杂 | 直接读取电流信号，简单 |
| 信息读取速度 | 较慢 | 是 CCD 的 10 倍以上 |
| 曝光方式 | 全局快门 | 卷帘、全局快门均有 |

#### 4.2.2.4 CCD 相机的类型

CCD 相机按照其使用的 CCD 器件可以分为面阵式和线阵式两大类。

① 面阵相机：面阵相机如图 4-15 所示，其实现的是像素矩阵拍摄，相机拍摄图像时，表现图像细节程度不是由像素多少决定的，是由分辨率决定的。分辨率是由选择的镜头焦距决定的，同一种相机，选用不同焦距的镜头，分辨率就不同。像素的多少不决定图像的分辨率（清晰度），那么大像素相机有何好处呢？答案只有一个：减少拍摄次数，提高测试速度。

② 线阵相机：顾名思义是呈线状的，虽然也是二维图像，但图像极长，长度达到几千像素，而宽度却只有几个像素。一般只在两种情况下使用这种相机：一是被测视野为细长的带状，多用于检测滚筒上的问题；二是需要极大的视野或极高的精度。在第二种情况下（需要极大的视野或极高的精度），需要用激发装置多次激发相机，进行多次拍照，再将拍下的多幅条形图像合并成一张巨大的图。因此，用线阵相机，必须用可以支持线阵相机的采集卡。如图 4-16 所示为线阵相机。

图 4-15 面阵相机

图 4-16 线阵相机

综上所述，面阵相机应用范围较广，如面积、形状、尺寸、位置，甚至温度等的测量，如图 4-17 所示为面阵相机扫描示意图。

线阵相机主要应用于工业、医疗、科研与安全领域的图像处理。典型应用领域是检测材料，例如金属、塑料、纸和纤维等。被检测的物体通常匀速运动，利用一台或多台相机对其逐行连续扫描，以达到对其整个表面均匀检测。线阵相机可以对其图像一行一行进行处理，或者对由多行组成的面阵图像进行处理，如图 4-18 所示。另外，线阵相机非常适合测量场合，这要归功于传感器的高分辨率，它可以准确测量到微米。

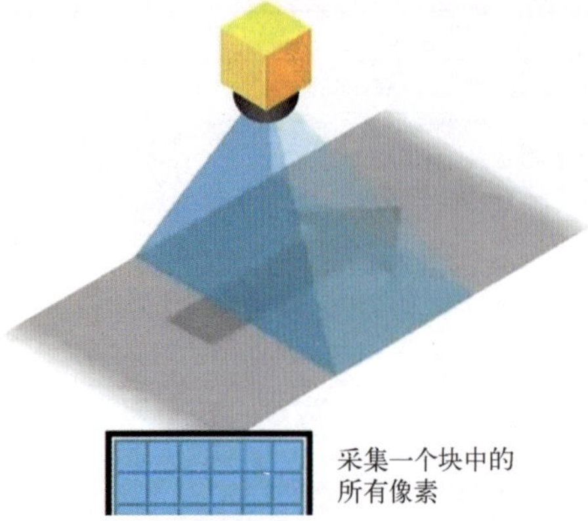


图 4-17　面阵相机扫描示意图

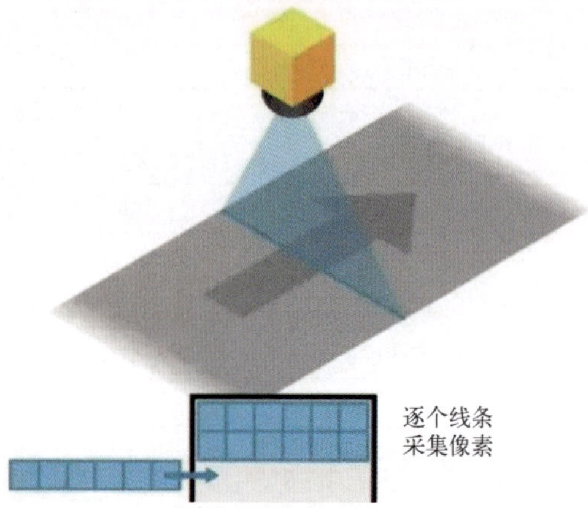


图 4-18　线阵相机扫描示意图

#### 4.2.2.5　工业相机的快门

快门是一种用于控制感光元件或胶片曝光时间的机械装置。为了保护相机内的感光元件或胶片不至于曝光，快门总是关闭的。设定好快门速度后，只要按下相机的快门释放按钮，相机会在快门开启与闭合的时间内，让通过镜头的光线使相机内的感光元件或胶片获得曝光，如图 4-19 所示。

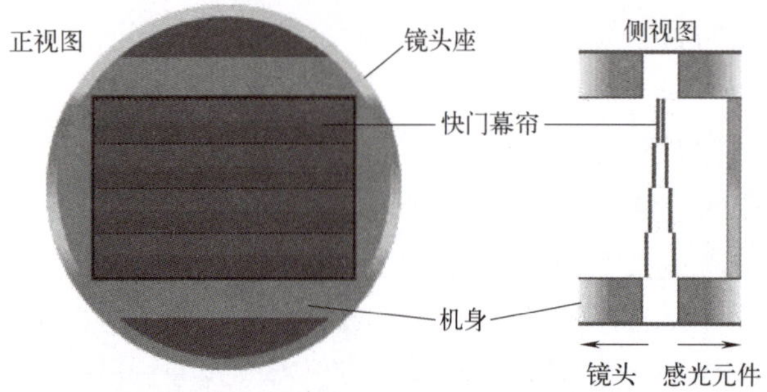


图 4-19　快门原理

传感器按曝光形式不同，分为全局快门（global shutter）和卷帘快门（rolling shutter）。一般来说，CCD 传感器都是全局快门，CMOS 传感器有全局快门和卷帘快门两种。

① 全局快门是指整个芯片的每行像素全部同时进行曝光，每一行像素的曝光开始和结束时间相同。曝光完成后，数据开始逐行读出。相机传感器曝光、数据读出的时间长度一致，但结束数据读出的时间不一致，如图 4-20 所示。

② 卷帘快门是指芯片开始曝光的时候，每行均按照顺序依次开始曝光。第一行曝光结束后，便立即开始读出数据，数据完全读出后，下一行再开始读出数据，如此循环，如图 4-21 所示。

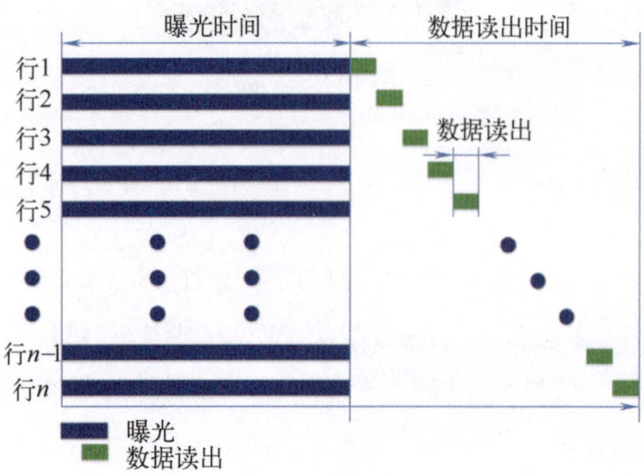


图 4-20　全局快门原理图

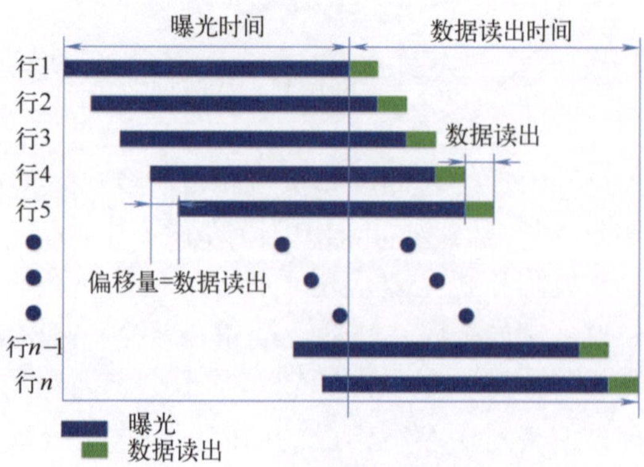


图 4-21　卷帘快门原理图

全局快门和卷帘快门不同行的像素曝光开始和结束时间是不同的，图 4-22 所示为同一物品在全局快门和卷帘快门下的成像差异。

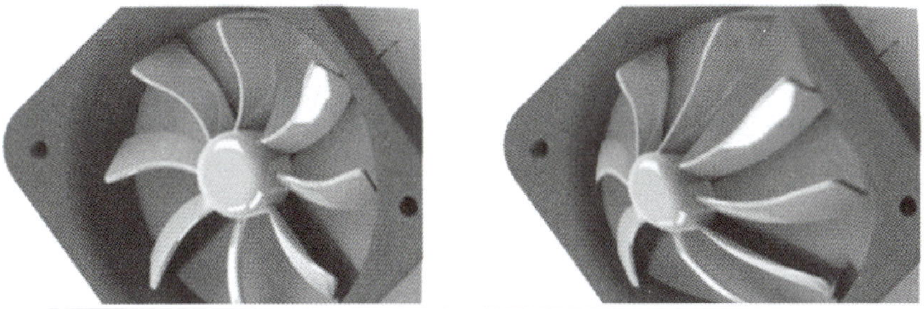

(a) 全局快门　　　　(b) 卷帘快门

图 4-22　全局快门与卷帘快门成像差异

#### 4.2.2.6　工业相机的数据接口

（1）千兆网接口

千兆以太网（千兆网）作为高速以太网技术之一，目前已成为工业图像处理中的一项成熟技术，作为目前通用的数字接口，节省了大量的系统成本。千兆网接口工业相机遵循 GigE Vision 协议，可与千兆网标准定义的物理接口协同工作，清晰的逻辑设计可以使相机轻松集成到图像处理程序中。

GigE Vision 是由自动化成像协会制定的通信协议，用来实现在机器视觉领域利用千兆网接口进行的图像高速传输。该标准基于 UDP（用户数据报协议），与普通网络数据包的不同之处在于应用层协议，该标准应用层协议采用 GVCP（GigE Vision 控制协议）和 GVSP（GigE Vision 流传输协议），分别用来对相机进行配置和数据流的传输。图像采集系统软件的实现就是基于这两种协议。图 4-23 所示为 TCP/IP 协议和 GigE Vision 协议的对比。

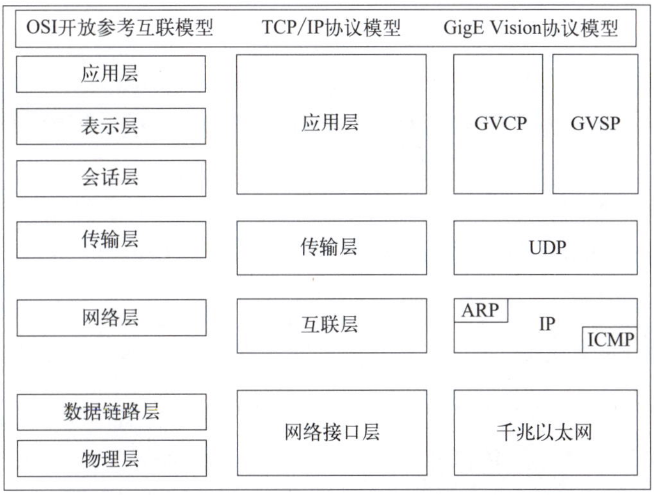


图 4-23　TCP/IP 协议和 GigE Vision 协议的对比

千兆网可以匹配 PC 硬件上的标准网络接口；在使用多个相机时，基础信息较为容易配置；传输距离长，可以满足绝大部分机器视觉应用场景；具备一种特殊的供电方式——PoE 供电，可在传输数据的同时为相机提供直流电，无须另接电源线，更加方便；同样的架设环境下，只需更换网卡和网线就可实现千兆到万兆网的升级。

但是，千兆网也存在如下局限性：带宽小于 1Gb/s，高分辨率的相机在千兆网环境下，帧率十分受限；UDP 传输存在丢包的风险。

（2）万兆网接口

除了传统的千兆网以外，万兆网（万兆以太网）接口也在以太网为基础的传输环境中有应用，在搭配万兆网采集卡和线缆环境后，整套环境能够提供 10 倍于千兆网的带宽，可以满足市场高分辨率、高帧率的需求。与千兆网相同，用户在不更改应用程序软件的情况下，可以对一台兼容 GigE Vision 的相机进行更替，使软件兼容更多型号相机，减少开发和维护成本。

10GigE Vision 标准允许在主流工业图像处理中使用高分辨率传感器和非常高的帧率。将带宽提高 10 倍至 1.1Gb/s，已建立的通用 GigE Vision 标准仍然支持下一代应用。10GigE Vision 比 Camera Link Full 快 35%，除了高带宽外，延迟（即从主机请求到响应到达之间的延迟）也得到了显著改善。过去在 GigE 系统中延迟在 50μs 到 125μs 之间是标准的，而 10GigE 提供的延迟在 5μs 到 50μs 之间。

万兆以太网在大型数据中心已经建立多年，技术成熟。许多供应商提供高质量且经过测试的网络组件，如交换机和适配卡。这种常见的产品可以直接在工业图像处理环境中使用，没有早期采用者的典型缺点。10GigE 已经在 2011 年的 GigE Vision 2.0 标准中进行了描述，符合 GigE Vision 1.0 标准的摄像机在万兆网上运行没有问题。

优点：与千兆网类似，在使用多个相机时，其基础信息容易配置；传输距离长，无中继传输可达 100m，光纤则更长；同样支持 PoE 供电，可在传输数据的同时，为相机提供直流电；向下兼容千兆网；等等。

局限性：UDP 传输仍然存在丢包的风险。

（3）USB 接口

USB 3 理想带宽是 5Gb/s，其具备即插即用、可热插 / 拔等优势，这为依赖于不同 PC 设置的应用程序提供了可靠性和灵活性。同时，USB 3 的硬件普及率极高，从大多数 PC 至微型嵌入式主板均提供 USB 3 端口。它能进行直接存储器访问（DMA），能够将用于数据传输的 CPU 负载降至最低，这意味着将有更多的计算空间提供给数据库和 SDK（软件开发工具包）。此外，USB 3 可向下兼容 USB 2 等接口。

（4）Camera Link 接口

Camera Link 是高速、高稳定性的数据接口，能够提供最高 6.8Gb/s 的数据带宽。此外，它还具备高数据流、安全性的特点。Camera Link 解决方案中的所有组件（线缆、采集卡等）都必须遵守 Camera Link 标准。符合此标准的电缆、连接器和图像采集卡通常不用于除图像处理以外的应用程序。

Camera Link 协议是一种专门应用于机器视觉应用领域的串行通信协议，它使用低电压差动信号（LVDS）进行数据的传输和通信。Camera Link 标准是在 Channel Link 标准的基础上增加了 6 对差动信号线，其中 4 对用于并行传输相机控制信号，另外 2 对用于相机和图像采集卡之间的串行通信［本质就是 UART（通用异步接收发送设备）的两根线］，如图 4-24 所示。

Camera Link 标准由美国自动化工业学会（AIA）定制、修改并发布，其解决了接口高速传输的问题。

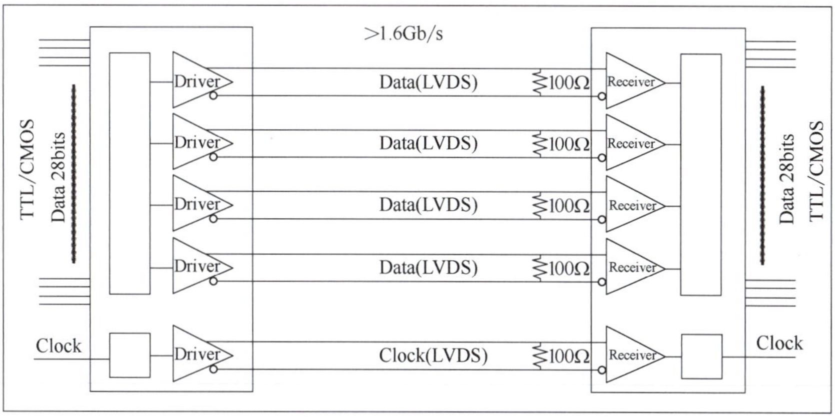

图 4-24 Camera Link 协议

相机电源并不是由 Camera Link 连接器提供的，而是通过一个单独的连接器提供。目前，Camera Link 具备 Base、Medium、Full、80bits 等配置模式。不同配置模式下可提供的最大带宽如下：

Base：双通道，2.04Gb/s。

Medium：四通道，4.08Gb/s。

Full：八通道，5.44Gb/s。

80 bits：十通道，6.8Gb/s。

该接口可使用 1 根或 2 根 Camera Link 线传输数据。使用 2 根时，Camera Link 线缆长度需保持一致。

优点：Camera Link 接口协议稳定、标准，且具备高数据流；是一种电缆解决方案（Camera Link 供电）；有三种不同尺寸的连接件可供选择，直连图像数据延迟低。

局限性：需要搭配 Camera Link 的图像采集卡使用，外围设备（采集器和电缆）价格较高；电缆长度受限，通常使用的电缆长度仅为 7m；综合环境架设复杂度较高。

（5）CoaXPress 接口

CoaXPress 是一种非对称的高速点对点串行通信数字接口标准，是专为机器视觉行业开发的一种数字接口规范。对于需要高分辨率成像以及图像快速传输到主机的机器视觉应用，该标准的高速高带宽数据传输能力可谓理想的解决方案。该标准容许设备（如：数字照相机）通过单根同轴电缆连接到主机（如：个人电脑中的数据采集设备），以高达 6.25Gb/s 的速度传输数据。

CoaXPress 更高的带宽也可支持更高分辨率的传感器应用，从而在获取高精度图像的同时，仍可满足给定应用所需的帧率。此类成像系统的应用包括，采用快速移动无人机（UAV）进行大面积区域的航拍和监控，或高速列车铁轨及电力线检测系统。CoaXPress 的超低延迟也可应用在智能交通系统（ITS）中，进行车辆跟踪和公路控制。基于低延迟和高分辨率图像的医疗应用（如远程外科手术系统）也可因 CoaXPress 相机受益。

CoaXPress 接口特性如下。

速度：CXP-6 单通道最大传输速率可达到 6.25Gb/s，CXP-12 可以升级到 12.5Gb/s。

长度：一般传输距离在 35 ～ 105m，但供应商不同，线缆传输距离会有不同。

线缆：CXP-6、CXP-12 线，电缆的相机端采用 DIN 口，采集卡端的接口需要根据采集卡型号来配套选择；可使用 1、2、4 根 CoaXPress 线传输数据。

优点：一线多用，包括图像数据传输、相机信号控制、触发信号以及电源供电等；支持热插拔，具备灵活的多相机方案，易用性和可靠性很高；同时拥有高带宽和远距离传输的优点；抗干扰能力强。

局限性：需要搭配特定的 CoaXPress 图像采集卡，需要比 Camera Link 更高价的外围设备（采集器和电缆）；综合环境架设复杂度较高。

（6）数据接口对比

目前，工业相机的数字接口多种多样，以上的介绍仅为常用的几个接口，对比如表 4-6 所示。但是可以肯定的是，随着视觉技术的发展，以及更高分辨率和更高采集速率的需求，某些接口会因其局限性而逐渐被取代（如 USB 2.0、Fire Wire 等）。

表 4-6 常用接口的对比

| 项目 | GigE | 10GigE | USB 3 | Camera Link | CoaXPress |
|---|---|---|---|---|---|
| 速度/（Mb/s） | 1000 | 10000 | 3000 | 6400 | 25600（4 根） |
| 距离 /m | 100（双绞线）<br>＞100（光纤） | 100（双绞线）<br>＞100（光纤） | 5(标准无源电缆)<br>＞5（光纤） | 10 | 45（CXP-6）<br>35（CXP-12） |
| 成本 | 低 | 中 | 低 | 高 | 高 |
| 优点 | 1. 拓展性好；<br>2. 性价比高；<br>3. 可管理维护性；<br>4. 广泛适用性 | 1. 带宽高；<br>2. 拓展性好；<br>3. 可管理维护性；<br>4. 架设方案简单 | 1. 支持热插拔；<br>2. 使用便捷；<br>3. 可连接多台设备；<br>4. 相机可通过线缆供电 | 1. 高速率；<br>2. 抗干扰能力强；<br>3. 功耗低 | 1. 数据传输量大；<br>2. 传输距离长；<br>3. 可选择传输距离和传输量；<br>4. 价格低廉，易集成；<br>5. 支持热插拔 |
| 缺点 | 1. CPU 占用率高；<br>2. 对主机的配置要求高 | 1. CPU 占用率高；<br>2. 对主机的配置要求高 | 1. 稳定性较差；<br>2. 距离短 | 1. 价格高；<br>2. 线中不带供电 | 1. 成本高；<br>2. 架设复杂度高 |

## 4.2.3 机器视觉系统关键设备选型——镜头

### 4.2.3.1 镜头及其技术参数

镜头作为机器视觉系统的关键模块，其品质好坏直接影响成像质量，在定位、缺陷检测等应用场景中起到决定性作用。如图 4-25 和图 4-26 所示，镜头包含许多性能参数，如焦距、光圈、畸变、相对照度、靶面等，这些参数直接决定了光学系统成像质量。

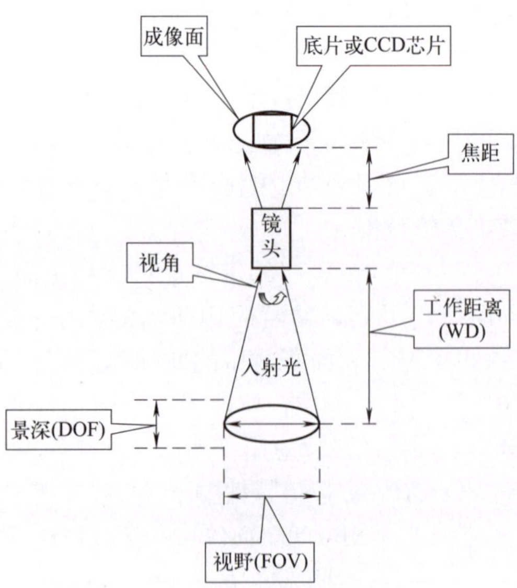

图 4-25 镜头包含的性能参数

① 焦距：焦距是像方主面到像方焦点的距离。如 16mm，25mm。

② 视野（FOV）：又称视场，为图像采集设备所能够覆盖的范围，它可以是在监视器上可以见到的范围，也可以是设备所输出的数字

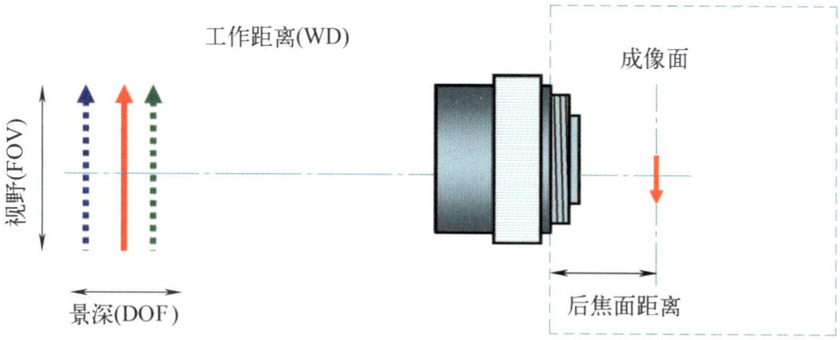


图 4-26 镜头成像的主要参数

图像所能覆盖的最大范围。

③ 最大 / 最小工作距离（WD，work distance）：从物镜到被检测物体的距离，小于最小工作距离、大于最大工作距离系统均不能正常成像。

④ 景深（DOF，depth of field）：在某个调焦位置上，景深内的物体都可以清晰成像。

⑤ 畸变（distortion）：镜头有各种像差，例如球差、慧差、色差等都会降低镜头的成像质量。为了校正这些像差，镜头的设计采用了各种办法，例如用两种不同折射率的光学材料校正色差等。因此，一个好的镜头可能使用 11 片透镜或者更多，一般的镜头也有 5 ～ 7 片透镜，绝不是简单的 1 个凸透镜能实现的。即使如此，镜头本身的设计目标不同也决定了各种像差消除的结果不同。

畸变则是由于放大率随着光轴中心的距离变化造成的。随着像点的远离，物体上对应的点离镜头中心的距离实际在增加，从集合成像公式得知像距在缩小，也就是说成像汇聚的点在像面之前，像面上探测到的图像实际已经离焦，看起来就比原来的图像大。离轴线越远，这个现象就越严重。这就造成了图像的畸变，非常重要的一点是，图像的信息并没有丢失，只是位置不对，每个镜头都有一定程度的畸变，所以根据每个镜头的特性，很容易校正畸变。

几何畸变指的是由于镜头方面的原因导致的图像范围内不同位置上的放大率存在差异。几何畸变主要包括径向畸变和切向畸变，如枕形或桶形畸变，如图 4-27 所示。实际上，如果用机器视觉来做精密的测量，首先要做的就是对畸变的校正。焦距越短，越难以校正畸变。畸变的校正一般用黑白分明的方格子图像来进行，过程并不复杂。一般如果畸变小于 2%，人眼是观察不到的。当然，如果畸变小于 CCD 的一个像素，相机也是看不见的。

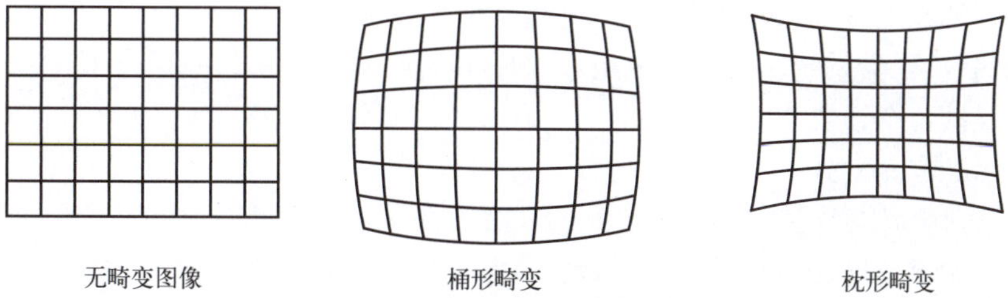


图 4-27 有无畸变对比图

⑥ 镜头接口：物镜的接口尺寸是有国际标准的，常用有三种接口型式，即 F 型、C 型、CS 型。

图 4-28 光圈大小示意图

⑦ 成像面：可以在镜头的像面上清晰成像的物方平面。

⑧ 光圈与 F 值（光圈系数）：光圈系数用 F 表示，以镜头焦距 $f$ 和通光孔径 $D$ 的比值来衡量。每个镜头上都标有最大 F 值，例如：6mm/F1.4 代表最大孔径为 4.29mm，光通量与 F 值的平方成反比关系，F 值越小，光通量越大。光圈是一个用来控制镜头通光量的装置，它通常是在镜头内，如图 4-28 所示。用 F 值表达光圈大小，完整的 F 值系列如下：F1.4、F2、F2.8、F4、F5.6、F8、F11、F16、F22、F32、F44、F64 等。

对于相机镜头，物体越远，光圈越大，锥形角越大，F 值越小，如图 4-29 所示。

F 值越小，速度越快（适合高速相机用）。因为它能收集更多的光源，相片曝光时间越短。好的高速相机通常能形成高分辨率的图像，但景深很小。

F 值越大，速度越慢（不适合高速应用场合）。因为光圈小，需要更多的时间收集光源。但有较大的景深。

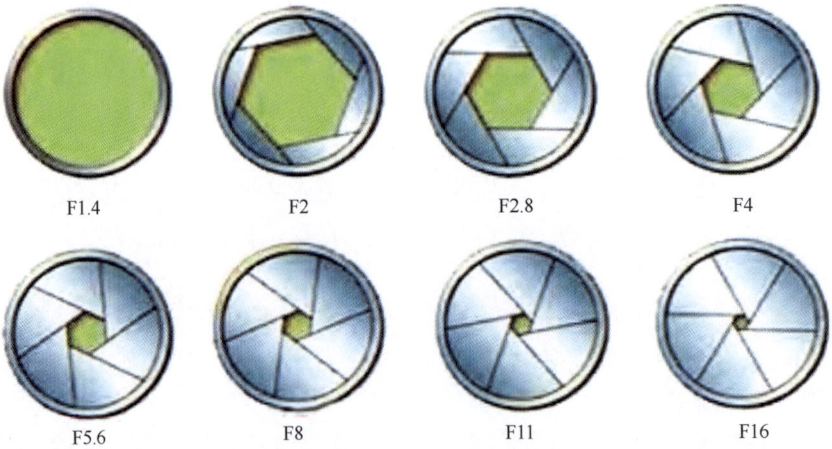

图 4-29 F 不同数值下的效果

光圈 F 值愈小，在同一单位时间内的进光量便愈多，而且上一级的进光量刚好是下一级的一倍，例如光圈从 F8 调整到 F5.6，进光量便多一倍，也说光圈开大了一级。

⑨ 分辨率：测量系统能够重现的最小的细节的尺寸，常常用线每毫米（线 /mm）来表示，也就是根据这个镜头能够分辨一毫米内有多少对直线。选择镜头的时候，必须注意厂商给出的分辨率的定义方式。

⑩ 镜头的调制传递函数（MTF）：能够同时表征系统重现物方空间的几何和灰度细节能力，是衡量成像系统性能的最佳方式。对于一个实际的成像系统，细节密集位置的对比度要小于细节稀疏位置的对比度，成像系统中的每个环节都对系统最终的 MTF 产生影响，包括滤色片、镜头、图像传感器、后期处理电路等，如图 4-30 所示。

MTF 图的横坐标表示的是镜头中心到镜头边缘的距离，单位是 mm，横坐标相当于成像圈半径，横坐标左端相当于成像中心，右端相当于成像圈圆周外端。

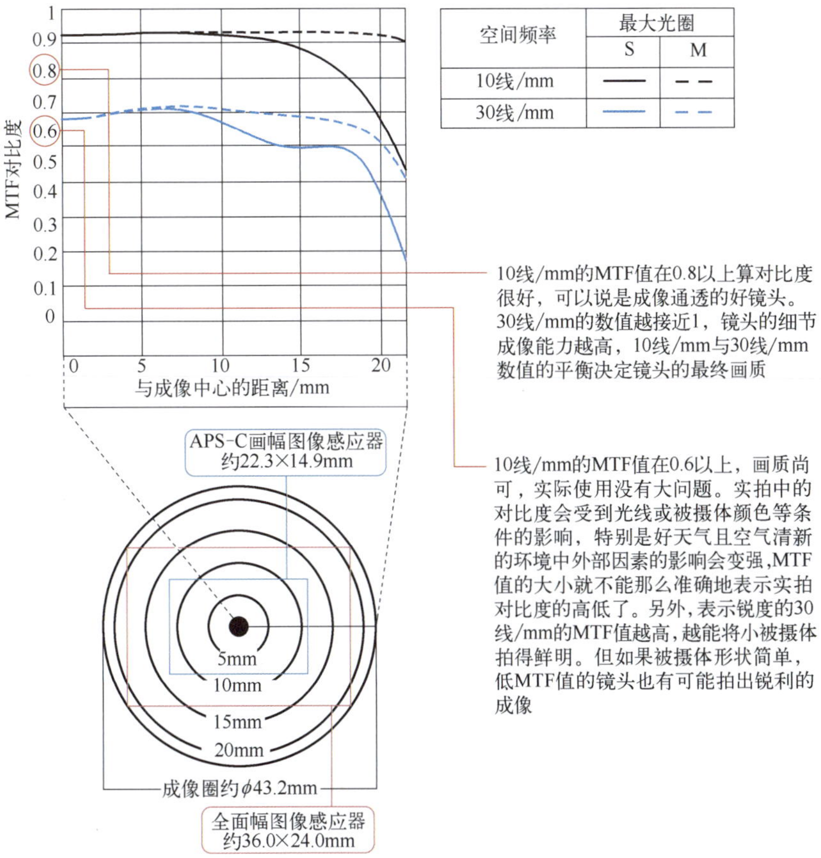


图 4-30　镜头 MTF 图

纵坐标表示 MTF 的对比度，取值 = 拍摄画面 / 实际画面，一般认为 0.6 为及格，0.8 为良好，越接近 1，镜头质量越好。

### 4.2.3.2　远心镜头

（1）远心镜头介绍

远心镜头主要是为纠正传统工业镜头的视差而特殊设计的镜头。普通工业镜头目标物体越靠近镜头（工作距离越短），所成的像就越大。而远心镜头可以在一定的物距范围内，使得到的图像放大倍率不会随物距的变化而变化，如图 4-31 所示，这对被测物不在同一物

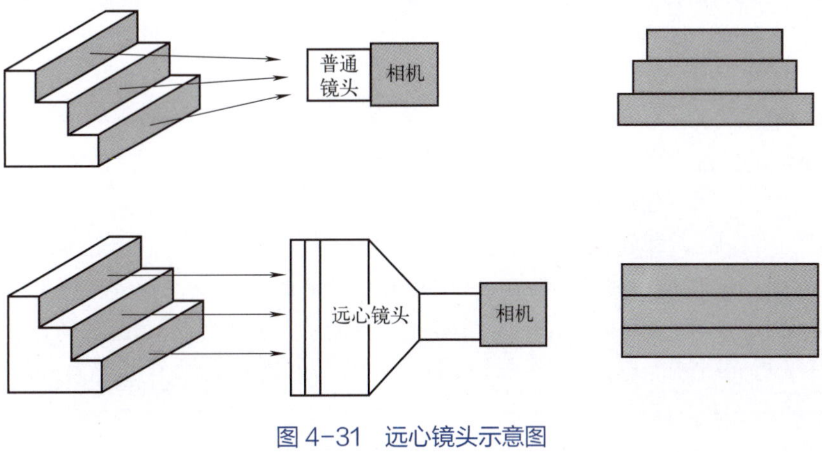


图 4-31　远心镜头示意图

面上的情况是非常重要的应用。

（2）远心镜头的光路

远心镜头的光路类型可分为物方远心光路、像方远心光路和双侧远心光路。

① 物方远心光路：在物方远心光路中，孔径光阑位于前组镜片的像方焦平面上，物方主光线平行于光轴且交点位于物方无限远处，如图 4-32 所示。这意味着物方远心光路的入瞳在无限远处，镜头的视野恒定且视野角为 0°，即在一定工作距离范围内，光学放大倍率不会随着工作距离改变。如图 4-32 所示，$A_1$ 平面和 $A_2$ 平面位置的同等高度的物体在传感器上的成像高度也是相等的。

② 像方远心光路：在像方远心光路中，孔径光阑位于后组镜头的物方焦平面上，像方主光线平行于光轴且交点位于像方无限远处，如图 4-33 所示。像方远心镜头能给传感器位置带来更大的允差，光学放大倍率不会随着传感器平面的位置改变而改变，如图 4-33 所示，传感器在 $B'_1$ 位置和 $B'_2$ 位置的物体成像高度是相等的；同时，由于像方主光线与光轴夹角为零，像方远心镜头相对照度不会受到 $\cos^4\theta$ 的限制，能够产生更加均匀的相对照度。

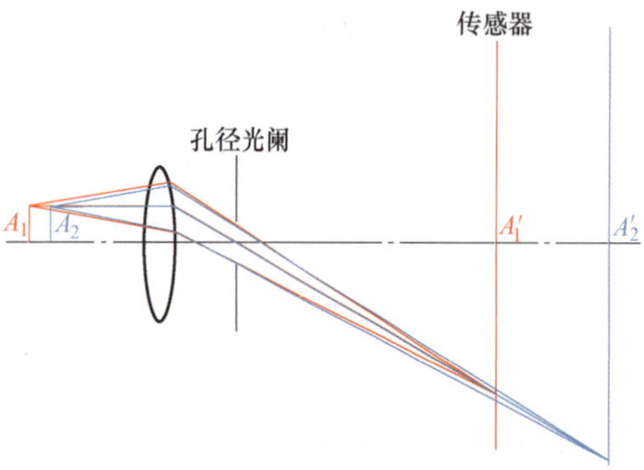


图 4-32　远心光路示意图

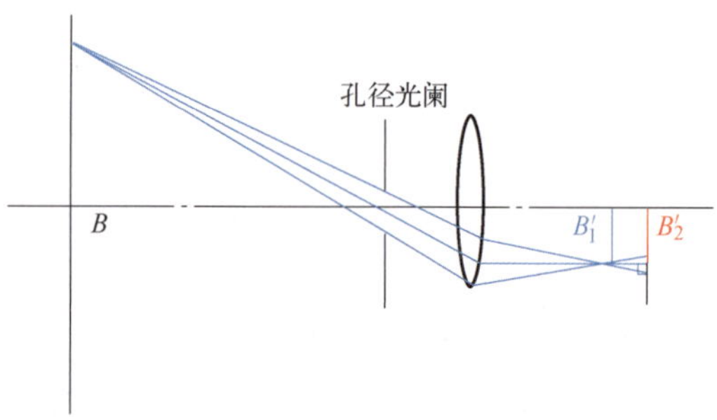


图 4-33　远心光路放大原理

③ 双侧远心光路：双侧远心光路兼具了物方远心光路和像方远心光路的特点，物方主光线和像方主光线均与光轴平行，如图 4-34 所示。同时由于光路设计的对称性，双侧远心镜头的畸变具有更好的畸变特性（一般小于 0.1%）。这意味着双侧远心镜头具有远远优于普通工业镜头的测量准确性，在传感器也能获得均匀的相对照度。

（3）远心度

由于不同的镜头的远心度有差异，镜头消除视差的能力也是有差异的。远心度定义为主光线与光轴的夹角 $\theta$，如图 4-35 所示。由于远心度引起的位置偏移可以通过以下公式计算：

$$\delta=\Delta \mathrm{WD}\tan\theta$$

（4）远心镜头特点

相较于普通的工业镜头，远心镜头有如下特点：

① 远心度值小，透视误差为零或极小。

② 固定的工作距离和放大倍率。远心镜头针对固定的工作距离和放大倍率进行设计和优化，行业内常用的工作距离有 65mm、110mm、150mm、250mm 等。

③ 畸变较小。远心镜头一般应用于高精度测量场景，对畸变要求也较高。

④ 只有平行光线才能进入光学系统，对补光的要求高。测量范围越大，镜头的口径就需要越大。

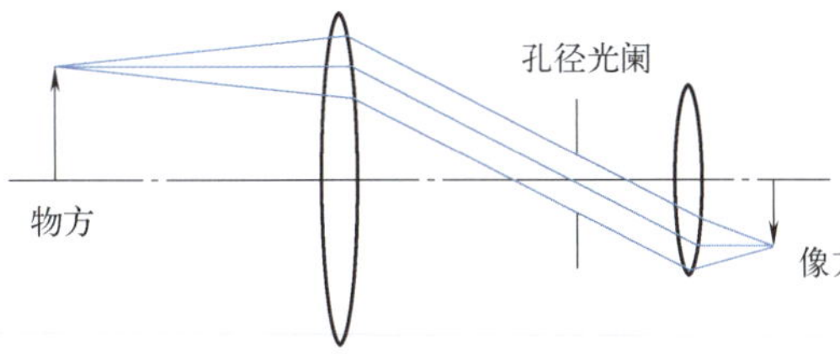

图 4-34 双侧远心光路原理

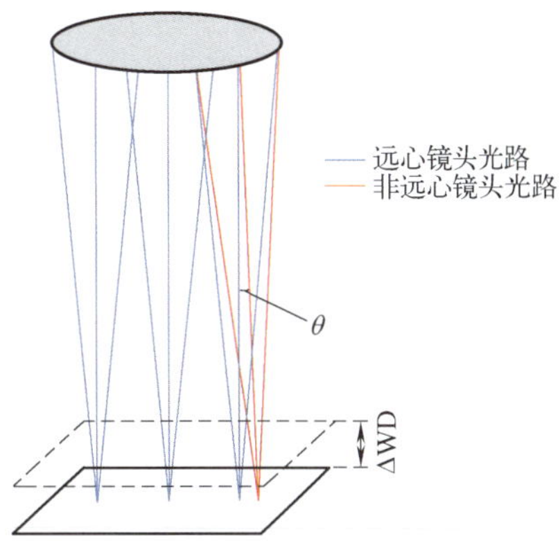

图 4-35 远心度定义示意图

⑤ 可装配同轴落射光源，采用无限远平行光入射时，可实现无阴影照明。同轴落射照明结构可使入射光照射分布更均匀。

#### 4.2.3.3 镜头选型

镜头相当于人眼的晶状体，如果没有晶状体，人眼看不到任何物体；如果没有镜头，那么摄像头所输出的图像就是白茫茫的一片，没有清晰的图像输出，这与入门家用摄像机和照相机的原理是一致的。当人眼的肌肉无法将晶状体拉伸至正常位置时，也就是人们常说的近视眼，眼前的景物就会变得模糊不清；摄像头与镜头的配合也有类似现象，当图像变得不清楚时，可以调整摄像头的后焦点，改变 CCD 芯片与镜头基准面的距离（相当于调整人眼晶状体的位置），可以将模糊的图像变得清晰。

（1）镜头初选

在许多工作场景下，能够允许的工作距离和所需的视野都是已知的，即可以认为镜头在物方空间对被测物体的张角与在像方空间对传感器的张角是相等的。通过公式（4-1）来确认镜头的视野角，WD 为被观测物体到镜头前端的工作距离，AFOV 为镜头的水平视野角，如图 4-36 所示。

$$\mathrm{AFOV} = 2\arctan\left(\frac{\mathrm{HFOV}}{2\mathrm{WD}}\right) \tag{4-1}$$

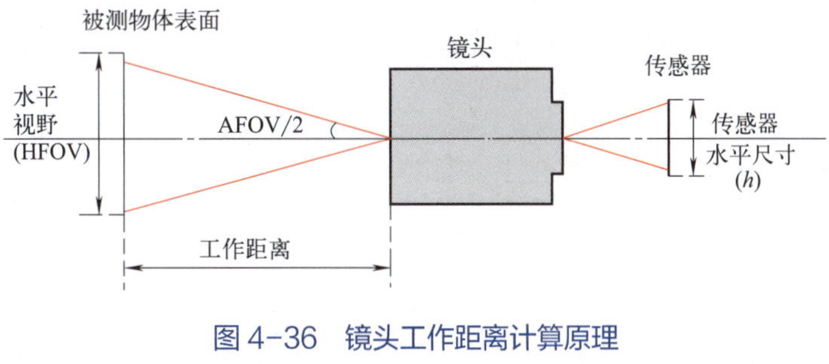

图 4-36 镜头工作距离计算原理

如果图像传感器的尺寸已经选定，可以进一步通过公式确定所需镜头的焦距（$f$）和成像系统的光学放大倍率（$\beta$）。

$$f = \frac{h \times \mathrm{WD}}{\mathrm{HFOV}}$$
$$\beta = \frac{f}{\mathrm{WD}} \tag{4-2}$$

在镜头选型时，不仅要考虑在水平方向上是否满足需求，还要考虑在竖直方向上视野是否满足需求，其计算方法与水平方向计算相同。

镜头的靶面尺寸也应与传感器尺寸相适配。当镜头的靶面尺寸小于传感器尺寸时，会产生传感器的边缘解像不良和边缘相对照度过低的问题；当镜头的靶面尺寸远大于传感器尺寸时，会导致镜头性能的浪费。表 4-7 是常用传感器的尺寸。

表 4-7　常用传感器的尺寸

| 传感器类型 | 对角线长度 /mm | 传感器宽度 /mm | 传感器高度 /mm |
|---|---|---|---|
| 1/3″ | 6.000 | 4.800 | 3.600 |
| 1/2.5″ | 7.182 | 5.760 | 4.290 |
| 1/2″ | 8.000 | 6.400 | 4.800 |
| 1/1.8″ | 8.933 | 7.176 | 5.319 |
| 2/3″ | 11.000 | 8.800 | 6.600 |
| 1″ | 16.000 | 12.800 | 9.600 |
| 4/3″ | 22.500 | 18.800 | 13.500 |
| 全面幅 -35mm | 43.300 | 36.000 | 24.000 |

注：影像参数中 1″=16mm。

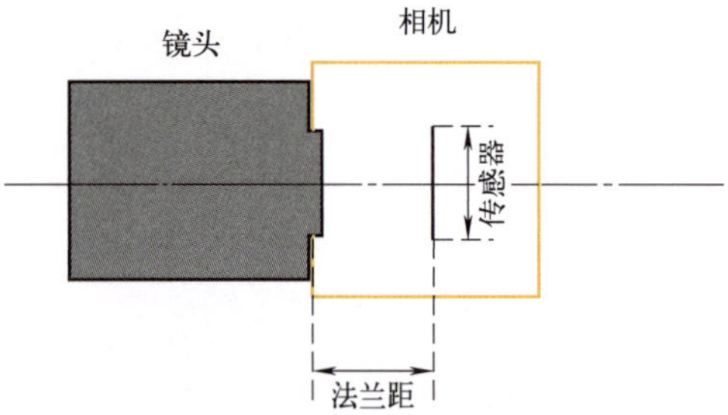


图 4-37　镜头与相机连接示意图

（2）考虑镜头接口、转接环和延长环

法兰距是镜头和相机接口的一个重要参数。对镜头而言，法兰距是指镜头在无限距离对焦时，镜头卡口平面到镜头理想像平面之间的距离；对机身而言，法兰距是指卡口到传感器的距离，如图 4-37 所示。

法兰距决定了镜头的转接性能，小法兰距卡口相机可以转接大法兰距镜头，反之则不行（会出现无限远不合焦的问题）。在选型时还要考虑镜头与相机的接口对应问题，应保持相机与镜头的接口一致或者选择合适的转接环，不然就无法安装。接口类型的不同和工业镜头性能及质量并无直接关系。工业镜头和工业相机之间的接口有许多不同的类型，工业相机常用的接口包括 C 接口、CS 接口、F 接口、V 接口、EF 接口、M42 接口等，接口参数如表 4-8 所示。

表 4-8　常用接口及其参数

| 接口名称 | 固定结构 | 法兰距 |
|---|---|---|
| C | 螺纹 | 17.526mm |
| CS | 螺纹 | 12.526mm |
| F | 卡口 | 46.5mm |
| EF | 卡口 | 44mm |
| V | 卡口 | 厂家定制 |
| M42 | 螺纹 | 厂家定制 |
| M58 | 螺纹 | 厂家定制 |
| M72 | 螺纹 | 厂家定制 |

转接环是一种转接工具，两端为不同的卡口或螺口，让非原生卡口的镜头得以适配到相应的机身上。简单来说，这是为了不同卡口（或螺纹）适配使用的一种转接工具，让原本无法互通的卡口镜头变得通用起来。如图 4-38 所示，镜头接口为 V38 接口，相机接口为 M58 接口，可以通过 V38 转 M58 的转接环将镜头和相机配合使用起来。

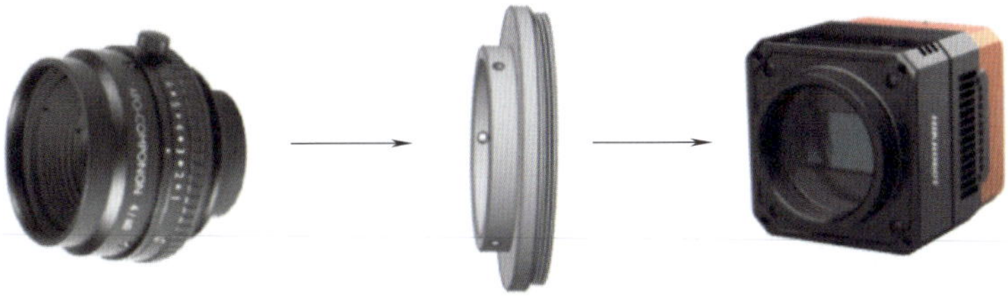

V38接口镜头　　V38转M58转接环　　M58接口相机

图 4-38　镜头转接示意图

## 4.2.4　机器视觉系统关键设备选型——光源与照明

光源的选择，直接影响了输入图像数据的质量与应用效果。针对每个不同的检测案例与环境，需要选择相应的光源与合理的照明方式，以求达到最好的应用效果。

### 4.2.4.1　光源类型

一张理想的效果图像，直接决定了软件算法的快速性及稳定性，而图像质量的高低又取决于合适的照明方式，因此光源是机器视觉系统中不可忽略的一个重要组件。针对不同的检测内容、不同的检测物体，需要选用不同的光源和不同的打光方式来达到最佳的检测效果，如图 4-39 所示。

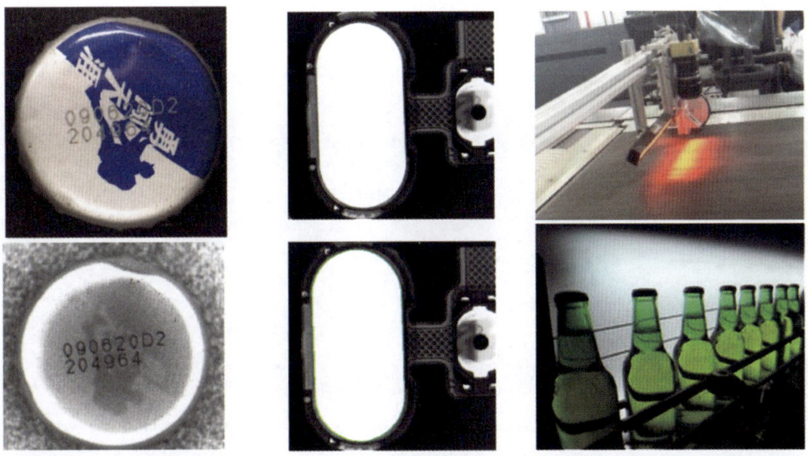

克服环境光，提高特征与背景的对比度　　均匀的光源，提高检测精度和系统的稳定性　　高亮光源，提高检测效率

图 4-39　不同光源照明下的物体效果

常见的光源类型主要有：LED 灯、卤素灯、荧光灯、白炽灯等。其对比如表 4-9 所示。

表 4-9　常见光源对比

| 光源 | 能效 /（lm/W） | 寿命 /h |
| --- | --- | --- |
| 普通白炽灯 | 12 | ＜ 2000 |
| 节能荧光灯 | 60 | 8000 |
| 高频荧光灯 | 96 | 10000 |
| 卤素灯 | 17 ～ 33 | 3000 ～ 5000 |
| LED 灯 | 150 | 60000 |

LED 光源相比于其他光源在能效和寿命上有较大优势。除此之外 LED 光源还有以下优点：

① 多色选择：涵盖红外光、可见光、紫外光。可根据被测物不同的显色特性和检测要求选择不同波段（颜色）的 LED 光源。

② 响应速度快：单个 LED 响应时间可达到纳秒级。

③ 可触发和频闪：可被触发点亮或者频闪照明，提高光源利用率或瞬间亮度，解决在线拍摄照明不足的问题。

④ 结构设计灵活：可根据被测物形状特征设计相应的发光角度和结构，对于空间不足的设备，有显著优势。

#### 4.2.4.2　光的基本参数

（1）光通量

光通量（luminous flux）指人眼所能感觉到的辐射功率，它等于单位时间内某一波段的辐射能量和该波段的相对视见率的乘积。人眼（传感器）对不同波长光的相对视见率不同，所以不同波长光的辐射功率相等时，其光通量并不相等。

光通量的单位是 lm（流明），1lm 等于由一个具有 1cd（坎德拉）均匀发光强度的点光源在 1sr（球面度）单位立体角内发射的光通量，即 1lm=1cd・sr。与力学的单位比较，光通量相当于压力，而发光强度相当于压强。要想被照射点看起来更亮，不仅要提高光通量，而且要聚光，实际上就是减小被照射点面积，这样才能得到更大的强度。

（2）发光强度

发光强度简称光强，国际单位是 candela（坎德拉），简写为 cd，其他单位有烛光、支光。1cd 即 1000mcd，是指单色点光源在给定方向上的单位立体角发出的光通量。可以说，这个量表明发光体在空间发射的汇聚能力。

（3）光照强度

光照强度是指单位面积上所接收光的光通量。简称照度，单位勒克斯（lux 或 lx）。用于表示光照的强弱和物体表面被照明程度。

（4）颜色 / 波长

光的波长在 380 ～ 760nm 之间，能被人眼所感知，称为可见光，每种颜色对应一种波长。在光波中小于 400nm 波长的光称为紫外光，大于 780nm 称为红外光。

自然界中各种物体所表现出的不同色彩，都是由蓝色、绿色和红色光线按适当比例混合起来，经过不同的吸收或反射，而呈现在人们眼中的，如图 4-40 所示。所以，蓝色、绿色和红色就是组成各种色彩的基本成分，这三个感色单元被称为三原色。三原色的光谱波长如下：

① 435.8nm，波长约 400 ～ 500nm 属蓝光范围；

② 546.1nm，波长约 500 ～ 600nm 属绿光范围；

③ 700nm，波长约 600 ～ 700nm 属红光范围。

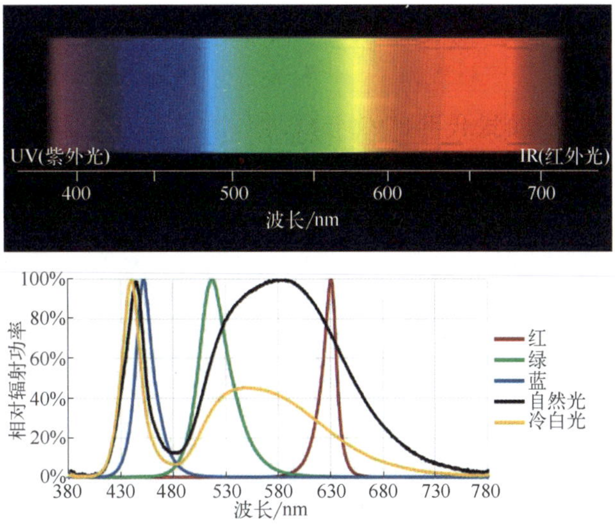


图 4-40　光的颜色及波长

（5）色温

色温表示光源包含的光谱成分。从理论上讲，色温是指绝对黑体从绝对零度（-273℃）开始加温后所呈现的颜色，如图 4-41 所示。黑体在受热后，逐渐由黑变红，转黄，发白，最后发出蓝色光。当加热到某个温度，黑体发出的光所含的光谱成分，就称为这一温度下的色温，计量单位为 K（开尔文），值越低，颜色就越红。

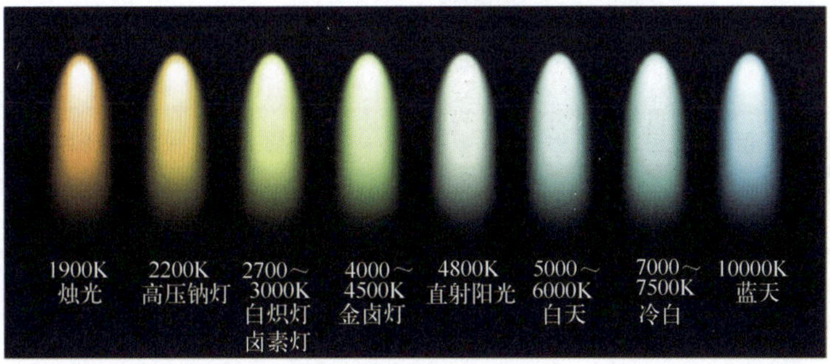


图 4-41　光的色温

（6）显色性

显色性就是指不同光谱的光源照射在同一颜色的物体上时，所呈现不同颜色的特性。通常用显色指数（Ra）来表示光源的显色性，能正确表现物质本来的颜色需使用显色指数（Ra）高的光源，其数值越接近 100，所呈现的效果就越接近自然光，显色性越好；光源显色性差，必定照射到物体上反射的颜色也差，如图 4-42 所示。

### 4.2.4.3　照明与打光

光源是基础，照明（打光）是艺术。一个好的打光效果，基本说明视觉检测成功了一大半。在实际应用中，常用的打光方式如下。

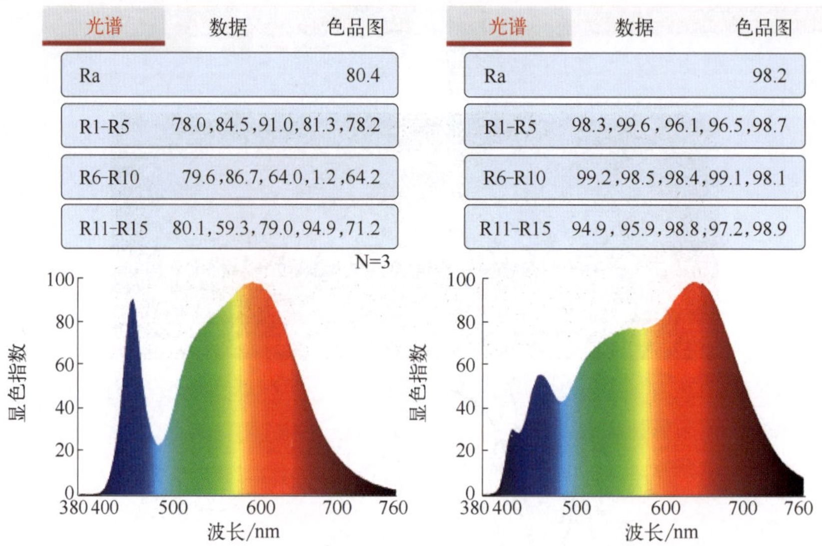


图 4-42　光的显色效果

（1）正向光

光源位于被测物的上方，光线照射在被测物表面，根据光源的发光角度可分为高角度光源、低角度光源，以及包含高、低角度的无影光源和同轴光源。

① 高角度光特点如下。

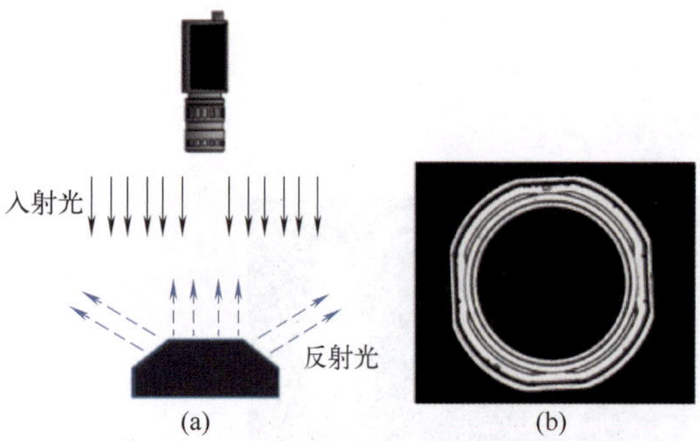


图 4-43　高角度光打光方式及成像效果

光路描述：光线与水平面角度大于 45° 称为高角度光，如图 4-43 所示。

效果分析：高角度照射，光线经被测物表面平整部分反射后进入镜头，图像效果表现为灰度值较高；不平整部分反射光进入不了镜头，图像效果表现为灰度值较低。

主要应用：定位、字符检测、轮廓检测、划伤检测、尺寸测量。

常用光源：高角度环形光、条形光、面光、同轴光、点光等。

② 低角度光特点如下。

光路描述：光线与水平面角度小于 45° 称为低角度光，如图 4-44 所示。

效果分析：低角度照射，被测物表面平整部分的反射光无法进入镜头，图像效果表现为灰度值较低；不平整部分的反射光进入镜头，图像效果表现为灰度值较高。

主要应用：定位、字符检测、轮廓检测、划伤检测、尺寸测量。

常用光源：低角度环形光、条形光、线光等。

③ 无影光特点如下。

光路描述：通过结构或漫射板改变光路，最终发光角度包含了高角度和低角度，如图 4-45 所示。

效果分析：兼具了高角度光和低角度光的效果，使被测物得到了多角度的照射，表面纹理、皱褶被弱化，图像上整体均匀。

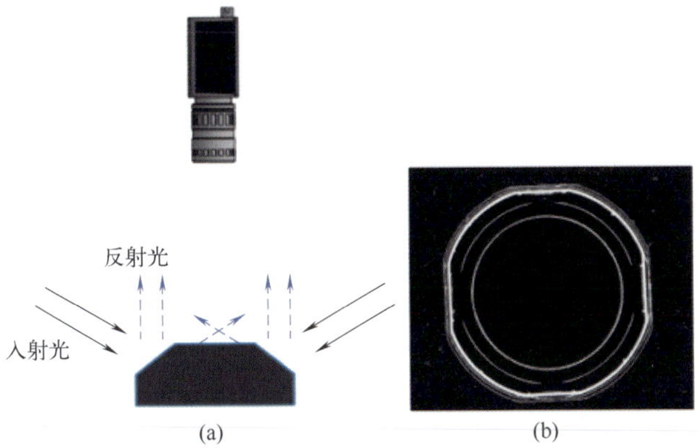


图 4-44　低角度光打光方式及成像效果

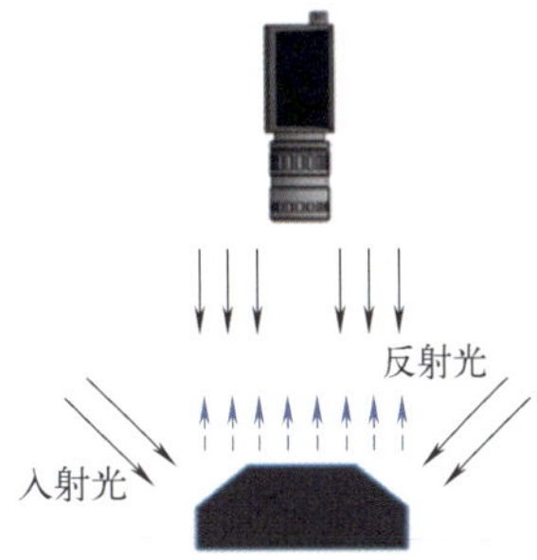


图 4-45　无影光的打光方式

主要应用：定位、尺寸测量、弧形产品表面检测。

常用光源：圆顶光、环形无影光、方形无影光、灯箱等。

④ 同轴光特点如下。

光路描述：反射光线与镜头平行，称为同轴光，如图 4-46 所示。不同打光方式下同轴光的成像效果如图 4-47 所示。

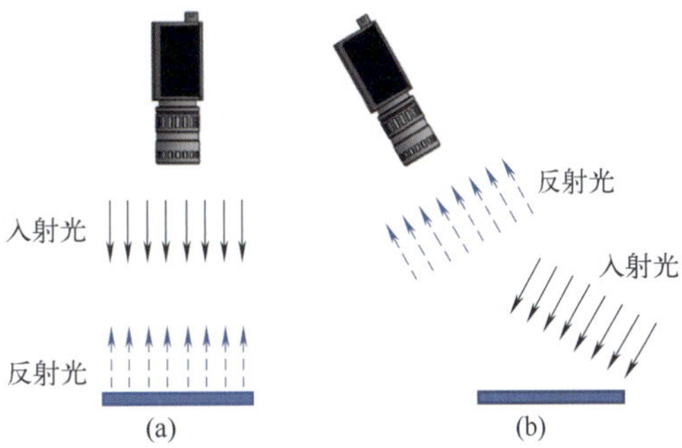


图 4-46　同轴光的打光方式

效果分析：光线经过平面反射后，与光轴平行地进入镜头。此时被测物相当于一面镜子，图像体现的是光源的信息，当“镜子”出现凹凸不平时，光线将格外地明显。

主要应用：划痕、压印、凹凸点检测、轮廓检测。

常用光源：同轴光、平行同轴光、面光、线光。

图 4-47　不同打光方式下充电器表面成像效果

（2）背光

光源位于被测物的下方无遮挡时，光线直接进入镜头，图像灰度值很高；被测物遮挡光线时，图像灰度值很低，所以得到了被测物的轮廓信息。

① 漫射背光特点如下。

光路描述：光源经过漫射板散射发光，如图 4-48 所示。

效果分析：提取轮廓时，对于有厚度、有弧度的产品，图像上边缘发虚，不够锐利；而对于扁平的产品，图像效果稳定，性价比高。

主要应用：定位、尺寸测量、有无检测、缺陷检测。

常用光源：面光。

② 平行背光特点如下。

光路描述：通过平行结构使光源发出平行光，如图 4-49 所示。

效果分析：平行光能够精确得到不规则被测物的外轮廓，使诸如圆柱形产品，或有倒角、圆角的产品边缘成像清晰、锐利。一般配合远心镜头使用，精度很高。

主要应用：尺寸测量。

常用光源：平行面光、平行同轴光。

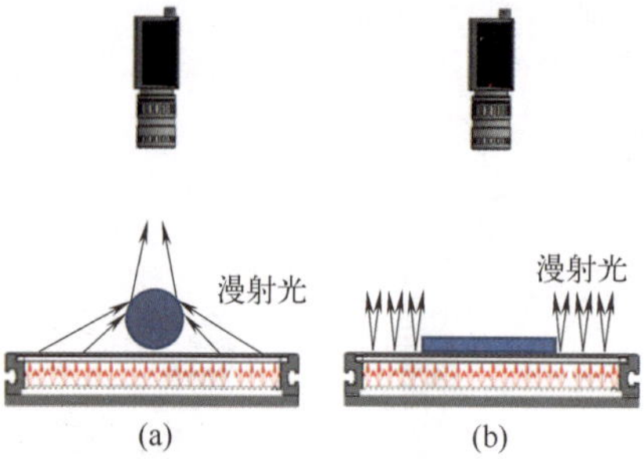


图 4-48 漫射背光打光方式

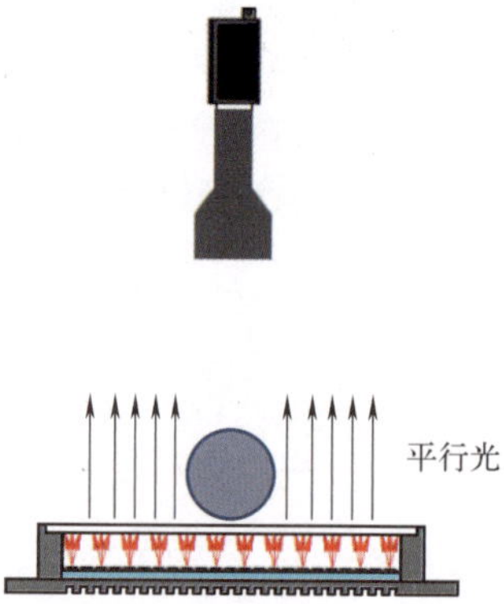


图 4-49 平行背光打光方式

③ 结构光特点如下。

光路描述：通过特殊结构使光源发出清晰的线阵列或点阵列，效果如图 4-50 所示。

效果分析：光源投射到被测物上，缺陷会使得光斑阵列图案发生扭曲。

主要应用：平整度检测。

常用光源：结构光。

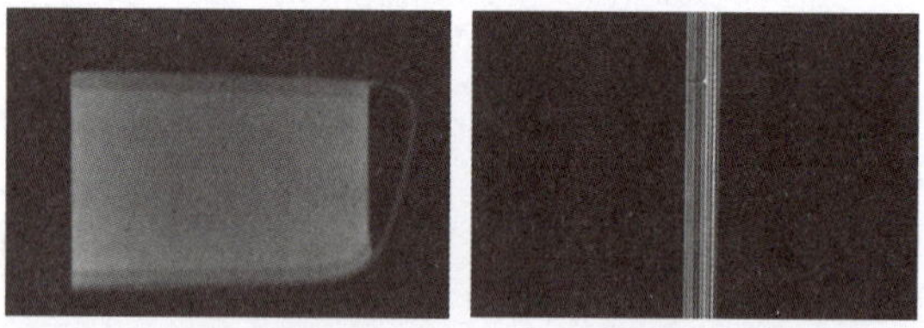

(a) 后视镜平整度检测　　(b) 手机中框缺陷检测

图 4-50 结构光效果

（3）其他照明与打光

① 亮场。背景灰度值高，特征灰度值低，如图 4-51 所示。

② 暗场。背景灰度值低，特征灰度值高，如图 4-52 所示。

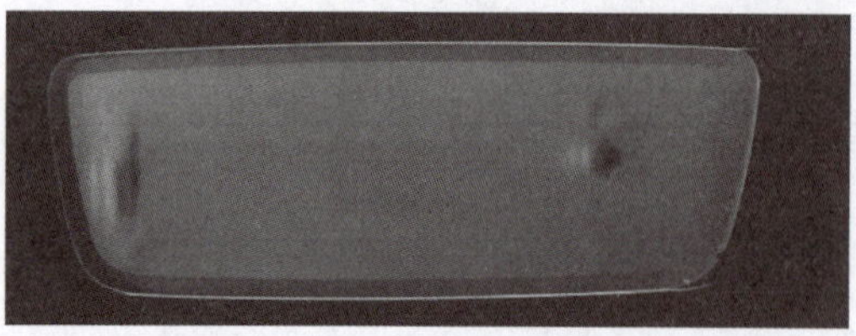

图 4-51 亮场示意图

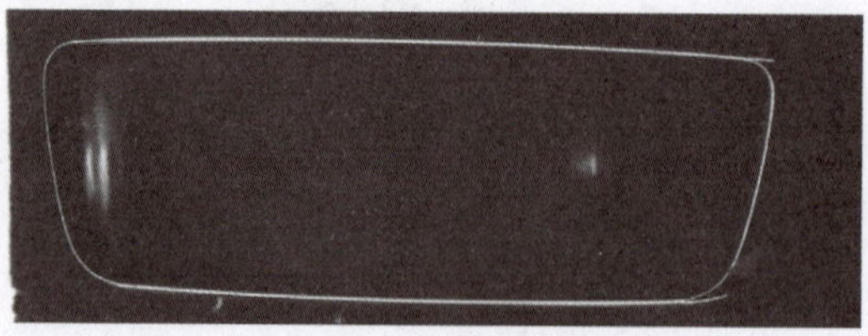

图 4-52 暗场示意图

③ 颜色打光法。根据被测物本身的颜色特征，提取对应的波长来提高对比度，常用以下两种方法：

a. 直接采用对比色光源照射（如红和蓝）；

b. 使用白光加上单色带通滤镜。

图 4-53 所示为这两种不同打光法的效果图。

(a) 本色(左)及红光(右)效果　　(b) 蓝光(左)和绿光(右)效果

图 4-53　颜色打光法效果

④ 红外光。利用红外光的良好穿透性，可以过滤被测物表面的大分子干扰，打光效果如图 4-54 所示。

⑤ 紫外光。利用荧光效应检测 UV 胶（无影胶）和隐形码。另一方面，与红外光相反，弱穿透性可用于检测透明产品中的隐性特征，如图 4-55 所示。

(a) 可见光　　(b) 红外光

图 4-54　红外光打光效果

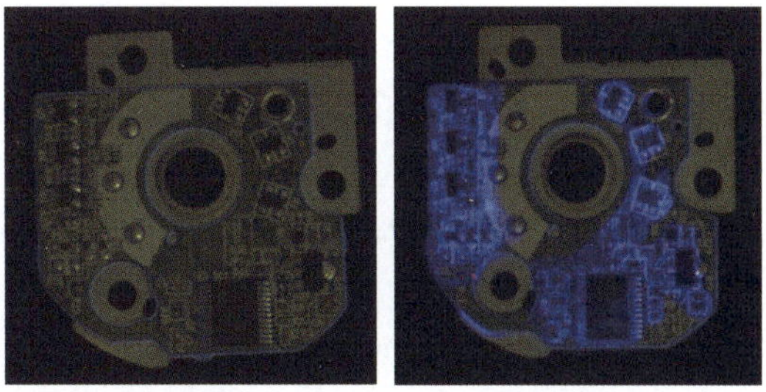

(a) 可见光　　(b) 紫外光

图 4-55　可见光和紫外光打光效果

⑥ 偏光。使用偏光光源消除部分反光，图 4-56 所示为有无偏光效果图。

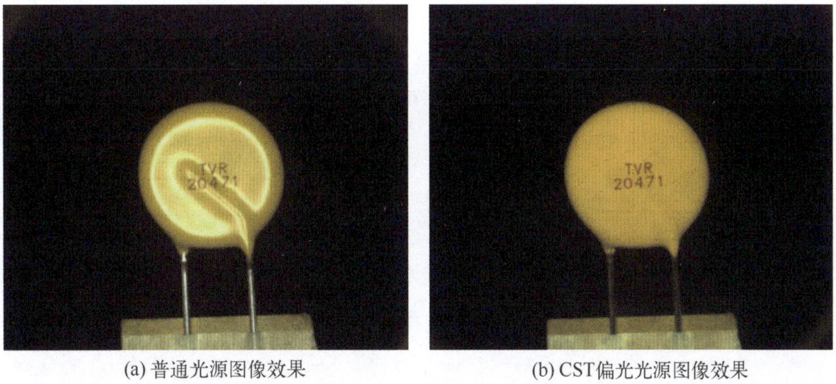


(a) 普通光源图像效果　　(b) CST偏光光源图像效果

图 4-56　有无偏光效果对比

#### 4.2.4.4　光源驱动器

机器视觉系统中重要组件之一的光源产品，对视觉方案实现的稳定性和精确性有重要作用。光源驱动器，又称光源控制器，其主要功能是为各类型的光源实现供电驱动，并可通过调节输出电压、电流、串口信号，实现对光源工作状态的控制。例如在飞拍场景下，可使用频闪型驱动器配合光源进行瞬间触发，将光源的原有亮度在瞬间提升几倍。有些特殊类型的光源，如点光源、线光源，需要搭配专用的光源驱动器。

对于光源驱动器的分类，按照输出信号类型可分为恒流型和恒压型，按照驱动方式可分为模拟型和数字型，按照光源触发亮度可分为常亮型和频闪增亮型，按照输出电压功率可分为小功率型和大功率型。

（1）恒流与恒压驱动器

模拟电流输出且输出电流保持连续不变的称为恒流驱动器，通常具有如下特点：

① 可通过面板按键、串口通信调节亮度；

② 集过流、过载、短路保护功能于一体；

③ 输出一个没有任何脉冲成分的电流信号，使发光更稳定；

④ 小功率恒流驱动器适用于点光源、同轴平行光源；

⑤ 大功率恒流驱动器适用于线阵光源及大功率面阵光源。

恒压驱动器可以保持输出电压连续不变，通常具有如下特点：

① 通过电压控制光源的驱动器，标准 2、4、6 通道；

② 通过面板按键、串口通信调节亮度；

③ 集过流、过载、短路保护功能于一体；

④ 输出一个没有任何脉冲成分的电压信号；

⑤ 用于驱动小功率光源。

（2）模拟与数字驱动器

通过电压控制实现亮度无级调节的是模拟驱动器，通常具备如下特点：

① 结构简单、操作方便，标准 2、4 通道控制，每一路亮度可单独控制，提供持续稳定的电压源，过流、短路保护功能；

② 输出没有任何脉冲成分的电压信号，且信号在其输出状态下是一种连续状态；

③ 常用于小曝光高速相机拍摄下照明；

④ 用于驱动小功率光源。

数字驱动器可以通过程序控制不同的光源亮度，通常具备如下特点：

① 可进行 2、5、6 挡调光控制器的数字驱动，可广泛用于视觉检测系统中；

② 标准 2、4、6 通道控制，每一路亮度可单独控制，可通过面板按键、串口通信进行亮度调节；

③ 集过流、过载、短路保护功能于一体；

④ 输出的是一个有周期性变化规律的脉冲电压信号，也就是 PWM（脉冲宽度调制）信号；

⑤ PWM 信号输出，改变 PWM 占空比来调整光源亮度；

⑥ 触发响应快；

⑦ 可驱动小、中功率光源。

（3）常亮与频闪增亮驱动器

常亮驱动器可控制光源进行长时间持续发光，具备如下特点：

① 输出连续脉冲电压信号，根据功率不同适配光源型号；

② 提供多通道，过流、过载、短路保护功能；

③ 可驱动小、中、大功率光源，正常点亮光源。

频闪增亮驱动器控制光源具有如下特点：

① 输出电压脉冲宽度 10 ～ 999μs，脉宽比例可由用户设定；

② 具有外触发和内触发工作模式，按需点亮光源，具有过载、过流、过热保护功能；

③ 输出一个单次脉冲电压信号；

④ 可驱动小、中功率光源，提升光源瞬间亮度达 400% 以上，并延长光源使用寿命。

## 4.2.5 机器视觉系统的算法与软件

### 4.2.5.1 定位类算法

（1）模板匹配算法

模板匹配算法的原理是，建立模型时提取目标的基本特征（边缘特征或灰度特征），搜索目标阶段以提取出的模型特征为基础，在多种自由度（平移、旋转、一致性缩放、非一致性缩放）混合空间下找到目标，并输出目标位姿状态（各自由度值），如图 4-57 所示。

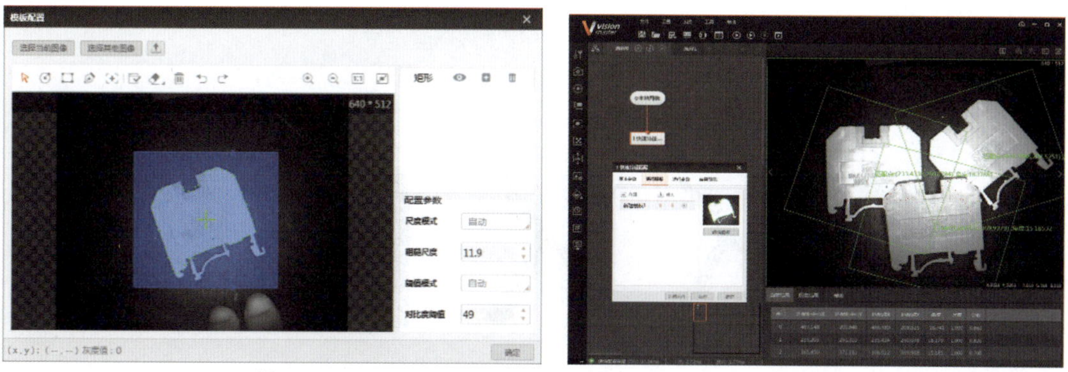

(a) (b)

图 4-57 模板匹配示意图

模板匹配有以下两种模式。

① 快速匹配：相对于高精度版本模型进一步压缩，特征点数变少，搜索的自由度空间进一步压缩，搜索过程进一步简化，追求效率最大化。

② 高精度匹配：相对于快速版本有着完整的模型特征点，搜索粒度更小，边缘位置更加精密，追求更高精度，具有以下 4 个特点。

特点 1：具有极强的抗干扰、抗遮挡、抗非一致性光照性能，如图 4-58 所示。

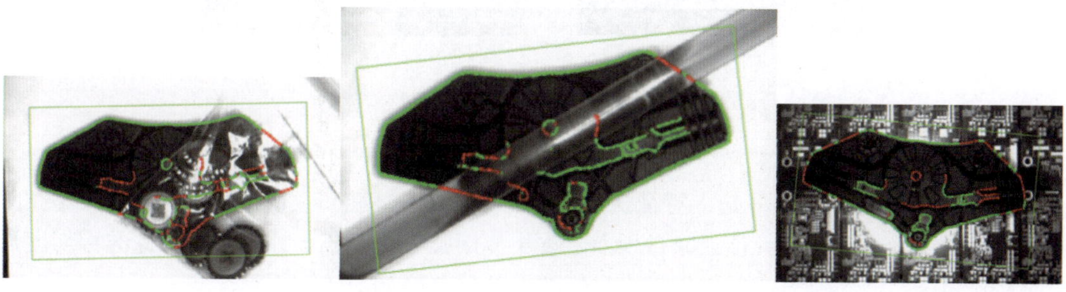

(a) (b) (c)

图 4-58 高精度的模板匹配

特点 2：支持多自由度的高精度定位，如图 4-59 所示。

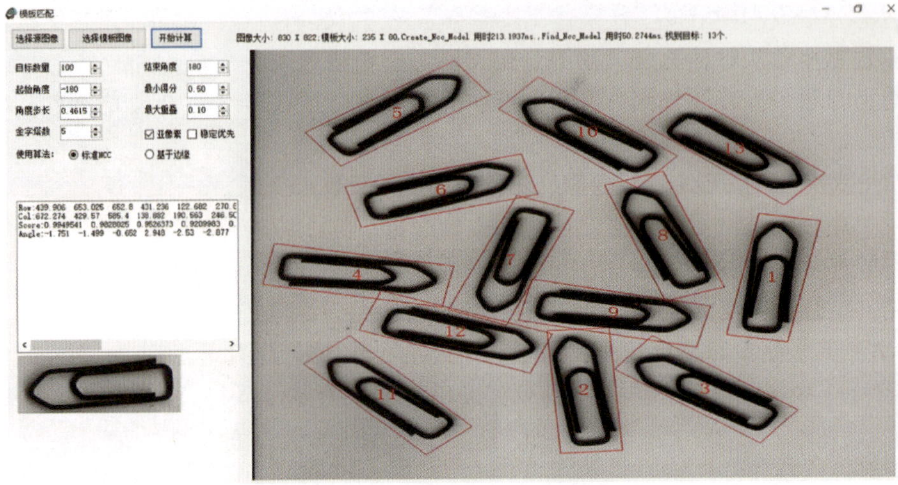


图 4-59 多自由度的高精度定位

特点 3：具有一定的弹性匹配性能，如图 4-60 所示。

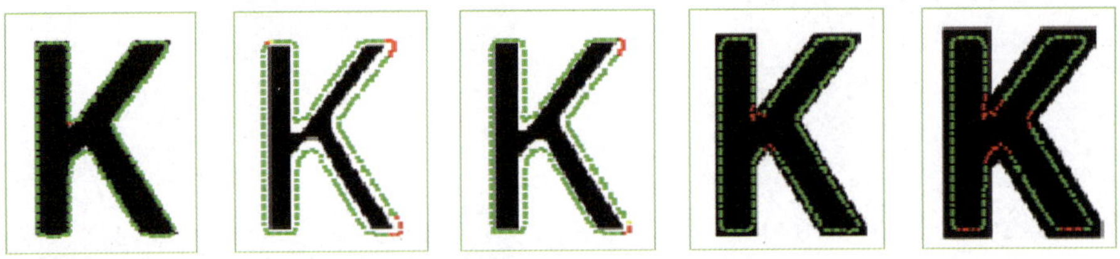

图 4-60 弹性匹配示意图

特点 4：支持匹配延拓功能，如图 4-61 所示。

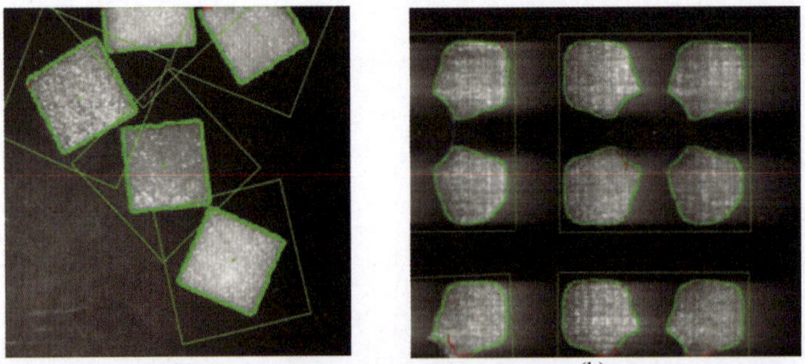

(a) (b)

图 4-61 匹配延拓示意图

（2）灰度模板匹配算法

灰度模板匹配算法原理是，特征选用图像的灰度统计信息，建模时对模板图像建立图像金字塔，生成多层模型，搜索时自顶而下逐层使用归一化互相关评分进行鲁棒的相似度评价，候选目标经过多层过滤后输出最终目标的位置信息，如图 4-62 所示。

灰度模板匹配算法具有如下特点。

特点 1：对于局部模糊、对焦不准等场景具有较强的搜索能力，如图 4-63 所示。

特点 2：对于一致性光照变化具有较强的适应能力，如图 4-64 所示。

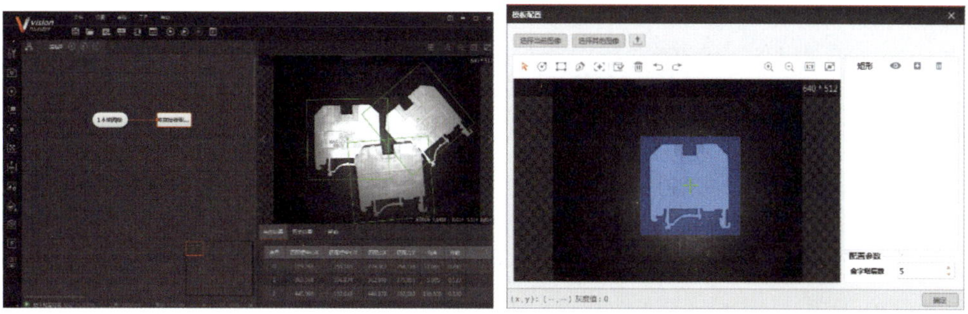

(a) (b)

图 4-62　灰度模板匹配算法示意图

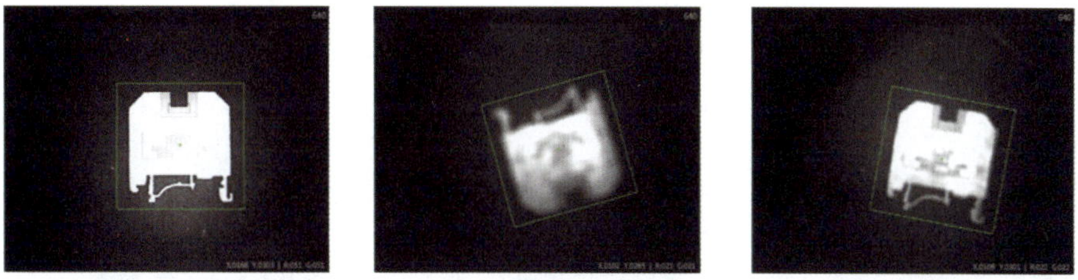

(a) (b) (c)

图 4-63　局部模糊的搜索示意图

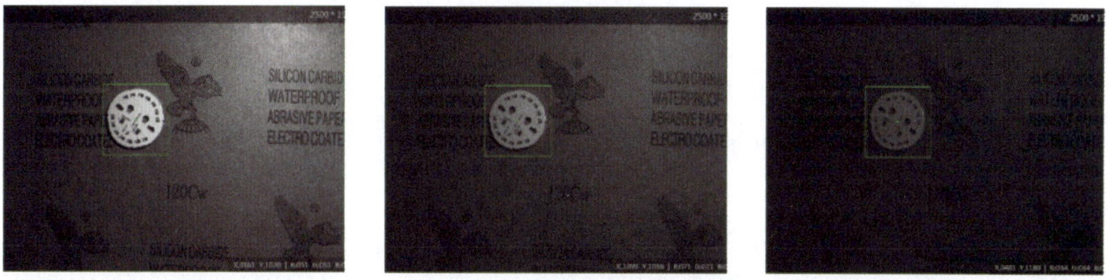

(a) (b) (c)

图 4-64　不同光照下的成像效果对比

#### 4.2.5.2　几何查找类算法

（1）BLOB 分析

BLOB（binary large object，最大连通区域）分析对输入的灰度图像进行二值分割，通过连通域分析方法在二值图中对 BLOB 块进行提取、筛选、排序与特征计算，获取目标物体 BLOB 的特征，如存在性、数量、位置、形状、方向等。

(a) 原图　(b) 二值图像

图 4-65　BLOB 成像效果对比

所谓二值图像，就是指图像上的所有点的灰度值只有两种可能，不为“0”就为“255”，也就是整个图像呈现出明显的黑白效果，如图 4-65 所示。一幅图像包括目标物体、背景还有噪声，要想从多值的数字图像中直接提取出目标物体，最常用的方法就是设定一个阈值 $T$，用 $T$ 将图像的数据分成两部分：大于 $T$ 的像素群和小于 $T$ 的像素群。这是研究灰度变换的最特殊的方法，称为图像的二值化。

BLOB 分析包括阈值分割、BLOB 提取、BLOB 筛选、BLOB 排序，分析过程如图 4-66 所示。

① 阈值分割：通过阈值分割将灰度图像分割成二值图像；

② BLOB 提取：通过连通域分析提取 BLOB 块；

③ BLOB 筛选：通过 BLOB 特征筛选出目标 BLOB 块；

④ BLOB 排序：通过 BLOB 指定特征将目标 BLOB 块进行排序。

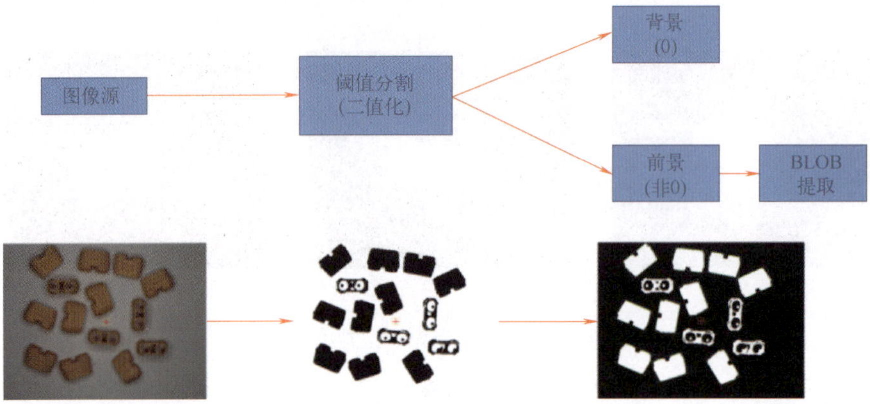


图 4-66　BLOB 分析过程

BLOB 分析具有如下特点：

① 支持八连通 / 四连通的 BLOB 分析，最多 200 个（可拓展至 1000 个）BLOB 输出，如图 4-67 所示；

② 筛选与排序方式选择灵活，支持 8 种特征筛选、13 种特征共计 26 种排序方式；

③ 支持孔洞填充以及轮廓点集、BLOB 图像输出。

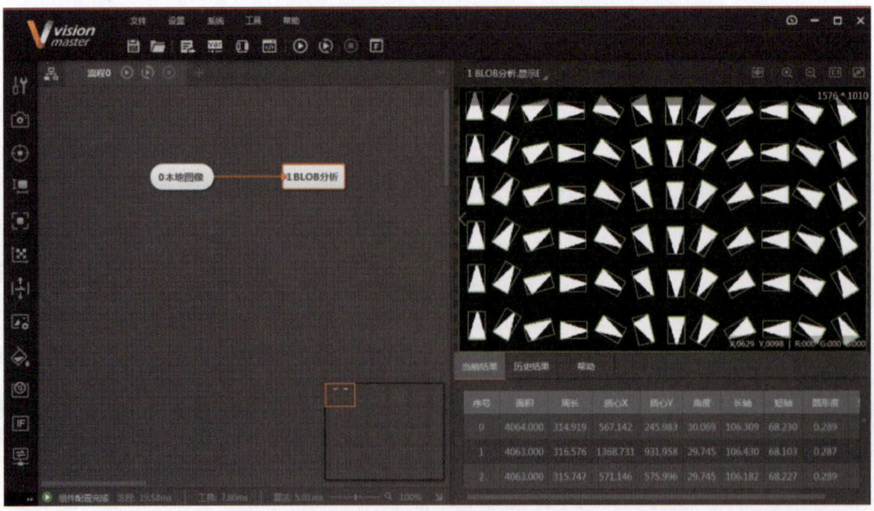

图 4-67　BLOB 图像输出

（2）卡尺工具

卡尺工具是一种测量目标对象的宽度、边缘的位置、特征或边缘对的位置和边缘对之间的距离的视觉工具，如图 4-68 所示。卡尺工具通过将图像 ROI（感兴趣区域）投影成一维信号，将一维信号分析出的极值点（对）代替二维图像的边缘点（对），其一般用于边缘定位与测量。卡尺工具的特点有：

① 边缘点筛选因子多，支持 9 种特征筛选，如对比度、位置、间距等；

② 丰富的评分机制，满足边缘点多样性提取需求，提供 9 种单评分机制以及联合评分机制。

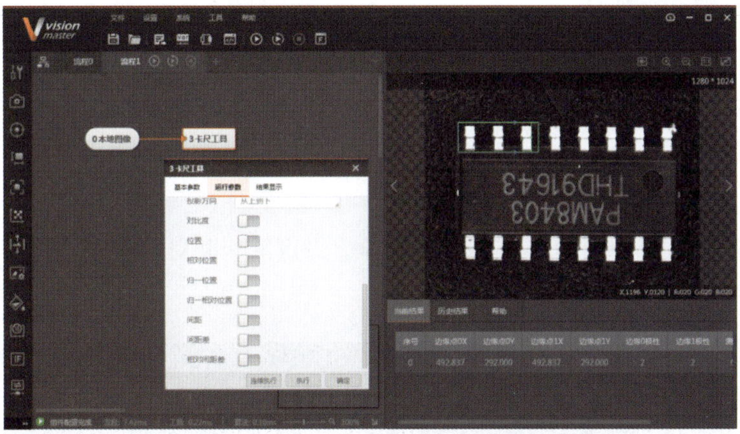

图 4-68　Vision Master 中的卡尺工具

（3）边缘查找

边缘查找是卡尺工具的边缘查找模块的简化版，把较为复杂的计分模式封装为查找模式，用于边缘的定位，如图 4-69 所示。

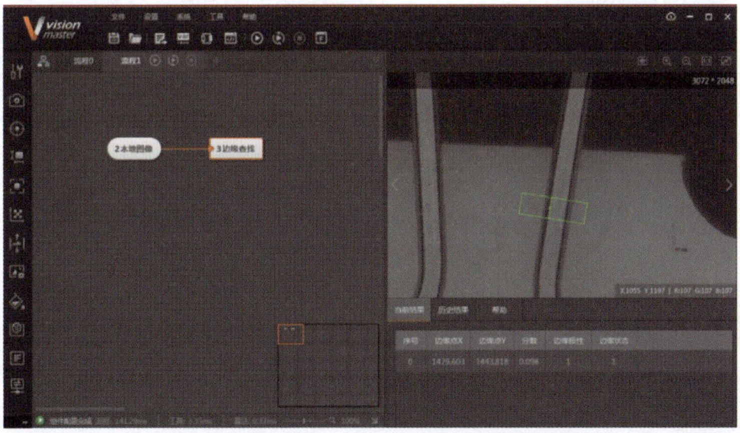

图 4-69　Vision Master 中的边缘查找

边缘查找的特点是提供 3 种查找模式，简单应对边缘点查找问题。

（4）间距检测

间距检测是卡尺工具的边缘对查找模块的简化版，把较为复杂的计分模式封装为查找模式，用于边缘对的定位和间距测量，如图 4-70 所示。

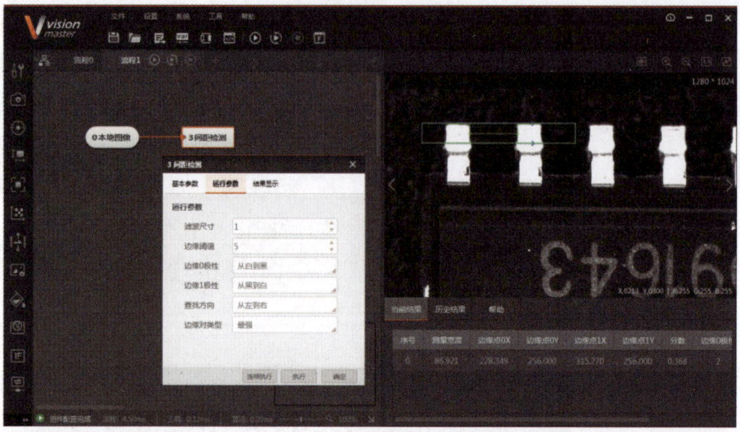

图 4-70 Vision Master 的间距检测

间距检测的特点是提供 9 种查找模式，简单应对边缘对查找问题。

（5）直线查找

直线查找通过放置规则的卡尺集提取目标边缘点集，并对边缘点集进行直线拟合，输出直线段以及边缘点信息，如图 4-71 所示。

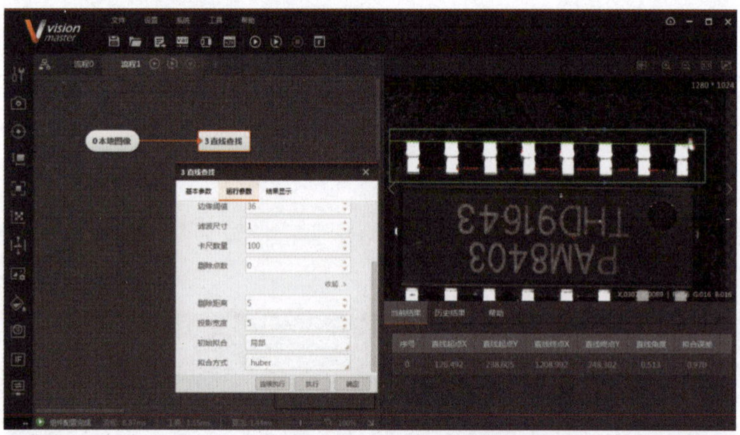

图 4-71 Vision Master 的直线查找

直线查找的特点如下：

① 提供 3 种查找模式，简单应对直线查找问题；

② 提供“剔除点数”“剔除阈值”双拟合参数，灵活性高，可拓展更多应用场景；

③ 提供 3 种拟合方式，选择更多；

④ 在离群点较多的场景下，具有较高的执行效率和较为理想的查找结果。

（6）圆查找

圆查找是卡尺工具的边缘对查找模块的简化版，把较为复杂的计分模式封装为查找模式，用于边缘对的定位和间距测量，原理如图 4-72 所示。

圆查找具有如下特点：

① 提供 3 种查找模式，简单应对圆查找问题；

② 提供初定位功能，高效完成简单目标的定位和圆查找功能；

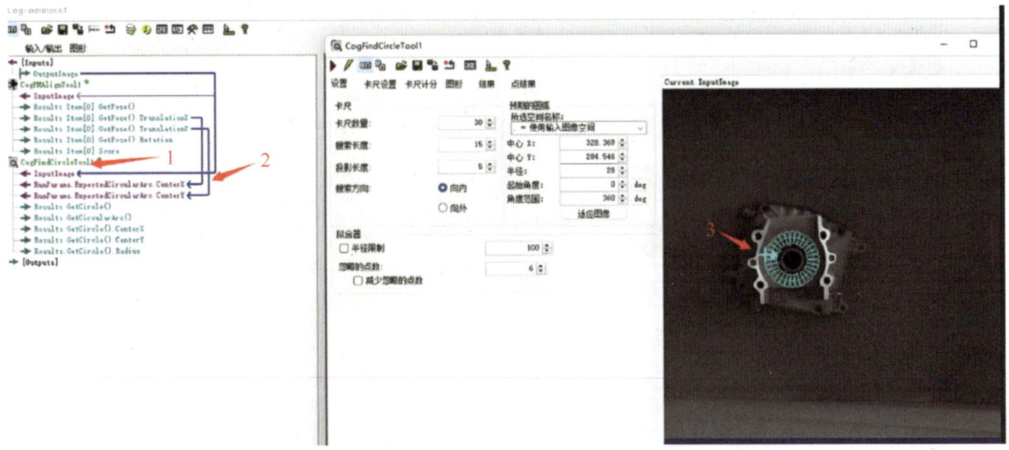


图 4-72　圆查找原理

③ 提供“剔除点数”“剔除阈值”双拟合参数，灵活性高，可拓展更多应用场景；

④ 提供 3 种拟合方式，选择更多；

⑤ 在离群点较多的场景下，具有较高的执行效率和较为理想的查找结果。

### 4.2.5.3　识别类算法

（1）OCR 识别

OCR（光学字符阅读器）分为训练和识别两阶段。

① 训练阶段。在设定的训练区域内，工具内部会利用自适应分割首先获取单个字符，并针对单个字符提取字符特征信息，同时根据用户输入的字符信息利用分类器进行训练，生成字符库，如图 4-73 所示。

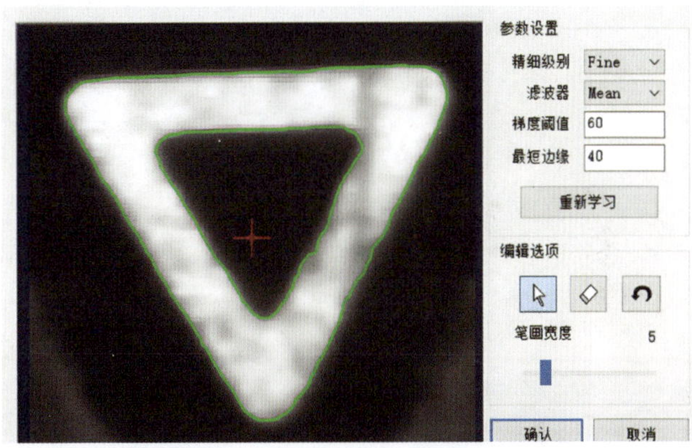


图 4-73　Vision Master 的 OCR 训练

② 识别阶段。用户直接设定检测区域，工具内部会自动进行分割和特征提取，后将单个字符特征传入到训练库中计算距离度量，通过分类器输出识别结果，如图 4-74 所示。

OCR 识别具有如下特点：

a. 适用于实体字符、点阵字符、倾斜字符等多种场合；

b. 在识别过程中也支持字库扩充，样本需求量小，识别率高；

c. 支持字符过滤功能，避免类似字母 O 和数字 0 较难识别的情况；

d. 广泛应用于金属、纸板、塑料等不同材质和场合。

（2）条码识别

通常一个完整的条码是由两侧静区、起始符、数据符［中间分隔符，主要用于 EAN 码（欧洲条款编码）］、校验符、终止符等组成，其排列方式通常如图 4-75 所示。条码识别算法就是实现对条码的译码过程。条码识别算法首先会对图像中的条码进行预处理，保证识别条码质量，之后进行译码，并保证一定的容错率。

图 4-74　Vision Master 的 OCR 识别

图 4-75　条码

条码识别具有如下特点：

① 算法鲁棒性强，支持畸变译码、断帧译码和光斑译码；

② 参数配置灵活，普通客户可以使用均衡模式，专业人员可以使用专业模式。

（3）二维码识别

二维码识别算法就是实现对二维码的译码过程。二维码识别算法首先对码的位置进行定位，进行姿态修正后，对码图像进行预处理，提高码图像质量，之后进行译码，并保证一定的容错率。算法提供急速、普通和专业模式，满足不同场景需求。

二维码识别具有如下特点：

① 码制全面，能够读取 DM、QR、VC 等多种码制；

② 参数兼容，二维码连续、离散参数自适应，正方形、长方形参数自适应，黑底白码、白底黑码自适应，以及镜像自适应；

③ 鲁棒性强，在 360° 旋转、一定畸变角度、大视野场景等条件下可以保证稳定解码。

（4）颜色处理

① 颜色抽取。通过设置颜色抽取范围，可从复杂的彩色图片中，得到只含目标范围的前景区域，并通过二值图像输出抽取结果，如图 4-76 所示。

颜色抽取具有如下特点：

a. 参数灵活，支持 RGB、HSV、HSI 颜色空间范围选择。

b. 支持 8 个并行范围的抽取，同时可设置范围反选。

c. 自带“吸管”工具，可从彩色图像中预选范围。

② 颜色识别。通过不同的标签值预先注册待识别颜色类别，建立颜色模型。运行时在 HSI 颜色空间内提取目标特征（直方图特征或色谱特征），计算目标特征与颜色模型中各颜色类别的度量值，并由分类器进行筛选，得到最接近的识别结果，如图 4-77 所示。

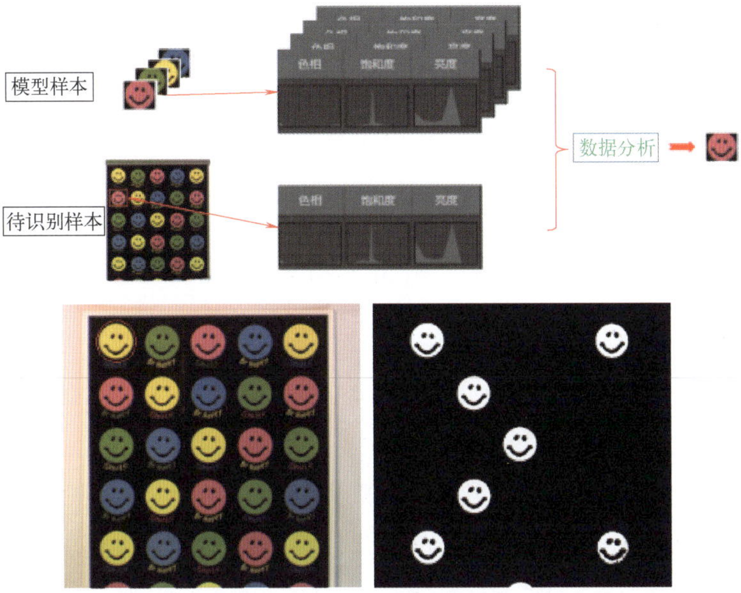


图 4-76　颜色抽取原理

颜色识别具有如下特点：

a. 支持色谱特征及直方图特征和三种识别敏感度等级，区分粒度可达 520 种颜色。

b. 颜色模型最多可支持 100 个标签类、10000 张图像数据。

c. 可关闭亮度通道特征，减小光照变化对识别结果的影响。

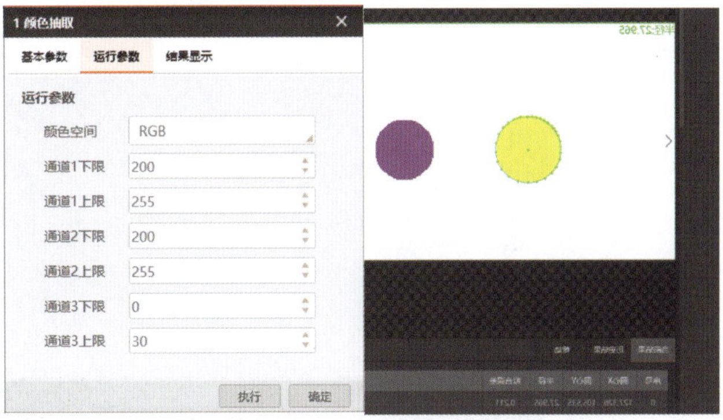


图 4-77　Vision Master 颜色识别工具

（5）缺陷检测类

① 直线（圆）边缘缺陷检测。直线（圆）边缘缺陷检测的原理：设定检测区域之后，拟合区域内直线（圆），将该直线（圆）与标准直线（圆）进行比对，在预设缺陷阈值的作用下，评判是否存在缺陷并标出缺陷位置，如图 4-78 所示。

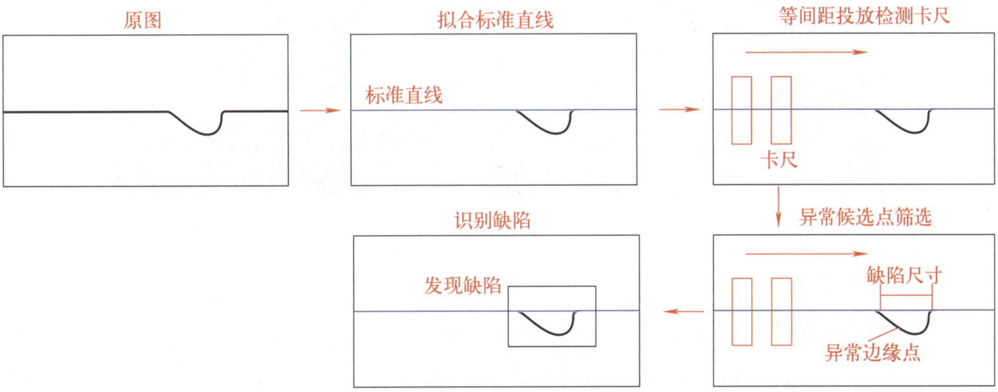


图 4-78　直线（圆）边缘缺陷检测原理

直线（圆）边缘缺陷检测的特点有：

a. 可高效检测断裂、凹凸缺陷；

b. 可以灵活设置缺陷阈值来人为控制缺陷大小，如图 4-79 所示；

c. 支持直线和圆两类基本几何形状的组合检测。

② 边缘模型缺陷检测。边缘模型缺陷检测的原理：预先设定待检测的几何目标模型，运行时在设定检测区域内寻找待检测几何目标，将该几何目标与标准模型进行比对，在预设缺陷阈值的作用下，评判是否存在缺陷并标出缺陷位置，如图 4-80 所示。

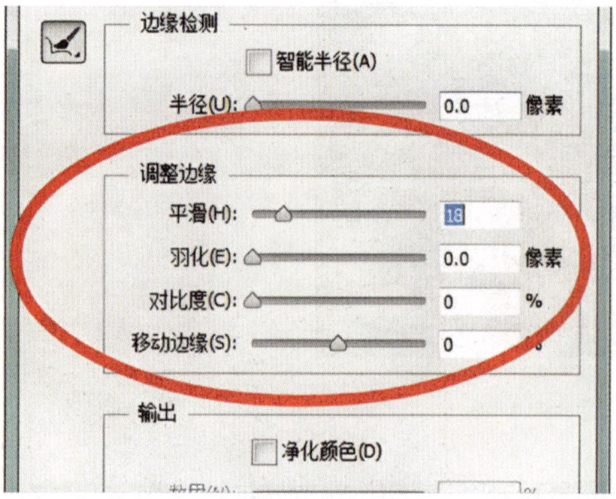


图 4-79 Vision Master 直线（圆）边缘缺陷检测工具

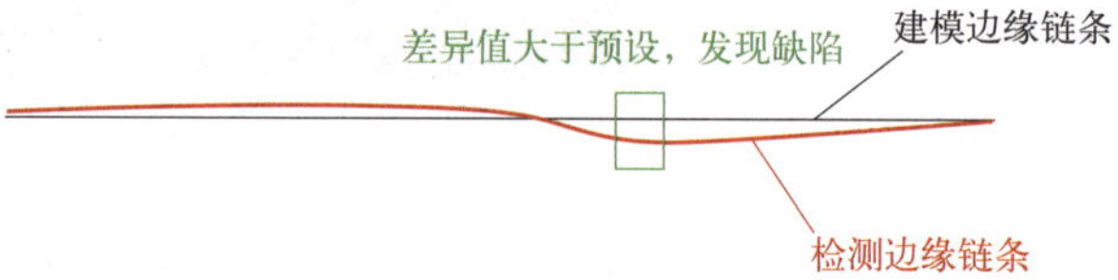


图 4-80 边缘模型缺陷检测原理

边缘模型缺陷检测具有如下特点：

a. 支持绘制任意几何目标，可高效检测断裂、偏移、阶梯差等缺陷，如图 4-81 所示；

b. 具有轨迹绘制自动平滑优化功能；

c. 可以灵活设置缺陷阈值来人为控制缺陷大小。

图 4-81 Vision Master 边缘模型缺陷检测工具

（6）图像预处理

图像预处理是对图像像素进行直接处理的过程，该过程会减弱或消除图像中的无用信息，凸显或恢复有用的信息，目的是使后续模块能够更好地实现其功能。Vision Master 中涉及的预处理有如下几种：图像滤波、形态学处理、图像增强。

① 图像滤波。通过预先设定的核与图像对每个像素单元进行运算而获得新的像素值的方法，通常分为线性滤波和非线性滤波，Vision Master 软件中提供的线性滤波有高斯滤波、均值滤波以及图像取反，非线性滤波有中值滤波和边缘提取。

平滑模糊程度（相同滤波核）：均值滤波＞高斯滤波＞中值滤波。其中，中值滤波对于图像整体的平滑模糊程度最小，但针对局部灰度变化过高的离散点去除的效用较优，如图 4-82 所示。

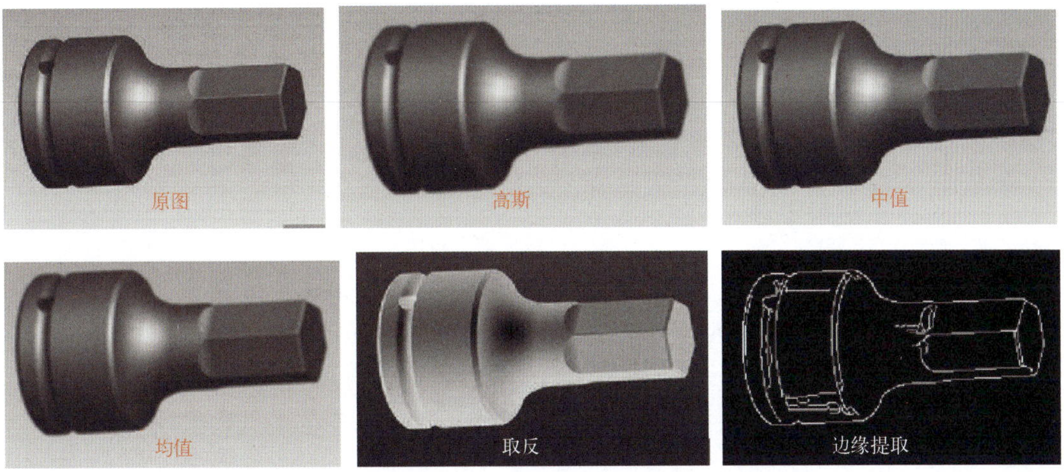


图 4-82　图像滤波效果

② 形态学处理。通过预先设定的核与图像每个像素单元进行交并或最大、最小操作而获取新的像素值的方法，Vision Master 软件中提供四种常用处理办法：腐蚀、膨胀、开运算、闭运算。

a. 腐蚀：图像的腐蚀操作首先要取每个位置邻域内的最小值，将其作为该位置的输出像素值。这里的邻域不局限于矩形结构，还包括椭圆形结构和十字交叉形结构，如图 4-83 所示。

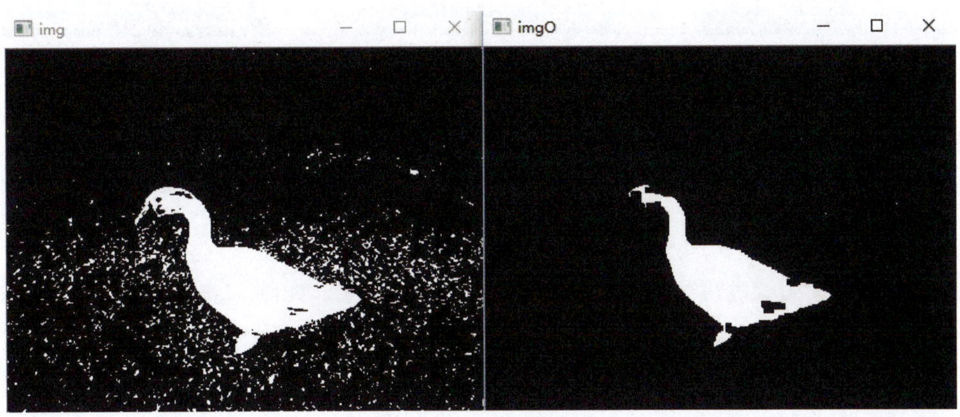


图 4-83　图像的腐蚀

腐蚀处理的特点：因为取每个位置邻域内的最小值，所以腐蚀后的图像整体会变暗，图像中比较亮的区域的面积会变小甚至消失，而比较暗的区域会增大一些。

b. 膨胀：和腐蚀操作原理相似，膨胀是选取每个位置邻域内的最大值作为输出灰度值。

膨胀后图像的整体亮度会有提高，图形中较亮物体的尺寸会变大，而较暗物体的尺寸会减小甚至消失，如图 4-84 所示。

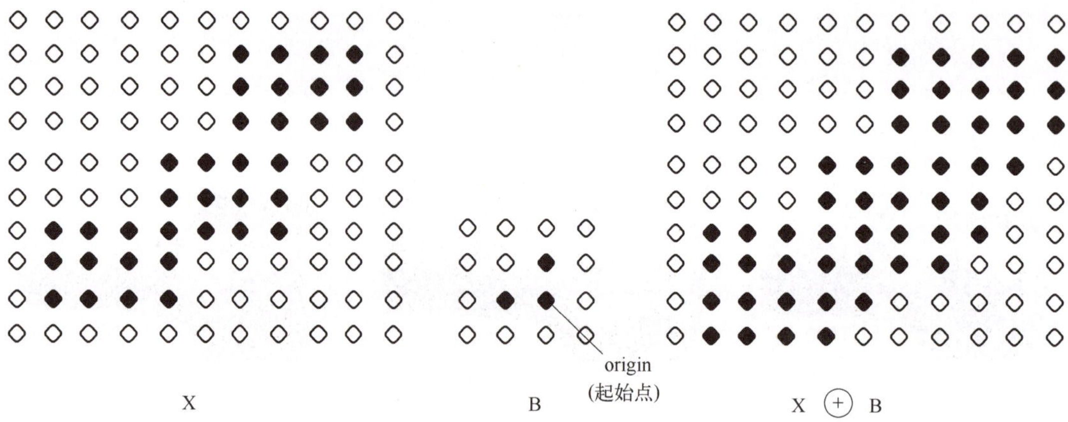


图 4-84　图像的膨胀

c. 开运算：它具有消除亮度较高的细小区域、在纤细点分离物体、对于较大物体可以在不明显改变其面积的情况下平滑其边界等作用。

d. 闭运算：具有填充白色物体内细小黑色区域、连接邻近物体的作用，也可以在不明显改变其面积的情况下平滑边界。

开运算、闭运算相比较腐蚀和膨胀，它能够在不明显改变物体的形态、大小的情况下进行腐蚀和膨胀操作，如图 4-85 所示。

图 4-85　图像的开、闭运算

③ 图像增强。它是通过图像局部压缩、拉伸或者整体灰度级压缩、拉伸来达到凸显某区域亮度或对比度的目的的方法，Vision Master 软件中提供四种方法：亮度校正、对比度校正、伽马校正、图像锐化。

a. 亮度校正：图像亮度通俗理解便是图像的明暗程度，如图 4-86 所示，图像的右边相对于左边增加了亮度，可以看出图像右边相对于左边亮度有了一个整体的提升。

b. 对比度校正：对比度指的是图像暗和亮的落差值，即图像最大灰度级和最小灰度级之间的差值。

对比度校正的思想比较简单，总的原则就是让亮的更亮、暗的更暗。具体实现的方式有很多种，比如取一个阈值，超过的就加一定的值，不到的就减一定的值，等等。

c. 伽马（Gamma）校正：Gamma 源于 CRT（阴极射线管显示技术显示器）的响应曲线，即其亮度与输入电压的非线性关系。所谓伽马校正就是通过对图像的伽马曲线进行编辑，以达到对图像进行非线性色调编辑的目的，检测出图像信号中的深色部分和浅色部分，并使两者比例增大，从而提高图像对比度效果，如图 4-87 所示。

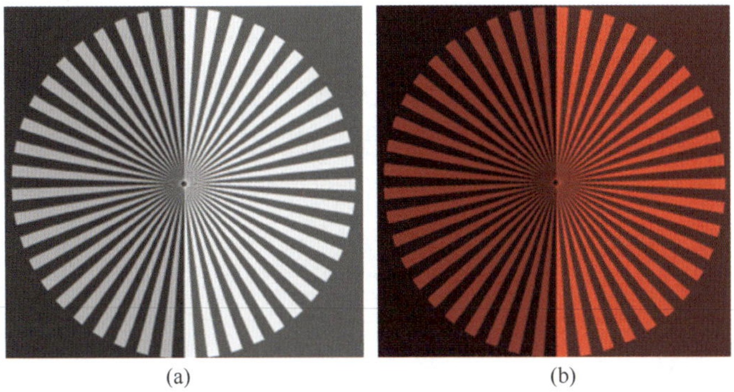

图 4-86　图像的亮度校正

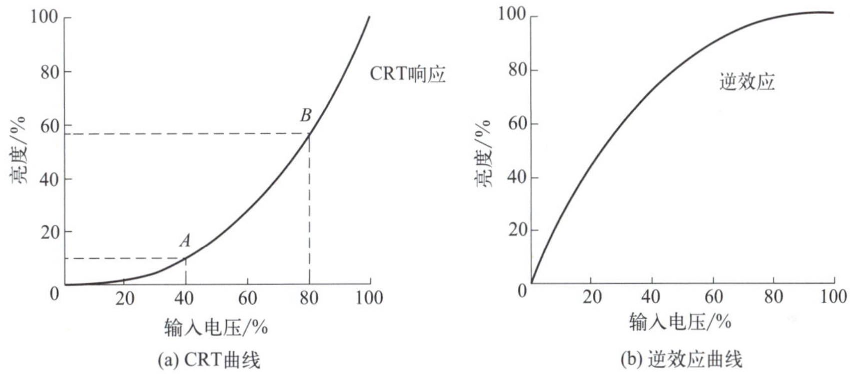


图 4-87　CRT 响应曲线与逆效应曲线

在图像照度不均匀的情况下，可以通过伽马校正，将图像整体亮度提高或降低。在实际中可以采用两种不同的方式进行伽马标准化，如平方根法、对数法。

d. 图像锐化：图像锐化是补偿图像的轮廓、增强图像的边缘及灰度跳变部分，使图像变得清晰。图像锐化在实际图像处理中经常用到，因为在做图像滤波处理的时候经常会丢失图像的边缘信息，通过图像锐化便能够增强突出图像的边缘、轮廓。

综上所述，对于图像增强方法的选择，应从如下几个方面考虑：

a. 亮度校正是增益加补偿，两者都可以人为控制；

b. 对比度校正是增益加增益性补偿，与亮度校正不同的是补偿来自增益和像素均差的整体作用；

c. 伽马校正是对图像整体灰度级进行拉伸和压缩；

d. 锐化则是单纯的增益性补偿，增益不作用在当前像素值上，而是作用于像素局部均差上，因此，锐化会将局部的锐利程度最大化；

e. 抛开伽马校正，从锐利程度上来讲，锐化＞对比度校正＞亮度校正。

图 4-88 所示为同一图像经过不同方法校正后的效果。

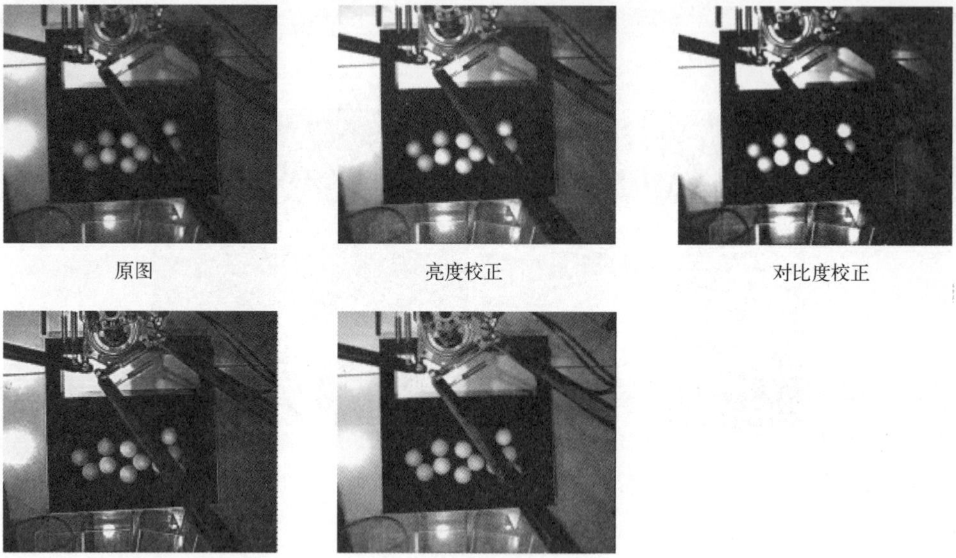


图 4-88　同一图像经不同方法校正后的效果

# 4.3 Vision Master 机器视觉系统及应用实例

## 4.3.1 Vision Master 功能与特点

Vision Master（简称：VM）是我国杭州海康机器人股份有限公司开发的一款机器视觉系统，具有视频监控、图像识别、智能检测与分析和远程访问等功能。Vision Master 支持多种视频格式和编码标准，集成了先进的图像识别技术，能够进行物体检测、人脸识别等任务。此外，Vision Master 还具备智能分析功能，能够自动对视频流进行行为分析、异常检测等操作，支持网络连接远程监控和管理设备，提供大容量的存储设备对视频流和分析数据进行长时间的存储和管理。海康威视通过 VM 算法开发平台为客户提供快速搭建视觉应用、解决视觉检测难题的算法工具，满足机器视觉领域中定位、测量、识别、检测等需求。

Vision Master 软件的界面如图 4-89 所示，上方为菜单栏和全局控制导航栏，左侧为工具栏，中间为流程编辑区域，右侧为图像和结果显示区域。整体布局分明，可视化和拖拽式操作为视觉方案编辑带来极大便利。

Vision Master 软件在模块工具设计上主要包含三个部分：在基本参数内设置图像源和 ROI，在运行参数内设置模块参数，在结果显示栏设置结果判定和显示，通过简单的配置即可实现丰富的模块功能，如图 4-90 所示。

经过不断优化改进，Vision Master 软件当前已有 100 多个功能模块，并持续对接行业项目需求，不断优化迭代，以帮助客户实现稳定的视觉检测为目标，正在不断地拓展和优化功能模块。

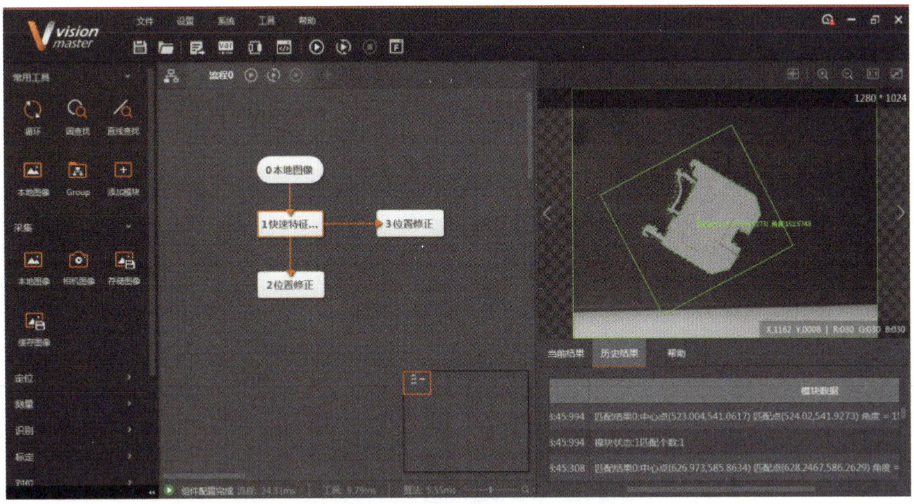


图 4-89　Vision Master 界面

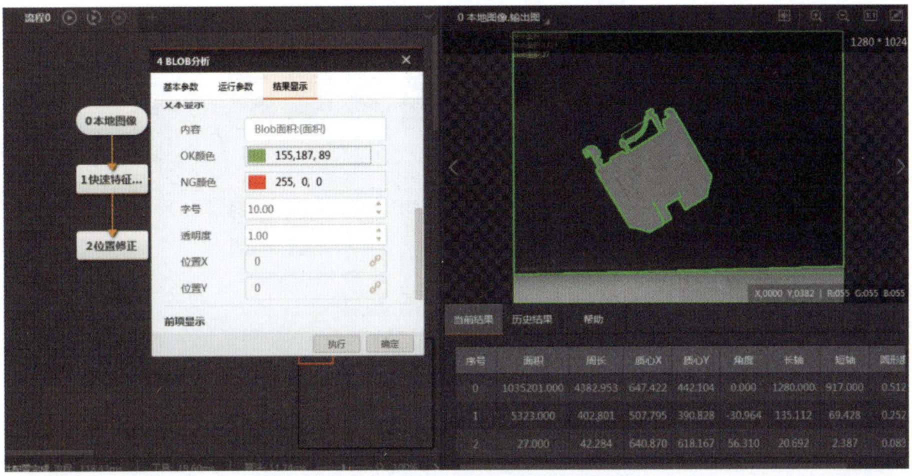


图 4-90　Vision Master 工具之一

## 4.3.2　Vision Master 常用工具

为了方便用户使用，Vision Master 开发了数量众多的工具，并将其按照功能进行归类，如图 4-91 所示。

Vision Master 的工具很多，但在图像识别、智能检测中使用最多的是模板匹配类工具、标定类工具、测量类工具和几何计算类工具等。

### 4.3.2.1　模板匹配类工具

该类工具的目的是定位，即找到目标位置。通常是粗定位，后续可以再用其他精定位工具，比如找圆、找直线交点等，如图 4-92 所示。使用过程如下：

① 先制作一个样本模板，这个模板通常是样本的轮廓线。

② 用样本的模板在图片中逐行、逐列地匹配，找到匹配度最高的对象（可以设置匹配多个对象），返回该匹配点的坐标、匹配点的角度、匹配的分数。

③ 这个坐标，就是目标的坐标（图像坐标）。

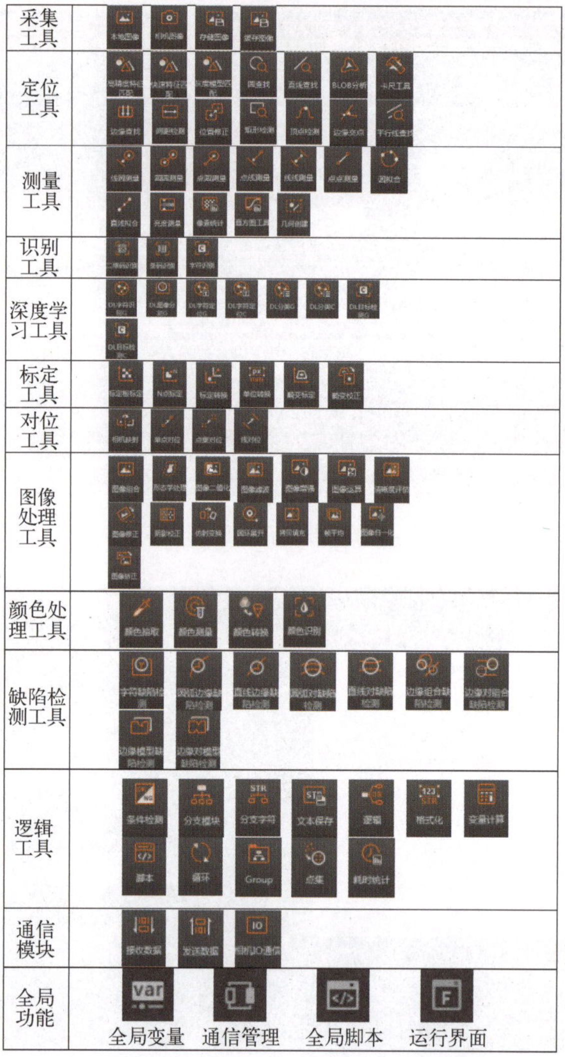


图 4-91　Vision Master 各种常用工具

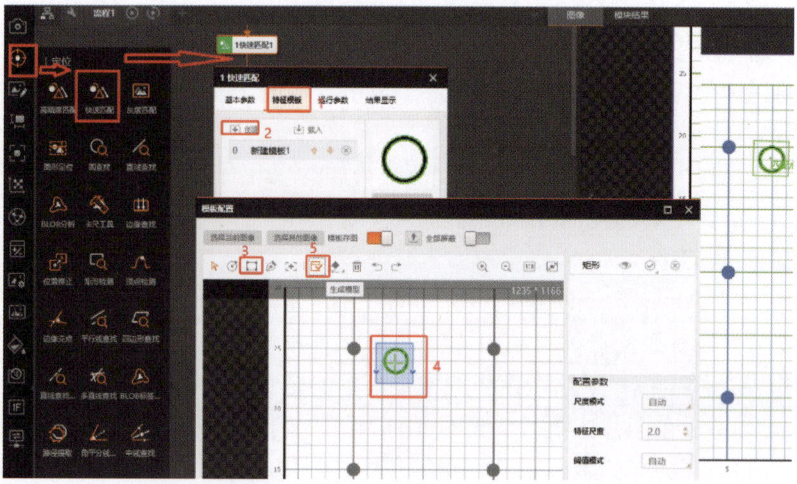

图 4-92　模板匹配类工具

如图 4-93 所示，目标就是圆环，通过创建一个样本模板，就可以在图像中找到这个圆环，输出该圆环的坐标、角度、匹配分数等参数。

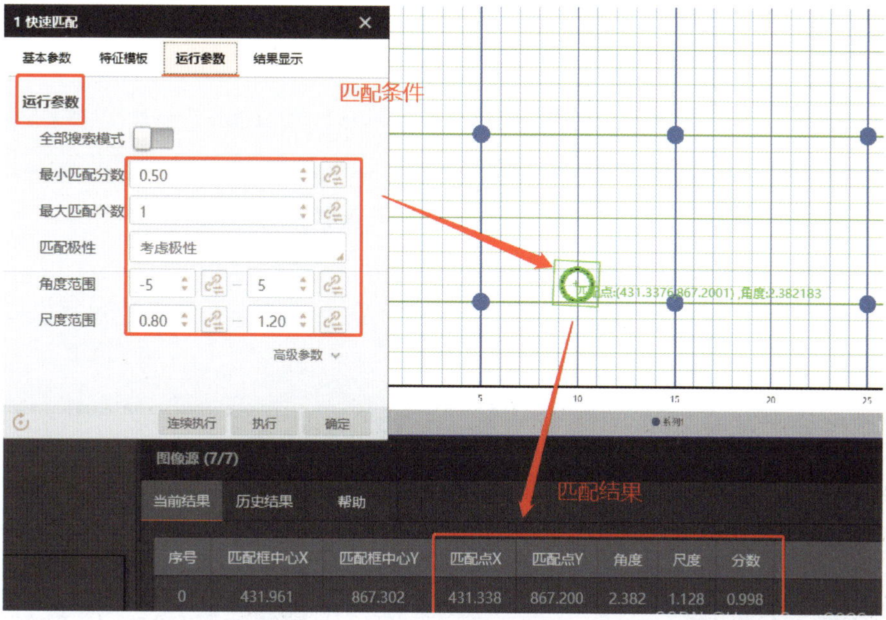


图 4-93　设置匹配参数

位置修正工具如图 4-94 所示，就是通常说的“跟随”，即后面的工具如果有使用坐标范围，会跟随模板匹配的坐标变化而变化。

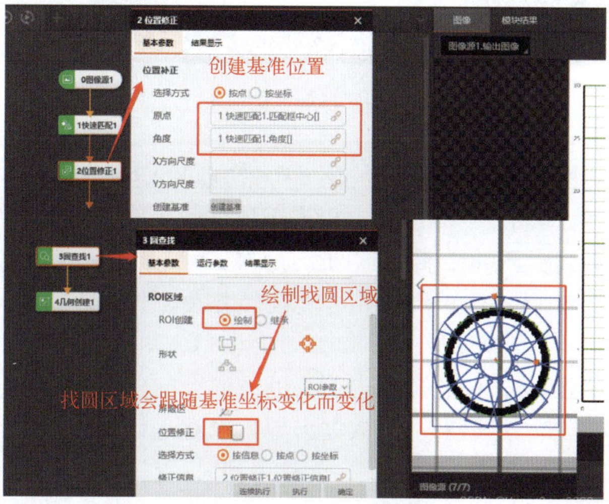


图 4-94　位置修正工具

操作时，不管这个圆环在哪里，用户的找圆工具都会跟着它，如图 4-95 所示。

通过以上流程可以发现，模板匹配工具被称为机器视觉应用最重要的工具之一。该工具的出现，使得视觉应用变得简单。设想一下，如果没有这个匹配工具，怎么在一张图片中找到所需要的对象呢？如果图像背景复杂一点、杂乱一点则更难寻找。而模板匹配工具很好地解决了这个问题。

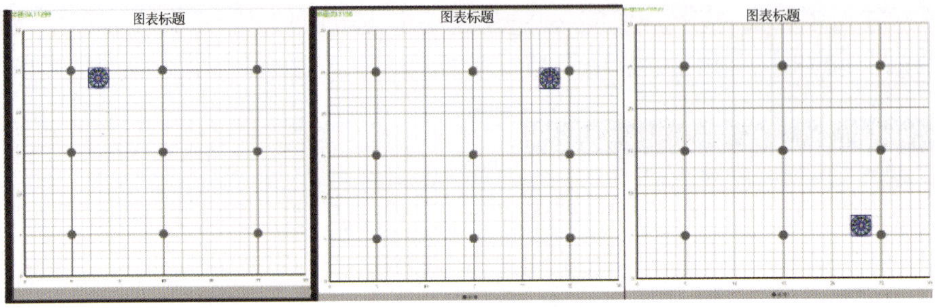


图 4-95　位置修正效果

### 4.3.2.2　测量矩形工具

测量矩形工具，是借鉴 Halcon 软件的名称，在 VM 里面，就是边缘查找工具，如图 4-96 所示。

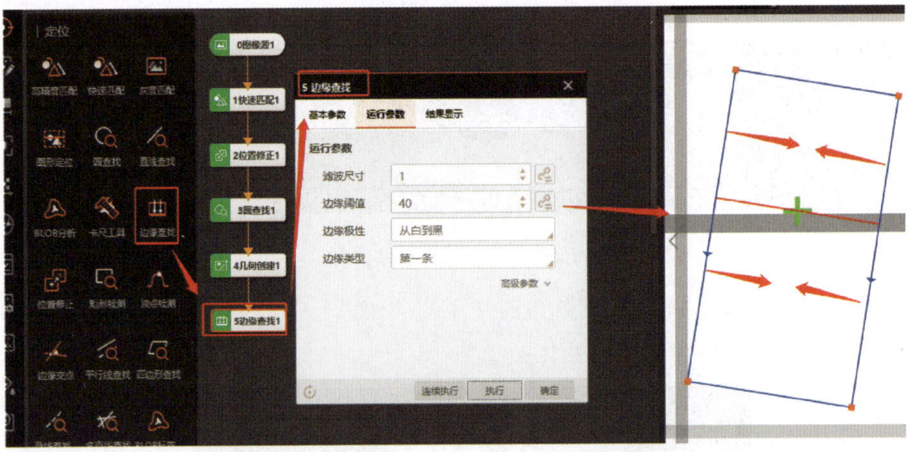


图 4-96　测量矩形（边缘查找）工具

该工具的主要作用如字面意思，就是在一个带方向的矩形框内，找到一个边缘点。这个边缘点有什么特性呢？如图 4-96 所示，根据矩形框箭头的方向，这个边缘点应该满足从白到黑的变化，变化幅度大于 40，满足这两个条件的第一个点，就是用户要找的边缘点。

找一个点，为什么要画一个矩形框？这里就要引入一个投影概念。如图 4-96 所示，查找过程如下：

先把矩形上所有的像素，按照矩形内箭头的方向，同一行的像素求和、平均、放到中间，就是把二维变成一维，然后对一维数据求导。也就是计算相邻像素（求和平均后的像素）的差。差为正，就是白到黑；差为负，就是黑到白。差值就是变化幅度。

所以这个矩形宽度就是图中红色箭头方向，称之为投影宽度。通过设置不同宽度，就可以过滤其中的杂点。

### 4.3.2.3　畸变标定工具和畸变校正工具

畸变是什么？可以简化理解为镜头成像误差，导致明明是正方形，拍出来却变成梯形、弧形等。畸变校正，就是把这个变形纠正过来，让它拍出来还是个正方形。

平常人眼所看到的好像没怎么变形，正方形拍出来就是正方形。其实它是有变形的，只是变形量很小，用眼睛看不出来。

高精度的定位、测量就是把这个微小的变形纠正过来。那如何纠正呢？就要用到下面所述的畸变校正工具，操作过程如下：

① 准备一块高精度的标定板，通常是棋盘格（国际象棋棋盘，黑白格子）；

② 把这块标定板放到工作位置，用相机拍一张照片；

③ 使用畸变标定工具并设置 2 个参数：畸变类型、中心位置，如图 4-97 所示；

④ 运行后，就会输出一个畸变标定文件，下次拍照后，使用畸变校正工具，载入畸变标定文件，就可以输出一张畸变校正后的图片，如图 4-98 所示。

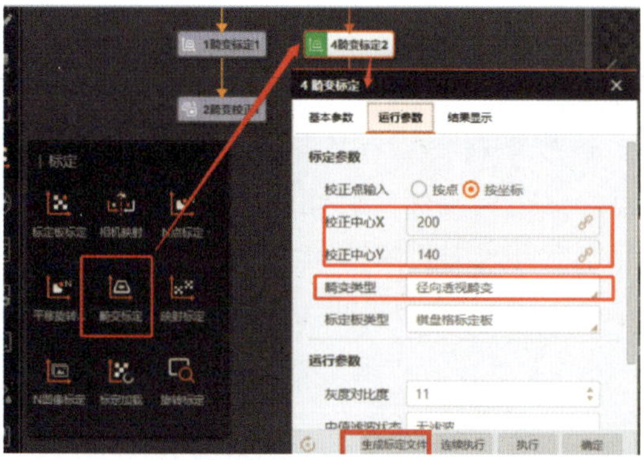

图 4-97　畸变标定工具

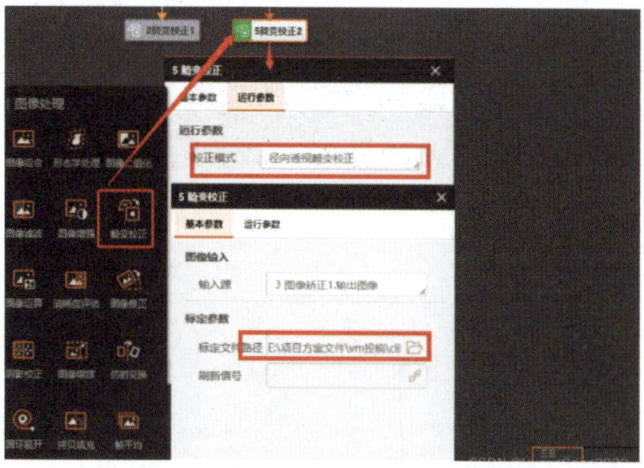

图 4-98　畸变校正工具

通过上述处理，如图 4-99 所示，为一张变形的图片校正后的效果。

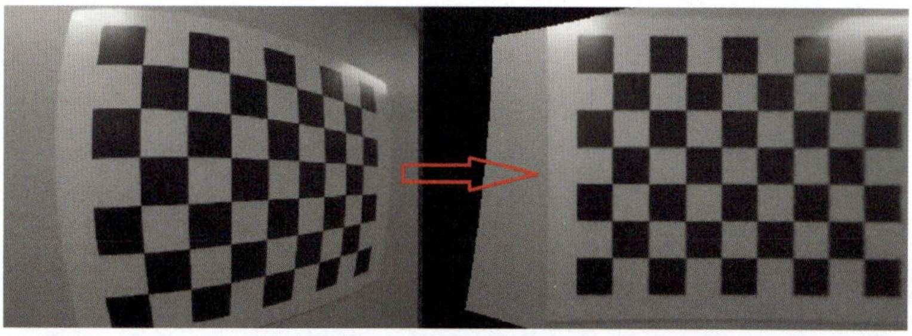

图 4-99　校正效果图

系统还有一个特别的扩展功能，即海康Ⅱ类型标定板（就是带二维码坐标的棋盘格），如图 4-100 所示。使用时，首先要制作一个海康Ⅱ类型标定板，先生成标定板的文件，然后找光学标定板制作商，制作一块这个标定板。该标定板精度要求高，材质必须为玻璃或陶瓷的，精度要求不高，但一般需要较大的尺寸。

图 4-100　海康Ⅱ类型标定板工具

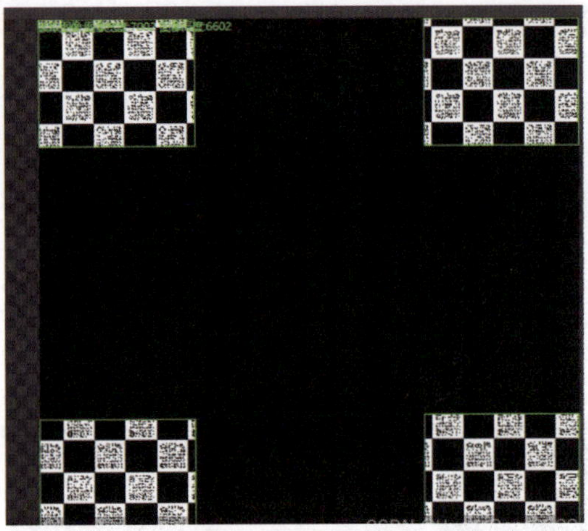

图 4-101 拼图效果

制作该标定板的主要方式如下。

① 拼接。譬如，要拍一个平板电脑的显示屏，给它做定位。相机视野又很小。要求拍平板左上角、右上角的 mark 点（光学定位点），求出两 mark 点的中点以及两 mark 点连线的角度。如果用常规方法做就很麻烦，但是如果拍两次，拼接成一张图就变得简单了，就变成了在一张图上找两个点，求中点和连线角度。如图 4-101 所示，把四张图片，拼接成一张图片。

② 不拼接。直接把相机的图像坐标转换为标定板坐标，后面的计算都用标定板坐标，不再使用图像坐标。具体应用场景有：

a. 多相机测量大尺度的时候，非常方便，不需要拼图，节约时间；

b. 单相机 + 移动轴，测量大尺度的时候；

c. 异轴移动相机定位的时候。

不拼接的优点是不用拼图，节约时间。缺点是不够直观，需要理解后才能灵活应用。其中单相机与移动轴转到大标定板。其原理就是让移动轴与大标定板建立变化关系（用 $N$ 点标定），然后把小视野图片与轴坐标变换到大标定板坐标。如果轴移动点位少，可以直接提前在所有点位下拍大标定板，并生成标定转换关系，然后保存下来。实际工作的时候，用查表的方式，通过不同的轴位置下的标定转换关系，把小视野转到大标定板。通常标定板的精度要优于轴精度，轴的重复性精度要优于轴绝对精度，利用这两个特性可以解决大尺寸测量定位对轴精度的依赖问题，且不引入轴直线度误差。

#### 4.3.2.4 几何计算类工具

几何计算类工具很直观，即数学计算工具。使用该工具时，启动工具命令后只要输入相应的数值即可，如图 4-102 所示。

#### 4.3.2.5 流程逻辑工具

流程逻辑控制包括：顺序、条件、循环等三种工具。

（1）顺序工具

VM 的运行流程，如图 4-103 所示，是按照箭头来的，没有箭头的流程工具最先执行，然后按照箭头方向依次执行。

使用顺序工具时，需要注意如下两点：

① 如果不加条件判断，上一流程错误不会影响下一流程运行。

② 有几个流程没有箭头指向，如图 4-103 所示有 2 个流程头，它们就是并行运行，没有先后顺序。

（2）条件工具

VM 控制条件流程是分支模块，但它只能对 int（整数）类型数据进行分支。即只能做单一条件判断，而且这个条件必须是 int 类型。如图 4-104 所示，它判断 int 类型变量 $a$，如果 $a$ 等于 0，就执行模块 19。反之，如果 $a$ 等于 1，就执行模块 20。

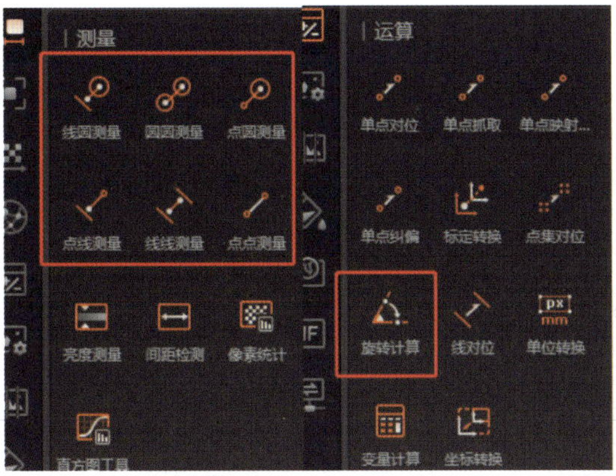


图 4-102　几何计算类工具

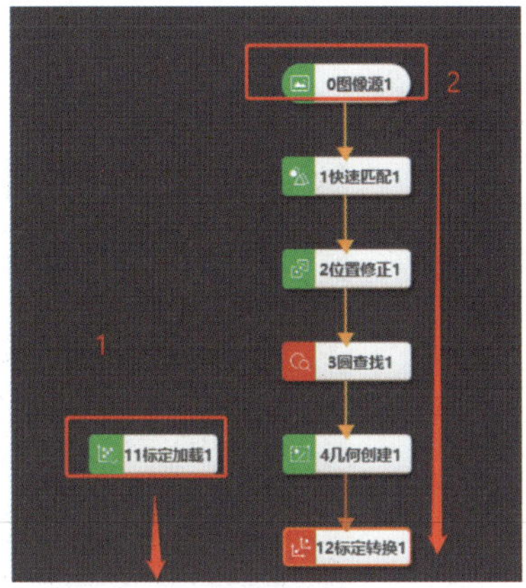


图 4-103　VM 的运行流程

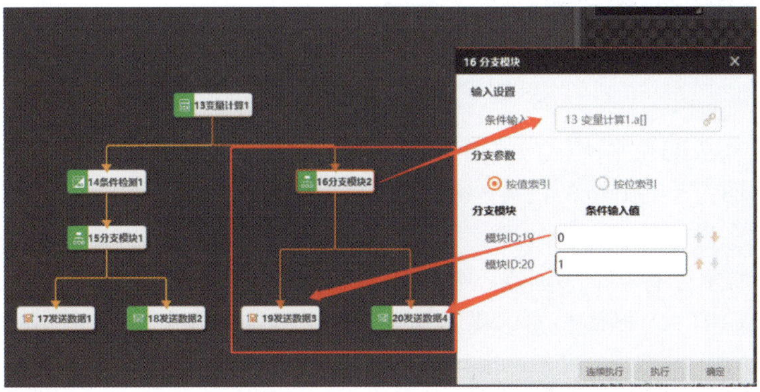


图 4-104　VM 运行条件设置

如果要做多条件判断，就要将条件检测与分支模块一起使用。先用条件检测去判断多个条件，系统输出一个总结果，结果是 0 或者 1；然后用分支模块对条件检测的结果做分支判断。先判断变量 1 是否介于 5 ～ 15 之间，变量 2 是否介于 15 ～ 40 之间。如果 2 个条件都满足就输出 1，否则输出 0。再在分支模块把条件设置为 1，等待检测的结果。如果该结果为 1，则运行模块 17；如果结果等于 0，就运行模块 18，如图 4-105 所示。

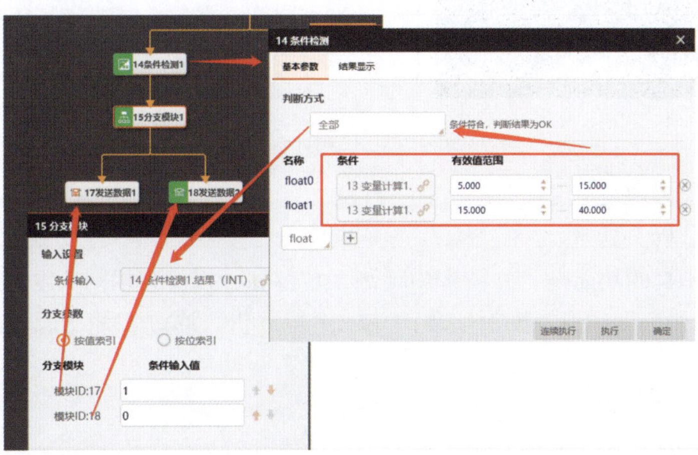


图 4-105　VM 中的条件检测

（3）循环工具

VM 的循环工具就是 Group 模块，如图 4-106 所示。

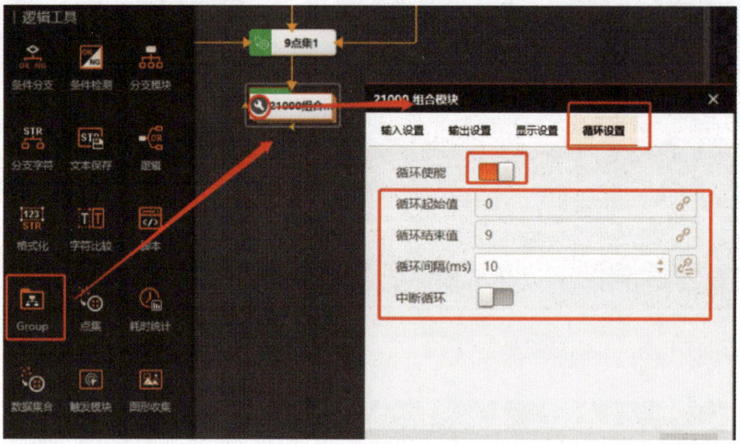


图 4-106　Group 模块

点击 Group 模块的扳手图标，就可以进入模块设置，里面可以设置循环。双击该模块，进入子页面，里面就是 Group 的内容，也是循环的内容。必须使用循环的情况就是模板匹配到多目标，要对多目标逐一进行处理。

如图 4-107 所示，有 9 个小圆点，要用找圆工具找这些圆点，就需要先用模板匹配，找到 9 个对象，然后用一个循环，使用找圆工具逐个去找到这 9 个圆点，如图 4-108 所示。

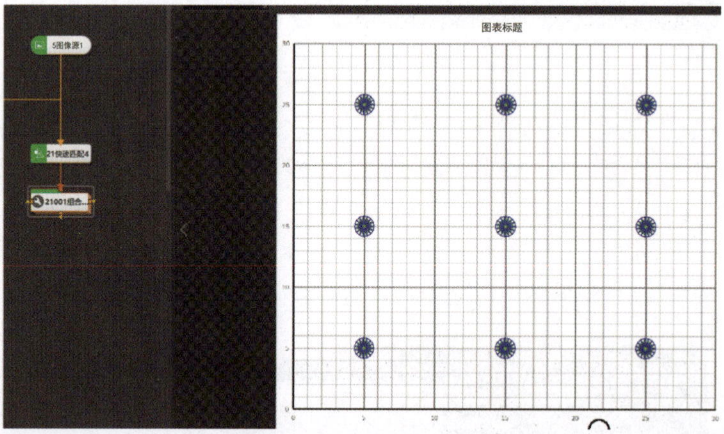


图 4-107　循环设置

#### 4.3.2.6　其他功能模块及工具

（1）BLOB 分析工具

BLOB 分析工具的功能是：在图像中检测、定位和分析具有相同灰度特征的团块。只需要通过设置 ROI 和灰度阈值，即可实现团块的定位分析，通过多种功能进行过滤实现理想检测，如图 4-109 所示。

（2）卡尺工具

卡尺工具的功能有两个：

① 测量目标对象边缘位置、特征或距离等。

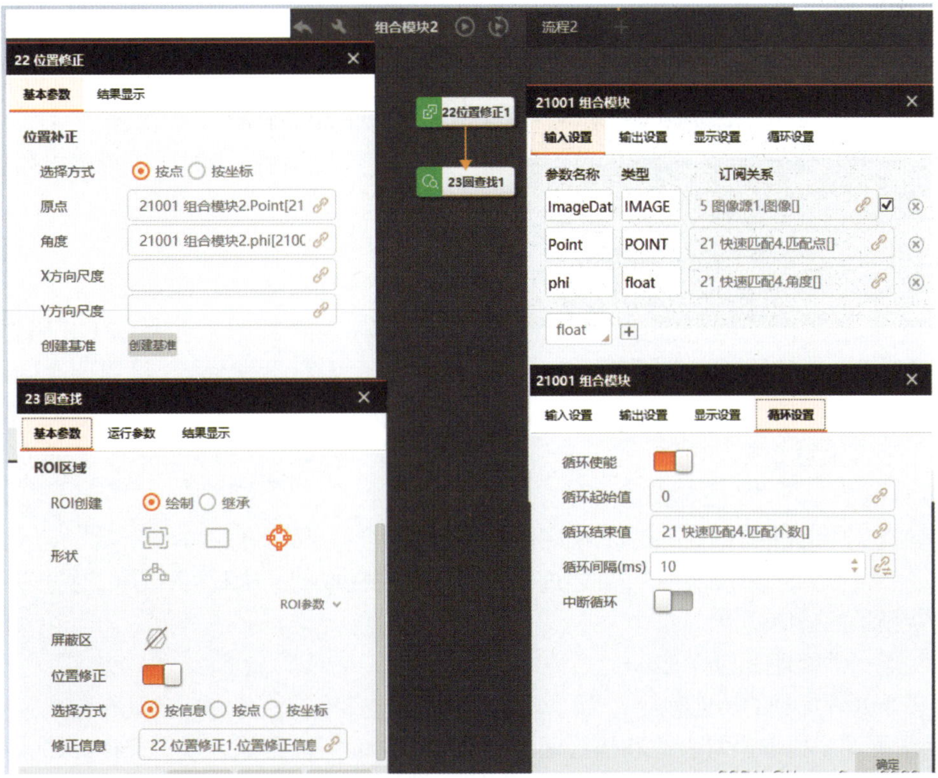


图 4-108　找圆循环设置

② 仅需要设置检测区域和查找方向，通过灰度阈值实现点的精准定位，如图 4-110 所示。

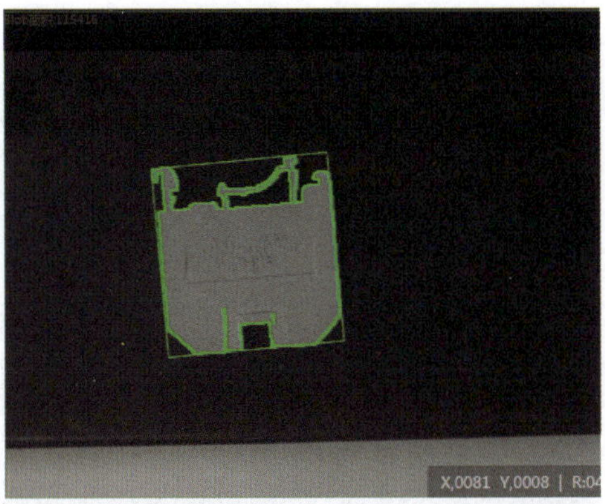


图 4-109　Vision Master 的 BLOB 分析效果

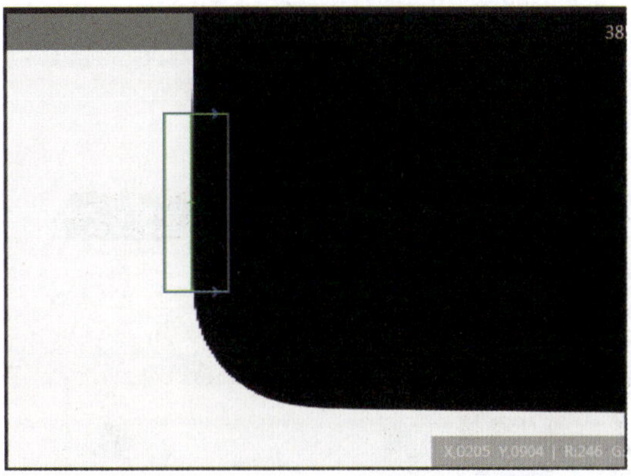


图 4-110　Vision Master 的卡尺工具

（3）圆查找工具

圆查找工具的功能是：

① 查找图像中圆形区域，卡点并拟合成理想圆。

② 仅需设置检测区域、阈值等相关参数，确保卡点理想即可得到理想圆，如图 4-111

所示。

（4）条码识别工具

条码识别工具的功能有：

① 识别条码，支持 128、93、30、EAN、ITF25、codabar 等码制。

② 几乎无须调整参数，设置读取数量即可读取条码信息。

（5）二维码识别工具

二维码识别工具的功能主要有：

① 识别二维码，支持 DM 和 QR 码制。

② 几乎无须调整参数，设置读取数量即可读取二维码信息。

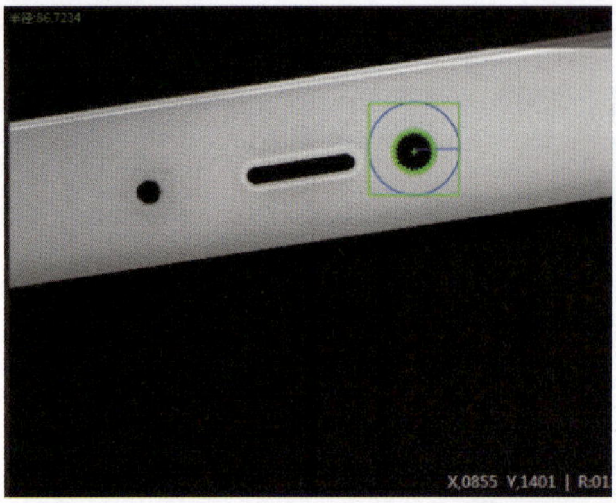


图 4-111 Vision Master 的圆查找工具

（6）字符识别工具

字符识别工具的功能有：

① 通过对标准字符的训练提取来识别获取标准字符信息，如图 4-112 所示。

② 使用时需要先训练字库，可通过分割检查字符提取的准确程度，还可通过多种参数实现复杂场景的适应。

（7）形态学处理工具

形态学处理工具的功能有：

① 从图像中提取出对表达和描绘区域形状有意义的图像分量，减少干扰或加强特征稳定性。

② 可通过核大小参数灵活调整处理效果。

（8）颜色识别工具

颜色识别工具的功能有：

① 通过训练生成模型来识别指定区域颜色。

② 训练时根据样本颜色情况选择灵敏度，实现颜色的准确识别，如图 4-113 所示。

图 4-112 Vision Master 的字符识别工具

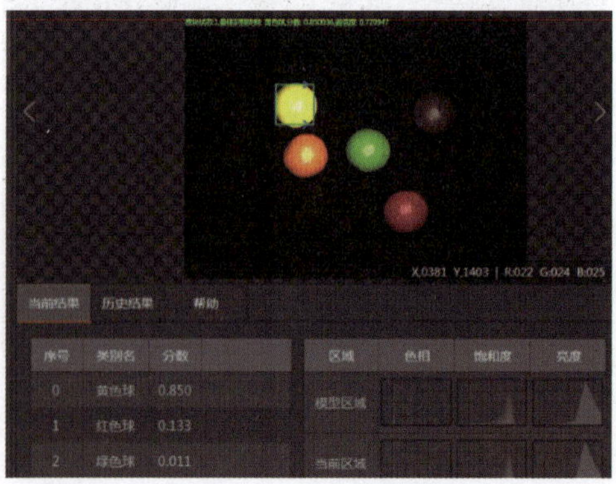

图 4-113 Vision Master 的颜色识别工具

（9）字符缺陷检测工具

字符缺陷检测工具的功能有：

① 通过标准字符库训练，进行字符不良或漏印的检测。

② 可全自动提取字符，训练时仅需打钩确认良品，即可准确定位相关缺陷，如图 4-114 所示。

（10）圆环缺陷检测工具

圆环缺陷检测工具的功能有：

① 通过卡尺卡点与标准圆进行比较，将不符合设置参数的检测定义为缺陷，如图 4-115 所示。

② 支持标准圆的输入，多种功能可良好定位相关缺陷。

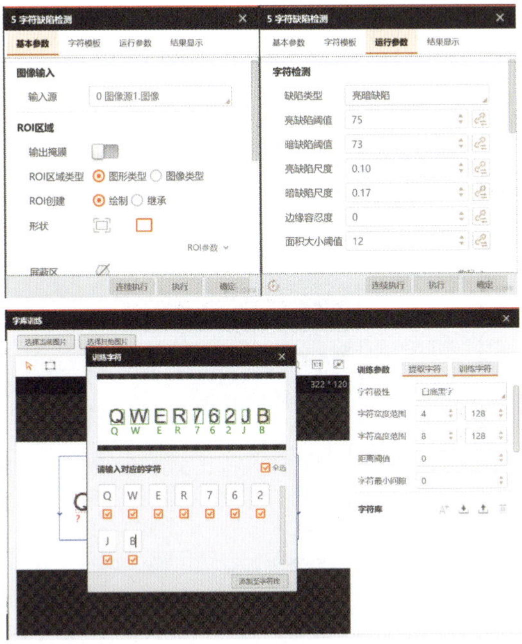


图 4-114　字符缺陷检测工具

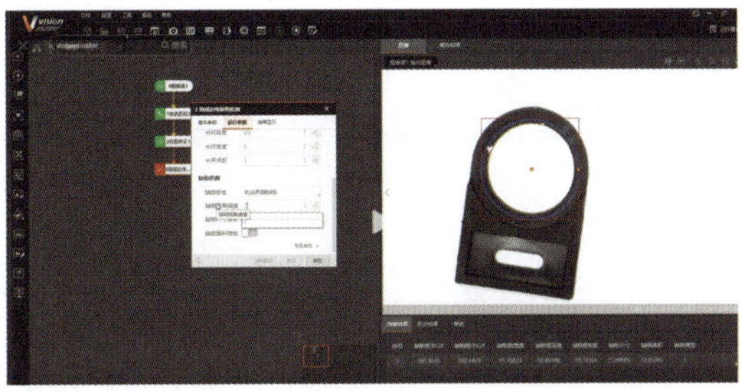

图 4-115　Vision Master 的圆环缺陷检测工具

（11）深度学习字符定位工具

深度学习字符定位工具的主要功能有：

① 深度学习字符定位采用深度学习算法，主要应用于字符的定位，如图 4-116 所示；

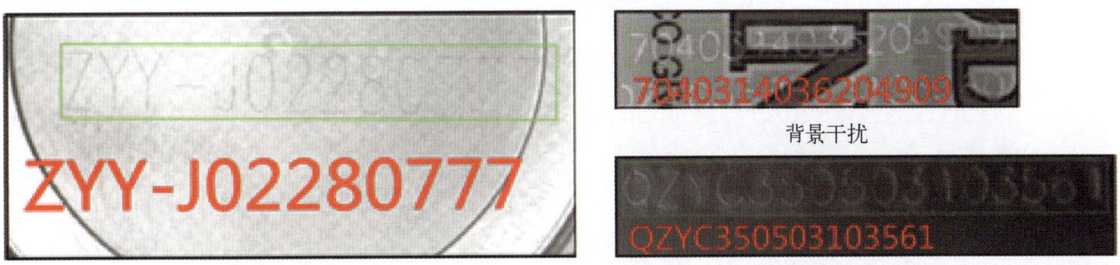


超低字符对比度　　模糊字符

图 4-116　Vision Master 的深度学习字符定位工具

② 字符可以是中文、英文或符号，形式可以是单个字符或字符串；

③ 支持多行文本 / 字符定位、多行文本中单行文本定位；

④ 支持字符位置偏移、角度旋转，只要在视野中都能定位到；

⑤ 要求单个字符宽高与整幅图像宽高比要大于 1/44；

⑥ 在字符成像质量差、对比度低、背景略带干扰的情况下也有较高的精度与准确率。

（12）全局脚本工具

全局脚本是在流程之上、方案之下的一个功能模块，可以控制流程运行或停止，可以在流程运行过程中设置流程中模块的参数和获取模块运行结果，灵活配置运行方式，实现完善的逻辑控制，如图 4-117 所示。

（13）通信管理工具

通信管理工具的功能是：集成丰富的通信对接，支持 TCP/UDP、串口、PLC、Modbus 和 I/O 接口等对接。通信还可以触发方案执行，把通信收到的字符串传给流程，如图 4-118 所示。

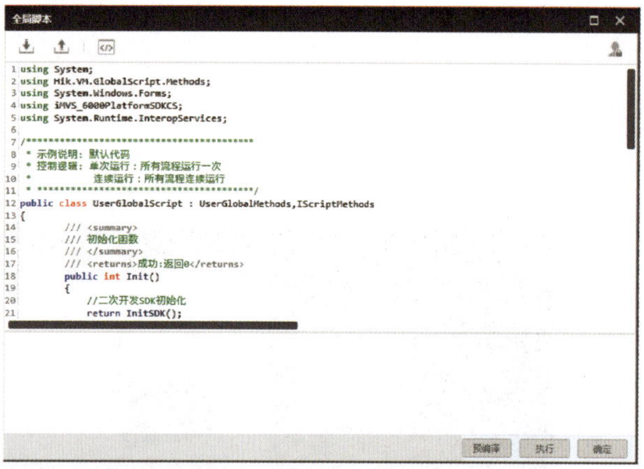


图 4-117　Vision Master 的全局脚本工具

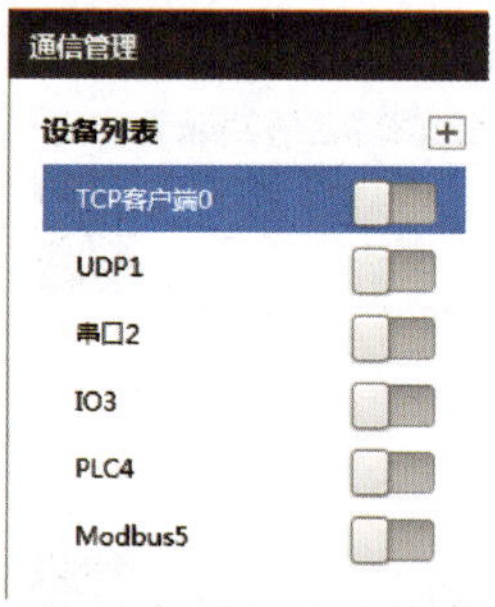


图 4-118　Vision Master 的通信管理工具

## 4.3.3　Vision Master 模块选型实例

### 4.3.3.1　选型实例 1——开放平台系统 SI 系列

（1）需求分析

① 需要采用一体化的智能硬件，布置简洁；

② 可以实现 I/O 触发和 I/O 结果反馈，硬件效率高；

③ 严格控制生产中有无补光灯珠的防呆检测；

④ 可以实现摄像头的最大尺寸 5cm 的兼容；

⑤ 视觉时间节拍小于等于 50ms。

（2）方案选定

算法应用：定位查找→灰度分析→结果处理→ Vision Master 算子 SDK；

相机成像：视野大小→最小码→算法 PPM 性能→数据传送效率→ 1.3MP；

光源照明：投射到 LED 灯表面反射→补光灯与结构孔存在高度差→漫反射照射最佳→自带光源控制光路角度照明；

数据接口：相机连接→千兆网口→相机 SDK；

X86 开放平台：相机取流→镜头、照明→算法包运行→ 硬件接口→ SI600。

（3）选型效果分析

一体化平台方案硬件成本低，多种芯片分辨率可选（1280×1024、1920×1200、2592×2048、3072×2048，单位：像素）；平台升级、组件更迭简单易操作，可通过海康工业相机 SDK、Halcon、Vision Pro、NI 等软件连接设备；系统组成简单，有 1 个 X86 开放平台，2 ~ 3 根线缆，无须单独配备光源、光源控制器、工业相机、PC、大量线缆；系统稳定性高，采集、处理一体化，不再通过网络或 USB 传输数据，受网络环境和工控机性能影响小；通信扩展丰富，支持 VGA、RS232、USB、GPIO 等接口。选型效果如图 4-119 所示。

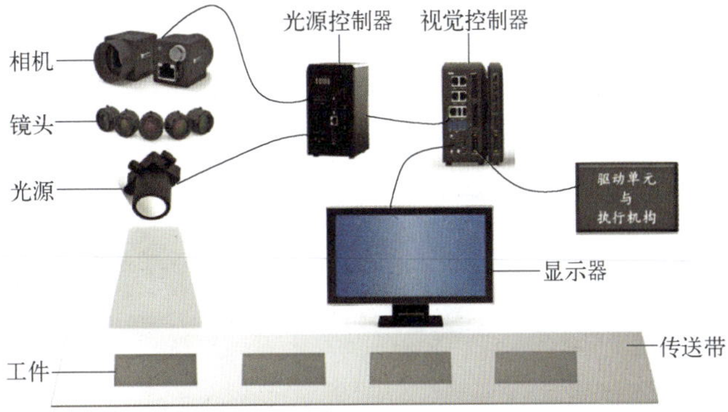

图 4-119　Vision Master 的选型效果

### 4.3.3.2　选型实例 2——经济型系统 VB2000 系列

（1）需求分析

① 需要实现行业内最小尺寸 0.28mm×0.28mm 的 matrix 码的识别，读码率 100%，如图 4-120 所示；

② 需要兼容镜像翻转、大小、极性、多自由度；

③ 能够实现智能纠错识别、脏污过滤、20% 缺损补正、畸变校正；

④ 环境适应性强，支持一定程度的倾斜、扭曲、振动等环境下 matrix 码的识取；

⑤ 支持 I/O、RS232、TCP/IP 等通信模块；

⑥ 充分考虑安装空间限制；

⑦ 视野长边大于 6.5mm，读码效率小于 200ms。

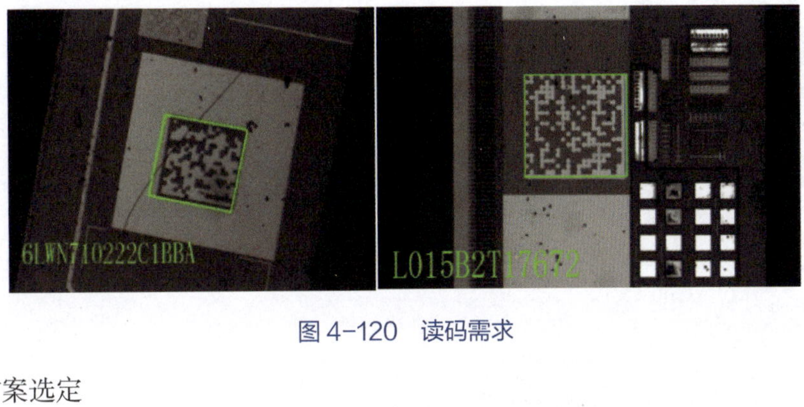

图 4-120　读码需求

（2）方案选定

Vision Master 算法包：二维码识别→ VC/DM/QR →多流程；

工业相机：视野大小→最小码→算法 PPM 性能→数据传送效率→ 1.3MP → CA013；

光源照明：投射到玻璃表面反射→明确玻璃与背景差异→垂直于工件照射最佳→确保工件上的空间→兼容振动景深→同轴落射光组合，FA 镜头同轴光源或者微距镜头光源；

VB 控制系统：通信连接→ I/O、RS232、TCP/IP 等硬件接口→相机连接→千兆网口→显示器 HDMI → Vision Master 授权加密→ VB2000。

（3）选型效果分析

采用了标准千兆网口，可以连接网口相机，组成“一拖一”“一拖二”“一拖三”视觉系统；采用了 Intel E3845 平台，可以用于优化高速单流程视觉应用案例，或者慢节拍多流程的视觉应用案例；相机分辨率高，可拖动连接 30 ～ 600W 分辨率工业相机；流程通信采用 RS232、I/O、TCP、UDP 等接口；

最终确定的整体解决方案如图 4-121 所示，该方案可以顺利完成二维码识别、OCR 识别、单 / 双相机定位、简易检测、单工件尺寸测量等任务。

图 4-121　整体解决方案

通过以上具体的选型案例可以发现，机器视觉应用中，对图像的处理要求很高。以往用户需要用代码一行一行实现算法的处理，而随着技术的不断发展以及机器视觉市场的不断扩大，有厂商开始给用户提供封装好的算法，以供用户进行快速开发，此类产品被称为算法平台。算法平台通常包含不同类型的算法工具，例如定位类、几何查找类、识别类、色彩处理类、缺陷检测类，图像处理类等。

### 4.3.4　某安防摄像头塑料前盖装配定位实例

（1）需求分析

如图 4-122 所示为某安防用摄像头塑料前盖，在装配时，需要进行准确的定位。定位中的引导工作拟通过机器视觉技术获取被测对象的位置信息，再引导机械臂进行定位、组装等操作。

图 4-122　某安防用摄像头塑料前盖

综合现场和技术要求，该前盖装配过程的视觉功能要求如下：

① 识别出前盖在托盘中的角度。

② 识别出前盖在托盘中的位置。

③ 将识别出的角度、位置参数发送给机器人，配合机器人完成将前盖以固定角度、固定位置放入工艺装备中的工作。

检测精度要求：

① 角度：± 0.05°；

② 位置：± 0.2mm。

（2）参数计算

视野确定：102.4mm × 153.6mm；

相机分辨率确定：根据算法精度（最少 3 个像素）和单像素精度（每个像素最少 0.2mm），横向像素数量至少为 153.6/0.2 × 3=2304（pixel），选用 600 万像素工业相机（3072pixel × 2048pixel）；

工作距离确定：214mm，代入式（4-2），即可得到最终结果，即镜头焦距为 12mm。

（3）硬件方案

安防摄像头前盖定位引导系统主要由 600 万像素工业相机、镜头焦距为 12mm 的工业镜头组成，如图 4-123 所示；为了准确区分特征，减少背景的干扰，采用方形无影光源，使成像更均匀，如图 4-124 所示；安防摄像头整机通过机械臂传送，无现场干扰。

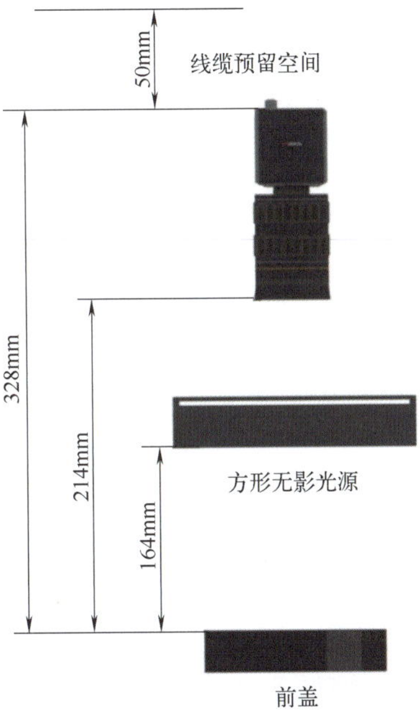


图 4-123　选定的镜头方案

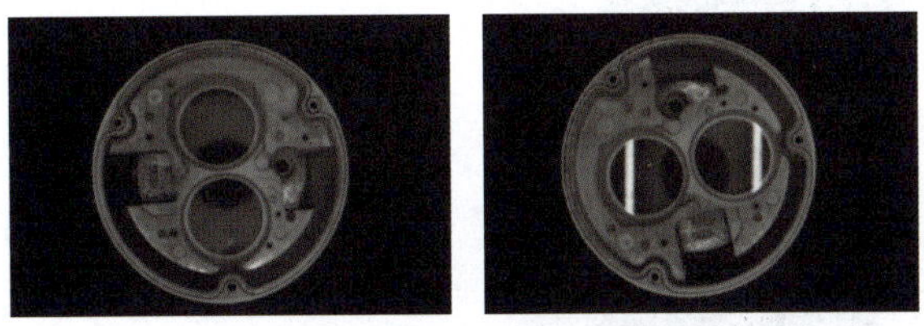

图 4-124　选定的打光方案

（4）软件方案

定位引导方案主要使用定位工具，此方案使用高精度特征匹配工具进行定位，后续配合发送数据模块与通信连接功能和外部设备配合。

① 使用特征匹配工具中的模板配置建立定位模板，如图 4-125 所示，建立定位模板时注意将内部可能不稳定或有干扰的轮廓点使用掩膜遮盖。

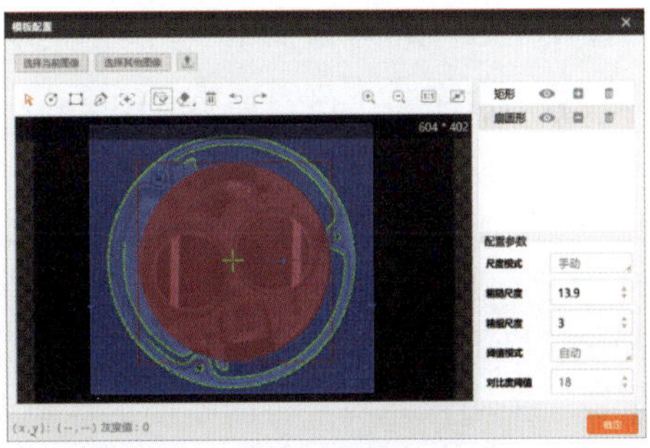

图 4-125　建立定位模板

② 使用协议组装或格式化工具，将检测物的坐标点位按协商好的格式封装，如图 4-126 所示。

③ 在发送数据模块中选择已建立好的通信连接，将上一步协议组装的结果发送，如图 4-127 所示。

经过调试，上述软硬件方案工作顺畅，顺利达到预期目标。

## 4.3.5　某手机屏幕边缘缺陷检测实例

（1）需求分析

手机屏幕在生产制造的过程中，无法避免会产生缺陷，如图 4-128 所示。而生产企业对产品质量的要求越来越高，因此，缺陷检测是该行业非常重要的一个应用。机器视觉具有高精度、高速度的检测能力，可实现多种缺陷的检测，包括边缘破碎、崩边、污损、裂纹等缺陷。

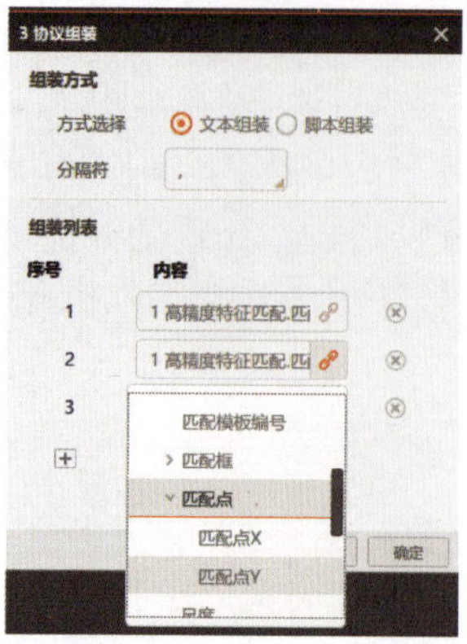


图 4-126　协议组装

图 4-127　数据发送

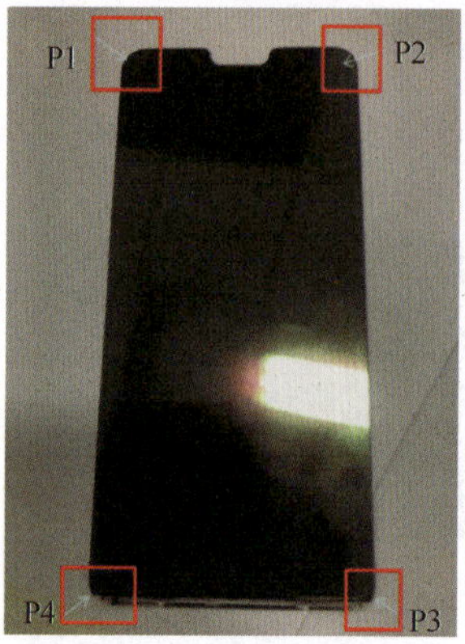


图 4-128　手机屏幕玻璃

① 检测对象：手机屏幕基板玻璃边缘。

② 检测项目：手机屏幕玻璃在切下时，边缘可能产生崩边。

③ 检测区域：如图 4-128 所示，在 P1、P2、P3、P4 四个位置装 4 个相机，测量弧形边缘。

④ 最小缺陷面积边长：0.03mm（以外接矩形为例）。

⑤ 高的缺陷检出率要求：99.99%。

根据以上分析，确定选型思路如下：

① 视野确定：20mm × 20mm（视野要比样品大，有充分的冗余空间）。

② 相机分辨率确定：根据算法精度（最少 3 个像素）和单像素精度（每个像素最少 0.03mm），横向像素数量至少为 20/0.03 × 3=2000（pixel），选用 500 万像素工业相机（2448pixel × 2048pixel）。

③ 工作距离确定：110mm，代入式（4-2）即可得到最终选择镜头焦距（FL）为 35mm。

（2）硬件方案

手机屏幕边缘缺陷检测系统主要由 4 个 500 万像素工业相机、FL 为 35mm 的工业镜头组成。采用背光源，目的是使成像更均匀，且可在成像时消除水滴、杂质等干扰；被测物体静止拍摄，现场无干扰，如图 4-129 所示。

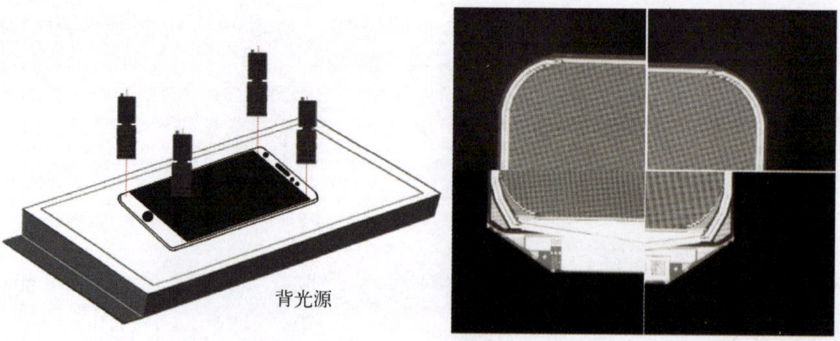


(a)　　(b)

图 4-129　选定的检测方案

（3）算法与软件方案

Vision Master 算法平台提供了一系列用于缺陷检测的视觉工具。由于本例中产品边缘包含圆弧形状与直线形状，故可选用边缘组合缺陷检测工具进行缺陷检测。

① 使用边缘组合缺陷检测需要将检测 ROI 放置于边缘之上。当前产品为直线 - 圆弧 - 直线的形状，因此在边缘组合缺陷检测工具内部选择对应类型特征，并按实际情况填写参数即可，如图 4-130 所示。

② 边缘缺陷检测中，根据 ROI 放置方向，从左到右为黑色背景到灰色边缘，因此选择从黑到白的边缘极性，如图 4-131 所示。

图 4-130 Vision Master 边缘组合缺陷检测

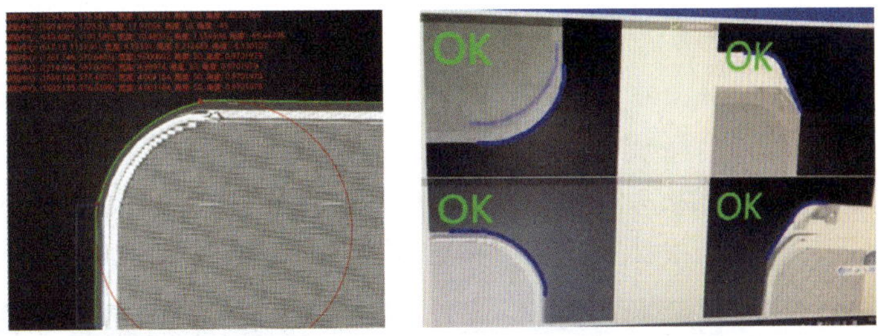


图 4-131 边缘缺陷检测结果

## 4.3.6 某手机后盖尺寸测量实例

（1）需求分析

在手机加工制造领域，需要对零件尺寸进行测量，以确定零件的加工位置是否符合加工要求，无偏差。人工测量零件尺寸效率低、误差大，三坐标测量机价格昂贵；采用机器视觉的方法进行自动化尺寸测量具有测量效率高、精度高的优点。本例的检测对象为某手机后盖，如图 4-132 所示，具体的检测要求如下：

① 检测项目：手机后盖尺寸；

② 材质：ABS 塑料；

③ 尺寸范围：2 ～ 700mm；

④ 测量精度：0.1mm。

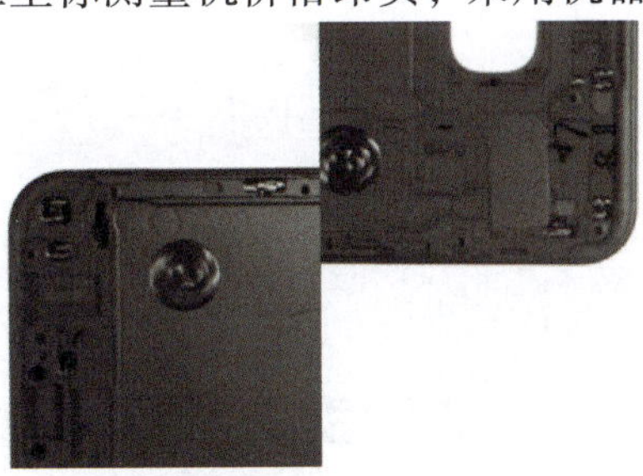

图 4-132 某手机后盖

（2）技术参数分析

① 视野确定：700mm × 500mm（视野要比样品大，有充分的冗余空间）。

② 工作距离确定：小于 400mm，由于单相机视野不够，且需要选用高分辨率相机才能满足精度要求，因此选择双相机系统进行测量。

③ 相机分辨率确定：根据算法精度（最少 3 个像素）和单像素精度（每个像素最少 0.5mm），横向像素数量至少为［（700/2）/0.5］× 3=2100（pixel），选用 500 万像素工业相机分辨率可达到（2448pixel × 2048pixel）。

④ 工作距离确定：375mm，代入式（4-2）即可得到最终选择镜头焦距为 12mm。

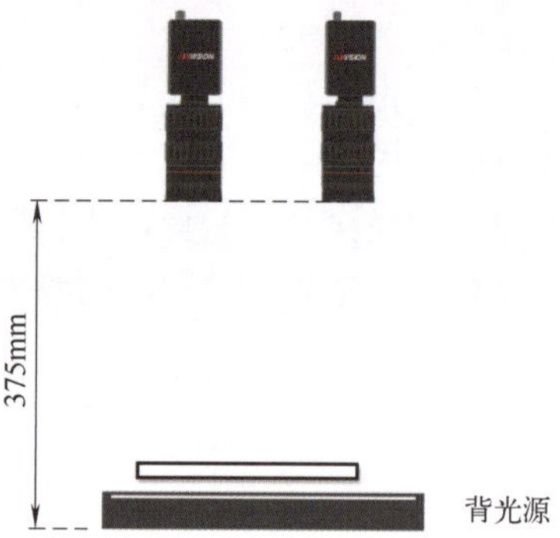


图 4-133　某手机后盖选定方案

（3）硬件方案

手机后盖尺寸测量系统由两个 500 万像素工业相机、FL 为 12mm 的工业镜头以及白色背光源组成，采用背光源的目的是使成像更均匀，且可在成像时消除部分干扰，可以准确区分被测手机后盖与其他特征，减少背景的干扰；采用标定板对两个相机进行标定，准确得出测量结果。手机后盖通过传送带传送，现场无其他干扰；确定的方案如图 4-133 所示。

（4）算法与软件方案

此方案需要测量手机对角线长度，因此需要使用双相机分别拍两个对角。首先将双相机标定在同一坐标系内，再分别找到对应的角点，通过标定结果进行坐标转换、求差。

Vision Master 算法平台内置标定板，标定板内部提供位置信息，在 Vision Master 算法平台内部提供有生成标定板的工具，选择参数进行相关的计算，如图 4-134 所示。

使用双相机对同一个标定板拍照并标定，可以得到两台相机分别相对于标定板的位置，进而将两台相机标定在同一坐标系内。

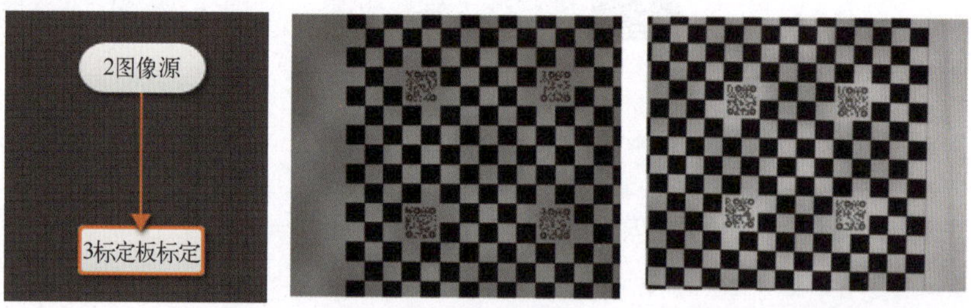


左相机拍摄的标定图片　　右相机拍摄的标定图片

图 4-134　标定板的图像

① 标定算法已内置于模块中，在两台相机的标定过程中注意选择对应的标定板的板型，要与生成时的标定板板型一致，如图 4-135 所示。

② 在后续工序中加载标定文件，即可将位置信息换算出来。边缘交点算法检测使用内置的边缘交点工具，将 ROI 分别放在相交的两条边缘上，选择对应的极性、阈值等参数，根据 ROI 箭头方向分别选择边缘 1 从白到黑，边缘 2 从黑到白，如图 4-136 所示。

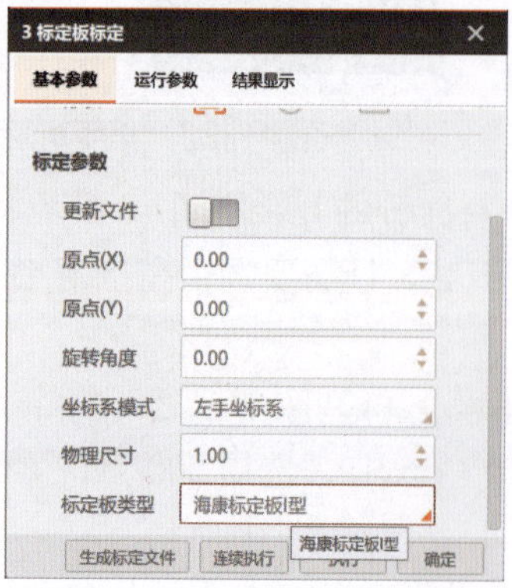


图 4-135　标定板的标定设置

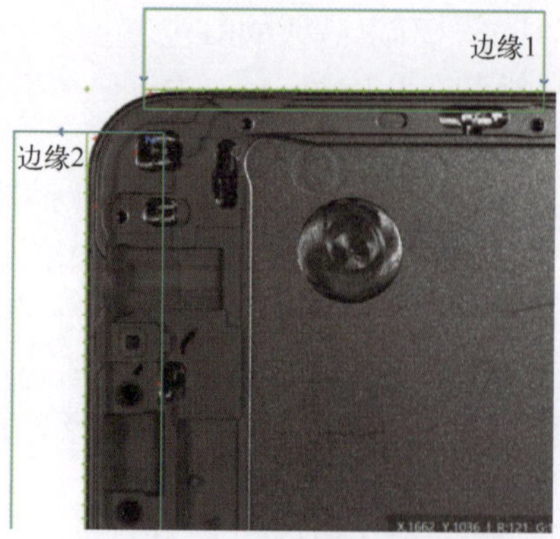


图 4-136　选择边缘

③ 边缘交点通过标定转换工具进行坐标换算，导入之前标定生成的标定模型进行转换，如图 4-137 所示。

④ 在坐标转换后，再对两个角点的数据使用点点（点对点）测量进行运算即可，如图 4-138 所示。

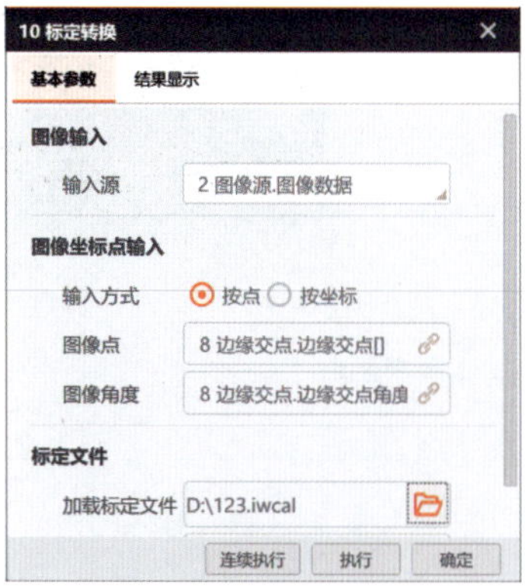


图 4-137　标定转换

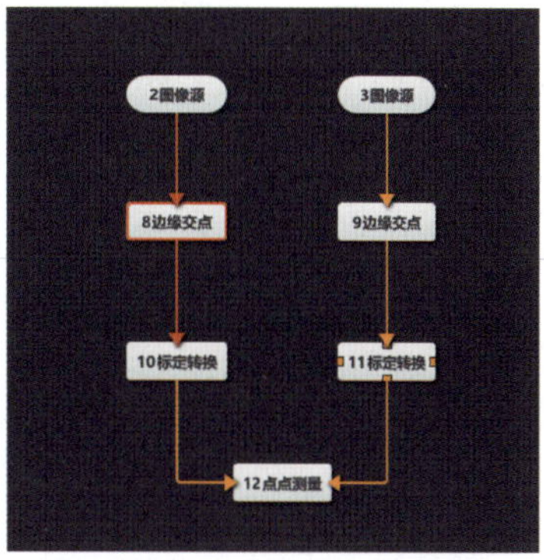


图 4-138　点对点测量运算

### 4.3.7　某 iPad 底壳流纹缺陷检测实例

（1）需求分析

传统的人工方法检测 iPad 底壳表面流纹缺陷，可能会因为工人经验等主观因素，导致检测结果不一致和检测效率难以提升。采用机器视觉的方法可以对缺陷进行检测，快速且准确地识别划痕，大幅提高了生产线的效率，提高了 iPad 产品的生产质量。综合以上分析，列出需求如下。

① 检测对象：iPad 底壳，如图 4-139 所示；

② 检测项目：流纹检测；

③ 被测物尺寸：7.9in（200.66mm）；

④ 划痕宽度：最小 0.3mm。

图 4-139　iPad 底壳

（2）方案思路

① 视野确定：350mm × 300mm（视野要比样品大，有充分的冗余空间）；

② 相机分辨率确定：根据算法精度（最少 3 个像素）和单像素精度（每个像素最少 0.3mm）；长边像素数量至少为：350/0.3 × 3=3500（pixel），选用 1200 万像素工业相机（4024pixel × 3036pixel）；

③ 工作距离确定：310mm，代入式（4-2）即可得到最终选择镜头焦距为 12mm。

（3）硬件方案

iPad底壳表面流纹缺陷检测系统主要由 1200 万像素工业相机、FL 为 12mm 的工业镜头以及箱体光源组成（为了使视野范围内的 iPad 成像更均匀，选用箱体光源）。iPad 底壳静止拍照，现场无其他干扰。

（4）软件方案

① 检测时使用深度学习分割算法进行检测，生成缺陷的热度图像，使用 BLOB 工具进

行识别，如图 4-140 所示。深度学习缺陷检测工具在使用前需要进行训练，在训练工具中选择图像分割进行训练。

② 选择 Vision Master 平台进行图像分割训练并导入图片，如图 4-141 所示。

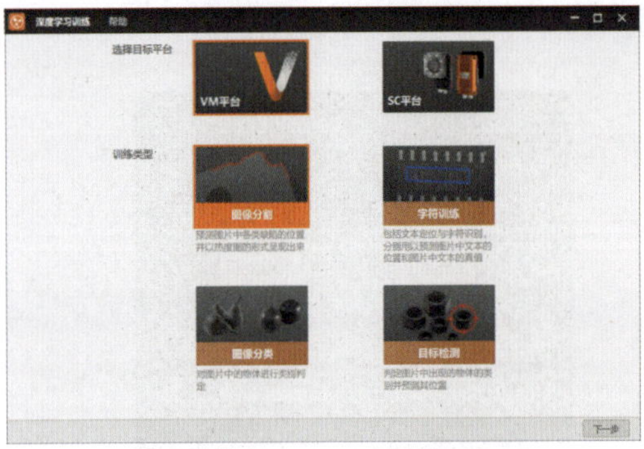

图 4-140　Vision Master 的深度学习缺陷检测工具

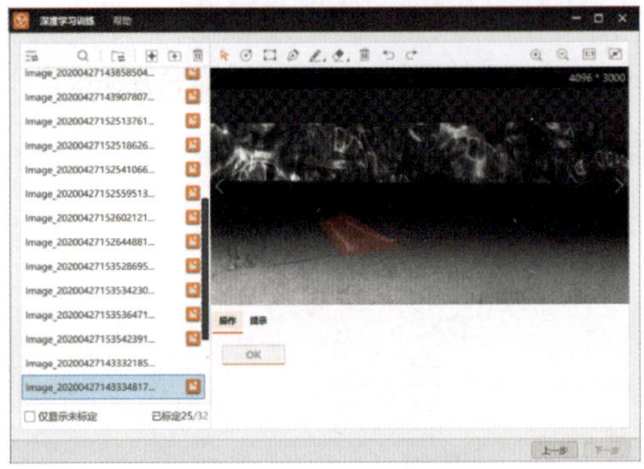

图 4-141　导入图片

③ 选择缺陷进行标注，训练后生成模型，导入检测流程使用，检测流程如图 4-142 所示。

图 4-142　检测流程

④ 检测流程使用深度学习算法，即用 DL（深度学习）图像分割模块作为检测算法，将与训练特征相似的值按概率大小生成不同亮度的色块显示在输出图上，概率越大亮度越高，如图 4-143 所示。

⑤ 使用特征匹配对检测物进行定位，再使用 BLOB 分析工具圈出在检测物表面区域内的亮区，用于后续的流程，如处理、判断等工序。

特征匹配选取的特征模板选用明显的标志轮廓，BLOB 工具将图像分割工具输出的概率图作为图像输入源，在运行参数中设置低阈值为 60、面积大于 100 像素的灰度色块作为缺陷点，如图 4-144 所示。

⑥ 最后在原图上将 BLOB 结果叠加，即可显示出缺陷检测结果，如图 4-145 所示。

(a) 较少缺陷检测效果图　　(b) 较多缺陷检测效果图

图 4-143　缺陷检测效果

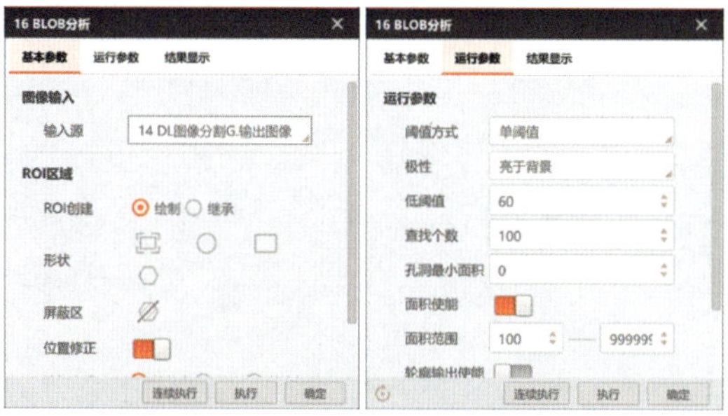


图 4-144 BLOB 分析设置

图 4-145 检测结果

## 4.3.8 某台灯底座在线质量检测实例

（1）应用场景与需求

底座经过注塑机注塑成型后，由传动带传送过来，通过触发传感器，CCD 对产品上表面外观进行拍摄，图像分析后判断产品是否存在缺胶现象、圆孔直径是否符合公差标准。对于不良的产品输出 NG（不合格）信号，后由气缸推出流水线，完成 NG 产品的剔除。

① 应用描述：流水线不停止，传感器触发拍照，NG 产品由气缸剔除出流水线，1 台全局相机；

② 产品 / 颜色：塑料底座 / 黑色；

③ 材料特征：ABS 塑料；

④ 产品尺寸：120mm × 90mm；

⑤ 最终精度：判别 NG 产品；

⑥ 来料偏差：传感器定位；

⑦ 视野要求：长边 200mm；

⑧ 镜头物距：475mm ± 50mm；

⑨ 光源物距：70mm ± 20mm；

⑩ 拍摄环境：飞拍。

（2）功能与特点

① 高效定位；

② 换型容易，速度快；

③ 标准化系统模块，价格低。

（3）应用效果

软硬件系统经选型、设置和调试后上线运行，准确、高效判别出不合格底座，如图 4-146 所示，并将不合格品放到设定的回收箱内，取得了预期的效果。

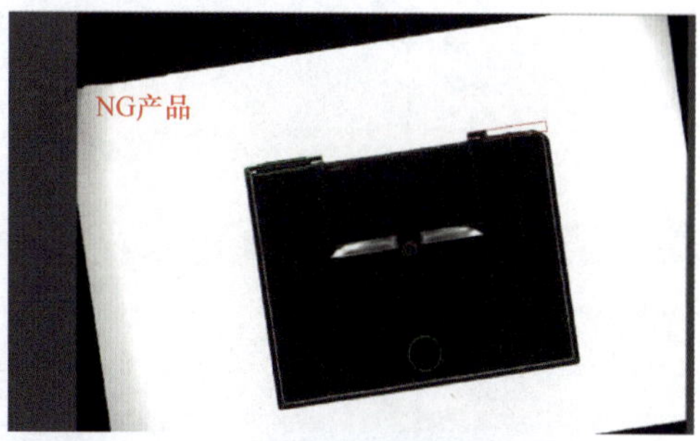


图 4-146 系统准确、高效识别出的不合格品

# 第 5 章
# 注塑车间数字化与智慧工厂

- 从传统车间到数字化车间
- 注塑车间数字化管理系统——MES
- 车间数字化管理系统实例——安达发 MES
- 注塑生产的智慧工厂

# 5.1 从传统车间到数字化车间

## 5.1.1 传统注塑车间的老大难问题

虽然目前的注塑行业发展总体仍是向上的，但是，由于注塑行业属于典型的离散型流程行业，其多型号的产品侧面体现了注塑行业的工序复杂问题，随着成本上升、客户需求的多样化以及市场竞争的加剧，传统注塑车间面临着巨大的挑战，具体表现有以下几方面。

（1）信息记录与交换手段落后

采用纸质作业指导书（工单）、工艺资料、领料单等载体来记录任务、签字、名称、数量等信息，有信息不完整、难以检索、容易出错等明显缺陷，无法形成完整信息流，更谈不上信息集成。

（2）生产过程不透明

即使在实施了 ERP（enterprise resource planning，企业资源计划）系统的生产企业中，生产车间也是“盲区”。由于无法获取实时生产数据，管理层、采购部门、销售部门等均无法获取物料是否缺少、设备是否运转正常、产品生产到哪一步、人员是否闲着、质量是否合格等信息。

（3）产品质量问题难以追溯

产品质量问题常常是在用户使用时被发现的，由于没有生产过程数据，很难追溯导致问题的原因。是人员操作失误？物料质量不合格？还是机器设备、模具运行异常？这些都只能靠经验来判断，因此导致同样的质量问题反复出现。

（4）生产计划与控制方法粗糙

车间生产计划制定包括排产（先后顺序）和排程（精确时间点）两个步骤，这对于混线生产和定制化生产非常重要，是提高车间生产效率最关键的步骤之一。在传统车间中，排产和排程的好坏基本取决于生产线管理员的经验，无法精确。在作业任务被分派后，由于没有执行数据反馈，对生产异常情况、订单变更、绩效分析等都难以有效应对，计划和控制无法形成闭环。

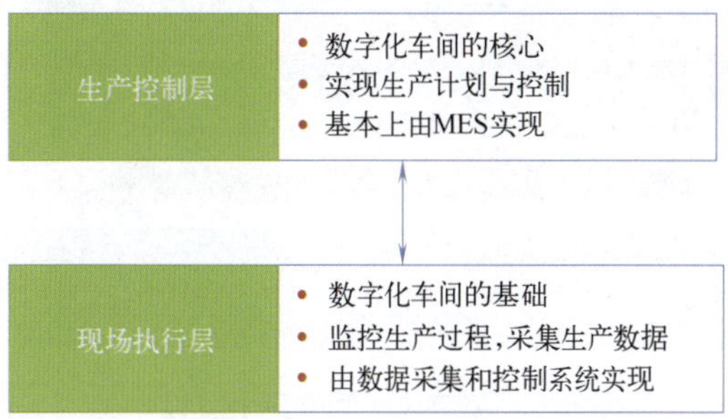


图 5-1 数字化车间的架构

## 5.1.2 数字化车间的架构与设施

（1）数字化车间的架构

数字化车间包括两层架构，一层是生产控制层，另外一层是现场执行层，如图 5-1 所示。

① 生产控制层：一般由 MES（manufacturing execution system，制造执行系统）软件实现，支持车间生产计划和控制高层管理活动，包括排产、排程、任务分派、计划跟踪与调整、生产绩效分析、物料管理、设备管理、质量管理等。

② 现场执行层：一般由 SCADA（supervisory control and data acquisition，数据采集与监控系统）等数据采集和处理系统实现设备数据采集和人工操作数据采集。设备数据通过接口

自动获取，人工操作数据需要通过手工输入或借助条码、二维码、RFID（射频识别）等自动识别装置进行采集。设备数据包括设备状态、启停时间、参数、执行结果等，人工操作数据包括人员、操作时间、操作类型等。除了数据采集，现场执行层还要完成生产控制层发出的设备和人员控制指令。

通过实施数字化升级改造，车间内的人、财、物、信息均处于完全“透明”的状态，极大提高了生产活动的可控性，如图 5-2 所示。

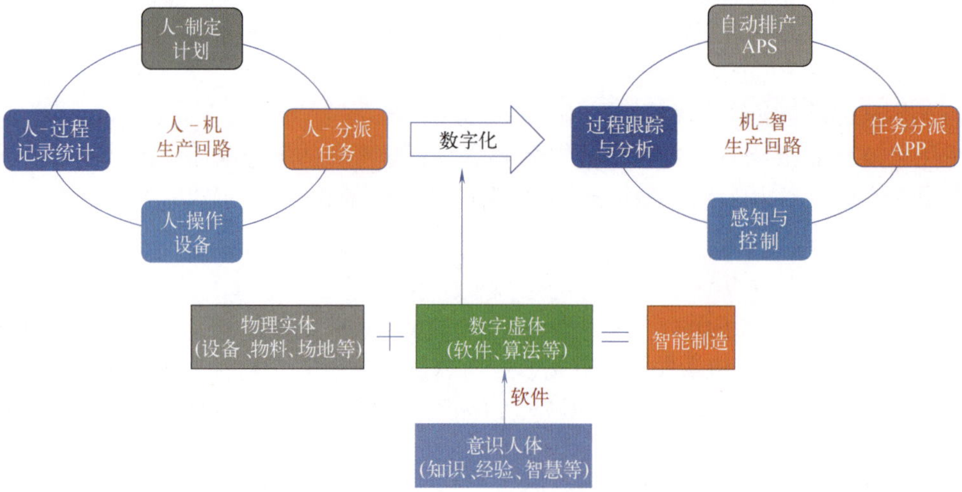


图 5-2　传统车间与数字化车间对比

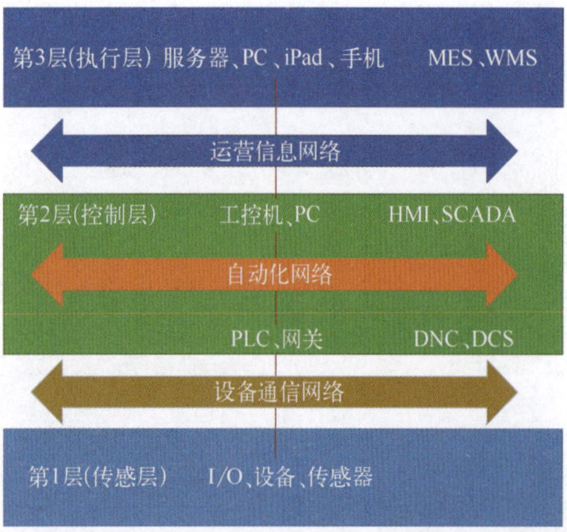


图 5-3　数字化车间的三个层级

（2）数字化车间的硬件设施

从支撑设施角度而言，数字化车间需要传感层、控制层、执行层等 3 个层面的设施进行支撑，如图 5-3 所示。

① 传感层。包括传感器、数字化设备接口、I/O 等，实现车间现场执行层的数据采集和操作指令接收功能。本层数据主要通过设备通信网络传送，特征是数字信号。

② 控制层。下半层包括 PLC、工业物联网网关等设备，用于汇聚传感层数据及形成操作指令，通过设备通信网络传送数据；上半层包括工控机、PC 工作站等设备及 HMI、SCADA 等软件系统，形成业务数据，通过运营信息网络和执行层通信，通过自动化网络和 PLC、网关等设备通信。本层的数据特征是指令和状态。

③ 执行层。包括服务器、PC、iPad、手机等 IT 设备、设施及 MES、WMS（仓库管理系统）等管理系统，实现车间生产控制层的功能。本层的数据特征是业务描述。

实践证明，传统注塑车间数字化改造后的生产线，能够实现快速切换生产多种不同的制品，并且实现小批量定制化生产甚至是单一产品生产，在提升生产效率的同时减少库存。

（3）数字化车间管理系统

数字化车间管理系统是一种集成了数据处理、物料追踪、生产计划、设备管理等功能的软件系统，旨在提高工厂生产效率、产品质量和成本控制，实现智能化生产管理。

系统通过对硬件设备的数据进行实时采集、多部门实时协作、大数据统计分析、智能辅助操作，帮助注塑生产行业解决信息沟通难、管理效率低、生产过程不透明、一线生产问题无法管控、品质追溯效率低、知识信息管理混乱等问题。

① 设备生产状态监测。集中远程监测每台注塑机的设备运行情况、工单生产情况、工艺实际情况等。

② 工单管理。通过规范的工单管理流程，优化生产排产，降低因错误排产导致的损失，提高效率；实时掌控每个工单的生产进度、合格数量、报工进度等实际生产状况；从工单的创建到工单的完成，记录所有操作，让追溯有章可循。

③ 质量管理。质量检验项目标准化，检验过程电子化、信息化；使用移动电子设备操作，电子流程跟进，使得质量检验工作更加方便、规范，检验过程有章可循；系统提供完善的事故预警处理体系，触发阈值系统及时预警，保证事故影响在最小的范围内。

④ 注塑工艺实时采集和监测。实现了信息化的工艺标准管理方式，为生产技术的更新提供强有力的支撑；生产工艺参数的全面获取，实时采集每一模工艺参数并进行记录；事先提供趋势分析，事中提供工艺告警，事后提供原因的记录；多年行业累积，最大程度提高工艺管理水准与工艺管理工作效率。

⑤ 设备管理。生产前，设定保养规则后系统自动生成保养计划，提高设备的可靠性；生产中，设备故障提报，手机 APP 可获得即时推送提醒，减少损失工时；生产后，设备异常维修的标准化、信息化管理，数据积累，为同类问题提供有效依据。

⑥ 模具管理。模具台账管理，规避纸质台账的重复性、易错性和易丢失性；模具保养管理，提升模具寿命，降低故障率；模具维修管理，能够及时提醒维修人员，提升维修效率，减少损失工时。

⑦ 看板管理。对生产车间电视看板进行管理，实时呈现工单生产情况、设备利用率、质量数据等重要数据。

⑧ 报表管理。图表结合，结果直观；行业积累，实用有效；多维度数据统计，给管理层决策提供翔实的数据依据。

综上所述，数字化车间管理系统可以协助企业提高生产效率、降低生产成本、打破信息壁垒，真正实现智慧工厂。

## 5.2 注塑车间数字化管理系统——MES

### 5.2.1 MES 概要

（1）MES 的概念

MES 是一套面向制造企业车间执行层的生产信息化管理系统。它位于企业资源计划（ERP，enterprise resource planning）和过程控制系统（PCS，process control system）的中间，是制造企业实现数字化、精准化、精细化、协同化管理的工业软件，如图 5-4 所示。

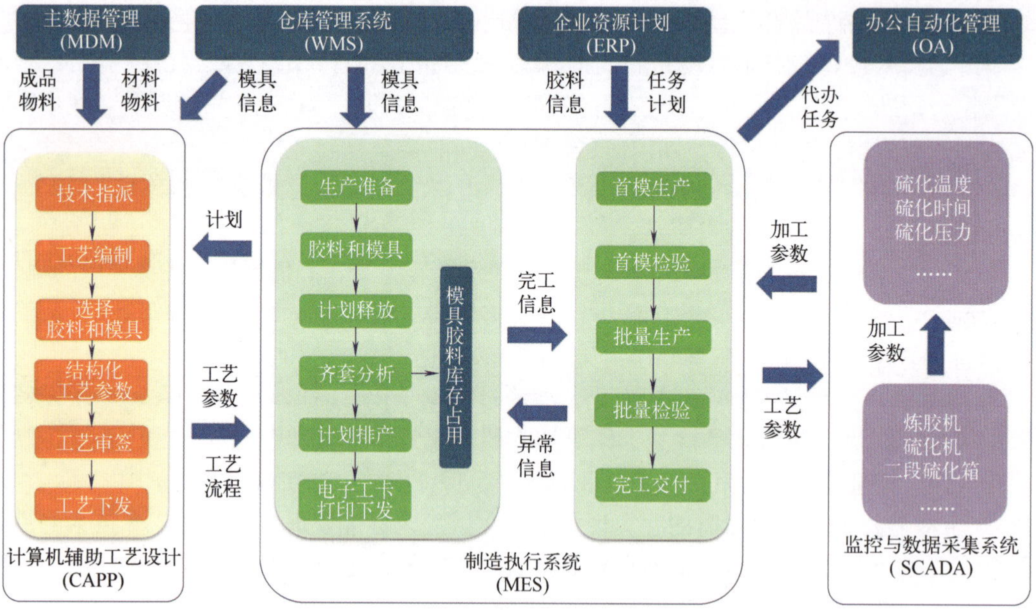


图 5-4　MES 功能及位置

① MES 提供从订单下达到产品完成的生产活动优化所需的信息，运用及时准确的数据，指导、启动、响应并记录车间生产活动，能够对生产条件的变化做出迅速的响应，从而减少非增值活动，提高效率。MES 不但可以改善资本运作收益率，而且有助于及时交货、加快存货周转、增加企业利润和提高资金利用率。MES 通过双向的信息交互形式，在企业与供应链之间提供生产活动的关键基础信息。

② MES 是处于制造企业计划层（ERP）与控制层（PCS）之间的执行层，是企业资源计划系统和过程控制系统之间的桥梁和纽带，是制造企业实现敏捷化和全局优化的关键系统。

③ 制造（生产）过程管理的作用是把企业有关产品的质量、产量、成本等相关的综合生产指标转化为制造过程的作业计划、作业标准和工艺标准，从而产生合适的控制指令和生产指令，驱动过程控制系统使生产线在正确的时间完成正确的动作，生产出合格的产品，使实际的生产指标处于综合生产指标的目标值范围内。

（2）MES 的功能

MES 通过信息的传递，对从订单下达开始到产品完成的整个产品生产过程进行优化管理，对工厂发生的实时事件及时做出相应的反应和报告，并用当前准确的数据进行相应的指导和处理。

MES 的主要功能包括生产排产详细调度、资源状态管理、文档管理与工艺控制、设备维护管理等，如图 5-5 所示。通过这些模块，MES 为企业打造一个扎实、可靠、全面、可行的制造协同管理平台，提高了生产效率和质量，降低了成本，增强了市场竞争力。

实践证明，在注塑生产企业，MES 可以帮助企业实现如下目标。

① 生产计划管理：MES 能够协助注塑车间实现生产作业计划的排程和调度，依据客户订单和生产优先级自动生成生产计划任务。它能够监控生产资源的可用性和使用率，并且在具体生产过程中做出相应调整和协调。

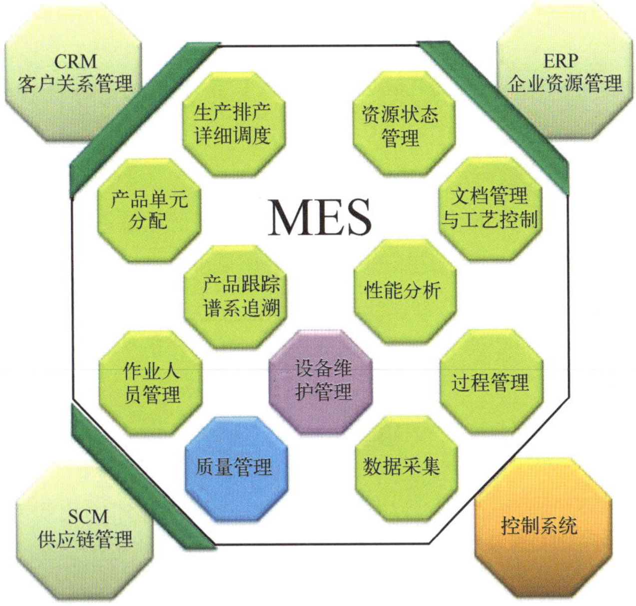


图 5-5　MES 的 11 大功能

② 实时监控和控制：MES 能够实时监控注塑设备的运行状态、生产进度和质量指标。通过传感器和数据采集装置，MES 能够采集机器设备的故障信息内容、运行数据和环境参数。它能够即时报警和对异常情况进行处理，确保生产制造过程的稳定性和可控性。

③ 质量管理：MES 能够追踪和记录注塑生产中的质量信息，包含原材料的批次信息、生产制造基本参数、检测结果等。它能够进行质量分析和统计汇总，及时发现和处理产品质量问题。与此同时，MES 还能对产品信息进行溯源，保证产品质量。

④ 物料管理：MES 能够管控注塑生产过程中所需的原材料和辅助物料的采购、入库和出库。它能够追踪物料的使用情况和库存量，便于及时跟进补充和调配。MES 支持通过物料编码和 RFID 等技术手段，实现物料的自动识别与管理。

⑤ 工序控制：MES 能够自定义和管理控制注塑生产过程中的工艺流程和工艺指标。它能够监控每一个工序的执行、实施情况，并提供相关指导和调整建议。MES 能通过标准操作规范（SOP）和工艺路线，保证产品的一致性和稳定性。

⑥ 数据分析和报告：MES 能够对注塑生产过程中的各类数据展开分析和统计。它能够转化成各类报表和图表，展现生产效率、质量指标和资源利用情况。根据这些信息，管理层能够进行决策管理改进，提高生产效率和核心竞争力。

⑦ 安全与环保：MES 可以集成安全与环保相关的功能模块，确保生产过程中的安全与环保符合法规要求，提高企业社会责任和形象。

⑧ 与其他系统的集成：MES 能够与企业的其他系统（如 ERP 系统、设备监控系统等）实现集成，实现信息的共享和流通。它能够与供应链系统实现对接，实现供给与需求的协调和响应。这些集成能够提高整体运营的效率和透明度。

总之，MES 的功能非常丰富和全面，它可以帮助企业实现生产过程的可视化、可控化、智能化和协同化，提高生产效率和质量，降低成本，增强市场竞争力。

注塑车间的 MES 解决方案需要根据实际的业务需求进行定制和配置。通过合理的系统设计和实施，能够提高注塑车间的生产效率、质量控制和资源利用。

（3）MES 的业务价值

MES 为企业提供了全面的生产管理解决方案，其业务价值主要体现在以下几个方面。

① 优化生产制造管理模式：MES 可以强化过程管理和控制，均衡企业资源的利用率，优化产能，提高运作效率，最终达到精细化管理目的。

② 数据实时准确：MES 保证生产过程中数据统计与分析的实时性与准确性，使管理者对车间生产状态、设备状态及加工信息一目了然，并且能及时将管控指令下发车间，车间可以实时反馈执行状态，提高车间生产的透明化程度。

③ 协同管理：MES 可以加强与各部门之间的协同办公能力，提高生产效率，降低生产成本。

④ 现场实时监控：MES 对生产现场进行实时的监控，保证管理者第一时间了解生产状况，避免造成不必要的损失。

⑤ 实现质量可追溯化管理：从原材料采购到生产加工再到销售订单、物流运输，MES 把所有的生产信息以追溯码的形式进行统一，有效地减少了人为因素对生产过程的影响，管理者可以对生产实现层层把关，极大地方便了产品的质量追踪和售后服务。

⑥ 实现生产过程精细化管理：精细化管理涉及生产过程中的每一个环节，MES 可以实现从物料采购到工艺生产和设备运行等生产过程的集中监控，并且有强大的系统集成化能力，为生产企业打造一个快速响应、柔性化、精细化的管理平台，实现实际落地的精细化生产，降低生产成本，提高产品质量和服务质量。

⑦ 降低成本、节能、降低功耗、减少排放：通过优化管理模式、协同管理、实时监控等手段，MES 可以帮助企业降低成本、节能、降低功耗、减少排放，提高企业效率。

综上所述，MES 的业务价值在于为企业提供全面、高效、精准的生产管理解决方案，帮助企业实现精细化管理、降低成本、提高效率、增强市场竞争力。

## 5.2.2 MES 架构及与其他管理系统之间的关系

（1）MES 的架构

MES 处于企业三层体系结构的中间层，主要面向各制造工厂（车间），因此工艺特点非常明显。它根据 ERP 系统下达的生产订单或者长期计划，通过作业计划编制、作业调度、物料平衡、成本核算、质量管理来组织生产，呈报 ERP 系统数据，如图 5-6 所示。

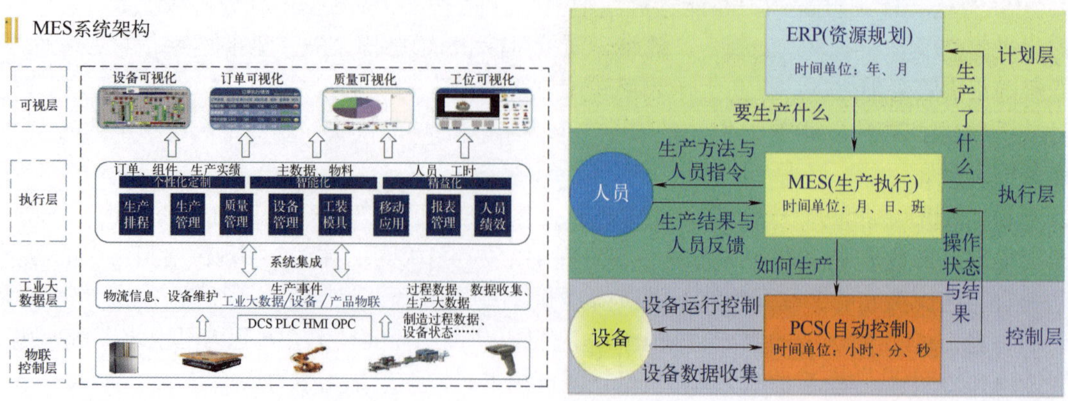


图 5-6　MES 的基本架构

智能注塑是智能制造的具体体现，智能制造是基于新一代信息通信技术，与先进制造技术深度融合，贯穿于设计、生产、管理、服务等制造活动的各个环节，具有自感知、自学习、自决策、自执行、自适应等功能的新型生产方式。

智能制造的关键是实现贯穿企业设备层、单元层、车间层、工厂层、协同层等不同层面的纵向集成，跨资源要素、互联互通、融合共享、系统集成和新兴业态不同级别的横向集成，以及覆盖设计、生产、物流、销售、服务的端到端集成，如图 5-7 所示。

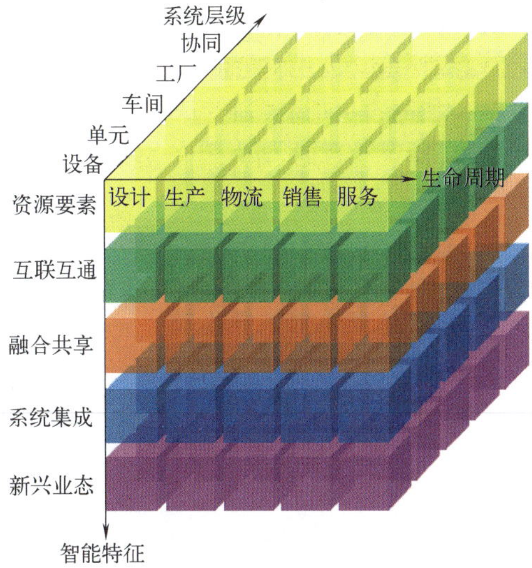

图 5-7　智能制造的关键

对注塑生产的企业而言，MES 处在生产的基层，如图 5-8 所示。

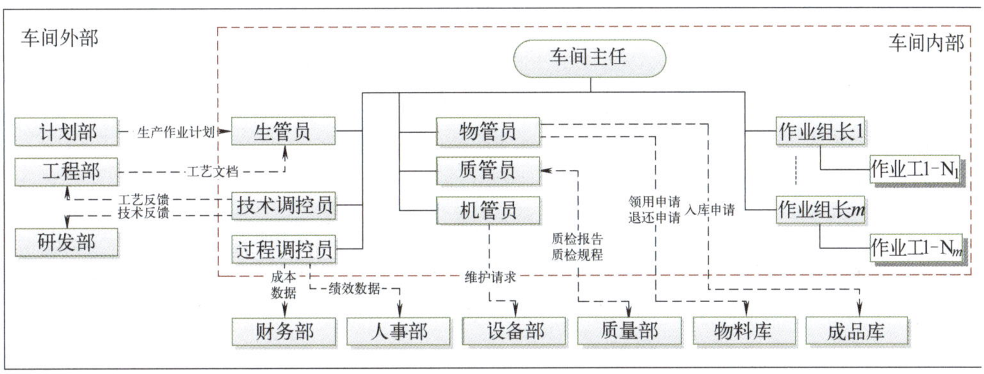

图 5-8　注塑生产企业的 MES

（2）MES 与其他管理系统的关系

MES 与其他 IT 系统的关系非常密切，它处于计划系统和现场采集系统的中间，起着桥梁作用。在制造企业 IT 架构中，MES 是面向生产制造的系统，处于中间层位置，它和企业内的其他生产管理系统有着密切的联系。

具体来说，MES 需要处理和交互大量的数据，这些数据来源于企业的计划层和控制层，同时 MES 又将这些数据传递给上层管理系统和企业决策层，供它们进行分析和决策。因此，MES 需要与其他 IT 系统进行紧密集成，实现数据的共享和传递。

在生产过程中，MES 需要与现场设备、传感器等实时采集系统进行交互，获取实时数据，并对这些数据进行处理和分析，实时监控和优化生产过程。因此，MES 需要与现场采集系统进行紧密集成，实现数据的实时采集和传递。

此外，MES 还需要与企业的其他管理系统进行集成，如 ERP、SCM（供应链管理）、WMS、PDM（产品数据管理）、CRM 等。这些系统分别负责企业的资源管理、供应链管理、物料管理、产品设计、客户关系管理等业务领域。通过集成，MES 可以获得企业全局的生产计划和资源信息，实现生产过程的协同和优化。同时，MES 也可以将生产过程中的实时数据和信息传递给其他管理系统，为企业决策提供支持。

综上所述，MES 在企业信息化架构中起着承上启下的作用，与其他 IT 系统有着密切的关系，如图 5-9 所示。通过与其他系统的集成，MES 可以实现数据共享、协同工作、优化生产等目标，提高企业的生产效率和质量，降低成本，增强市场竞争力。

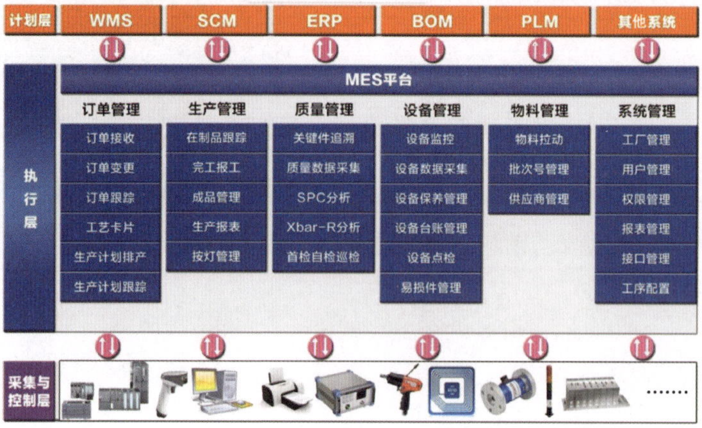


图 5-9　MES 与其他 IT 系统的关系

## 5.2.3　MES 基础数据获取与管理

### 5.2.3.1　工厂建模和基础数据设置

MES 平台的核心是一个工厂建模环境，如图 5-10 所示，它通过类似搭积木的方式将不同的应用功能组合在一起来定义执行逻辑。根据物理模型（实际的设备、区域、管线等）和逻辑模型（业务流程），基于国际 MES 行业标准 ANSI/ISA-95 的工厂模型层次来完成工厂模型的创建，为业务模块提供基础数据支撑。

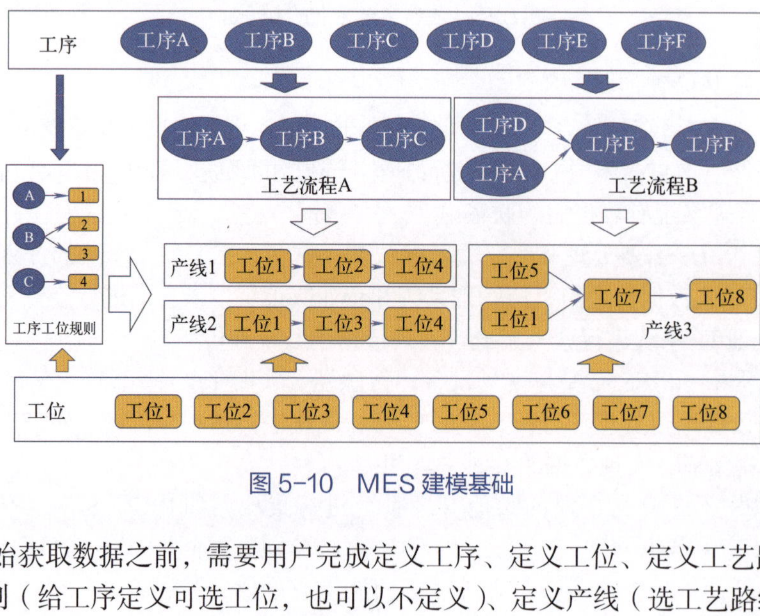


图 5-10　MES 建模基础

MES 开始获取数据之前，需要用户完成定义工序、定义工位、定义工艺路线图、定义工序工位规则（给工序定义可选工位，也可以不定义）、定义产线（选工艺路线图，为每个工序选工位。如果某工序没有定义工序工位规则，则可以选任意工位；如果定义了工序工位规则，则只能从规则定义的工位集合中选择）等基础工作。在此基础上，MES 根据不同的物理模型和数据依赖关系，开始初始化步骤，如图 5-11 所示。

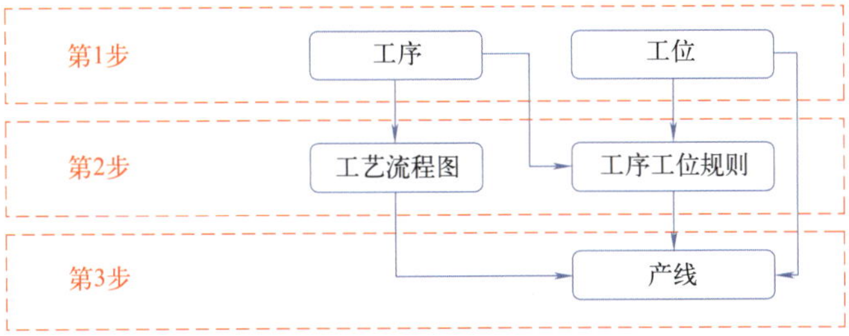


图 5-11　工序工位定义示意图

MES 基础数据建立顺序如图 5-12 所示。

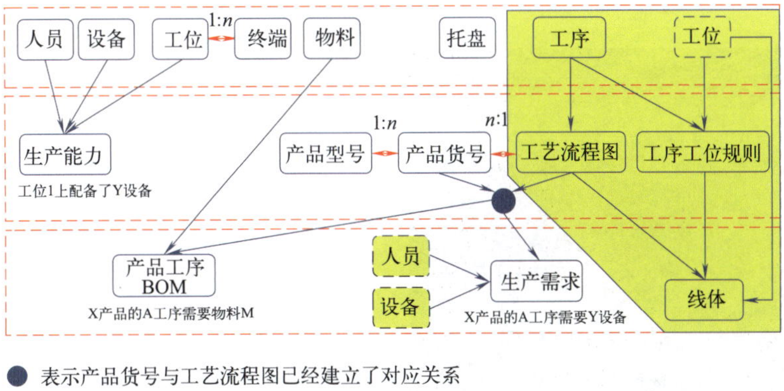


图 5-12　MES 基础数据建立顺序

MES 的数据依赖关系及初始化步骤如图 5-13 所示。

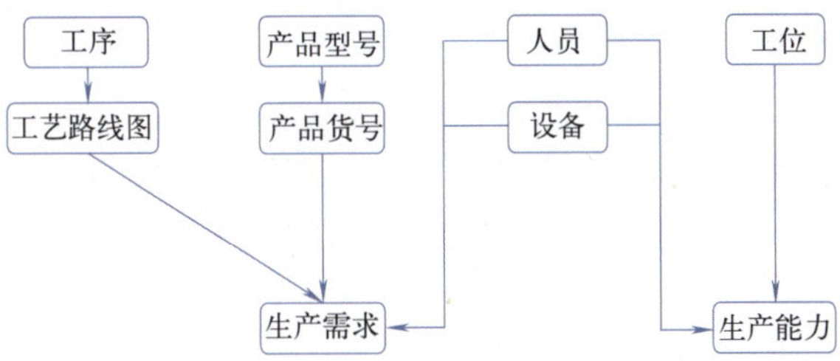


图 5-13　MES 的数据依赖关系及初始化步骤

#### 5.2.3.2　生产过程监控和生产实绩反馈

MES 的生产过程监控侧重于生产流程和工艺过程之间物料输送、质量指标的监控。它以生产过程的实时数据为基础，利用 MES 的组态技术，实现对生产车间、动力能源车间、辅料库、成品库等生产区域的生产进度、工艺质量、物料消耗情况进行实时监控。生产过程监控系统发现异常时可以按照预先设置做出报警，帮助企业的生产指挥调度部门进行生产协调、合理调度，提高生产的快速反应能力。

（1）生产管理

生产管理就是在生产过程监控的基础上，在生产计划的指导下，根据各行业生产工艺特点组织协调生产，跟踪生产过程数据，考核各项生产指标。并通过数据分析，优化生产过程。实现计划的编制、跟踪，生产数据的分析以及考核管理等。管理者能够实时掌握全厂的投入和产出，优化生产决策，并借此最大可能缩短生产时间，减少失误，降低手工和重复录入数据的相关成本。主要功能包括生产计划管理、生产组织、车间考核和人员管理、生产数据分析等。

（2）设备管理

① 资源追踪。通过工厂建模实现资源定位，实现设备使用规范、安全规程的信息化管理；实现设备维修、维护管理，建立设备故障维修时操作员申报和维修记录流程，通过与ERP或资产管理系统的衔接完善设备故障维修和计划维修记录，实现设备维修、点检跟踪管理。

② 资源优化。设备运行分析，系统通过自动化系统中设备运行状态数据，对设备的开停次数、净运行时间、运行负载分布（设备空转、低负载、正常负载、超负载的累计时长）进行统计，实现生产能力分析、设备故障率分析、设备OEE分析、设备运行记录统计分析、设备维修统计分析等，如图5-14所示。

图5-14 全自动化的注塑生产单元

③ 设备状态监控。在设备管理基础上，实现远程监控设备状态，包括设备运行状态、关键参数变化趋势、设备安全、润滑、温度等，统计设备运行效率、运行成本，计算易损件更换时间等。

## 5.2.4 MES 生产管理

### 5.2.4.1 生产管理的计划和控制功能

在制造型企业中，生产管理的计划和控制的主要目的是：决定在何时、何处生产多少、什么样的产品，随时掌握和控制各个生产环节的生产进度。主要目标是：让生产出的产品在成本、质量、数量、安全性和交付时间等方面达到预定的要求。上述目标早期大都凭借人的经验并借助于纸笔工具来完成，现在则由MES来完成。

### 5.2.4.2 生产系统的类型及其对MES的不同要求

根据生产产品的不同，生产系统的类型一般有下面几种。

① 流程型生产，也被称为连续型生产，其特征是：工艺过程连续且顺序不变，生产装备和设施按照流程的顺序布置，原材料按照固定的工艺流程连续经过各个加工环节，并最终成为产品。炼油、化工、金属冶炼、酿酒等工业企业的生产就是典型的连续型生产。

② 装配型生产，也被称为离散型生产，其特征是：产品由零部件构成，零部件的加工过程彼此独立，加工出的零部件经过装配成为最终的产品，整个生产工艺过程没有连续的特征，是离散的。汽车、电子设备、电脑、服装等工业企业的生产就是典型的离散型生产。

连续型生产和离散型生产对MES的要求不同。

（1）产品的结构不同

离散型生产企业的产品生产是严格按照产品的BOM（物料清单）来进行的，最终产品中所包含的物料种类以及每种物料的数量都是明确固定的。而连续型生产企业的产品结构则不是很固定，物料之间的数量关系会随着生产环境的温度、湿度、压力的变化而发生变化。

（2）生产工艺流程不同

离散型生产企业面向订单生产，并且有多品种、小批量的特点，所以，通常按工艺导向型来组织生产过程，即按照生产工艺来划分生产单位。一个生产单位汇集了同类工艺所需的各种生产设备或装置。工艺导向型的优点是产品柔性强，能适应多品种的产品生产。由于每个品种的产品的工艺都不一样，所以要对生产物料进行精准的配送，对中间产品（或在制品）进行搬运。而连续型生产企业的生产特点是品种固定、批量大，通常按产品导向型组织生产过程，即按照产品品种来组织生产单位，将生产这种产品所需的工序和设备装置集中在一个生产单位，这些设备通常是专用的，很难改作他用。

（3）自动化水平不同

离散型生产企业一般是人员密集型企业，自动化水平相对较低，产品的质量和生产效率由工人的技术水平和熟练程度决定。而连续型生产企业的生产过程多数是自动化的，生产工艺技术成熟，产品的质量和生产效率不依赖于人。

（4）对生产计划管理的要求不同

离散型生产企业按订单组织生产，但由于订单很难准确预测，所以需要一个能及时响应的短期生产计划系统。而连续型生产企业为了降低成本，主要采用大批量、满负荷生产，因此更关注年度生产计划。

（5）对设备维护的要求不同

离散型生产企业本来就是不连续的，单台设备发生故障对生产系统的影响是局部的。而连续型生产企业的生产设备组成了一条固定的生产线，单台设备发生故障会造成全线停产，因此，设备的预防性维护和预测性维护特别重要。

（6）对生产批号管理和跟踪的要求不同

虽然一些离散型生产企业也在逐渐完善生产批号管理，但一般要求并不严格。而连续型生产企业一般都有严格的批号记录和跟踪要求，一旦出现问题，可以追根溯源。

#### 5.2.4.3 制订生产计划和排产

（1）企业的分层结构

为了落实生产计划，企业的结构往往是分层的，如图5-15所示。

（2）MES中的生产计划

MES中的生产计划首先来自业务层的主生产计划（MPS），然后经过MES中的排产活动，将主生产计划转换为物料需求计划和生产作业计划。

（3）MES对外的数据流

车间的生产制造活动离不开与外部的交流，MES可以实现对外部信息的及时获取、存储和更新，实现更高效率的数据流动，如图5-16所示。

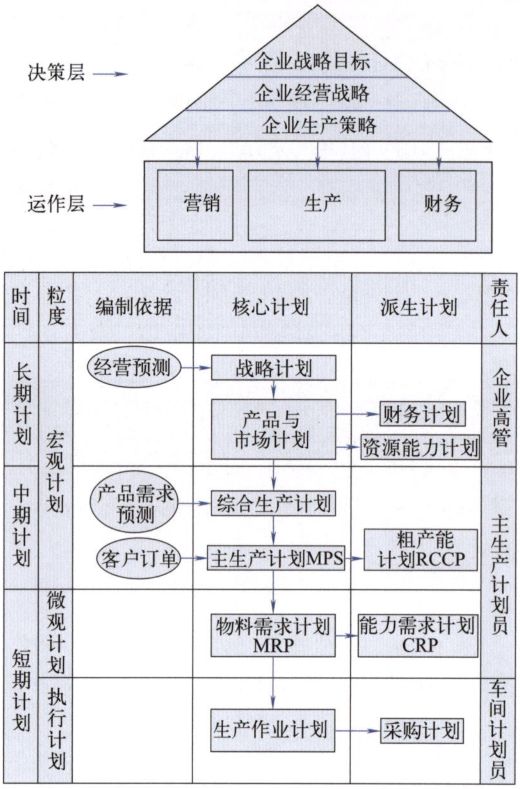


图 5-15　生产制造型企业的分层结构

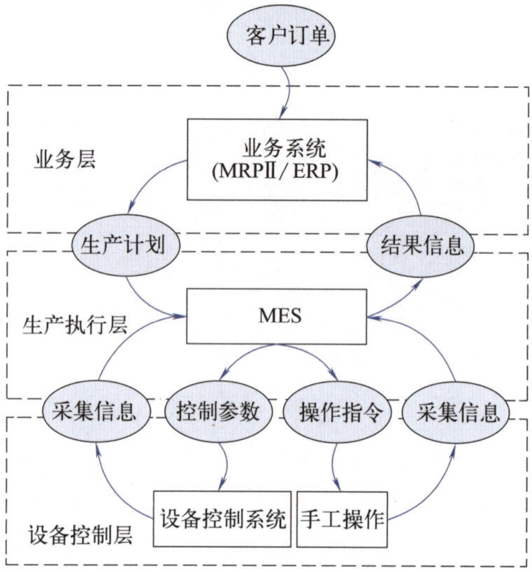


图 5-16　MES 系统中的数据流

（4）MES 创建订单数据的方法

① 从 ERP 系统获取订单；

② 从数据文件导入订单；

③ 在 MES 中手工录入订单；

④ 在 MES 中生成订单数据，如图 5-17 所示。

图 5-17　MES 的订单管理

(5)制订生产计划和排产

如图 5-18 所示，MES 排产和任务实施步骤如下：

①编辑一个 excel 格式的订单文件；

②在 MES 中创建订单数据；

③修改订单 BOM；

④订单生产排程；

⑤工位任务转移；

⑥排程确认；

⑦备料并打包；

⑧查看未下达的工位任务；

⑨查看工位物料需求。

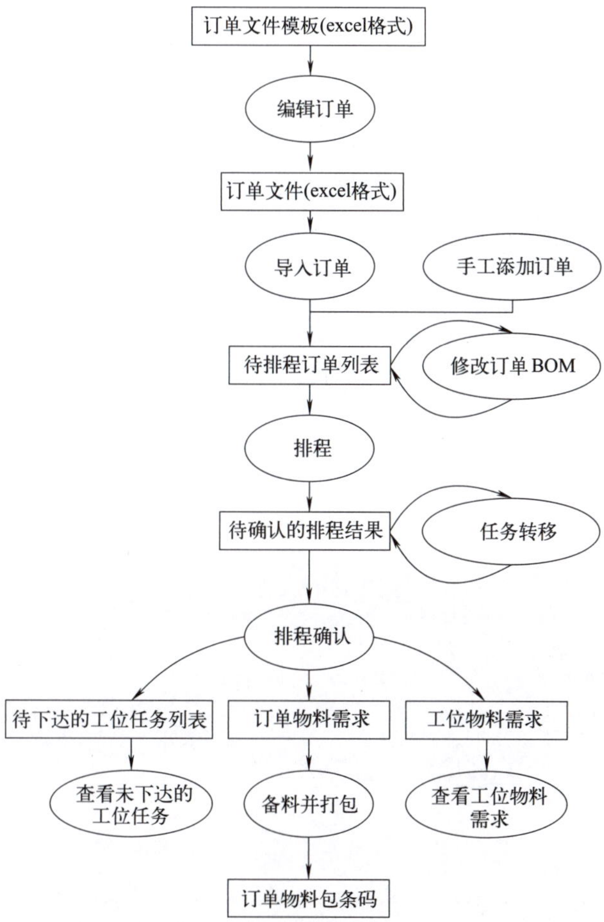


图 5-18 MES 生产计划和排产流程

(6)任务分派与生产执行

如图 5-19 所示，任务实施步骤如下：

①下达任务；

②线边库收料；

③线边库发料；

④ 工位接收任务；

⑤ 任务转移；

⑥ 开始处理一个生产任务；

⑦ 接收物料和在制品；

⑧ 开始生产；

⑨ 输出在制品；

⑩ 填报工时；

⑪ 结束一个生产任务。

（7）跟踪和控制生产过程（生产控制）

生产控制是为了实现生产目标（进度目标、质量目标、成本目标）而主动实施的生产调度活动。生产控制包括：进度控制、质量控制、成本控制。进度控制的目标：保证产品准时出厂，按时交货。如何进行生产进度控制？答案如下。

第一步：随时掌握生产进度；

第二步：对完工时间进行分析和预测；

第三步：对有延期风险的订单及时调整生产。

（8）统计和分析生产实绩（绩效）

绩效是指组织、团队或个人，在一定的资源、条件和环境下，完成任务的出色程度，是对目标实现程度及达成效率的衡量与反馈。从管理学的角度看，绩效包括个人绩效和组织

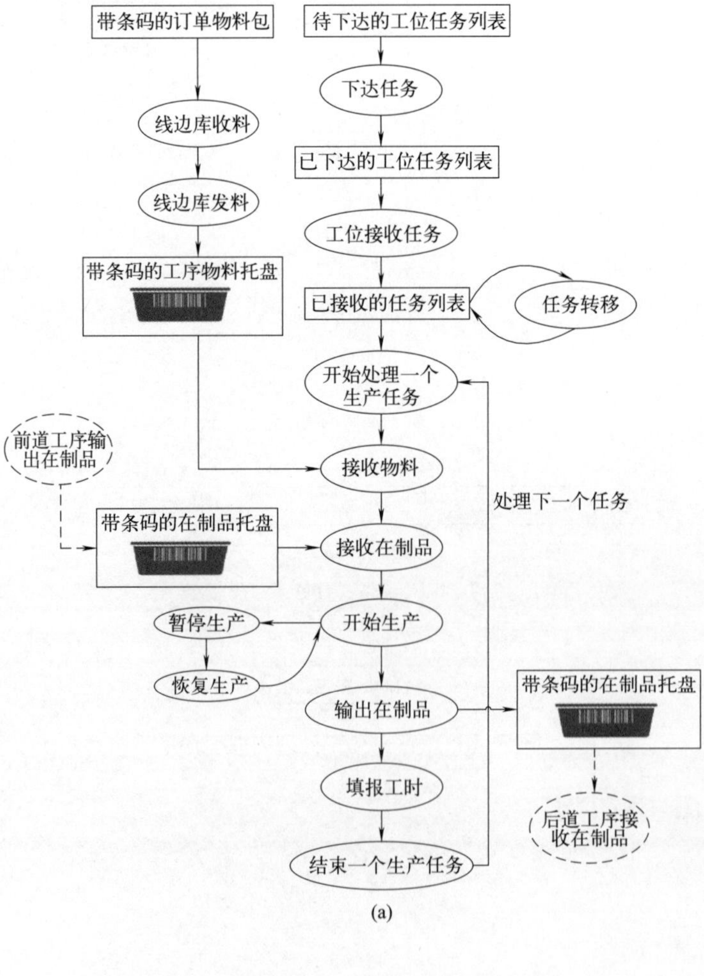


(a)

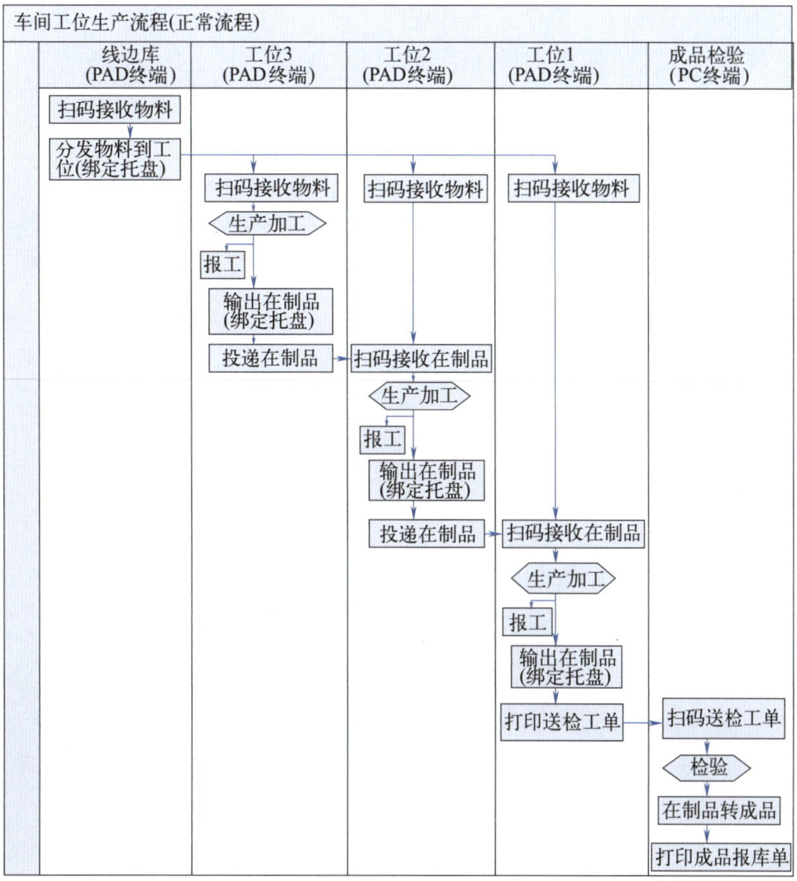


(b)

图 5-19　MES 中的生产执行流程

绩效两个方面，生产绩效控制是为达成绩效目标所进行的生产调度活动，降低成本和保证质量是重要的绩效目标。

MES 通过工位终端采集生产数据，用于绩效评价。

## 5.2.5　MES 物料管理

（1）物料管理概要

物料管理是对企业在生产中使用的各种物料的采购、保管、发放环节进行计划与控制等管理活动的总称。物料管理主要实现收料管理、物料仓储管理和发料管理等三个基本功能。物料管理的对象包含三个内容：物料、中间产品或在制品、最终产品。物料管理的模式一般有如下两类：

① 在面向库存的生产企业中，生产是按照基于销售预测的生产计划进行的，因此物料的采购也是按照计划来进行的。

② 在面向订单的生产企业中，生产是按照客户订单进行的，因此物料的采购是拉动式的。

（2）库存运行管理

① 生产企业的仓库构成。生产型企业的物流仓库分成两种：一种是常规库；另外一种是生产线边上的暂存库，又称为线边库。其中，线边库的作用是支持生产线的不间断生产，提高加工和装配效率。

② 车间库存的运行活动。包括：从常规库（分厂库房或总厂库房）领料到线边库，或退还物料到常规库；从线边库将物料运送到工位，或者从工位退还到线边库；将成品转移到分厂库房或总厂库房。

③ 物料库存管理流程。物料库存管理的流程如图 5-20 所示。

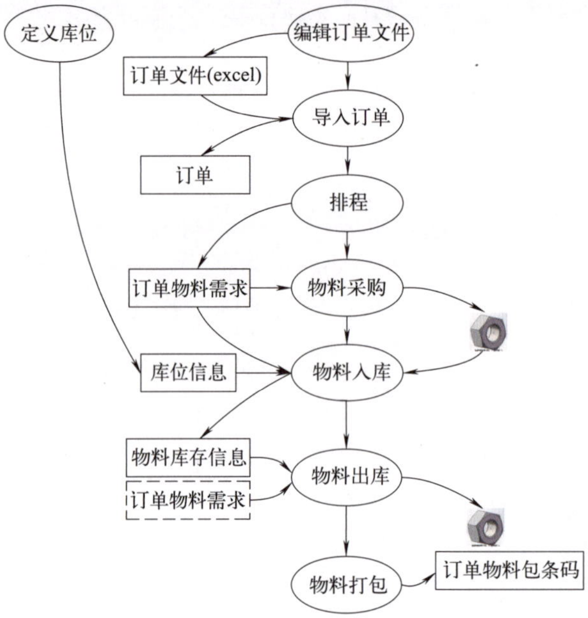


图 5-20　MES 中的物料库存管理流程

④ 成品库存管理流程。成品库存管理的流程如图 5-21 所示。

⑤ 分派和跟踪生产物料。流程如图 5-22 所示。

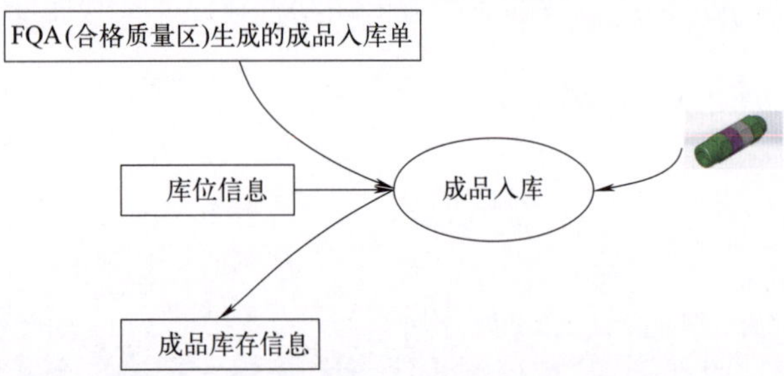


图 5-21　MES 中的成品库存管理流程

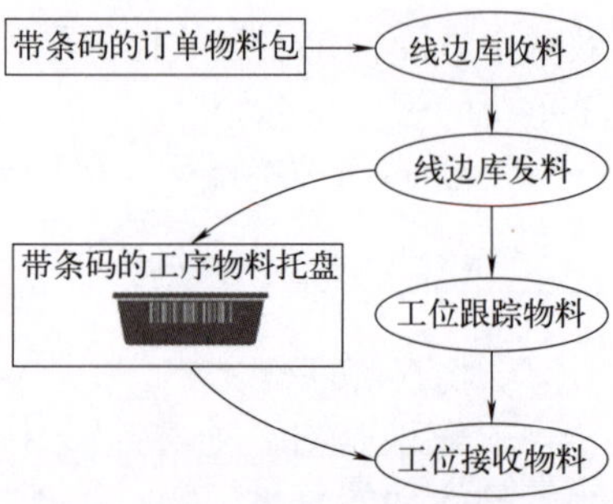


图 5-22　MES 中的物料跟踪流程

⑥ 工位跟踪物料。在大部分的 MES 中，物料（或在制品）清单的右上角有一个图标，点击图标后系统会弹出一个标题为“托盘信息”的窗口，如图 5-23 所示。

## 5.2.6　MES 质量管理

### 5.2.6.1　质量管理概要

MES 实时采集制造现场信息，跟踪、分析和控制加工过程的质量，实现从原材料入车间到成品出车间的生产过程质量管理，确保制品质量。

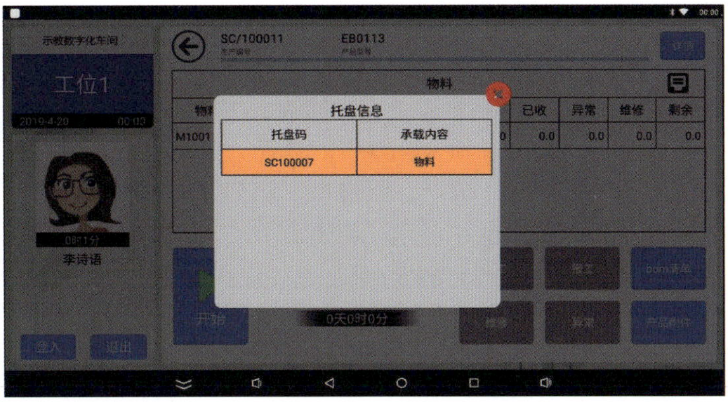


图 5-23　MES 中的工位物料跟踪窗口

MES 质量管理的工作主要涵盖检验、分析、控制三个环节，工作内容包括下面六个方面：

① 制定标准。确定各工序阶段所要达到的质量要求和工艺参数。

② 制定计划。依据车间的排产计划，确定检验项目、质检方法和检验要求。

③ 执行质检。获取质检数据，包括对原料、中间品、成品的检验数据。

④ 质量分析。对检验数据进行统计分析，改进质量保证措施，保证产品质量。

⑤ 质量控制。计算工序能力指数，评价工序加工能力，对制造过程进行控制。

⑥ 质量追溯。发现在制造环节产生的质量问题及其根源，修复制造系统中的故障。

### 5.2.6.2　MES 的质量管理功能

MES 的质量管理功能一般包括质量基础数据管理、质检计划管理、质检执行管理、质检信息采集、质检统计分析、质检跟踪管理等，如图 5-24 所示。

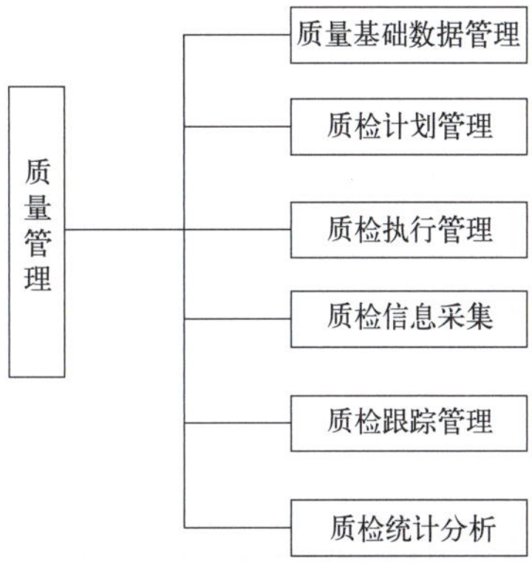


图 5-24　MES 中质量管理模块

（1）质量数据

检验原材料、配件、成品的参数，以及加工过程、装配过程等所获得的数据。收集质量数据的目的：可以掌握生产状况、分析质量问题、控制工序过程和判断产品质量。

① 质量数据的种类。测量质量特性所得到的数值，称为质量特性数据，也称为质量特性值、质量数据。在质量管理中收集到的质量数据，大多数是可以定量的。不同种类的质量数据，其统计性质不同，相应的处理方法也就不同，因此对质量数据要正确分类。质量数据细分为计量数据和计数数据两种。

a. 计量数据（连续数据）：计量数据是指可以连续取值的数据。计量数据可以用测量工具（如游标卡尺、千分尺等）测量得到，如重量、长度、温度、密度、黏度等。计量数据可带有小数点以下数值。测量仪器精度越高，小数点后面的位数就可以取得越多。

b. 计数数据（离散数据）：计数数据是指不能连续取值的数据。计数数据不能用测量工具测出小数点以下的数值，只能用自然数 0、1、2、3 等计数，例如砂眼数、气泡数、焊渣数、焊疤数、毛刺数、缺陷数、疵点数、不合格品数、废品数等。

计数数据分为计件数据和计点数据。

计件数据为对产品进行按件检查时，所产生的属性数据。

计点数据为每件产品上质量缺陷的个数。

② 质量数据的特点。质量数据具有以下两个特点。

a. 质量数据的波动性：随机因素和系统因素的存在，使得收集到的质量特性数据存在一定的波动。也就是说，即使作业者、机器、原材料、加工方法、测试手段、生产环境等条件相同，生产出来的一批产品的质量也并不完全相同。

b. 质量数据的规律性：质量特性的波动并非无规律可循，当生产过程处于统计控制状态时，数据的波动服从一定的分布规律。一般来说，离散型随机变量遵循二项分布、泊松分布等，连续型随机变量遵循正态分布、指数分布等。

（2）质量数据管理

数据是质量管理活动的基础。在质量管理过程中，需要有目的地收集数据，并对其进行整理分析，从中及时发现质量问题，确保产品质量。

MES 的质量数据管理，主要提供质量基础信息配置功能。质量基础信息指与质检有关的基本信息，如质检项（点）、质检工位、质检类型、质检方法、抽样方法、质量问题类型、成品缺陷等级、成品质量等级等信息。质检前需要在 MES 中预先配置质量基础信息，MES 将配置好的质量基础信息作为质量控制要求，传递到各检验工序，起到指导质检工作、自动化管理质检工作的目的。

MES 中，通常需要配置下列 6 类基础信息：

① 质检项（点）。规定工艺过程中必须检验的工序和成品，以及零部件、成品的关键质量特性检验项目。所谓关键质量特性是指成品的关键特性组成部分，如关键的零部件，以及关键工序的成品。制定质量检验计划时要优先考虑和保证这些质量环节。

② 质检类型。规定每个检验项目所采用的检验类型，例如全检、抽检、首检、巡检等。

③ 质检方法。规定每个质检项目所采用的测量方法、测量工具等。测量方法要明确，例如某车间产品的外观检测要求规定：自然光条件下，目视距离 50cm（视力在 1.0 以上），产品置于目视角度正前方。

④ 质检标准特征（质量标准）。规定每个检验项目的检验标准，包括工艺质量标准和成品质量标准。

a. 工艺质量标准。规定每个生产工序的工艺路线、工艺参数、工艺规程，以满足产品质量的要求。如钢板的冶炼、轧制、热处理、修磨等工序的工艺参数等。

b. 成品质量标准。规定每个检验工序产出的成品的合格标准，例如成品的标准值、最大值、最小值、公差等。

⑤ 质检规则配置。规定每个检验项目的抽检要求、抽样数量比例、批次不合格的判定标准等。

⑥ 质量问题类型。设定质量问题的分类，并制定处置方法。当在生产工序中发现质量问题时，可依据 MES 指导如何处理质量问题，并记录在 MES 中，供后续统计分析。

（3）及时、准确地获取质量数据是质量管理取得成功的关键

制造过程中与质量有关的数据主要来源于两个方面：对零件和产品的检测、对制造过程的监控。开展 MES 质量管理，就是要用数据来提出和解决产品质量的问题，用数据来反映产品质量的变化规律。

（4）配置质量管理基础数据

在 MES 中配置质量管理基础数据，是对 MES 质量管理人员的一项基本要求。不同的制造行业、不同的企业、不同的生产工序，产品的质量数据不同，收集质量数据的方式、方法有差异。根据企业车间生产实际，系统地分析、识别产品或零部件工艺流程，找出影响产品质量的因素，设计质量数据的收集方案。

（5）配置质量基础信息的方法

在 MES 中，质量基础信息的配置主要有以下 3 个方面：

① 配置检验项相关信息；

② 建立产品缺陷库；

③ 建立质量问题类型表。

在配置检验项时，需要规定检验项与产品、工序之间的关系，存在下面两种情况。

① 物料 - 检验项：为要检验的物料类型（成品、产品的类型）设定检验项目，一种物料类型可做多项不同的检验项目，如图 5-25 所示。

② 物料 - 工序 - 检验项：一种物料在不同工序可能有不同的检验项目。因此，有时需要为一种物料在不同工序设定不同的检验项目。检验项目与工位、物料的关系如图 5-26 所示，物料进入工序 A，需要做检验项 1、检验项 3 和检验项 4，合格后进入工序 B，需要做检验项 1、检验项 2，最后到达工序 C，需要做规定的检验项 1 和检验项 3。

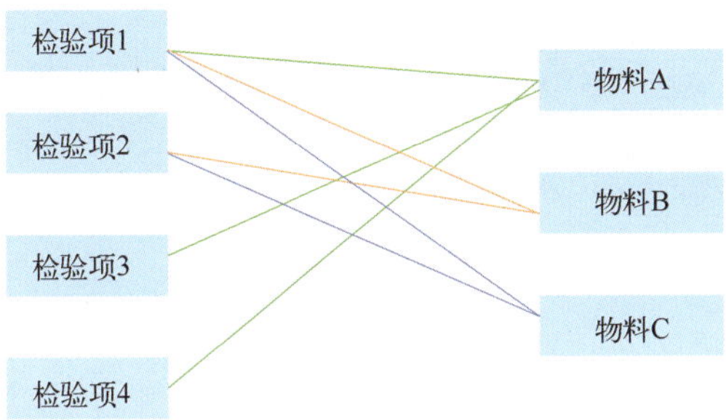

图 5-25　物料与检验项关系图

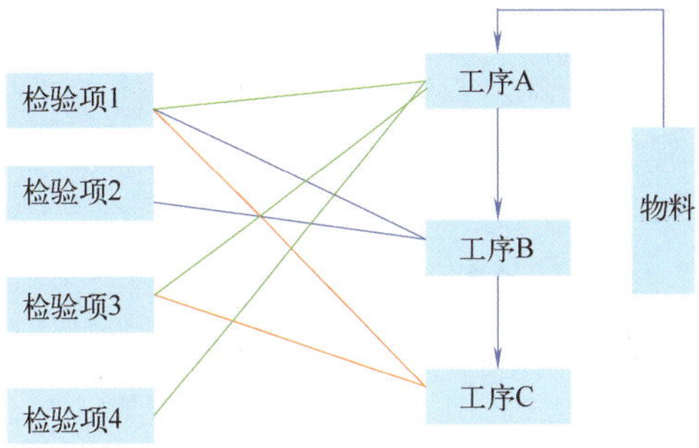

图 5-26　物料 - 工序 - 检验项关系图

（6）质检数据的采集方法

质检数据收集是 MES 进行质量统计分析的基础。根据不同的应用场景、人员能力、设备投入等方面的因素，MES 采用不同的数据收集方式，包括手工采集、半自动采集和自动采集三种方式。

目前采集数据的设备有条码、RFID、传感器、检测仪器、PLC 控制器、触摸式电脑、机械手等。

#### 5.2.6.3　MES 运行中获取即时数据

MES 在从入库到出货的全流程操作中发挥了重要的作用。通过自动化的数据采集、实时监控和协调调度，系统有效地提高了生产管理的效率和准确性，确保了生产计划的顺利执行和产品质量的稳定性，如图 5-27 所示。

MES 运行后，能够优化从订单投入到产品完成的生产活动所需的全部信息，其运用即时、准确的信息，指导、启动、响应并记录生产活动，从而能够对条件的变化做出迅速的反应，减少非增值活动，提高工厂运作过程的效率，如图 5-28 所示。

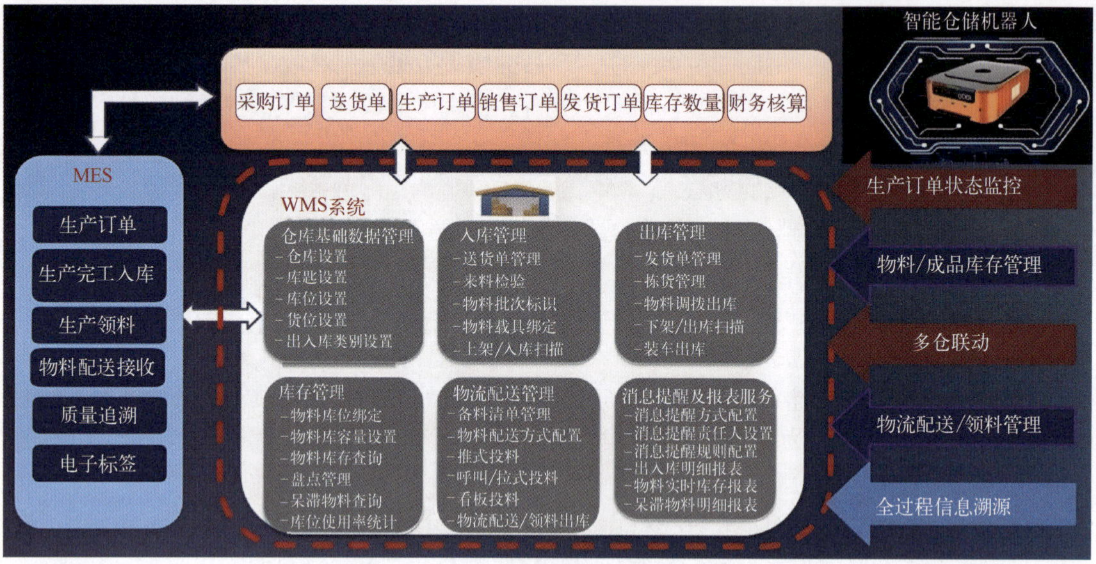


图 5-27　MES 与其他管理系统数据流动示意图

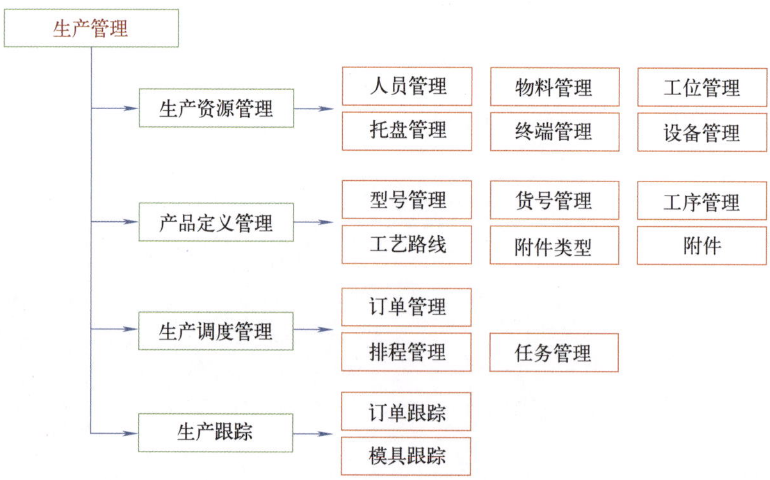


图 5-28　MES 生产管理数据模块图

## 5.2.7　MES 设备管理

（1）设备管理概要

设备管理系统是 MES 的一个重要组成部分。MES 中的设备管理，一般包括设备基础信息管理、备件管理、设备运行管理、设备故障管理、设备维修管理和统计分析等功能模块，具体内容如下。

① 设备基础信息管理：设备类别、设备台账、设备档案、设备状态等管理；

② 备件管理：备件仓库管理；

③ 设备运行管理：设备运行日志管理、设备巡检管理、设备点检管理、设备保养管理；

④ 设备故障管理：故障字典管理、设备故障维修管理等；

⑤ 设备维修管理：设备维修计划制定、维修任务分派、工单管理等；

⑥ 统计分析：设备停机损失、设备完好率、设备利用率、设备维护情况等的统计。

设备管理系统是 MES 的数据核心，在注塑生产企业，无论调度管理、订单管理、物料管理还是人力资源管理都是以设备管理为中心进行的，设备管理系统是 MES 中重要的子系统。

（2）MES 设备管理的数据来源

① 通过采集设备、传感器进行数据采集。利用物联网技术（RFI 读写器、RFID 标签、视频监控等）“感知”采集设备信息和状态，实现对 MES 所需要的实时数据的监控与管理；利用车间自动化设备，如 PLC、DNC，以及传感器，自动获取温度、湿度、化学成分、压力、声音、位移、振动等数据。

一些 MES 能提供设备状态自动监控功能，包括设备数据采集、数据处理以及设备运行状态信息，对不同的停机时间进行归类，实时将参数转换成数字信息传输到 PC 机上用于监控。可以将采集到的设备状态信息生成电子报表进行实时展现，方便相关设备管理人员随时随地进行查询，分析设备的利用率及稼动率是否处于瓶颈状态，也为现场提供设备目视化管控所需的数据。

② 从车间外部获取。可来自数据库或 xml 等数据文件，还可通过第三方系统提供的数据接口、物联网中间件、数据采集与监控系统获取，也可直接来自采集设备、传感器等。

③ 通过人工参与手段获取。采用 PDA（个人数字助理）、条码、触摸屏看板等人机交互设施，将设备数据信息和状态录入系统。

（3）MES 设备基础信息管理

设备基础信息为设备日常管理、设备维护等设备业务管理提供基础信息。

设备基础信息管理包括信息的增加、修改、删除、查询等操作。例如，设备台账的建立，设备运行维护信息的登记、查询、统计分析，一般包含以下功能。

① 设备类别管理：提供设备类别定义的管理功能，方便设备的分类统计和查询；

② 设备厂商管理：提供设备厂商的基础信息、维护功能；

③ 安装单位信息管理：登记并维护安装单位资料和联系人资料信息；

④ 设备台账管理：建立设备维护台账，对设备基本信息、技术参数、制造厂商，以及使用部门、技术状态等状态信息进行管理；

⑤ 设备档案管理：实现对设备的技术资料、维护手册、操作手册、安装过程资料、设备验收资料、安全文件管理和相关图形、影视文档等资料的管理；

⑥ 设备状态管理：实现对设备状态（设备启用、调拨、封存、报废、闲置、移装等）的维护和管理功能。

（4）MES 设备运行管理

MES 中的设备运行管理是指对设备的日常运行、巡检、点检等相关业务的管理功能。设备运行管理包括以下内容。

① 设备运行日志管理：对日常工作中设备的事务性记录做维护管理，如各种事务性记录包括运行记录、设备状态记录（包括设备启动、运行和停机过程进行的相关设备关键性信息的实时采集或者手工记录）；

② 设备巡检管理：配合巡检设备使用，自动或手工记录巡检数据，对设备巡检数据进行处理，对异常数据生成的缺陷单进行消缺处理；

③ 设备点检管理：记录设备点检的各项检验项目信息，对设备的点检情况进行记录，并且对设备的技术状态进行详细的记录；

④ 设备保养管理：保养计划制定管理，对保养实际执行情况进行维护管理，方便了解设备是否进入保养计划，是否已经完成保养等信息。

## 5.3 车间数字化管理系统实例——安达发 MES

### 5.3.1 系统架构与总体流程图

广东安达发科技有限公司开发的安达发 C1-MES（简称安达发 MES）以技术成熟、功能齐全、运行稳定著称，并赢得了许多客户的好评，下面就安达发 MES 的主要功能及使用选编相关内容进行介绍。

（1）系统目标

安达发 MES，助力企业实现要做什么、在做什么、做得怎样，以及历史追溯等目标，如图 5-29 所示。

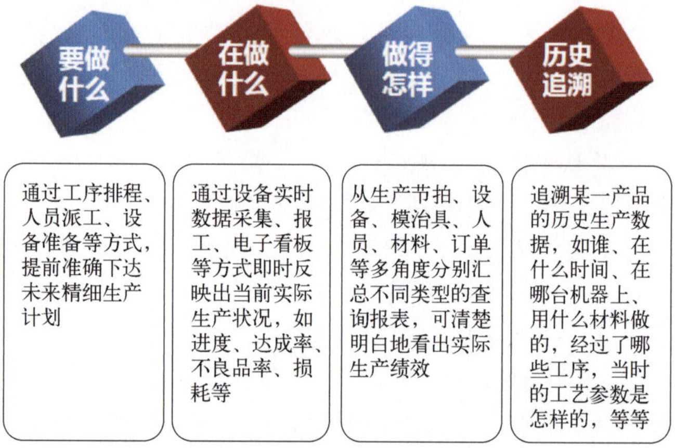


图 5-29　安达发 MES 主要功能示意图

（2）系统架构

安达发 MES 的总体架构如图 5-30 所示。

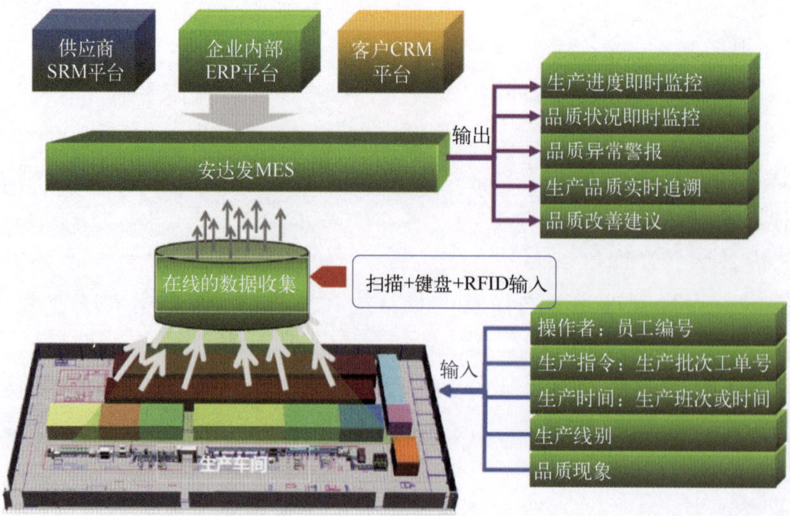


图 5-30　安达发 MES 总体架构

（3）功能模块

安达发 MES 拥有供应商来料条码化、生产计划与排程、电子看板等多个模块，如图 5-31 所示。

| 序号 | 功能模块 | 序号 | 功能模块 |
|---|---|---|---|
| 1 | 供应商来料条码化 | 10 | 工序报工、返修、移转 |
| 2 | 生产计划与排程 | 11 | 不良品维修、处理、报废 |
| 3 | 生产批次定义 | 12 | 条码化包装 |
| 4 | 生产派工 | 13 | 生产绩效工资 |
| 5 | SOP(作业指导书) | 14 | 电子看板 |
| 6 | 工位投料、工序投料 | 15 | 追溯管理 |
| 7 | 工位测试 | 16 | 设备使用管理 |
| 8 | 设备监控与自动化数据采集 | 17 | 模具使用管理 |
| 9 | 按灯呼叫（缺料、品质异常） | 18 | 品质管理[IQC(来料质量控制)、QC、FQC(成品质量控制)、OQC(出货质量控制)] |

图 5-31　安达发 MES 功能模块

（4）系统运行总体流程图

① 输入项：设备、设备组、模具、模具组、工艺、品号、超级 BOM、班次、休息时间、设备日历方案、员工、品质现象、停机原因等相关信息。

② 输出项：工艺、超级 BOM、订单、手工排程、工序报工、工序完工进度查询、员工绩效、员工计件工资、设备负荷、设备不同动作状态数据采集和分析统计等。

通过如图 5-32 所示的系统整体运行流程图，可以快速了解各模块的逻辑关系。

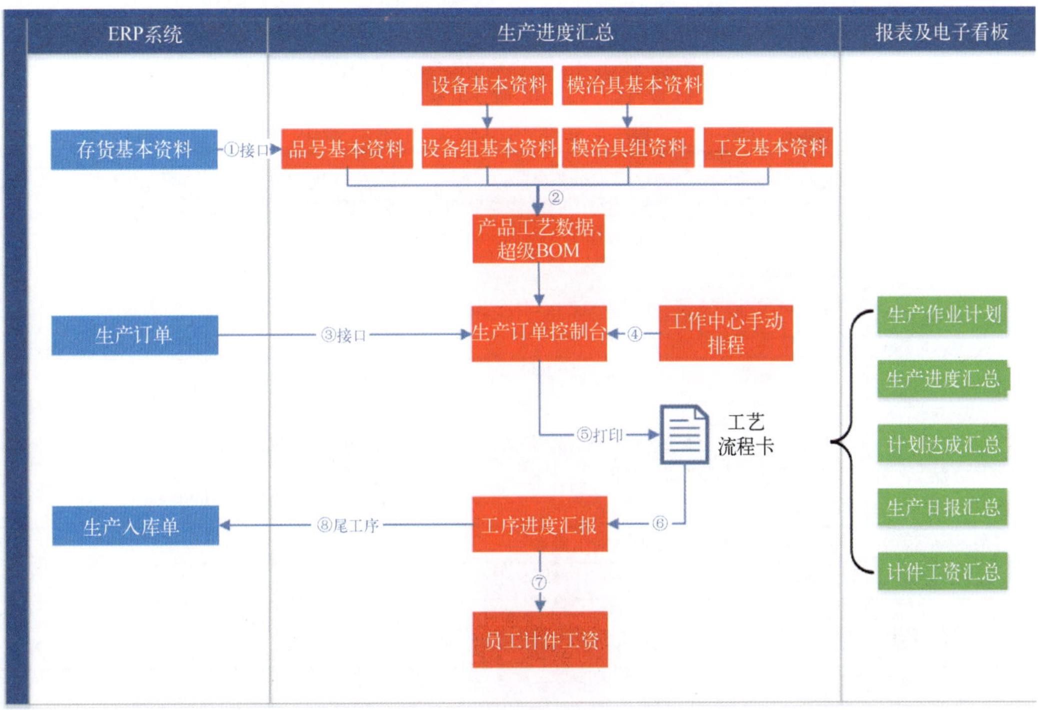


图 5-32　安达发 MES 总体流程图

（5）流程主要节点

安达发 MES 的主要节点及其功能如表 5-1 所示。

表 5-1 安达发 MES 主要节点及其功能

| 节点 | 功能说明 | 备注 |
|---|---|---|
| 设备基本资料 | 如：注塑机、热处理器、焊接机、磨床、车床等加工设备，整理规范，统一编码、名称、部门资料 | 可用 excel 模板导入 |
| 设备组资料 | 同类设备归为一个设备组，比如注塑设备组、热处理组、车床组等。例如编码：001；名称：注塑机组 | 可用 excel 模板导入 |
| 模治具基本资料 | 注塑模具、刀具等各种工装模治夹具、规范编码、名称等基本信息资料，例如编号：001；名称：等离子切割刀 | 可用 excel 模板导入 |
| 模治具组资料 | 同一类模治具、刀具等组成一个模具组 | 可用 excel 模板导入 |
| 品号基本资料 | 成品、半成品、材料统一规范编码、名称、规格、单位、物料属性（成品、半成品、原材料、包装材料等）、生产类型（采购、生产、委外、虚拟等）。例如编码：x230001；名称：联想商务电脑；规格：x230；单位：pcs❶；物料属性：成品；生产类型：生产 | 可用 excel 模板导入 |
| 工艺基本资料 | 加工工艺资料维护，状态确认的才能正常使用，例如：zhusu01；注塑；加工工时单位（分钟、小时）；工时来源（工作中心、模治具）；工艺关联的设备组等信息维护。例如确认状态：zs；注塑工艺；加工工时：分钟；工时来源：模治具；关联可用设备组：注塑机组 | 可用 excel 模板导入 |
| 超级 BOM | 先将超级 BOM 节点的状态维护成“未确认”，然后开始工艺树维护。维护时，需要选择具体的品号版本，并基于该版本构建工艺树。工艺树的构建是通过拖移工艺节点来完成的，右键拖移从后向前维护工艺路径，左键拖移从前向后建立工艺路径，这种灵活性可以满足企业各种工艺加工组合的需求。还需要为每道工艺设定具体工艺代号、C 标产量和 C 标节拍。工艺能力由工序模具组主导，必须维护好模具组的标准工时和产量；资料维护完成后，将超级 BOM 节点的状态编辑成“确认” | 可用 excel 模板导入 |
| 班次 | 根据企业生产作业班次维护信息。如班次编号：01；班次名称：早班；开始时间：7:30；结束时间：17:00；班次时长：工作小时数乘以 60；班次休息时间：中间吃饭作息固定时间；等等 | — |
| 休息时间 | 把班次中间休息时间段维护完整，例如 12:00 到 13:00 为休息时间 | — |
| 设备日历 | 是设备工作日历，包括开始日期，结束日期；日历方案包括 7、8、9、10 小时工作等；需要设定每周工作时间，选择相应的工作班次，添加需要的设备 | — |
| 生产订单控制台 | 生产订单维护支持新增和 ERP 接口导入订单数据等多种灵活模式。可打印订单流程卡 | 可用 excel 模板导入 |
| 工作中心手动排程 | 通过图形化拖动订单到指定设备派工任务，系统会自动计算订单所需工时、开始时间 | — |
| 工艺流程卡 | 打印带条码、二维码的生产工艺流程卡，在生产工序作业中，采用条码自动识别，尽量排除人为错误，减少了人工操作，提高了效率，节省了生产成本 | 打印格式可配置调整 |
| 工序进度汇报 | 跟进生产订单，查找工单加工进度 | — |
| 员工计件工资 | 根据工序报工记录自动生产计件工资明细及汇总每日、每月的薪资 | — |
| 电子看板及报表 | 系统自动汇总生产作业计划、生产进度、计划达成情况、生产日报、计件工资等报表及电子看板 | 报表及电子看板可配置修改 |

❶ pcs：pieces 的缩写，表示个、件、块等。

（6）常用名词术语解析

用户使用安达发 MES，需要理解掌握系统中名词概念、行业术语，比如：工时处理方式、物料属性等。这些关键字段设定 / 设置会产生哪些输出项？需要清楚了解后续流程作业中对应的相关逻辑。安达发 MES 中的常用术语如表 5-2 所示。

表 5-2　安达发 MES 常用名词术语

| 类别 | 名词 | 功能说明 | 备注 |
| --- | --- | --- | --- |
| 设备资料 | 设备工时处理方式 | 独享式：单张订单都是顺序加工作业。<br>有限共享式：例如部分数控车床，同时加工几张订单。<br>无限共享式：多少订单都可以同步作业。<br>外包定时式：外协作业等 | 常用独享式和外包定时式 |
|  | C 标前置时间 | 例如调机、模具装卸、首件检查等都算前置时间 | 影响排程周期 |
|  | C 标工时 | 设备加工产品的标准时间 | 影响排程周期 |
|  | C 标产量 | 标准时间内同步加工产品数量 | 影响排程周期 |
|  | C 标后置工时 | 特殊工艺和加工设备会用到，非标准项目 | 影响排程周期 |
| 工艺 | 工艺 | 加工产品的过程，注塑、包装都是一个工艺 | — |
|  | 加工工时单位 | 分钟、秒、小时、天等 | — |
|  | 工时来源 | 生产加工排产瓶颈是设备和模具 | — |
| 品号 | 品号多单位 | 产品主单位是公斤，辅助单位可能是箱，主单位和辅助单位有换算逻辑 | — |
|  | 物料属性编码 | 成品、半成品用 BOM 维护，其他属性是采购件 | 常用代码维护 |
|  | 生产类型编号 | 生产类型包括制造、外协加工、采购、客供（客户提供材料） | — |
|  | 延误基准惩罚成本 | 订单拖期会增加成本，参与排程方案优化 | — |
|  | 延误每天惩罚成本 | 延误一天的罚款成本，可以参与排程方案优化 |  |
| 超级 BOM | BOM 版本 | BOM 会有版本管理，对不同版本分配编号，确定哪个版本首选，哪个版本是计划应用的，勾选确定 | 首选和计划版本默认为系统调用 |
|  | 设置状态 | 非常重要，未确认状态才能维护工艺树，所有信息资料维护完，再把状态改为确认，不然后续订单无法调用 | — |
|  | 工艺树 | 在【工艺树】从属 GRID 页面：点选最后一个工艺，依次往前逐个以鼠标拖曳的方式拖到编辑区。<br>工艺拖曳添加：BOM 品号的【状态】为【未确认】才能添加工艺，【确认】的 BOM 品号在拖曳添加时鼠标会变成不能添加。<br>工艺拖曳添加方式：按 BOM 品号工艺的先后顺序，从后往前逐个拖曳添加进来。<br>在现有工艺路线中插入工艺：拖曳要添加的工艺【打皂】到【注塑】前面；此时默认【打皂】和【中封】是并行工序，若需将【中封】及之前的工艺添加到【打皂】之前，则选中【中封】拖曳到【打皂】上。<br>工艺【删除】：选中工艺，右键点击【删除】，则删除当前工艺以及当前工艺之前的所有工艺；BOM 品号【状态】为【未确认】才能进行工艺【删除】和【抠除】。<br>工艺【抠除】：选中工艺，右键点击【抠除】，则删除当前工艺，当前工艺之前的工艺不变；BOM 品号【状态】为【未确认】才能进行工艺【删除】和【抠除】 | — |
|  | 前置工时、后置工时、节拍、产量、人员数、每件工资、每小时工资 | 在超级 BOM 里面维护，关联到订单里面去，也是生产订单进行排产计算和计件工资核算的依据。需要准确完整维护 | 关联生产订单排产和人工工资核算 |
|  | 工序模具组 | 模具是否可用，关联模具上下模作业，必须勾选可用 | — |

续表

| 类别 | 名词 | 功能说明 | 备注 |
|---|---|---|---|
| | 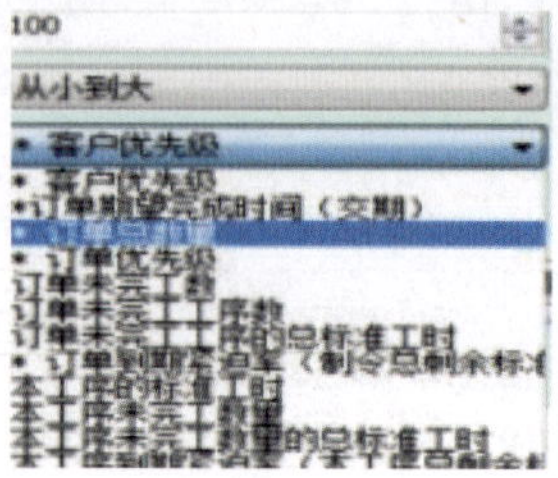 | | |
| 生产订单 | 锁定排程 | 维护好排程优化规则，系统根据优化规则进行核算订单排程顺序 | 手动排程会用 |
| | 工序模具约束排程 | 订单排程后，进行锁定，不再参与下次排程 | — |
| | 重新生产工艺 | 决定模具是不是排程约束对象、模具加工能力、模具派工对象 | — |
| | 工序进度 | 生产订单维护好产品、数量，把超级 BOM 信息关联过来 | — |
| | 手动排程核算 | 查看生产订单哪个工序报工完成，完成结果合格、不合格情况 | — |
| 手动排程 | 品质现象维护 | 设置完设备日历产能，产品工艺设备的前置时间、标准时间、标准产量、后置时间，转移指定工序设备分配数量，系统计算出该批分配数量，订单开始时间到完成时间 | — |
| 品质现象 | — | 对工艺加工过程中常用的不合格品质进行分类、信息资料维护，便于报工时调用不合格种类 | 报工录入会调用 |
| 设备异常停机 | — | 针对机器设备停机原因，进行异常停机时间段统计，做设备联网数据统计分析使用 | 智能终端总控台关联 |
| 动作 | 闲置状态 | 必备前置动作和许可的后置动作两类，动作成上下关联关系 | — |
| 智能终端总控台 | 订单前置准备状态 | 没有订单的生产设备自动进入空闲等待状态 | 设备缺乏订单 |
| | 订单生产加工状态 | 抢单、换产、换料、模具装卸、修改模具、首件检查、图纸与作业指导书、设备点检、换班次、工序完工转入、转出 | 统计作业不同状态时间段，便于了解掌握各种具体工作和标准时间差异，进行修正和改善 |
| | — | 批量生产、设备异常停机、完工检验、增加合格品、减少合格品、报不合格品、生产结束 | |

## 5.3.2 主要功能模块简介

（1）供应商来料条码化

供应商来料条码化的主要功能：

① 定义包装方式；

② 导入采购送货单；

③ 产生包装条码；

④ 打印包装条码。

功能要点：按照实际到货数量、最小包装数量生成对应数量的条码，如图 5-33 所示。

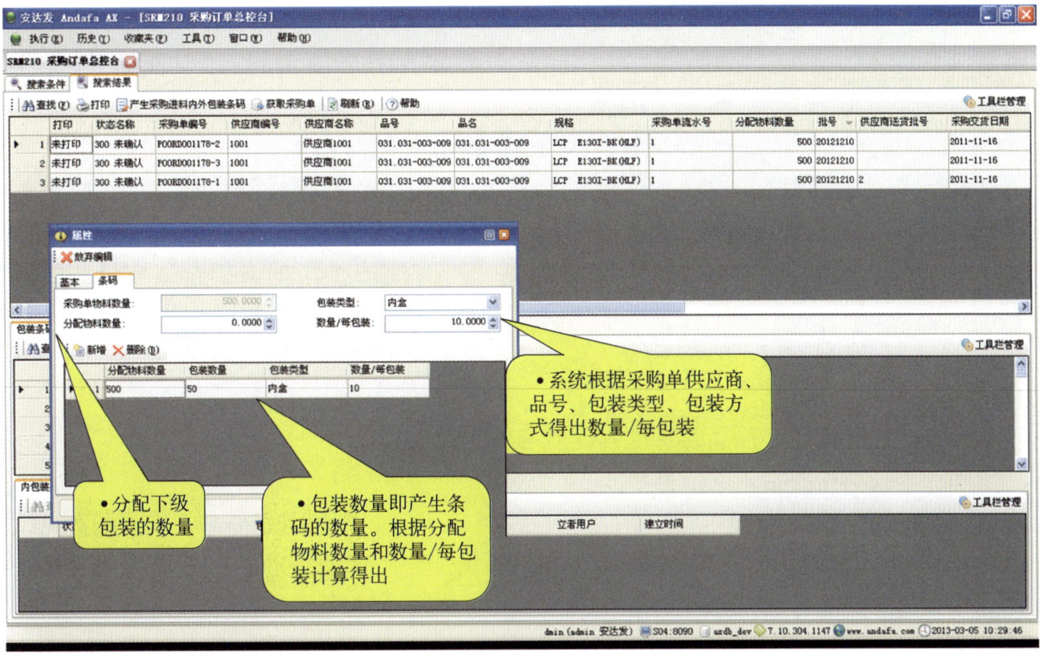


图 5-33　安达发 MES 供应商来料管理界面

（2）生产计划与排程

① 生产计划与排程的主要功能：

a. 新建 / 导入生产订单；

b. 维护生产订单的生产工艺流程；

c. 新建 / 导入生产排程任务；

d.进行生产订单的物料展望。

② 生产排程任务的导入有以下几种方式：

a. 通过安达发等 APS 进行生产排程后，将排程结果通过接口导入；

b. 手工排程后，将排程结果通过 excel 导入系统中。

（3）生产批次定义

生产批次定义的主要功能是拆分和合并，如图 5-34 所示。

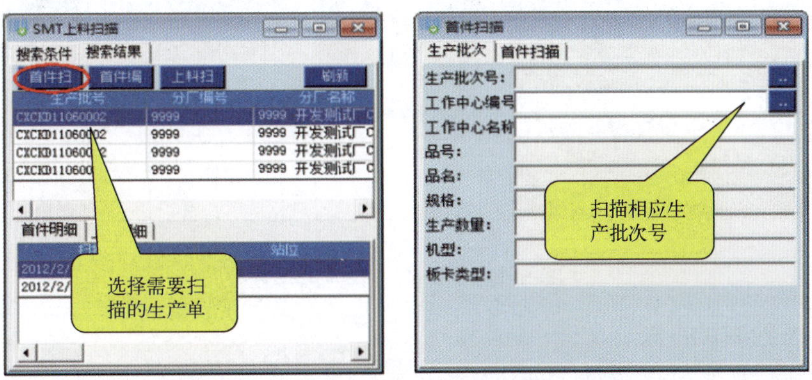


图 5-34　安达发 MES 生产批次管理界面

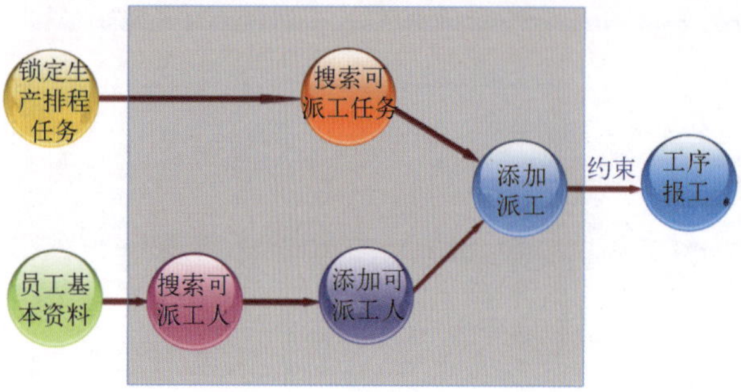


图 5-35 生产派工的流程

（4）生产派工

生产派工的主要功能如下：

① 新建 / 导入生产排程计划，如图 5-35 所示；

② 根据排程计划，手工指定每个工序生产任务具体由哪几个人来做，实现按工作量安排合适数量、合适技能的人数，从而减少生产现场人员闲置浪费的问题；

③ 可按不同工种分别派工；

④ 可按操作熟练度、产品熟练度等优先推荐工人；

⑤ 将派工作为工序报工的依据。

（5）SOP（作业指导书）

SOP（作业指导书）的主要功能：

① 根据每个产品号码，导入对应工序的 SOP，如图 5-36 所示；

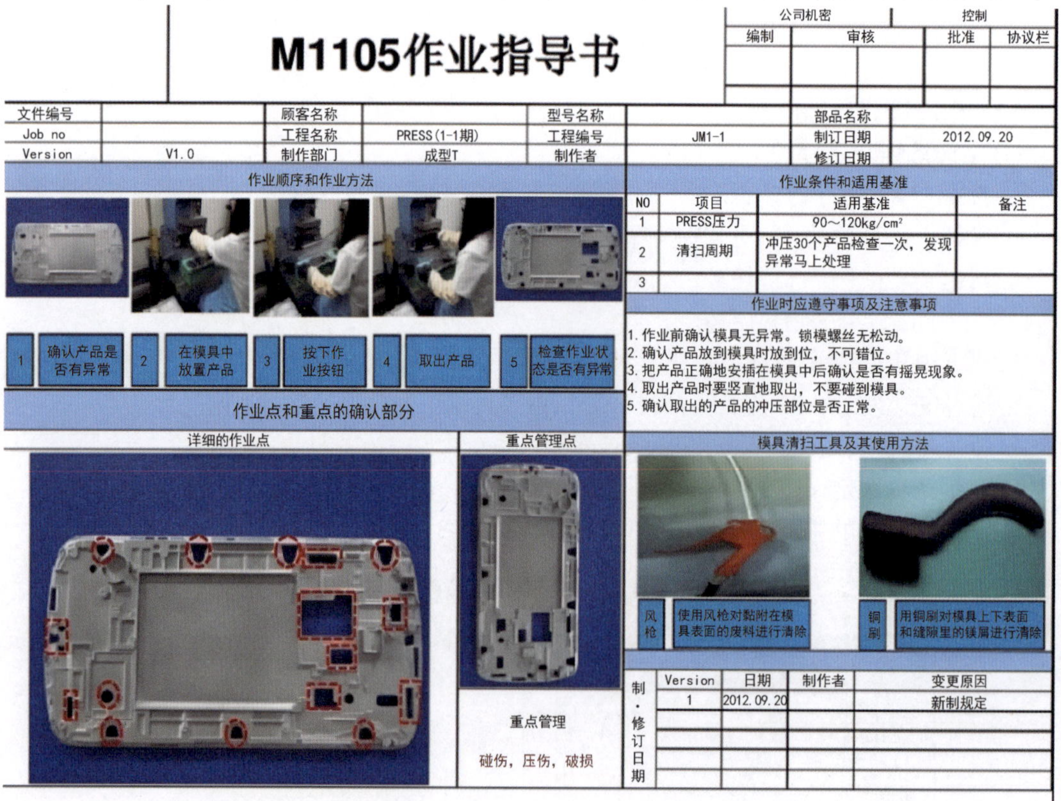


图 5-36 M1105 作业指导书

② 支持多种格式的 SOP 文件；

③ 生成生产作业 SOP 指引，如图 5-37 所示；

④ SOP 在线智能切换。

图 5-37　生产作业 SOP 指引

（6）工位投料、工序投料

① 工位投料流程如图 5-38 所示，工位投料管理主要功能：

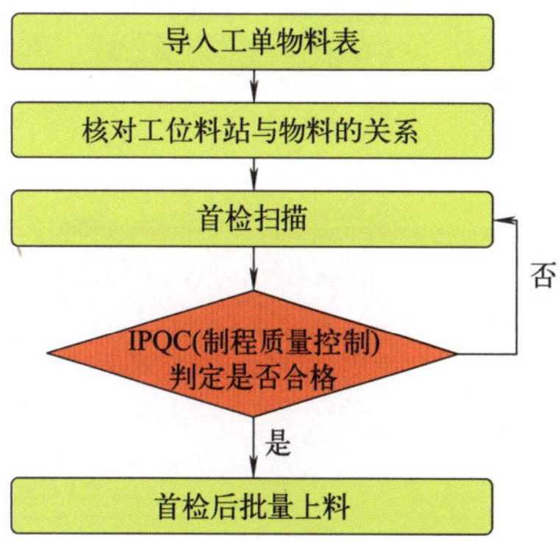


图 5-38　工位投料流程

a. 物料上料、下料扫描（PDA+PC）；

b. 生产首检确认（PDA）；

c. 生产换料（PDA）；

d. 换产对料，快速换料（PDA）；

e. 上料防错（PDA），如图 5-39 所示；

f. 生产批次用料追溯查询。

② 工序投料主要功能：

a. 单笔输入工序用料；

b. 批量维护工序用料，如图 5-40 所示；

c. 物料报废。

（7）工位测试

工位测试主要功能：

① 定义产品的测试内容和测试顺序，如图 5-41 所示；

② 定义产品的品质现象；

③ 记录每个产品的详细测试信息；

④ 遗漏测试项目及时提醒。

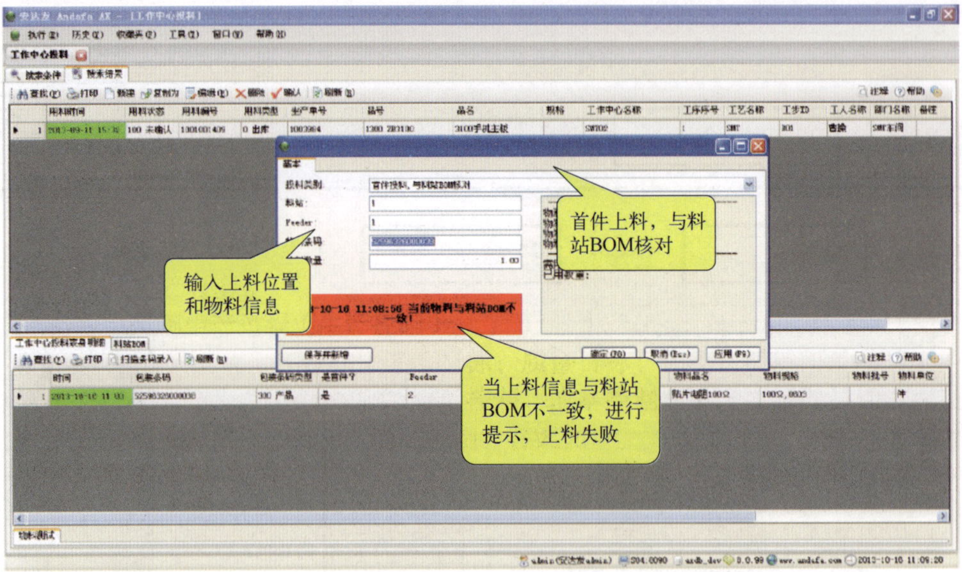


图 5-39　工位投料与防错

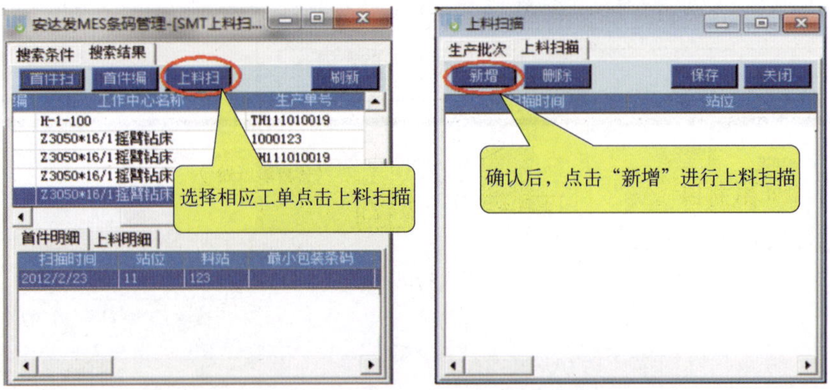


图 5-40　工序投料——首检后批量上料

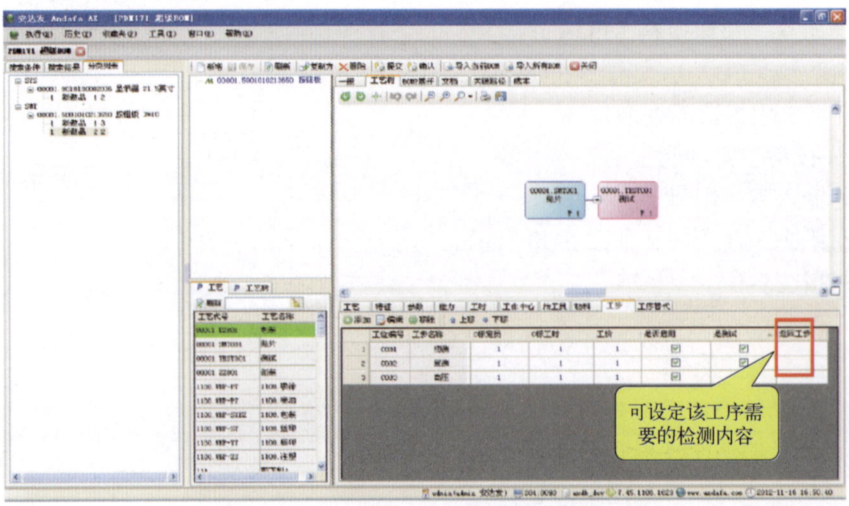


图 5-41　定义产品的测试内容和测试顺序

（8）设备监控与自动化数据采集

设备监控与自动化数据采集主要特点：

① 多种智能化设备交互连接，如图 5-42 所示；

② 自动获取设备数据（机台状态、产出量、稼动率、OEE），如图 5-43 所示；

③ 反向控制设备；

④ 自带存储，无限存储；

⑤ 数据自动同步，如图 5-44 所示；

⑥ 有线、无线等多种架构方式。

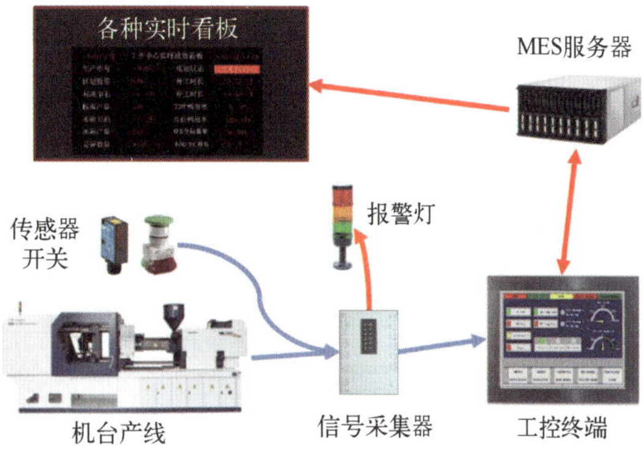


图 5-42　设备监控与自动化数据采集连接示意图

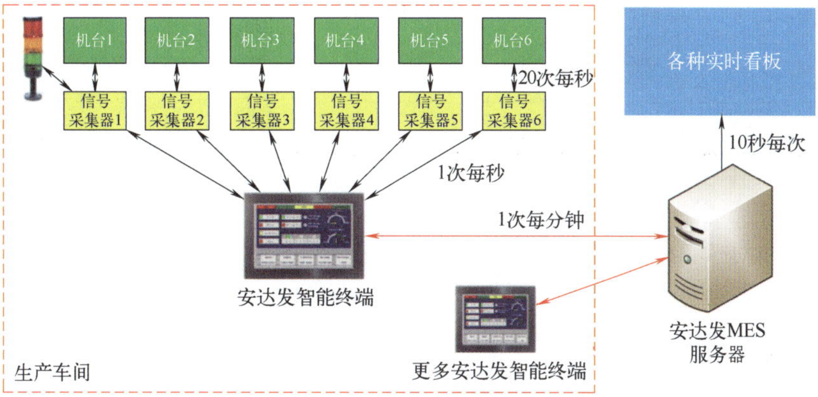


图 5-43　安达发自动化数据采集设备连接示意图

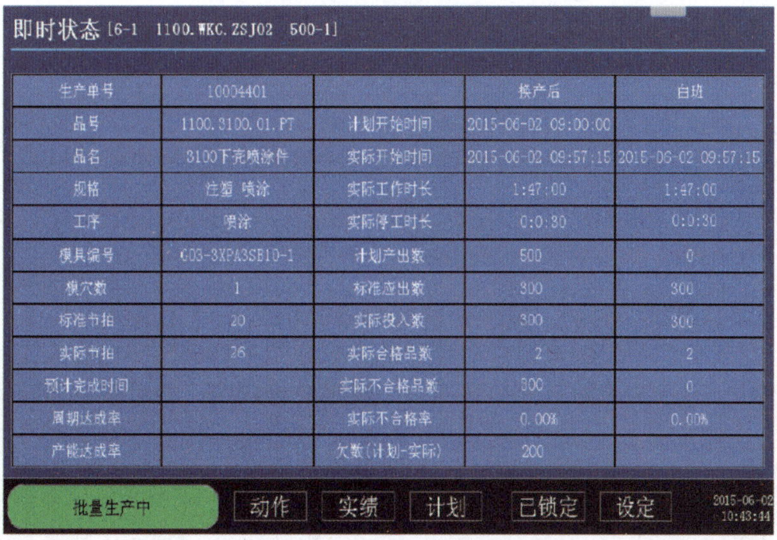

即时状态 [6-1　1100.WKC.ZSJ02　500-1]

| 生产单号 | 10004401 | | 换产后 | 白班 |
|---|---|---|---|---|
| 品号 | 1100.3100.01.PT | 计划开始时间 | 2015-06-02 09:00:00 | |
| 品名 | 3100下壳喷涂件 | 实际开始时间 | 2015-06-02 09:57:15 | 2015-06-02 09:57:15 |
| 规格 | 注塑 喷涂 | 实际工作时长 | 1:47:00 | 1:47:00 |
| 工序 | 喷涂 | 实际停工时长 | 0:0:30 | 0:0:30 |
| 模具编号 | G03-3XPA3SB10-1 | 计划产出数 | 500 | 0 |
| 模穴数 | 1 | 标准应出数 | 300 | 300 |
| 标准节拍 | 20 | 实际投入数 | 300 | 300 |
| 实际节拍 | 26 | 实际合格品数 | 2 | 2 |
| 预计完成时间 | | 实际不合格品数 | 300 | 0 |
| 周期达成率 | | 实际不合格率 | 0.00% | 0.00% |
| 产能达成率 | | 欠数(计划-实际) | 200 | |

批量生产中　动作　实绩　计划　已锁定　设定　2015-06-02 10:43:44

图 5-44　智能终端状态与采集结果

通过设备管理模块，用户随时得知当前机台产线的生产状态、生产数量、不合格数等数据。

（9）按灯呼叫（缺料、品质异常）

界面式按灯应用如图 5-45 所示，按灯呼叫主要包括：

① 工序或工位级按灯呼叫体系；
② 看板、报警灯等软硬件集成；
③ 多种配置，满足不同客户的界面或单硬件需求。

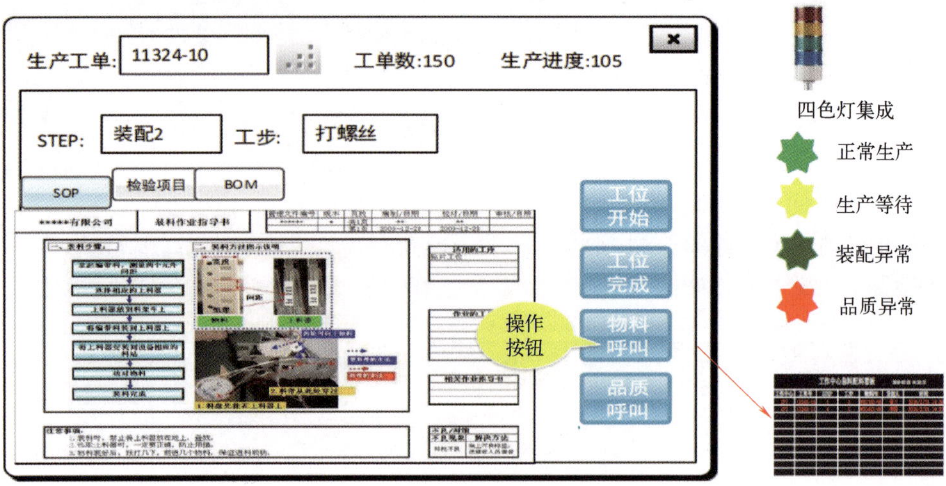


图 5-45 界面式按灯应用

（10）工序报工、返修、移转

工序报工界面如图 5-46 所示，工序报工、返修、移转的主要功能：
① 条码化工序报工（PC/PDA）；
② 良品、不良品数，不良现象汇报；
③ 工序返修；
④ 工序移转，如图 5-47 所示。

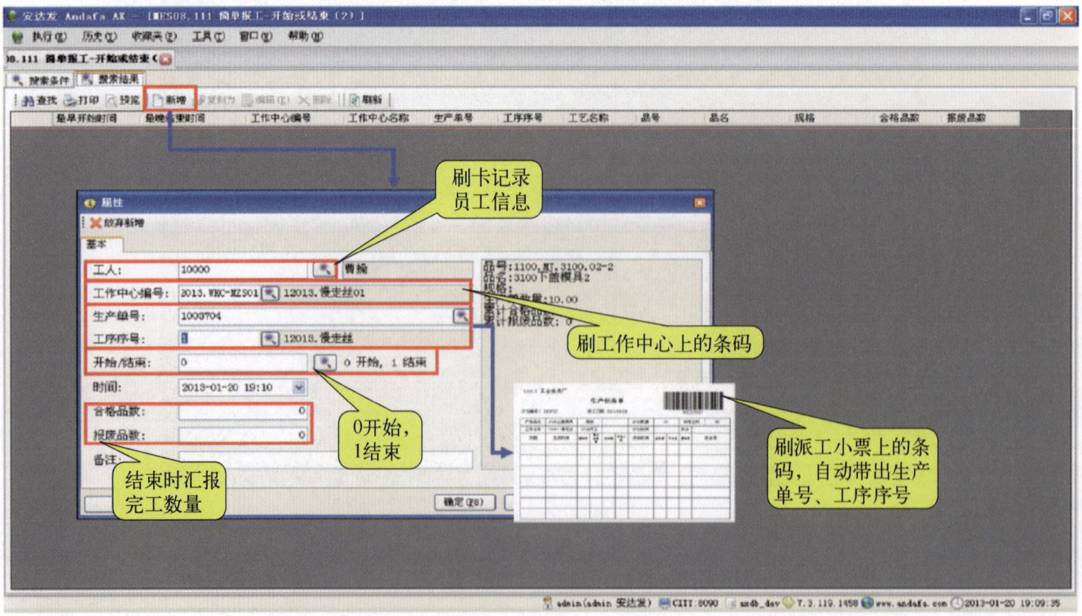


图 5-46 工序报工界面

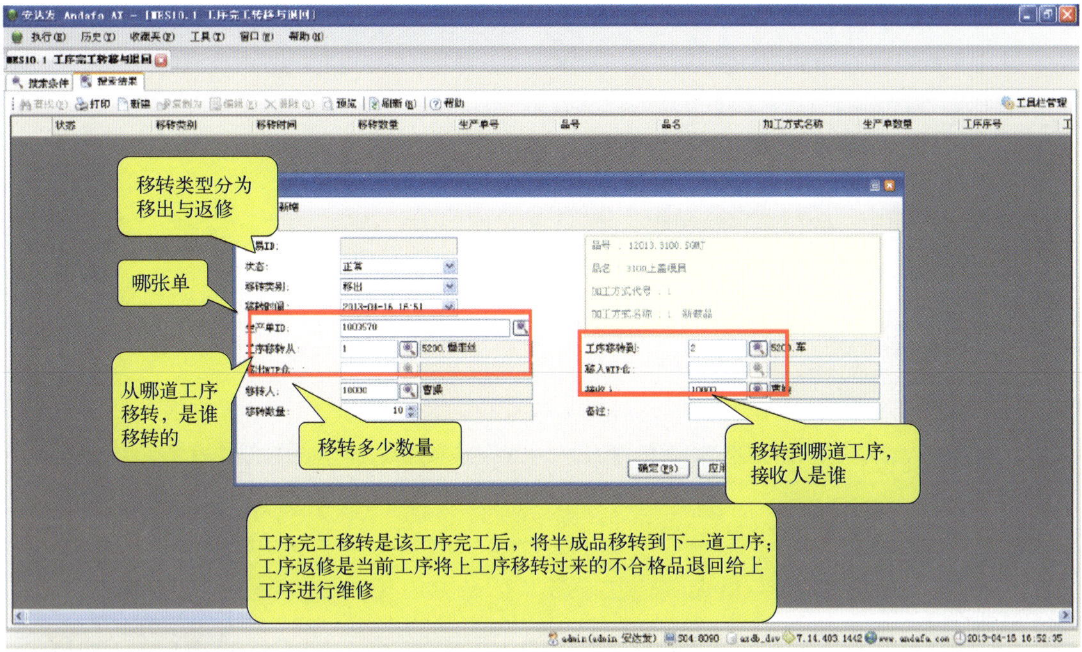


图 5-47　工序完工移转与返修

（11）不良品维修、处理、报废

不良品维护维修记录如图 5-48 所示，该模块的主要功能：

① 搜索待维修的产品；

② 维护维修记录；

③ 添加不良品基本信息（品号、供应商等）；

④ 添加不良品不良现象；

⑤ 添加不良品处理结果；

⑥ 打印检验报告。

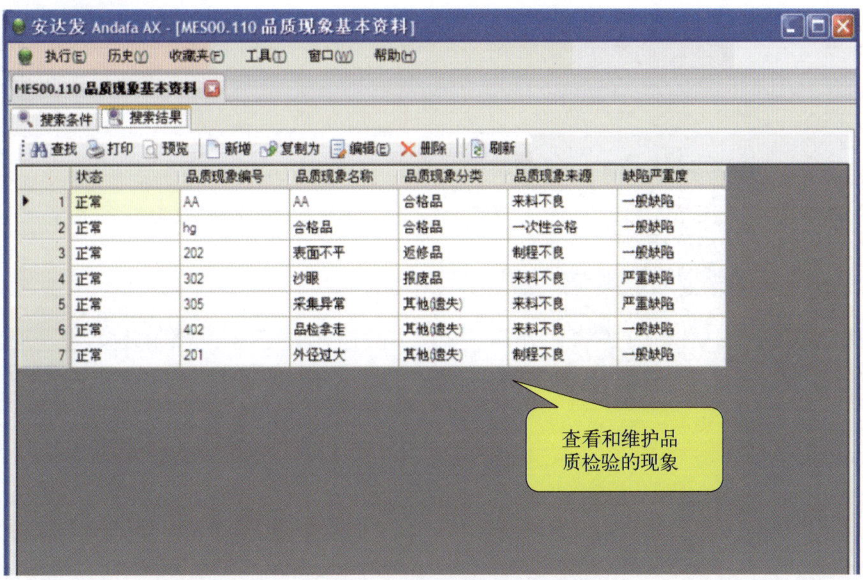

| | 状态 | 品质现象编号 | 品质现象名称 | 品质现象分类 | 品质现象来源 | 缺陷严重度 |
|---|---|---|---|---|---|---|
| 1 | 正常 | AA | AA | 合格品 | 来料不良 | 一般缺陷 |
| 2 | 正常 | hg | 合格品 | 合格品 | 一次性合格 | 一般缺陷 |
| 3 | 正常 | 202 | 表面不平 | 返修品 | 制程不良 | 一般缺陷 |
| 4 | 正常 | 302 | 沙眼 | 报废品 | 来料不良 | 严重缺陷 |
| 5 | 正常 | 305 | 采集异常 | 其他(遗失) | 来料不良 | 严重缺陷 |
| 6 | 正常 | 402 | 品检拿走 | 其他(遗失) | 来料不良 | 一般缺陷 |
| 7 | 正常 | 201 | 外径过大 | 其他(遗失) | 制程不良 | 一般缺陷 |



图 5-48　不良品维护维修记录

（12）条码化包装

包装方式设置界面如图 5-49 所示，该模块的主要功能：

① 根据客户、品号定义不同的包装方式；

② 为不同的包装方式定义混装规则；

③ 根据生产单产生包装条码，如图 5-50 所示；

④ 定义不同包装的包装校验规则；

⑤ 打印包装条码；

⑥ 包装；

⑦ 关闭包装；

⑧ 重新装箱。

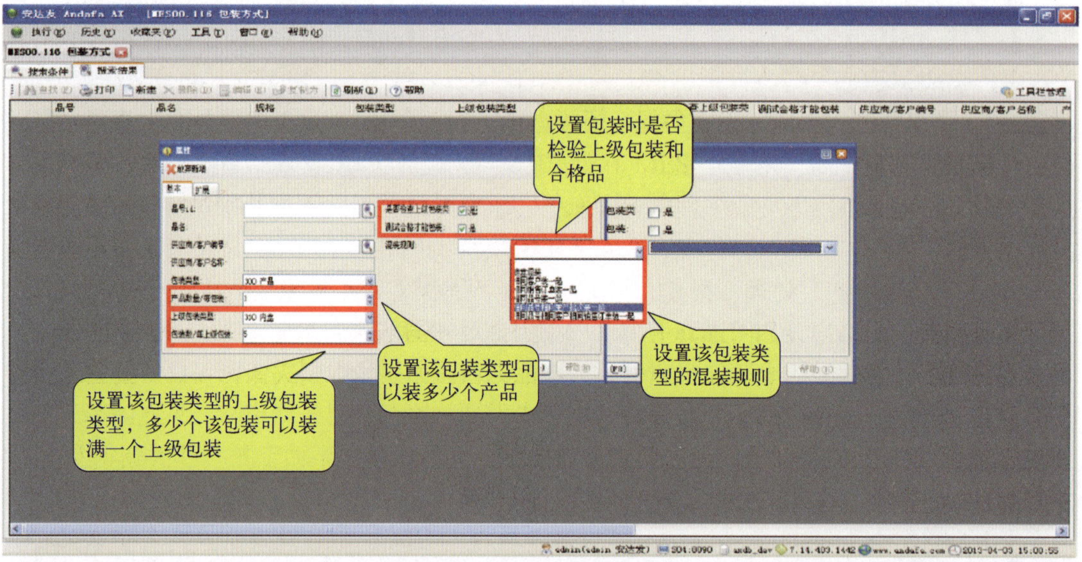


图 5-49　包装方式设置界面

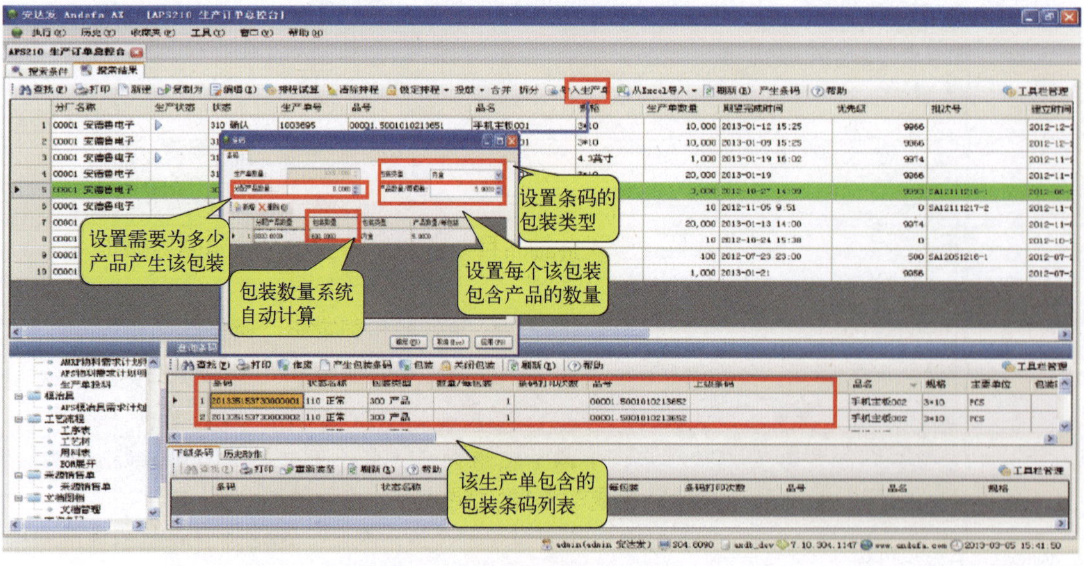


图 5-50　根据生产单产生包装条码

（13）生产绩效工资

计件工资明细界面如图 5-51 所示，生产绩效 / 计件工资的主要功能：

① 设置每个产品对应工序或工步的工价；

② 根据报工数据，自动计算员工绩效工资。

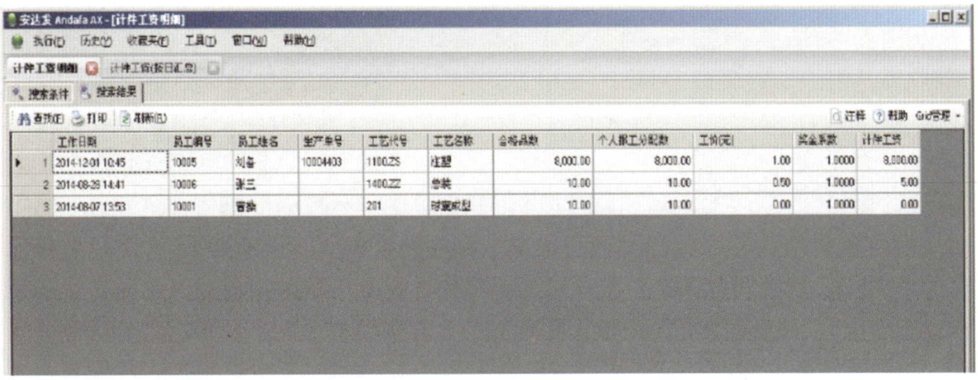

图 5-51　计件工资明细界面

（14）电子看板

电子看板显示效果如图 5-52 所示，电子看板主要功能：

① 新建电子看板；

② 设置显示方式（标题字体大小、背景颜色、每页行数等）；

③ 设置看板列的显示方式（是否显示、列宽、排列顺序等）；

④ 新建看板播放组；

⑤ 设置播放方式（看板程序顺序、停留时间、刷新时间），如图 5-53 所示；

⑥ 设置播放、停止播放、全屏显示看板。

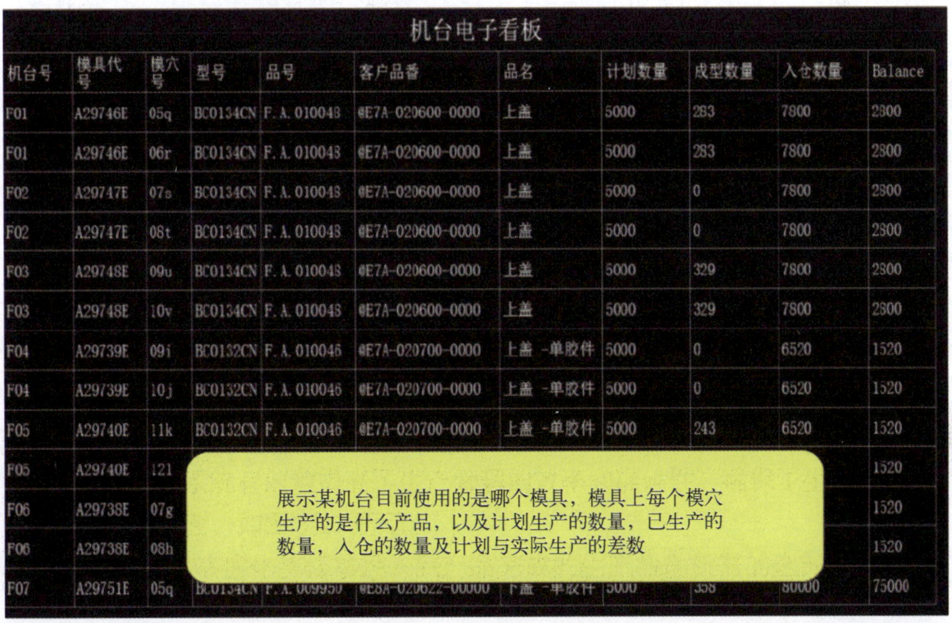


图 5-52　电子看板显示效果

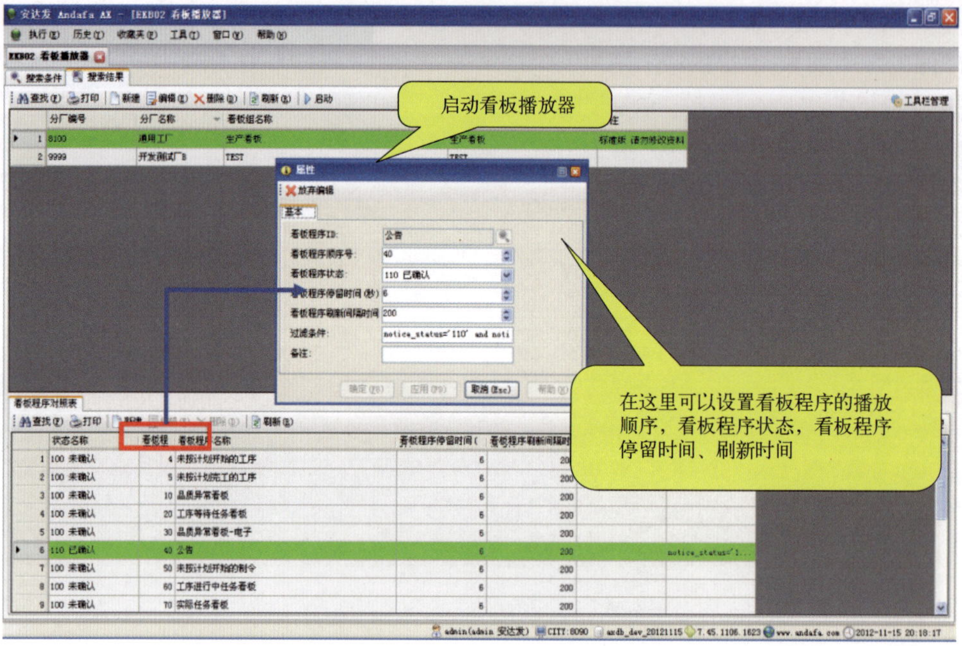


图 5-53　电子看板程序播放设置

（15）追溯管理

追溯管理的主要功能：

① 质量追溯，如图 5-54 所示；

② 生产过程追溯，如图 5-55 所示；

③ 物料追溯。

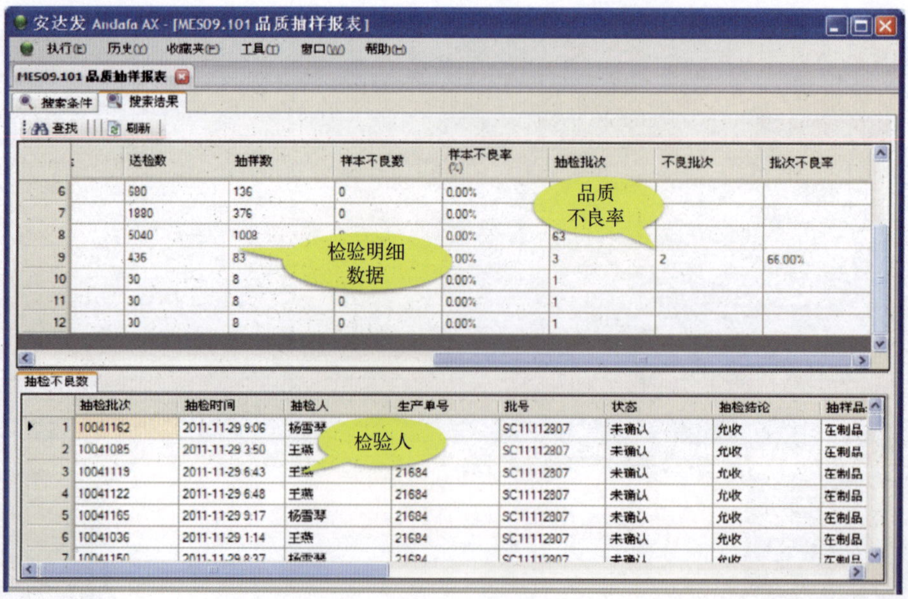


图 5-54　质量追溯

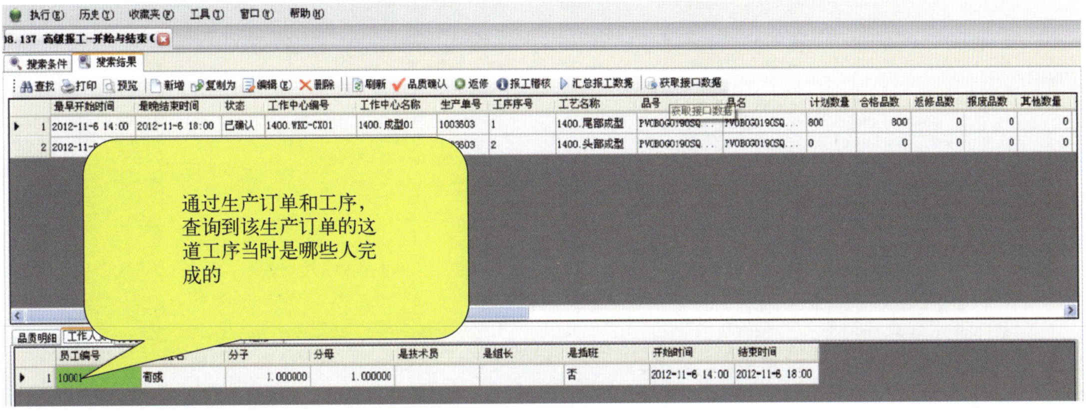


图 5-55　生产过程追溯

（16）设备使用管理

设备使用管理的主要功能：

① 管理设备基本资料；

② 管理设备替代关系；

③ 管理设备维修保养计划，如图 5-56 所示；

④ 查看设备用在哪些产品上；

⑤ 管理设备的维修保养记录，如图 5-57 所示；

⑥ 管理设备的即时状态；

⑦ 管理设备的计划生产任务；

⑧ 设置设备的生产负荷。

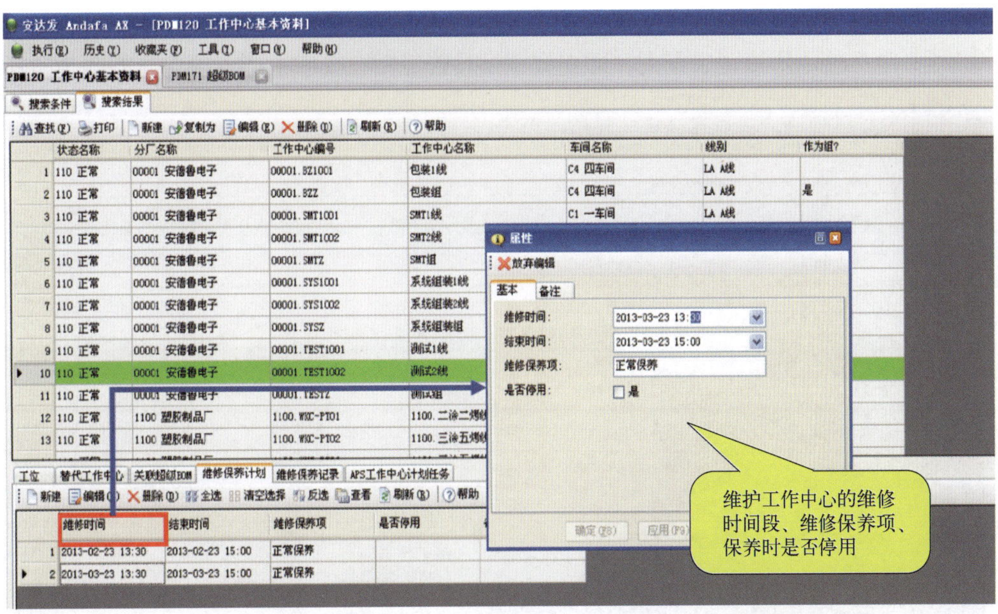


图 5-56　设备的维修保养计划

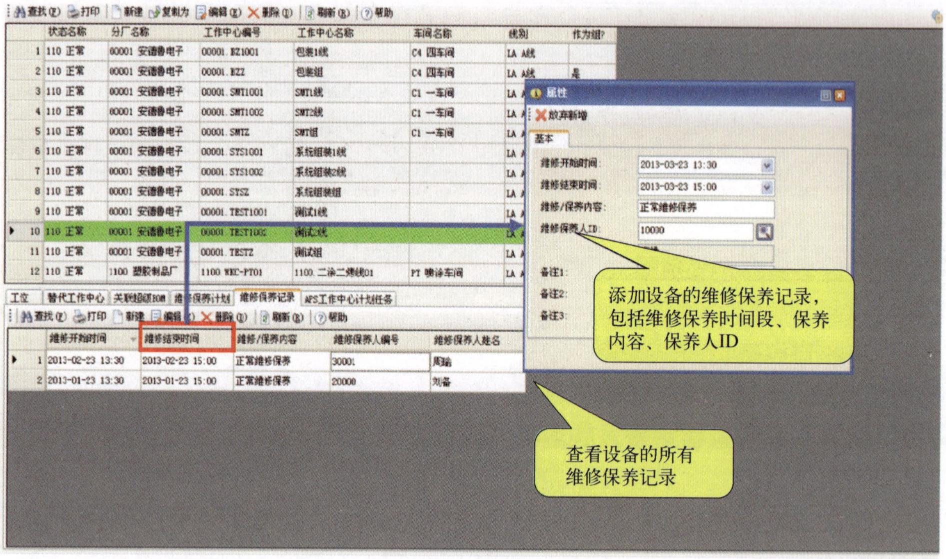


图 5-57　设备的维修保养记录

（17）模具使用管理

模具使用管理的主要功能：

① 管理模具基本资料、分组；

② 设置模具对应配件；

③ 设置模具替代关系；

④ 设置模具用在哪些产品上；

⑤ 模具维修保养计划、维修保养记录查询；

⑥ 模具库存量查询，出入库过程记录与查询；

⑦ 模具生产排程计划查询，可将模具未来生产使用计划发布到电子看板上；

⑧ 模具生产使用历史记录查询，即查询该模具曾经用在哪些生产订单中，如图 5-58 所示；

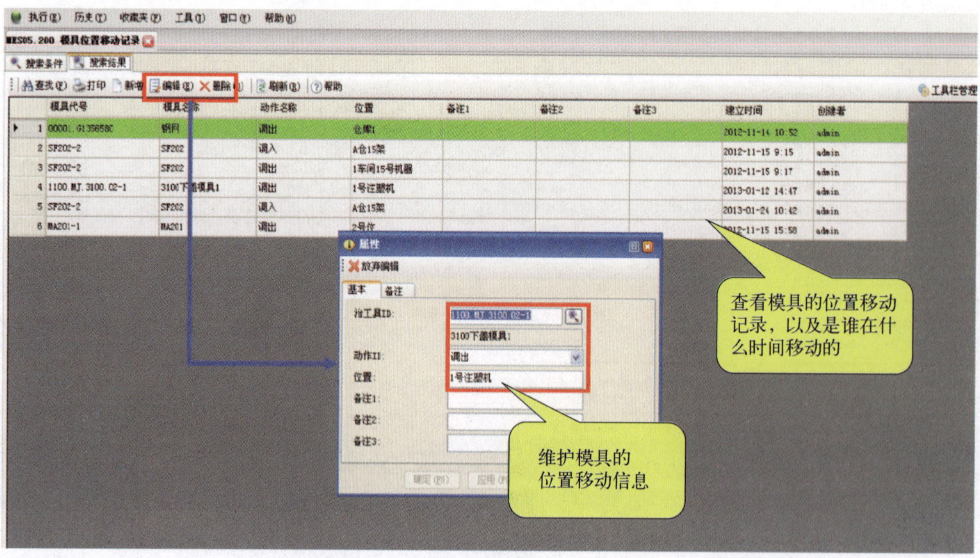


图 5-58　模具生产使用历史记录

⑨ 模具寿命管理，根据生产记录扣减寿命、维护保养新增寿命等，如图 5-59 所示；
⑩ 模具状态管理，随时得知模具在哪个位置，什么状态。

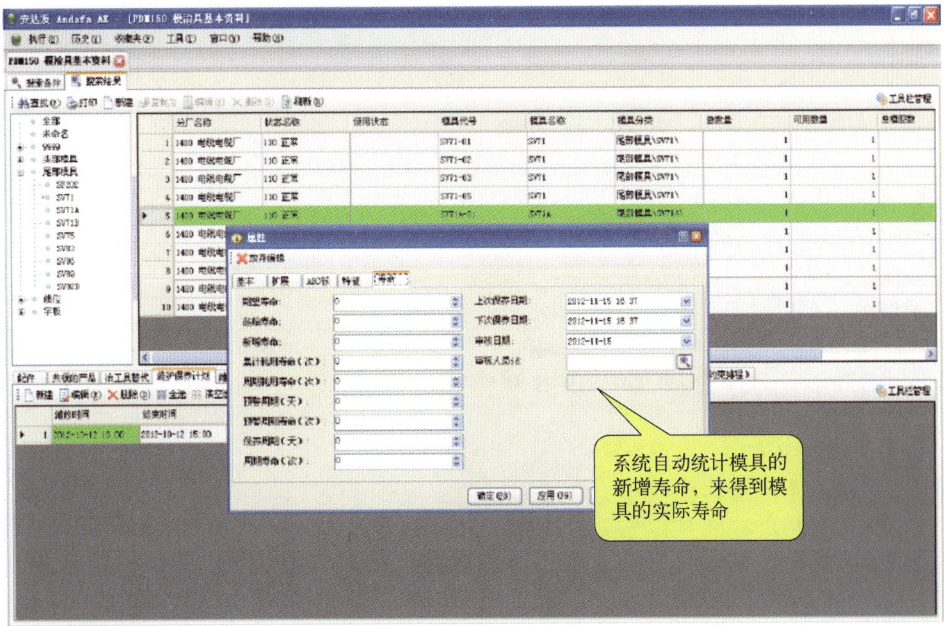


图 5-59 模具的寿命管理

（18）品质管理（IQC、QC、FQC、OQC）

① 如图 5-60 所示，IQC 供应商来料检验的主要功能：

a. 定义抽样标准；

b. 维护物料检验项目和检验标准；

c. 维护供应商物料的检验方式；

d. 临时更改某批物料的检验方式；

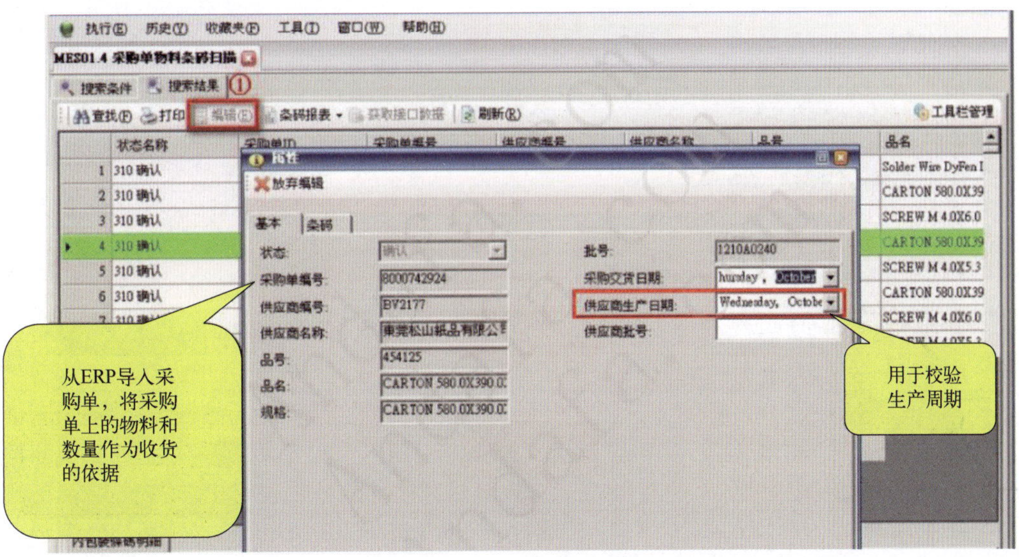


图 5-60 IQC 检验操作

e. 根据检验项目的检验值和检验标准判定某批次的检验结论；

f. 根据检验明细和抽检标准判定某一批次是否允收。

② 如图 5-61 所示，QC/FQC 检验主要功能：

a. 定义检验标准；

b. 记录检验记录；

c. 产品品质直通率管控（报警、停线）。

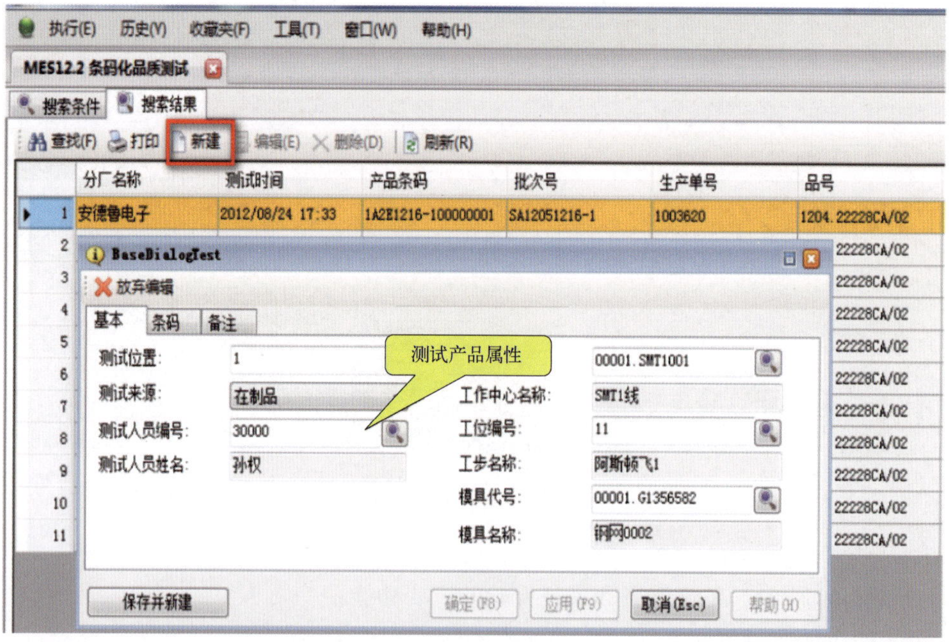


图 5-61 现场质量控制（QC）操作界面

③ OQC 抽检主要功能：

a. 定义抽检标准，如图 5-62 所示；

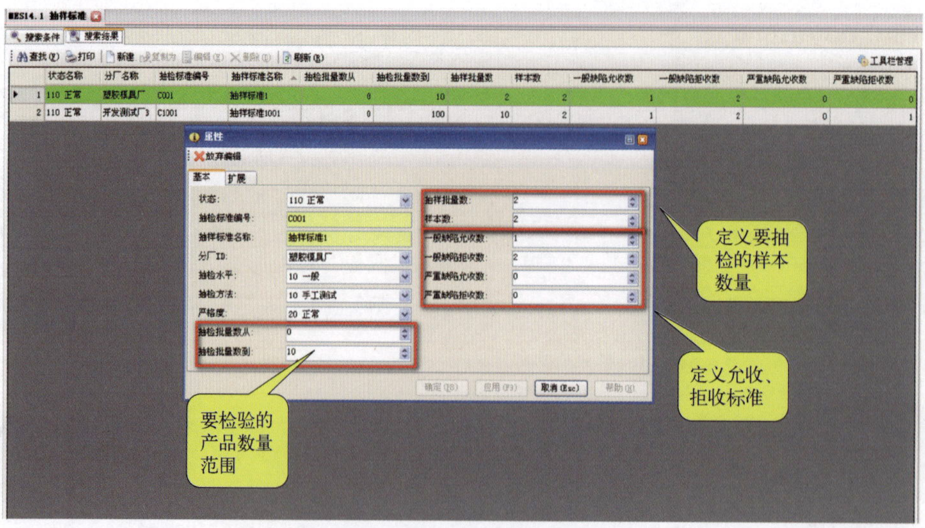


图 5-62 抽检标准管理

b. 记录抽检记录；

c. 自动根据抽检记录和抽检标准判断抽检结论。

### 5.3.3 MES 与 ERP 无缝集成

一般而言，安达发厂家推荐安达发 AX 与 ERP 进行集成，这样可减少资料重复输入的问题，实现数据即时同步，如图 5-63 所示。

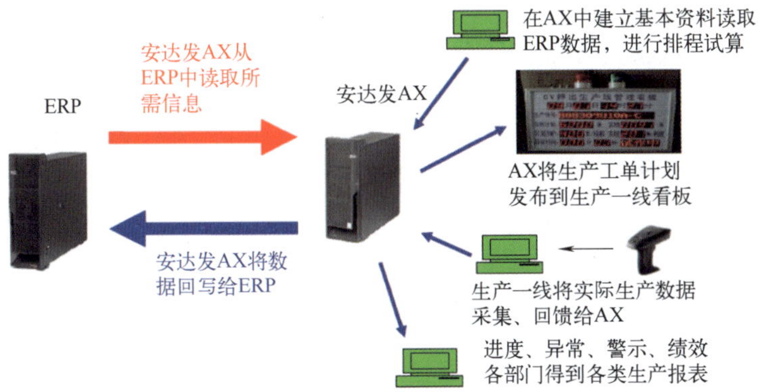


图 5-63　MES 与 AX、ERP 的集成

安达发 MES 与 ERP集成的层次、程度不同，接入点所需的数据也将有所差异，主要有如下方面：

① 产品基本资料；

② BOM，工艺流程；

③ 生产订单、生产领料；

④ 完工回报。

目前安达发 MES 已与业界主流 ERP 有成熟的无缝集成接口，安达发 APS-ERP-MES 的关系如图 5-64 所示。

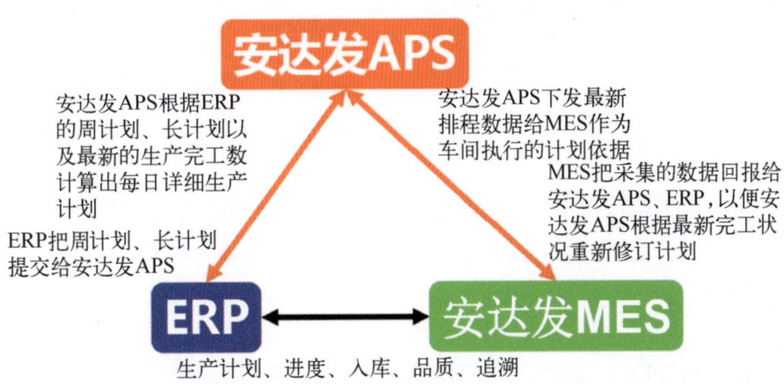


图 5-64　安达发 MES 与安达发 APS、ERP 的关系

安达发 AX 系统总体架构如图 5-65 所示。

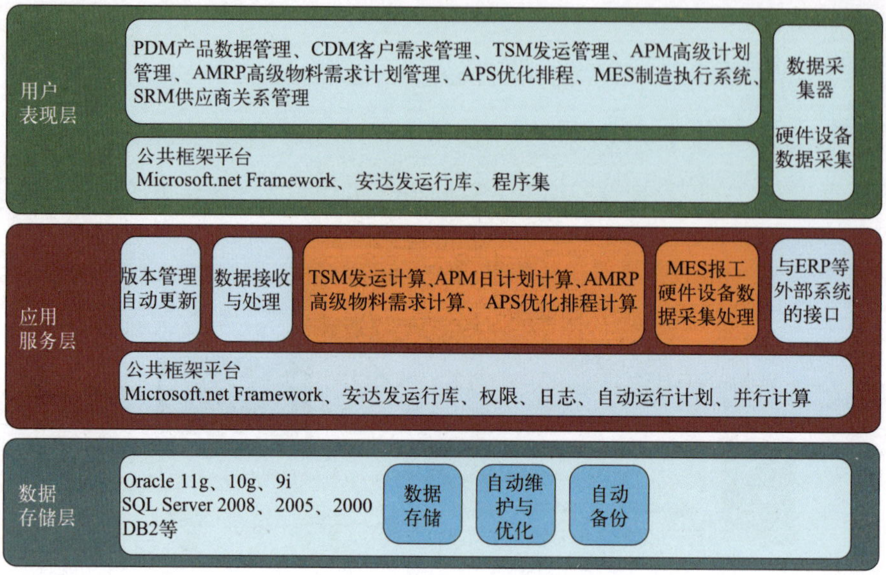


图 5-65　安达发 AX 系统架构

## 5.3.4　安达发 MES 手机 APP

安达发手机 APP 可以查看各类报表，可进行工厂运营大数据智能分析、工厂健康指数体检，可同步主流数据库；该 APP 支持单人、多人聊天，通过手机网络可以发送语音、图片、小视频和文字。

① APP 内控界面如图 5-66 所示。

图 5-66　手机 APP 内控界面

② 设备报表界面如图 5-67 所示。

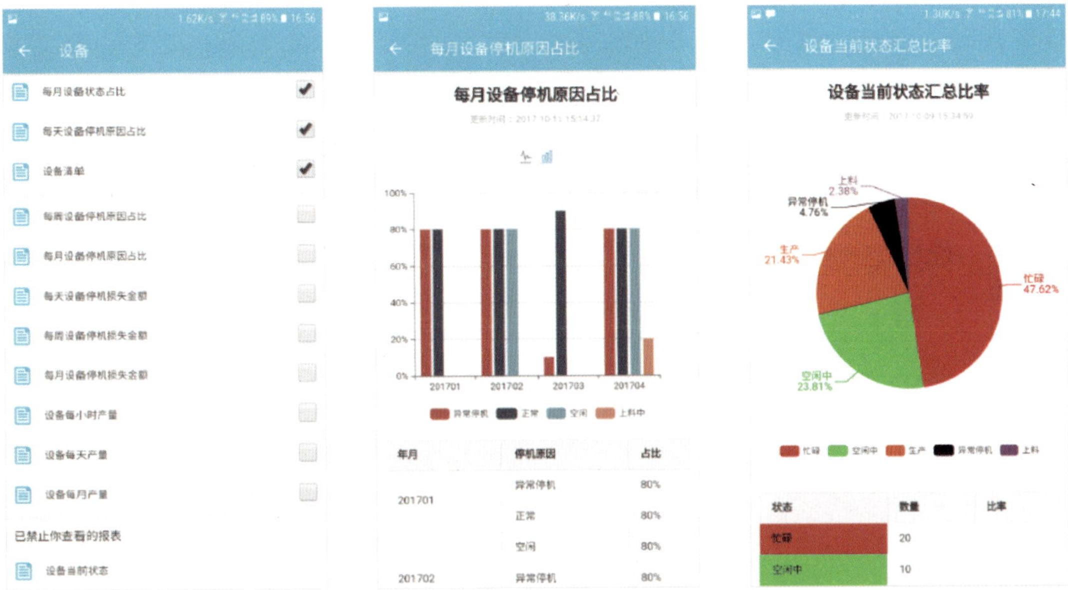


图 5-67　设备报表界面

③ 生产报表界面如图 5-68 所示。

图 5-68　生产报表界面

④ 设备监控界面如图 5-69 所示。

⑤ 安达发数据同步器。安达发数据同步器是一款实现异构数据库之间数据同步的工具，如图 5-70 所示。系统目前支持的数据库有：SQL Server、Oracle、Postgre SQL、My SQL，同时可兼容任何 ERP 与管理软件。通过同步器，将数据以报表、图表的形式同步到安达发 APP 上，用户可以随时随地掌握企业运营情况。当然，通过此同步器，可以将 APP 上处理的数据同步到企业管理系统中。

**要点**

- 设备清单
- 扫描设备
- 报修记录
- 模具清单
- 扫描模具
- 项目
- 任务
- 下载二维码

图 5-69　设备监控界面

图 5-70　数据同步

## 5.4 注塑生产的智慧工厂

### 5.4.1　智慧工厂的定义与特征

（1）智慧工厂的内涵

智慧工厂是一种基于物联网、人工智能、云计算等先进技术的工厂，它可以实现生产过程的自动化、智能化、高效化。智慧工厂可以通过传感器、物联网等技术实时监测生产过程中的各种数据，从而实现对生产过程的精细化管理和优化。智慧工厂还可以通过人工智能等技术对生产过程进行自动化控制和优化，从而提高生产效率，降低成本，提升产品质量，如图 5-71 所示。

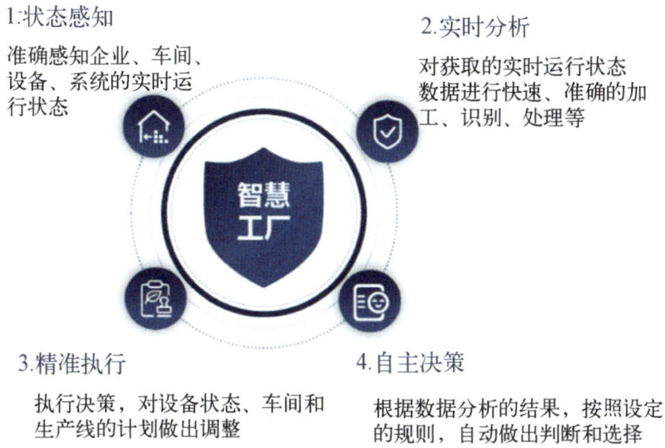


图 5-71　智慧工厂基本目标

智慧工厂是现代工厂信息化发展的新阶段，是在数字化工厂的基础上，利用物联网技术和设备监控技术加强信息管理和服务，清楚掌握产销流程，提高生产过程的可控性，减少生产线上的人工干预，及时、正确地采集生产线数据，以及合理地编排生产计划与生产进度，并结合绿色智能的手段和智能系统等新兴技术，构建的一个高效节能的、绿色环保的、环境舒适的人性化工厂。

（2）智慧工厂的特征与特点

智慧工厂的发展，是智能制造发展的新方向，其特征在制造生产上体现为：

① 系统具有自主能力。可采集与理解外界及自身的资讯，并以之分析判断及规划自身行为。

② 整体可视技术的实践。结合信号处理、推理预测、仿真及多媒体技术，展示现实生活中的设计与制造过程。

③ 协调、重组及扩充特性。系统中各组可依据工作任务，自行组成最佳系统结构。

④ 自我学习及维护能力。通过系统自我学习功能，可以在制造过程中补充和更新资料库，并自动执行故障诊断。还具备对故障排除与系统维护、通知系统执行的能力。

⑤ 人机共存的系统。人机之间具备互相协调的合作关系，各自在不同层次之间相辅相成。

如图 5-72 所示，智慧工厂应具有的特点，可归纳为以下 4 点：

① 自动化生产。智慧工厂可以通过自动化设备和机器人等技术实现生产过程的自动化，从而降低人工成本，提高生产效率。

② 智能化管理。智慧工厂可以通过传感器、物联网等技术实时监测生产过程中的各种数据，从而实现对生产过程的精细化管理和优化。

③ 高效化生产。智慧工厂可以通过人工智能等技术对生产过程进行自动化控制和优化，从而提高生产效率，降低成本，提升产品质量。

④ 数据化决策。智慧工厂可以通过对生产过程中的数据进行分析和挖掘，为企业提供更加准确的决策支持。

（3）智慧工厂的优势

① 提高生产效率：智慧工厂可以通过自动化设备和机器人等技术实现生产过程的自动化，从而提高生产效率。

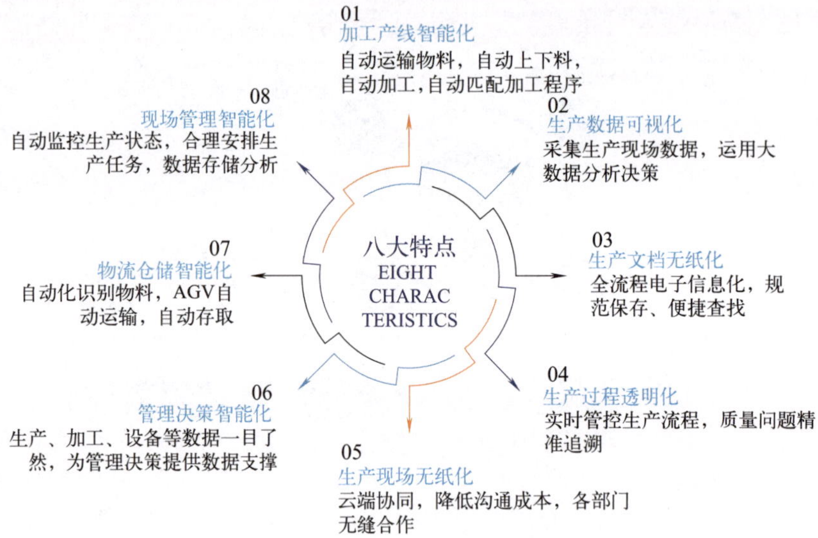


图 5-72　智慧工厂的特点

② 降低成本：智慧工厂可以通过降低人工成本、优化生产流程等方式降低生产成本。

③ 提升产品质量：智慧工厂可以通过对生产过程的精细化管理和优化，提升产品质量。

④ 提高资源利用效率与保护环境：智慧工厂可以通过减少废料、节约能源等方式提高资源利用效率与保护环境。

（4）智慧工厂的价值体现

智慧工厂是一种集成了物联网、人工智能、云计算等先进技术的工厂，它可以实现生产过程的自动化、智能化、高效化，从而提高生产效率，降低成本，提升产品质量，如图 5-73 所示。智慧工厂已经成为未来制造业的发展趋势，不仅可以带来经济效益，还可以提高环境保护和资源利用效率。

| 打破数据壁垒 | 提高协同效率 | 支撑运营决策 | 创新展示窗口 |
|---|---|---|---|
| 打破系统之间的壁垒，在IOC(intelligent operation center,智慧城市智能运行中心)平台中全面对资产实现可视、可查、可管、可控。综合提升厂区的管理效率，保障工厂生产安全、提升制造质量 | 实现多部门、多岗位协同共享，加速业务流转和事件闭环，实现智能生产、安全运营，提效降本 | 通过三维建模还原，实现虚实关联映射，建立厂区管理的统一视图，支撑管理人员进行高效、精准的诊断和决策 | 实现智能生产和精益服务水平可视化、透明化，打造企业数字化科技创新展示平台 |

图 5-73　智慧工厂的价值体现

智慧工厂依托 5G、工业互联网、人工智能、虚拟现实、工业机器人等先进的工业 4.0 数字化技术，以数字孪生为理念，以可视化为特色，围绕全面态势监测、智能生产管理、绿色工厂建设、智慧安全运营四大主题，打造建设兼顾对外展示汇报、对内运营监测的智慧工厂数字孪生 IOC（intelligent operations center，智慧城市智能运行中心）平台，统一实现对工厂人员、物料、设备、环境等资产设施的可视化管理，更有效地保障生产安全，提升故障服务效率，降低厂区运维成本，最终全面提升厂区综合管理水平，如图 5-74 所示为智慧工厂四大主题。

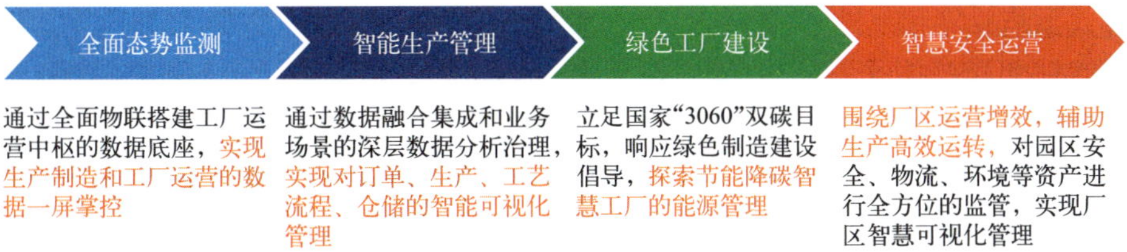


图 5-74　智慧工厂四大主题

## 5.4.2　智慧工厂的架构

### 5.4.2.1　智慧工厂的基本架构

智慧工厂的基本架构包括多个关键组成部分，如图 5-75 所示，这些组件共同作用以实现生产流程的自动化、数据的实时监控和分析，从而提高生产效率和质量。

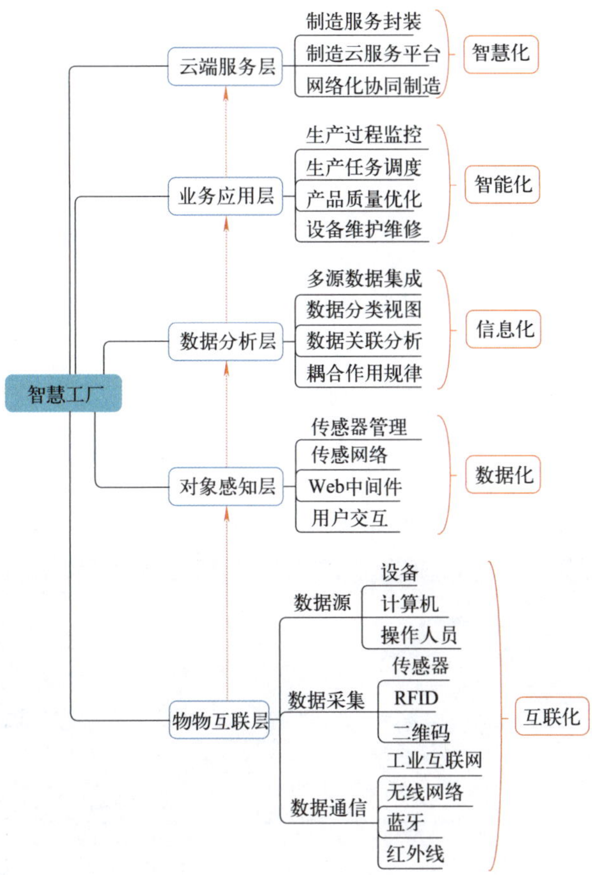


图 5-75　智慧工厂基本架构

① 传感器网络和物联网（IoT）设备：通过安装在设备、机器和生产线上的传感器，实时收集并监测各种数据，如温度、湿度、压力、振动等。这些数据通过物联网技术传输到中央控制系统或云平台进行数据处理和分析。

② 数据处理和分析：中央控制系统或云平台接收传感器数据，并进行处理、存储和分析。利用大数据分析、机器学习和人工智能等技术，从数据中提取有价值的信息，用于优化

生产过程、预测故障和改进决策等。

③ 自动化设备和机器人：智能工厂采用自动化设备和机器人执行各种任务，如装配、包装和搬运等。这些设备和机器人根据数据和指令进行智能操作，提高生产效率和质量。

④ 虚拟仿真和数字孪生技术：模拟整个生产过程，提供可视化的环境，用于测试和优化工艺、培训操作人员以及进行预测性维护等。

⑤ 供应链集成：将智能工厂的物流和供应链管理与相关系统进行集成，实现供应链的可见性、协同和优化。

⑥ 数据采集与监控系统：作为数据采集、处理和监控的中心系统，负责接收和管理从传感器和设备中获取的数据，实时分析数据并将结果反馈到其他系统中。

⑦ 自动控制系统：使用传感器和执行器监测和控制生产过程，自动调整机器设备的参数，使生产过程更加高效和精确。

⑧ 数据分析与决策支持系统：使用大数据分析、人工智能和机器学习技术处理生产数据，提供实时的性能指标和报告，帮助制定生产计划、优化资源配置和预测故障。

⑨ 云计算和边缘计算：用于存储和处理大量的生产数据，提供实时的可视化展示和远程监控。云端的计算能力和存储能力支持更复杂的数据分析和决策。

⑩ 人机协作系统：人类操作员与自动化设备协同工作，操作员通过人机界面监测和控制生产过程，对系统进行调整和优化。

⑪ 安全与网络系统：考虑数据的安全性和网络的稳定性，包括网络安全、数据加密和访问控制等措施，保护敏感数据和避免潜在的攻击风险。

上述部分共同构成了智慧工厂的基本架构，实现了生产流程的自动化、数据的实时监控和分析，从而提高了生产效率和质量。如图 5-76 所示为智慧工厂的建设场景。当然，上述各系统中，不同的工厂可能根据其具体需求和行业特点进行适当的调整和扩展。

图 5-76　智慧工厂建设场景

#### 5.4.2.2　智慧工厂运行场景

（1）厂区运营可视化

对厂区（建筑、厂房、车间、产线、设备等）全场景建模，形成物理厂区的镜像，如

图 5-77 所示；实现厂区建筑分布可视，车间、产线布局、设备的逐级可视，并以此为基础，实现一个屏幕就可以统揽生产制造核心指标数据（如工厂产量、仓储出入库情况、计划达成率）、厂区运营重点关注指标（如环保数据、重点安全出入口情况）。

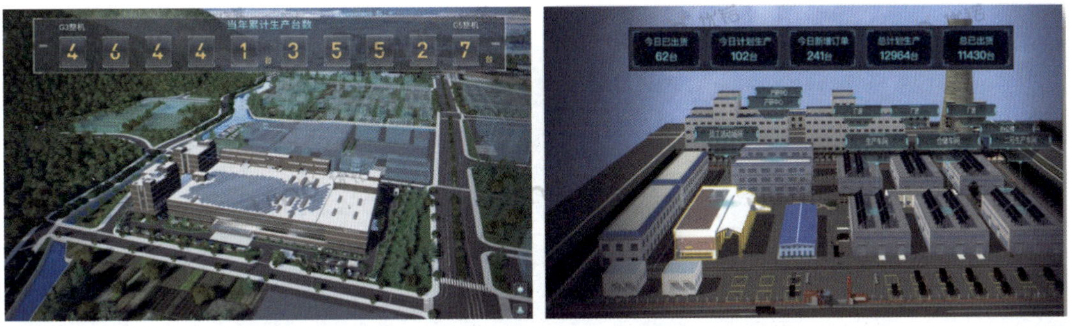

图 5-77　智慧工厂的厂区场景

（2）生产过程透明化

由于注塑生产过程具有复杂性，因此随着产品的种类增多、产品订单的批量减少，以及混线生产程度的增加，传统注塑车间生产过程不透明、车间工序执行无序，导致部分制品生产周期过长，车间大量在制品积压、流动性差，在有限产能下，订单交付周期愈发不可控。

为此，企业通过接入生产透明化机制，可以解决生产执行过程中存在的上述问题。生产过程透明化的基本思路是，企业通过传感器和物联网技术，实现对生产环境中各种数据的采集，将生产过程中的数据可视化展示，使企业能够实时了解生产线上的各个环节。通过监控大屏幕或移动设备上的数据，管理人员可以随时查看生产进度、设备运行状态、产品质量等信息，如图 5-78 所示。

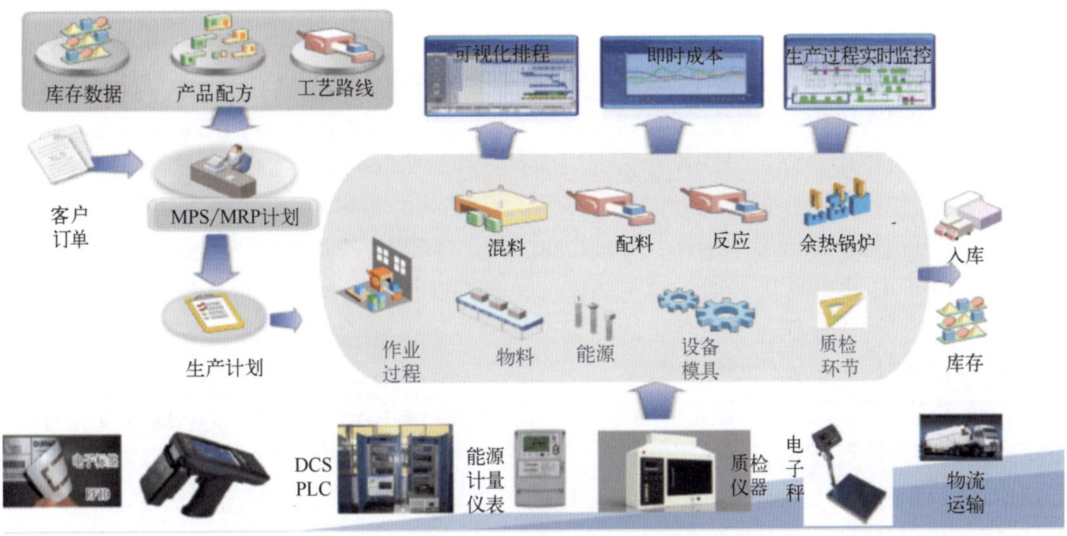


图 5-78　智慧工厂的透明生产场景

（3）生产车间透明化

生产车间透明化的基本思路是实现工厂生产设备分布可视化；综合呈现设备分类工况、

设备利用率、设备产出达成率、设备工单、设备运营成本、设备能耗等统计指标；集成工业物联网平台中设备资产相关数据，实现对所有生产设备进行全面监测与运维管理；集成综合分析数据，提高设备预测维护告警能力，实现设备状态跟踪和预测维护。如图 5-79 所示为智慧工厂的透明车间。

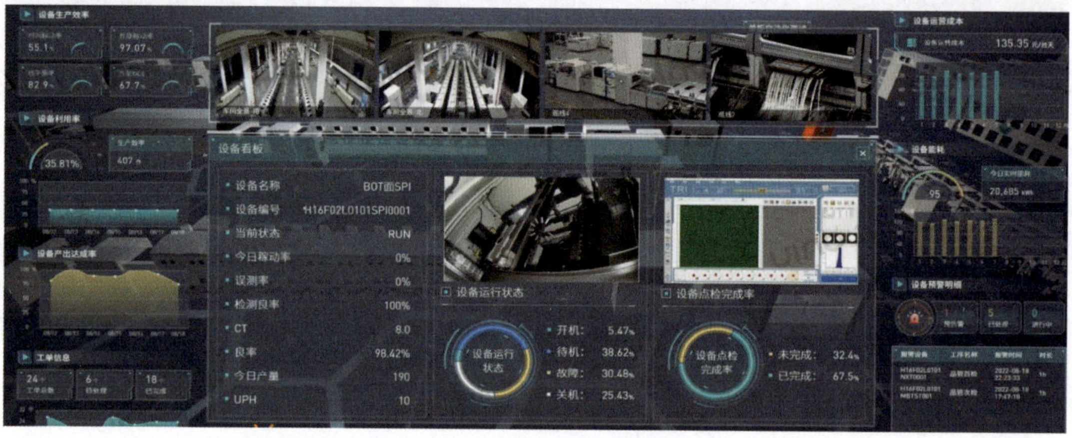


图 5-79　智慧工厂的透明车间

（4）工艺流程动画化

根据生产过程的实际工艺，可以动画仿真展示整个工艺流程的先后顺序、工序中设备主要生产动作方式，让人直观了解生产工艺流程；对接生产 / 设备系统数据，可以顶牌或浮窗、信息面板形式展示生产工艺流程中设备的实时状态。

（5）仓储管理可视化

仓库环境可视化：实现仓储（原料库、成品库、半成品库）区域分布可视化、货架分布可视化。

储位管理可视化：对仓储储位使用情况、储位分布、储位物资占用等情况进行综合可视化，可对货位或物资进行快速搜索，获取物资所在货位，并可查看当前存储物料详细信息，同时联动视频监控调取库区实时画面。

库存管理可视化：综合呈现库存情况、库存占比、临时 / 呆滞物料库存排名等情况，并可以呈现库存物料位置分布情况。

出入库可视化：综合展示出库 / 入库处理情况，月度出入库单量趋势走向等。

AGV/ 叉车作业可视化：通过对接 AGV/ 叉车调度管理系统，全面掌握车辆实时位置，作业行驶轨迹以及作业任务详细载货情况。

（6）绿色工厂——光伏监测

全面实现工厂新能源（如光伏电板等）资产的实时状态监测；综合掌握日度、月度、年度的发电累计情况，记录历史用电情况，根据天气对园区用能负载和发电情况进行预测数据展示，以供管理人员决策，保障厂房稳定的用电条件；统筹记录利用光伏发电对生产产生的经济效益和环境效益。

（7）绿色工厂——供电管理

对工厂用电按年度 / 月度、分区 / 分项进行统计，对照明空调整体用能情况、资产工况进行统计展示，实现各类电表、照明、空调末端设备的点位分布可视；可以进行用电设备资产信息查看及故障定位与故障快速处置；全面掌握厂区用电情况，清晰地了解高耗能、用能异常的具体场景与原因。

（8）绿色工厂——供水管理

对工厂用水按年度 / 月度、分区 / 分项进行统计，实现各类水表的点位分布可视；可以进行用水设备资产信息查看及故障定位与故障快速处置；全面掌握厂区水使用情况，清晰地了解异常的具体场景与原因。

（9）安全运营——视频监控

直观展示厂区和车间内的摄像头设备分布，通过三维平台直接调取实时的视频画面，实现从“通过画面找位置”到“通过位置找画面”，提升管理效率；对于重点监控位置支持视频画面固定全天显示，确保重点生产区域的生产安全；设备发生告警支持高亮显示，并可快速定位所在位置，调取画面，便于管理人员快速了解告警信息，迅速采取措施。

两侧图表看板提供综合数据展示视频资产工况、视频设备状态（在线、离线、故障）信息、设备资产列表、当日值班人员信息等。

（10）安全运营——消防安全

消防设施管理：全面实现对消防设施、消防通道、消防登高区等消防资源的可视化管理，直观展示消防设备的位置分布，并可通过点击查看设备详情，提升基础设施运维效率。

安消联动：厂区出现消防报警，可通过直观呈现消防疏散路线图、安全区域点位，更好地指挥员工进行安全疏散。同时可以定位到故障设备，通过空间查询能力调取周边视频画面，辅助判断确定告警的真实性，提高事故的处置效率。

（11）安全运营——车辆物流

集成物流管理系统，呈现整个车辆码头的排班计划表，同时掌握车辆物流综合数据（厂区停车总览、园区车辆情况、物流码头使用情况、今日车辆预约情况等）。

### 5.4.3 智慧工厂规划与实施

（1）智慧工厂规划的思路和任务

深入分析企业制造现状及实际需求，明确每项任务目标达成及可落地的技术措施，分阶段、分步骤实现精益化、生产透明化、自动化、数字化的目标，如图 5-80 所示为智慧工厂建设途径。

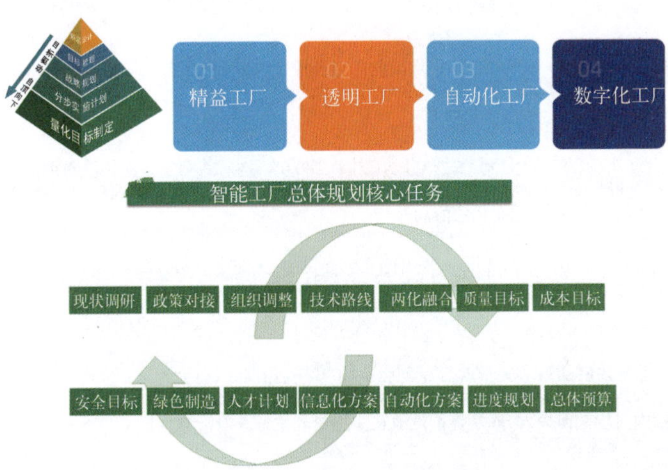


图 5-80 智慧工厂建设途径

规划确定后，逐步开展并落实任务，如图 5-81 所示。

**现状调研** 组织质量、技术、研发、生产、市场、财务等部门的人员，对企业基础现状进行详细的调研，以为下一步制定总体规划奠定基础。要求数据资料真实、客观、有效，项目方需针对性给出需要通过智能制造分阶段解决的主要问题

**政策对接** 总路线及发展目标需符合《中国制造2025》的指导，并与所在地各级政府所出台的有关智能制造的扶持政策进行对接，以为未来申报项目扶持资金做好前期工作，尽可能地获得政府的支持、扶持，但切不可以以此作为主要目的

**组织调整** 综合考虑产品及制造过程中的原材料、人力、效率、能耗、物流、企业经营管理等各方面所产生的成本因素，并结合制造内容待定

**技术路线** 根据项目的需要，参考国家已出台的智能制造标准化的要求，明确项目的标准化体系架构目标，重点组织规划项目中所应用的相关技术与标准化进行对接，使项目所应用的技术有标准可依，并可进行落地验证

**两化融合** 工信部在大力推动企业实现两化(深度)融合，并推广贯标体系，企业须明确两化融合是智能制造的基础工作，并以此来制定符合本企业需求的两化融合具体实施规划

**质量目标** 分析企业所面对的国内、国际的主要竞争对手、客户对产品当前及未来的质量要求，并根据企业实际具备的技术力量及投入预算额，务实确定项目完成时产品所需达到的质量指标。实现该质量目标是智能制造项目的核心任务之一

**成本目标** 综合考虑产品及制造过程中的原材料、人力、效率、能耗、物流、企业经营管理等各方面所产生的成本因素，并结合在未来市场竞争中对成本的要求，提出项目达成时产品综合的降本目标。其中需特别重视的是：需在保证产品质量目标的前提下考虑降低成本

**安全目标** 从生产、数据、信息、人身、设备、网络等六大方面进行安全的综合规划，并确定安全等级(目标)及实施方案，该方案需结合智能工厂的信息化及自动化进行统一规划，并需建立、健全企业安全管理组织与架构，以保障建成后的智能工厂长期安全运行

**绿色制造** 绿色制造是智能制造的重点任务之一，需分析企业目前能耗、污染排放现状并制定目标，并以此目标从技术层面规划，以自动化的手段建立全面、实时的监测系统，以信息化手段对以上数据进行汇总分析、优化处理

**人才计划** 为保障智能工厂建设期间及建成后的运维及提升，企业须规划制定近期可满足配合项目实施要求的，及未来2～5年、5～10年发展所需要的相关的技术，管理人才的增补、培养计划

**信息化方案** 根据企业实际需求，规划信息化实施的广度及深度，特别需制定打通各类软件的数据接口、破除“信息孤岛”及实现互联网+协同制造等关键性技术的方案

**自动化方案** 加大智能装备的应用，制定提升自动化生产能力的目标，其中需重点关注对关键、重要的工艺、质量数据进行自动化检测、检验并获取数据，以为后期的大数据分析做准备，并需着重关注各智能装备之间的数据联网及与信息化的协同

**进度规划** 务实规划企业智能制造的近期、中期、长期目标，不图快、求全、求高，需分阶段、有步骤地实施。其中需特别强调各阶段性目标任务之间的技术及数据的关联性、互通性、衔接性

**总体预算** 立足企业现有的可实际投入的资金及未来的赢利预期，以质量为先、促进管控、提升品牌、兼顾发展的原则对投入进行合理规划，并需确保资金投入的可持续性。而对于净利润少于5%的企业则不建议在短期内进行全面投入，而是将重点放在实施信息化，并对涉及生产、质量的重点装备进行自动化升级改造，需着重抓好研发及营销，扩大市场份额

图 5-81　智慧工厂需落实的任务

（2）即时准确的数据采集

智慧工厂建立在数字化工厂的基础上，而数字化工厂的重中之重就是数据的采集、传输与处理。

（3）搭建万物互联的物联网平台

如图 5-82 所示，建设一个快速收发并且能处理数据的物联网数据平台作为底座，智慧工厂的建设和效能才会有事半功倍的效果。

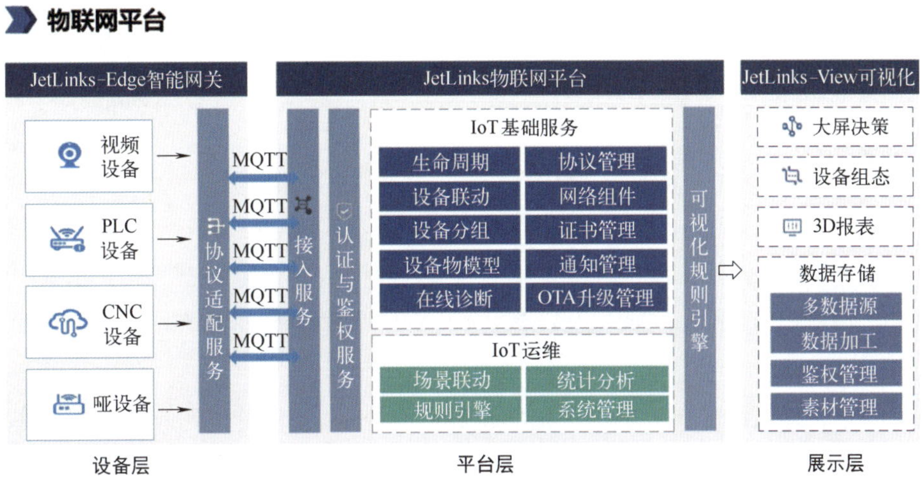


图 5-82　智慧工厂的物联网平台

MQTT—消息队列遥测传输；OTA—空中激活

（4）建设快速灵活的可视化平台

数据可视化能力可实现快速、灵活搭建专业水准的物联网可视化平台，该平台免编程、有可视化拖拽配置、可无缝对接海量数据，并提供丰富的物联网行业定制模板和行业组件，如图 5-83 所示。集成汇总、转换能力的数据层，支持多种数据源接入，功能强大的数据过滤器可对杂乱数据进行多种逻辑加工。

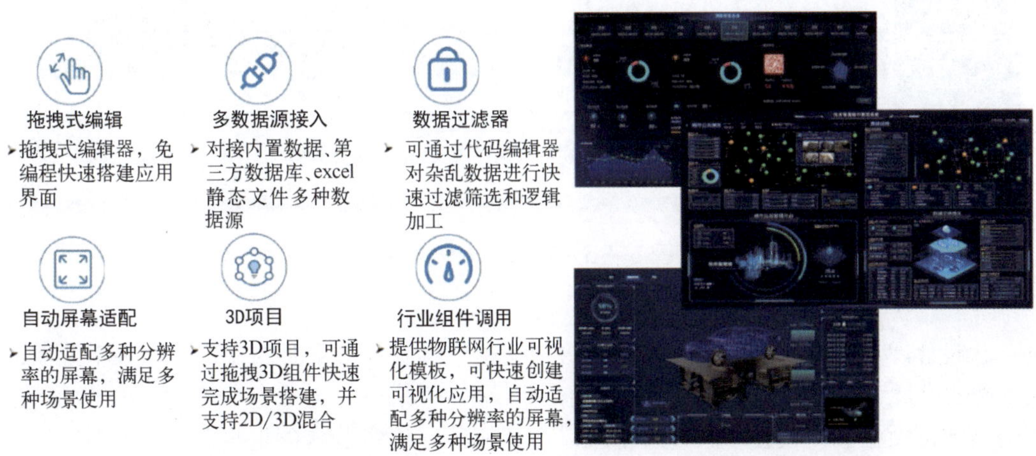


图 5-83　可视化平台

（5）推进注塑机、模具等设备生命周期管理

建立基于 IoT 的数字化设备健康管理系统（如图 5-84 所示）和基于 AI 的大数据分析服务，为检验检测工作提供数字化管理手段，让企业提前感知设备基本信息和故障情况，从而能快速、精准定位并诊断设备的问题，提高设备维修速度和一次修复成功率，缩短设备维修时间，提高设备的利用率。

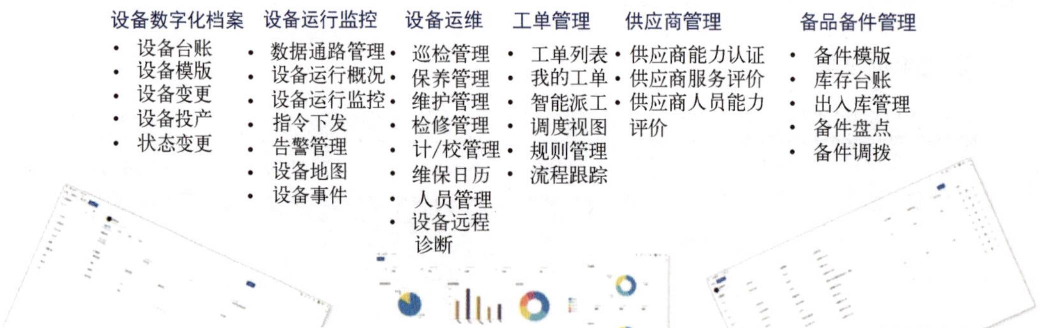


图 5-84　数字化设备健康管理系统

（6）推进设备预测性维护

设备健康管理系统采用大数据架构实现数据的统一存储和管理，大数据分析模块为业务功能提供支撑，实现数据采集、状态监测、故障预测、维修保障和设备信息管理等六大业务应用。

使用波形图与自适应预警技术对设备状态进行监测，基于设备状态分析结果优化备品备件库存，自动生产维护工单，灵活定制可视化看板，为管理人员提供决策支持，如图 5-85 所示。

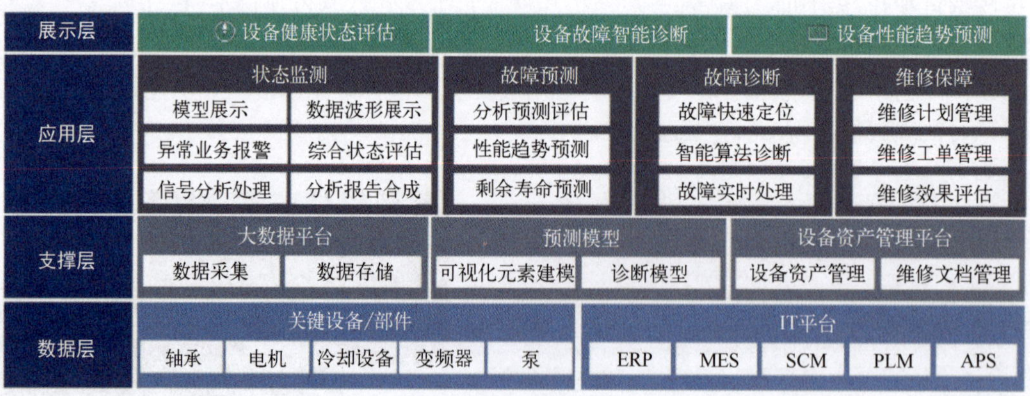


图 5-85　设备预测性维护系统

（7）建立智慧型的仓储系统

仓储管理及精确定位在企业的整个管理流程中起着非常重要的作用，如果不能保证及时准确的进货、库存控制和发货，将会给企业带来巨大损失，这不仅表现为企业各项管理费用的增加，而且会导致客户服务质量难以得到保证，最终影响企业的市场竞争力。所以智慧工厂提出了全新的、基于射频识别的仓库系统方案来解决精确仓储管理问题，如图 5-86 所示。

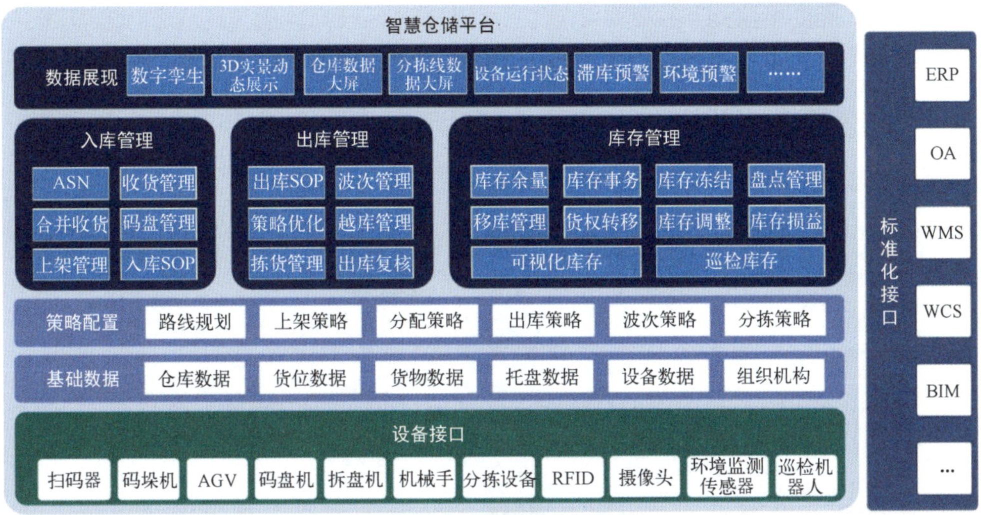


图 5-86　智慧仓储管理系统架构

AGV 作为仓储中货物搬运的主要工具，近年来得到了广泛的研究与应用。而路径规划算法又是 AGV 技术中的重点，所以如何规划智能仓储中的 AGV 路径，使其高效且无冲突成为仓储系统的重要工作，如图 5-87 所示。

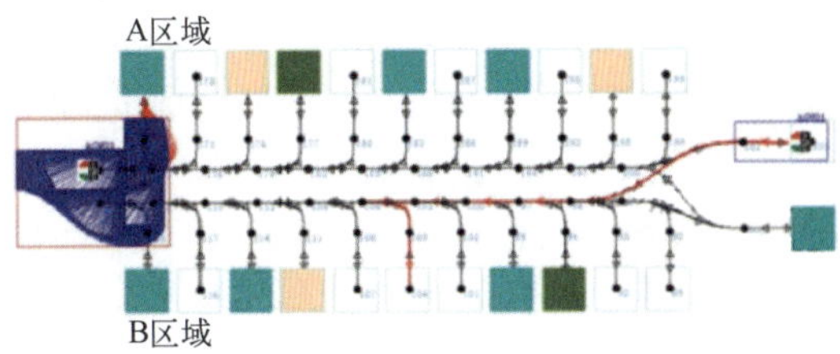


图 5-87　多 AGV 无冲突路径规划

（8）采用智能公共照明系统

智能公共照明系统是利用先进电磁调压及电子感应技术，改善照明电路中不平衡负荷所带来的额外功耗，提高功率因数，降低灯具和线路的工作温度，以优化公共照明控制系统，如图 5-88 所示。

图 5-88　智能公共照明系统功能

（9）开展智能环境监测与控制

对温度、湿度、水环境、空气质量等开展监测，智能化控制相关设备的排放，如图 5-89 所示。

图 5-89　智能环境监测与控制

（10）实现能耗管理智能化

通过对设备、产线、厂区等建立仿真模型，并通过饼状图、表格、曲线图等多种形式对生产区域、产线、设备等碳排放情况、能耗情况进行可视化展示，结合数字孪生技术实现企业能源碳排放可视、能源总控可视和能耗走势可视，从而达到一图知全局的管理效果，如图 5-90 所示。

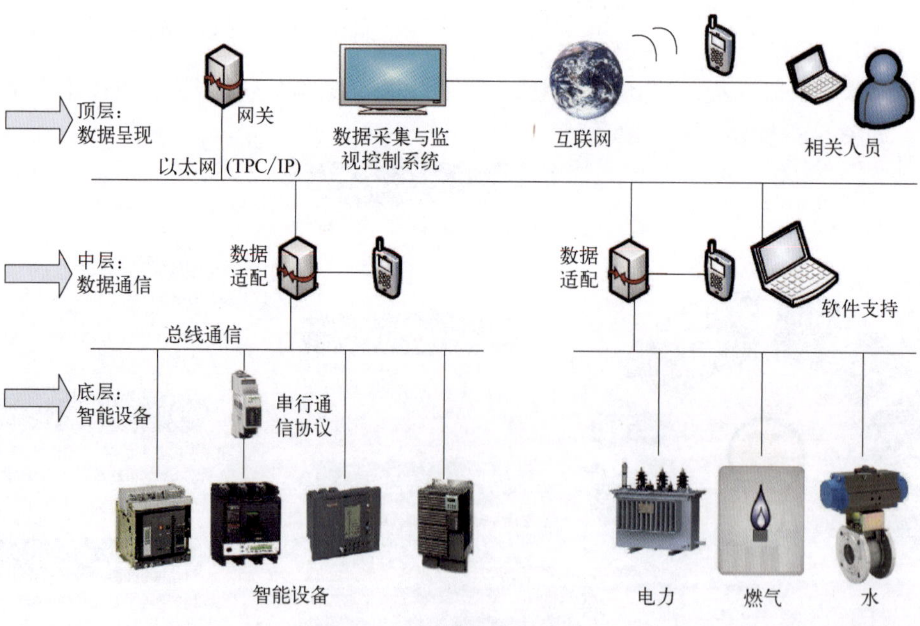


图 5-90　智能能耗管理

（11）消防工作智慧化

消防工作智慧化是指企业利用物联网、大数据、人工智能等技术，让消防工作变得自动化、智能化、系统化和精细化，如图 5-91 所示。

（12）提升数据采集能力

提升数据采集能力的关键在于多个方面的综合提升，包括前期的基础工作、技术工具的选择、数据的安全保障，以及数据的管理和利用等，如图 5-92 所示。

在注塑生产中，需要采集的数据非常多，既有注塑机的压力、温度、速度等工艺参数，也有塑料原料、注塑机状态、模具型号等数据，如图 5-93 所示。因此，提升数据采集能力有利于大大提升整个工程的智慧化程度。

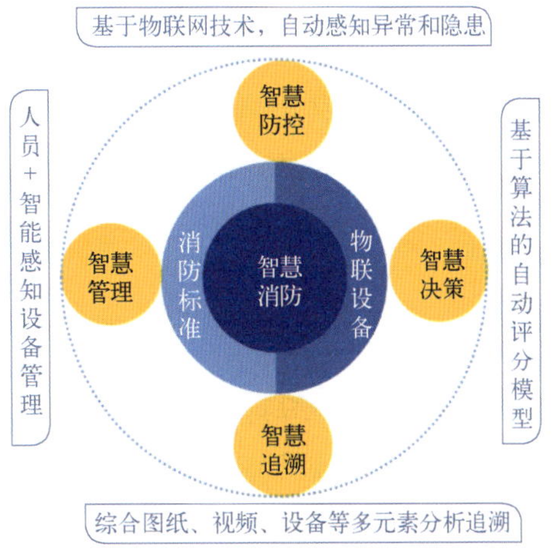

图 5-91　智慧消防架构

图 5-92　智慧工厂的数据采集

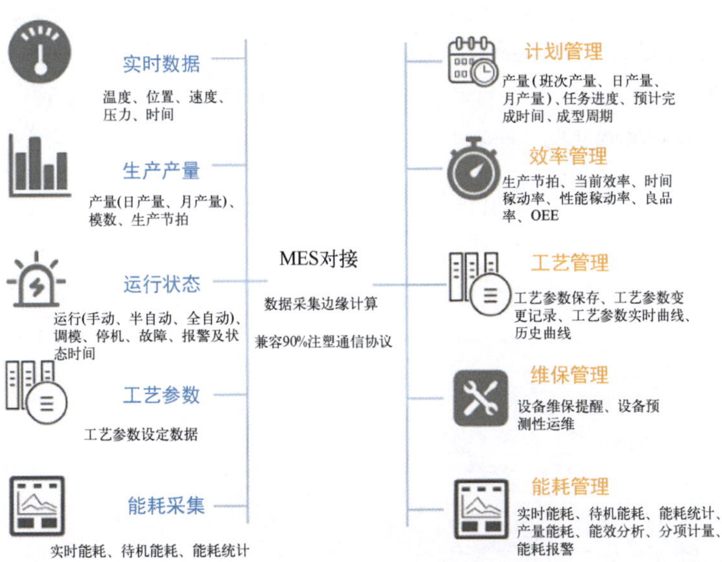

图 5-93　智慧型注塑车间数据采集

# 参考文献


［1］ 陶永亮，姚科．注塑过程控制技术和智能化发展趋势［J］．工业控制计算机，2019，32（4）：4.

［2］ 刘朝福．先进注塑成型工艺及产品缺陷解析［M］．北京：化学工业出版社，2022.

［3］ 刘朝福．注塑机操作与调校快速入门［M］．北京：化学工业出版社，2023.

［4］ 刘朝福．注塑生产技术手册：成型工艺·注塑机·生产管理［M］．北京：化学工业出版社，2020.

［5］ 赵朋．塑料注射成形机工艺参数的在线优化与检测［D］．武汉：华中科技大学，2009.

［6］ 张娜，王利霞．注塑制品缺陷诊断及工艺优化的专家系统［J］．河南科技，2008（4）：29-31.

［7］ 朱李平．注塑机的节能控制与改造［D］．广州：华南理工大学，2017.

［8］ 万玉明．注塑机动力系统能耗建模及其优化研究［D］．广州：广东工业大学，2017.

［9］ 李明军．注塑设备节能技术在生产中的应用［J］．轻工科技，2015，31（7）：95-96.

［10］ 王竞男．浅析塑料成型工业中的绿色技术［J］．中国科技信息，2011（9）：156-158.

［11］ 叶巴丁，陆晨风，储能奎，等．全电动注塑机研究进展及在汽配电子行业中的应用［J］．中国塑料，2020，34（10）：94-99.

［12］ 陶永亮，欧阳婷．高光无痕注塑模具材料选用思考［J］．橡塑技术与装备，2020，46（22）：31-34.

［13］ 宋仁军，李金山，苟军强，等．如何实现优质的高光无痕注塑成型［J］．汽车制造业，2020（16）：43-45.

［14］ 周华民，高煌，张云，等．注塑成型工艺参数自动设置与优化技术［J］．精密成形工程，2016，8（01）：7-13，26.

［15］ 张友根．注塑设备智能化的研究：上［J］．橡塑技术与装备，2013，39（9）：13-19.

［16］ 张友根．注塑设备智能化的研究：下［J］．橡塑技术与装备，2013，39（10）：9-17.

［17］ 张友根．绿色化塑料成型工程“智能化＋”的创新驱动［J］．橡塑技术与装备，2016，42（14）：1-9.

［18］ 何和智，高琦，张涛．国内外大型注塑机技术发展动态综述［J］．中国塑料，2022，36（11）：140-149.

［19］ 申娇娟．面向注塑生产线的全伺服注塑机械手的设计与研究［D］．西安：陕西科技大学，2018.

［20］ 汤文灿．精密注塑模具柔性制造生产智能调度研究［D］．广州：华南理工大学，2015.

［21］ 安能飞．注塑机智能云平台关键技术研究应用［D］．北京：北京化工大学，2020.

［22］ Yong 20241024. 海康视觉平台 VisionMaster 上手系列［EB/OL］．专业开发者社区网：blog.csdn.net/huanggong 2022/category_12071194.html.